工业和信息化部“十四五”规划教材
飞行器结构设计系列教材

航空结构动强度分析与设计

杨智春　王　巍　李　斌
王　栋　贺尔铭　谷迎松
王　乐　周　杰　李　毅　编著

西北工业大学出版社
西　安

【内容简介】 本书内容涉及航空结构动强度分析与设计的知识，重点介绍基本概念、基本原理和基本方法。本书共10章，第一章介绍飞机结构动强度问题的基本概念、定义和特点，第二章介绍结构动强度分析与设计的动力学建模方法，第三章介绍结构动强度设计的基本准则与处理方法，第四章介绍结构动强度分析与设计密切相关的结构动力学优化方法，第五到第十章分别介绍典型的飞机结构动强度问题，即颤振、抖振、突风响应、着陆滑跑响应、声疲劳以及其他飞机结构动强度问题的分析方法。

本书可作为高等学校航空航天工程、飞行器设计与工程等专业的研究生教材，也可供从事航空结构动强度分析与设计的工程技术人员阅读、参考。

图书在版编目(CIP)数据

航空结构动强度分析与设计 / 杨智春等编著. — 西安：西北工业大学出版社，2021.8
ISBN 978-7-5612-7939-7

Ⅰ. ①航… Ⅱ. ①杨… Ⅲ. ①航空器-结构强度-结构设计-研究生-教材 Ⅳ. ①V214.1

中国版本图书馆CIP数据核字(2021)第179827号

HANGKONG JIEGOU DONGQIANGDU FENXI YU SHEJI
航空结构动强度分析与设计

责任编辑： 胡莉巾　　**策划编辑：** 杨　军
责任校对： 王玉玲　　**装帧设计：** 李　飞
出版发行： 西北工业大学出版社
通信地址： 西安市友谊西路127号　　**邮编：** 710072
电　　话： (029)88491757，88493844
网　　址： www.nwpup.com
印 刷 者： 兴平市博闻印务有限公司
开　　本： 787 mm×1 092 mm　1/16
印　　张： 19
字　　数： 499千字
版　　次： 2021年8月第1版　　2021年8月第1次印刷
定　　价： 66.00元

前　言

飞机这类航空器的结构在使用过程中，会受到振动、冲击和噪声载荷等动载荷的作用，这些动载荷作用下的响应和对结构的危害程度等不仅与飞机的运动及所处的环境有关，而且与飞机结构本身的动态特性密切相关。从结构动力学角度看，航空结构在动载荷激励下，会产生动力学响应问题或动力学稳定问题；从结构强度的角度看，航空结构在动载荷作用下，产生的过度振动或失稳会导致动态疲劳损伤或结构破坏。工程实践证明，飞机在使用过程中出现的故障和事故，相当大的部分是由振动、冲击或噪声载荷所导致的，而不是静载荷引起的。这就要求在飞机等航空器的研制工作中，必须重视飞机结构的动强度分析与设计。

本书内容涉及航空结构动强度分析与设计相关的结构动力学、航空噪声、疲劳分析等基础理论，以及相关的分析方法和试验技术，在编著时将重点放在航空结构动强度分析与设计的基本概念和方法上，突出介绍航空结构动强度分析与设计的基本概念和解决结构动强度问题的基本方法。同时，力求文字简练，概念清晰，尽量避免繁琐的公式推导，目的是使初学者在有限的时间内，掌握航空结构动强度分析与设计的基础理论、方法和技术。

除了结构静强度问题（静载荷作用下结构的变形、损伤与失效）和传统的疲劳强度问题，飞机结构设计中其他的强度问题基本上都是动强度问题。本书在介绍结构动强度分析与设计中的基本概念、基本原理和基本方法的基础上，着重介绍飞机结构设计中特有的动强度问题，即颤振、抖振、突风响应、着陆滑跑响应、振动疲劳、声疲劳以及其他飞机结构强度问题的分析方法。

本书的章节安排如下：

第一章绪论。简要介绍飞机结构动强度问题的基本概念与定义，结构动强度问题的特点，飞机结构动强度问题的分类，飞机结构动强度问题与结构动力学问题的关系，以及飞机设计中主要的结构动强度问题。

第二章结构动强度分析与设计的动力学模型。介绍相关的结构动力学基本理论，结构动力学建模方法，流固耦合建模分析方法，以及结构动力学试验与动力学模型修正方法。

第三章结构动强度设计的基本准则与处理方法。介绍结构动强度评估的基本准则，动强度设计中的极值载荷估计方法，动强度设计中的振动疲劳寿命分析方法，动强度设计中的声疲劳寿命估计方法，以及飞机结构动强度设计一般流程与基本原则。

第四章结构动力学优化设计。介绍结构动力学优化的数学模型，结构动力学优化设计的分类与主要方法，结构动力学特性灵敏度分析，桁架结构动力学尺寸优化设计，结构动力学形状优化设计，以及结构动力学边界支承优化设计等。

第五章飞机的颤振分析与防颤振设计。介绍颤振的基本概念，颤振产生的机理与防颤振基本设计原则，颤振的分析方法，以及防止操纵面颤振的设计方法等。

第六章飞机的抖振分析方法与防抖振设计。介绍飞机抖振边界的风洞试验方法，飞机抖振深度的确定方法，飞机抖振载荷的预估方法，飞机抖振响应计算方法，以及飞机防抖振设计。

第七章飞机的突风载荷分析。介绍离散突风与大气紊流基础知识，刚性机翼在离散陡边突风作用下的响应，弹性机翼在离散陡边突风作用下的响应，典型机翼剖面在连续大气紊流作用下的响应，弹性机翼在连续大气紊流作用下的响应，适航规章中的突风响应分析，以及飞机突风载荷的工程分析。

第八章飞机的着陆滑跑载荷分析与设计。重点介绍飞机着陆滑跑运动方程的建立，飞机着陆滑跑响应的时域分析方法，以及飞机着陆滑跑响应的频域分析方法。

第九章飞机的声疲劳分析与设计。介绍声学基本理论与概念，结构声疲劳模型建立与分析方法，以及声疲劳试验技术。

第十章飞机设计中的其他动强度问题。介绍飞机炮振动强度分析及设计，飞机管路系统结构动强度分析与试验技术，飞机发动机振动引起的动强度问题，飞机操纵系统的振动，以及飞机的抗鸟撞设计。

编写本书的初衷是为航空工程领域的研究生提供一本航空结构动强度分析与设计的入门教材。本书共分十章，除第一章外，每一章都可视为航空结构动强度分析与设计的一个专题。

本书第一章、第五章由杨智春编写，第二章由谷迎松编写，第三章由李斌编写，第四章由王栋编写，第六章由王巍编写，第七章由李毅编写，第八章由王乐编写，第九章由周杰编写，第十章由贺尔铭编写。全书由杨智春统校。

由于水平有限，书中难免存在不足之处，敬请读者不吝指正！

编著者

2020 年 12 月 20 日

目　录

第一章 绪 论

1.1 飞机设计中的结构动强度问题

什么是飞机结构的动强度问题？如何进行飞机结构动强度分析与设计？相信这是很多读者看到这本书时最先想知道的问题，这也是编者在与一些年轻的飞行器结构强度设计人员交流中，经常被问到的问题。这正是我们编著这本书的初衷。

首先讲什么是飞机设计中的动载荷，再回答什么是飞机结构的动强度问题。

在飞机使用过程中，机体结构除了受到重力、气动升力等静态载荷、温度变化带来的热载荷（本书不涉及热载荷作用下的结构热强度问题）外，还会受到随时间变化的动态载荷。通常将动态载荷简称为“动载荷”。动载荷是指载荷大小（幅值）和（或）方向随时间变化的载荷。动载荷的大小可能是简谐变化的、周期变化的，也可能是随机变化的；动载荷变化的频率可能是单频的，也可能是多频的；动载荷可能是持续作用的稳态载荷，也可能是短时间作用的瞬态载荷。一般将随时间变化、持续作用在结构上的动载荷，称为振动载荷，而将瞬时作用在结构上、持续时间小于结构自由振动最大周期（与基频对应）一半的动载荷，称为冲击载荷。

有了动载荷的定义，就可以给出狭义的结构动强度问题的定义：结构在振动载荷、冲击载荷直接作用下产生的响应、损伤和失效问题，称为结构动强度问题。如果动载荷不是以动态力的形式直接作用在结构上，而是以基础振动、冲击运动的形式来使结构、机载设备、系统、人员产生动力学响应，则称为动力学环境问题。飞机结构受动载荷作用而产生动态响应这个工程领域的结构动强度问题，其理论基础是结构动力学的理论与方法。根据动载荷作用在结构上的持续时间，结构动力学问题又分为结构振动问题和结构冲击问题。广义上，把动载荷（振动、冲击载荷和基础振动、冲击运动）引起的结构响应、损伤、失效问题，都归属于结构动强度问题，因为它们对应的结构动力学本质和在结构中引起动态应力的后果都是相同的。在动力学环境下（不从其功能故障的角度看），机载设备、机载系统的结构件发生动强度破坏时，实际上也是结构动强度问题，如管道结构的振动问题、发动机的减振安装问题等。从结构强度的观点看，结构动强度问题的根本原因是结构在动载荷激励（动态力、基础运动）作用下产生的动态应力（结构的应力也称为“内载荷”）。从这个角度出发，可以给出广义的结构动强度问题定义：结构在动载荷作用下产生的响应、损伤和失效问题，称为结构动强度问题。

飞机结构上动载荷的来源主要有三大类，分别如下：

（1）地面上的动载荷——飞机在着陆时产生的冲击载荷、地面滑跑时的振动载荷、前轮摆振引起的振动载荷等。

（2）飞行中的动载荷——在飞机机体上气流附面层分离引起的压力脉动、飞机飞行中受到大气紊流激励引起的非定常气动力，即全机突风载荷；气流中机体的分离涡破裂产生的动载荷，如战斗机大攻角飞行时，前机身边条上脱体涡破裂后作用在尾翼上的抖振载荷；飞行中机体结构局部的脱体涡引起局部结构涡致振动所产生的动载荷；飞机的弹性结构与流场耦合产生动态失稳（如全机颤振、操纵面嗡鸣）所引起的动载荷；飞机急剧机动产生的各种动载荷；动力装置（如发动机、螺旋桨）引起的振动载荷；武器发射与投放、鸟撞、离散源撞击、坠撞等产生的冲击载荷；等等。

（3）噪声载荷——飞机等航空器在使用过程中，还可能经受动力装置工作时产生的噪声、空气动力噪声的作用，对军用飞机还要经受武器系统发射产生噪声的作用，当噪声的声压级超过 140 分贝时，需要考虑噪声载荷引起的声疲劳问题。噪声载荷实质上是一种空间分布的、动态随机压力载荷，在航空结构动强度分析与设计中，把引起结构声疲劳的噪声载荷，单独分类。

这些振动、噪声和冲击载荷作用在飞机结构上，所产生的动力学响应不仅与飞机的运动状态有关，而且与飞机结构本身的动力学特性密切相关。动载荷对飞机及其设施所造成的危害主要体现在如下三方面：

（1）使飞机结构产生过度振动甚至共振，从而导致结构破坏或振动疲劳损伤；

（2）强烈的振动会使得机载设备、机载系统发生功能失效或结构损坏；

（3）使机上工作环境恶化，影响乘员的操作和舒适性，使工作效率降低。

动强度问题引发的振动故障会降低飞机的飞行品质、增大维修成本、降低飞机结构的寿命及结构与设备的耐久性与可靠性。动强度问题不仅影响在役飞机的出勤率，甚至影响在研飞机的设计定型。

飞机设计的工程实践表明，即使飞机设计定型后，在服役过程中出现的故障和事故中，很大一部分都是由动强度问题引起的，在飞机设计中，动强度问题已经引起了设计人员的高度重视。飞机结构的动强度问题不仅会发生在机体结构上，而且会发生在机载设备、操纵系统、动力装置、机载武器和特种设备等成品上。在飞机机体结构设计和成品的结构设计中，都必须重视结构动强度设计问题。现代飞机结构设计技术的发展，也要求设计人员必须运用结构动力学分析理论和设计方法，把结构动力学设计的观念贯彻到结构设计的全过程中。

从动载荷产生的来源看，可以将飞机结构的动强度问题分为两类，即结构的强迫振动响应（如抖振响应、突风响应、滑跑响应等）和冲击响应（如着陆撞击响应、炮击响应、鸟撞响应等）带来的动强度问题，以及结构动力学失稳（如全机颤振、操纵面嗡鸣和前轮摆振等）带来的动强度问题。

对飞机结构动强度问题的研究实践，早于结构动强度概念的形成。20 世纪 30 年代，飞机设计工程师就开始了对飞机颤振问题和着陆缓冲技术的研究。随着飞机技术的发展，飞机的性能不断提高，飞机的结构和使用环境更加复杂，飞机结构所承受的动载荷和动态环境也更加严峻，飞机结构动力学设计技术也更得到了飞机设计工程师的重视。随着动态测试技术和设备以及动态数据处理和信号分析技术的发展，结构实验模态分析逐步成为一门独立的技术，并与结构振动分析理论、动载荷预计与测试技术、动力学测试与分析方法、振动控制技术、结构动力学计算机仿真技术一起，构成了飞机结构动强度分析与设计的方法体系。

从 20 世纪 90 年代末到 21 世纪初，结构动力学优化设计、智能结构振动控制以及复合材料结构动力学分析与试验技术在飞机结构动强度领域得到了长足的发展和应用。目前，这些技术仍然是飞机结构动强度领域的研究热点，推动着飞机结构动强度分析与设计技术继续向前发展。

根据结构动强度分析的理论基础——结构动力学，可以看到结构动强度问题与结构静强度问题的一个明显区别，即分析和解决结构强度问题时，是否必须考虑结构的惯性特性。由于结构动力学响应与结构的阻尼特性有关，特别是结构在其共振区的动力学响应对阻尼很敏感，因此，是否考虑结构的阻尼特性也是结构动强度问题与结构静强度问题的另一个明显区别。

通常可以按照飞机结构动强度问题发生的部位，对飞机结构的动强度问题进行如下分类：

(1)整体结构的动强度问题——如突风响应问题、滑跑响应问题舰载机着舰拦阻与起飞弹射和全机颤振等问题。

(2)局部结构的动强度问题——如局部结构的振动疲劳问题和风挡及机翼前缘的鸟撞等问题。

(3)部件结构的动强度问题——如起落架摆振及舵面嗡鸣等问题。

(4)系统结构的动强度问题——如管路系统的结构振动、炮击振动及发动机减振安装等问题。

1.2 飞机结构动力学分析与设计

长期以来，飞机承力结构的设计，都是按照“静强度设计、动强度校核”这种思路来进行的。这样做的原因，一方面是在进行飞机设计结构时，作用在飞机结构上的静载荷容易确定，且静载荷与结构本身无关，进行结构静强度设计时，只需要设计出结构的刚度分布特性，而结构重量只作为约束条件。另一方面是因为确定作用在飞机结构上的动载荷比较困难，且有些动载荷(如气动弹性载荷)还与结构本身的特性有关。进行结构动强度设计时，不仅需要设计出结构的刚度分布特性，而且要设计出结构的惯性分布特性，甚至需要设计出结构的阻尼特性。当然，结构重量也是动强度设计时需要考虑的约束条件。

飞机结构受到载动荷作用后，产生的动力学响应(强迫振动响应)，大致可以分为两类：结构的共振振动响应和过度振动响应。从工程意义上说，如果外激励的频率在结构某一阶固有频率对应的共振区内，则认为结构会发生共振；如果外激励频率在共振区外，或者结构受到宽频带随机激励且其频域响应函数曲线没有明显的共振峰，但振动响应依然超过了结构设计可以接受的振动量值，则认为结构存在过度振动。

工程实践中，在进行结构的动力学响应分析时，也把动载荷称为动态激励。

按照动载荷中所含的频率成分来划分，飞机结构主要承受以下两类动载荷的激励：

(1)简谐激励或周期激励、窄带随机激励——这类激励的频率成分或者比较单一，或者较少。对于承受这类动态激励的结构，主要对其固有频率提出设计要求，以避免结构在使用中发生共振。

(2)宽带随机激励——这类激励的频率成分比较丰富，通常覆盖了结构很多阶固有频率，对结构的固有频率进行设计有较大的困难。对于承受这类动态激励的结构，主要对其动力学响应提出设计要求，以避免结构在使用中产生过度振动。

如果结构同时承受周期激励和宽带随机激励，则需要对结构的固有频率和动力学响应同时提出设计要求。

在给出了明确的结构动力学特性指标后(固有频率特性指标和/或动力学响应指标)，就需要采用数学优化的方法来进行结构的动力学设计，通常称之为结构动力学优化设计。结构动力学优化设计工作，原则上包含如下三方面：

(1) 给定固有频率和响应要求的结构构型或结构布局设计优化。大多数情况下，结构构型和布局取决于总体设计思想，但可以根据结构构型或布局的动力学优化设计结果，向总体设计提出建议。

(2) 在结构构型或布局确定的前提下，对结构设计参数进行动力学优化设计或优选设计。这实际上是结构动力学优化设计的主要工作。

(3) 基本结构设计确定后，进行附加质量、附加刚度、附加阻尼甚至附加子结构的设计优化或优选，对结构进行被动的振动控制设计。这实际上是结构振动控制设计的研究内容，当然这些工作也属于结构动强度分析与设计的范畴。

由结构动力学分析的理论可知，进行结构动强度分析与设计，避不开结构的两个重要特性——结构的惯性特性(质量分布)与弹性特性(刚度分布)，考虑结构的惯性效应也是动强度问题与静强度问题相区别的重要方面之一。结构振动问题中的第三个重要特性是结构的阻尼特性，它也是结构动强度问题与静强度问题相区别的另外一个重要方面。

虽然结构的强度与结构的刚度是两个完全不同的概念，但在具体的飞机结构动强度问题分析中可以看到，结构动强度分析与设计又是与结构的刚度特性设计密不可分的，特别是对飞机设计中特殊的动强度问题——颤振的分析与设计，就是通过对飞机结构的刚度分布特性和惯性分布特性进行合理的设计，使颤振特性满足设计要求。

在一些动强度设计中，比如一些振动故障处理的设计，也可采用对结构的阻尼特性进行设计(如增加阻尼)的措施。

上述的设计措施，都显现出结构动强度设计与静强度设计的明显区别。人们在飞机设计的工程实践中认识到，飞机试飞和使用中出现的大量结构强度问题，都是由振动载荷、冲击载荷、噪声载荷和结构动力学不稳定问题等引起的，如果在发生这些故障后再去解决，往往代价很大，在飞机设计阶段主动进行动强度设计，或进行动强度主导的结构设计，意义十分重大。

要在飞机结构设计阶段进行结构动强度设计，就必须按照一定的设计要求来开展工作，这些设计要求，对军用飞机来说，就是国家军用标准，简称“国军标”(也称为军机规范)，对民用飞机来说，就是民用飞机适航标准或民用飞机适航规定(简称“适航条例”)。

飞机设计的实践表明，按照静强度要求设计的飞机主承力结构或整体结构，经过动强度分析校核后，一般不会产生动强度故障，但对于一些局部结构，由于所承受的动载荷比较复杂，或动载荷难以准确预计，往往会在使用中出现动强度问题。其中，局部结构的振动疲劳问题和声疲劳问题，就是一个典型的飞机结构动强度问题。飞机结构相当大一部分动强度问题，最终都归结为振动疲劳破坏或声疲劳破坏问题，本书也有专门的章节介绍这些问题。

参考文献

[1] 姚起杭. 飞机动强度设计指南[M]. 西安:西北工业大学出版社,1997.

[2] 施荣明. 现代战斗机结构动强度设计技术指南[M]. 北京:航空工业出版社,2012.

[3] 张阿舟. 振动环境工程[M]. 北京:航空工业出版社,1986.

[4] 中国飞机强度研究所. 航空结构强度技术[M]. 北京:航空工业出版社,2013.

第二章　结构动强度分析与设计的动力学模型

本章主要介绍结构动力学建模及模型确认的基本理论、方法和流程。首先概述强度规范对结构动力学建模分析及验证方法的基本要求，简要介绍结构动力学方程及模态分析的基本理论，并给出结构动力学有限元建模方法；然后介绍流固耦合建模分析方法，并给出典型实例；最后简述实验模态分析原理和模型修正方法。

2.1　概　　述

在飞行器结构强度学科中，动强度研究又称为结构动力学研究，包括动强度分析和动强度试验（又分别称为动力学分析和动力学试验）。通常，飞行器结构在动载荷条件下的强度校核计算，是通过动力学分析求出结构中的应力后，按静强度准则或疲劳与断裂准则进行的。飞行器结构在飞行或地（水）面运动中遇到的大量问题是动力学问题，结构的振动总是有害的。尾翼抖振、机翼颤振、前轮摆振、液压伺服系统稳定性等动强度问题曾是飞机技术发展中的障碍。仅增加静强度并不能彻底解决这类问题，于是发展了动力学分析方法。随着飞行器结构柔性的不断增加，结构在动载荷下的变形往往显著地影响气动载荷的大小和分布，甚至影响飞行器的操纵稳定特性，这对于飞行器的总体设计布局和结构形式的选择都有很大影响。

我国《军用飞机结构强度规范》（GJB 67A－2008）中与动强度有关的内容主要包括以下方面：

（1）地面载荷，规定应根据飞机的一般参数、特殊设计和构造参数及其合理的参数组合确定飞机的动态响应情况。这些受载情况包括拦阻载荷、弹射载荷、动态滑行载荷、着陆撞击载荷以及前轮偏摆稳定性等。

（2）飞行载荷，规定阵风（即突风）载荷谱应通过对连续紊流或离散阵风进行分析而予以确定。

（3）气动弹性，规定了在飞机设计和制造过程中，防止颤振、发散及其他气动弹性不稳定的要求和所需进行的分析、地面试验和飞行试验工作。

为符合设计规范要求，需要进行的动力学响应分析包括阵风、抖振和外挂物投放、滑行、着陆、着舰、舰上起飞和拦阻着舰动态分析，以及完成气动弹性稳定性分析。进行结构动强度设计分析，有必要建立符合实际的数学模型，称之为结构动力学模型，简称“动力模型”。

2.2 结构动力学基本理论

2.2.1 结构动力学方程

在飞行器设计工程中，飞行器结构的振动分析可以借助有限元方法将连续结构离散为有限个自由度的离散系统(多自由度系统)，并用合适的形状函数来模拟单元的质量分布和刚度分布，从而得到单元的质量矩阵和刚度矩阵，最后按照一定的原则组装出结构的总体质量矩阵 $\boldsymbol{M}$ 和总体刚度矩阵 $\boldsymbol{K}$ (具体方法将在 2.3 节介绍)。从而可以写出系统的动能和势能表达式，再应用拉格朗日方程，假定系统不受外激励作用，则可建立起多自由度系统的自由振动方程为

$$\boldsymbol{M}\ddot{\boldsymbol{u}} + \boldsymbol{K}\boldsymbol{u} = \boldsymbol{0} \tag{2.1}$$

式中，$\boldsymbol{M} \in \mathbf{R}^{N\times N}$，$\boldsymbol{K} \in \mathbf{R}^{N\times N}$ 分别为系统的质量矩阵和刚度矩阵；$\boldsymbol{u} = [u_1 \quad u_2 \quad \cdots \quad u_N]^{\mathrm{T}}$ 为系统的广义坐标位移矢量；N 为结构有限元离散后的总自由度数。

2.2.2 模态分析方法

1. 特征方程

类似单自由度系统的情况，对于多自由度系统的自由振动，可令 $\boldsymbol{u}(t) = \boldsymbol{X}\mathrm{e}^{pt}$，而系统的无阻尼固有振动为简谐振动，即 $p = \mathrm{i}\omega$(ω 为固有频率)，由式(2.1)可得其特征方程为

$$(\boldsymbol{K} - \omega^2\boldsymbol{M})\boldsymbol{X} = \boldsymbol{0} \tag{2.2}$$

式(2.2)左乘 $\boldsymbol{M}^{-1}$ 后，可以转化为以下标准特征值问题：

$$(\boldsymbol{M}^{-1}\boldsymbol{K} - \omega^2\boldsymbol{I})\boldsymbol{X} = 0 \tag{2.3}$$

即 ω^2 是矩阵 $\boldsymbol{M}^{-1}\boldsymbol{K}$ 的特征值，求得特征值后，也可求得与之对应的特征向量 $\boldsymbol{X}$。

对于 N 自由度系统，对应的特征值也应有 N 个($\omega_1^2, \cdots, \omega_i^2, \cdots, \omega_N^2$)，$\omega_i$ 称为系统的第 i 阶固有频率，它反映了结构自由振动随时间的周期变化特性。对应于特征值 ω_i^2 的特征向量 $\boldsymbol{X}_i$，通常也写作 $\boldsymbol{\phi}_i (i = 1, 2, \cdots, N)$，即

$$\boldsymbol{\phi}_i = \boldsymbol{X}_i = [X_{i1} \quad X_{i2} \quad \cdots \quad X_{iN}]^{\mathrm{T}} \tag{2.4}$$

称之为对应于系统第 i 阶固有频率 ω_i 的固有模态或固有振型，也简称为“模态”或“振型”。固有振型反映了结构自由振动在空间的变化特性。

由于各阶固有频率及所对应的固有振型是成对出现的，故振动理论中所说的系统模态特性包含两个要素，即模态频率和对应的模态振型，也分别称之为固有频率和对应的固有振型。

对于无阻尼自由振动情况，若结构以固有频率发生振动，则各个自由度的运动具有统一的相位，即各广义坐标的位移同时达到最大振幅或最小振幅(如图 2-1 中的虚线和实线所示)。注意，由于固有振型是式(2.3)的齐次代数方程的非零解，因此固有振型向量中各分量的数值只具有相对的大小。

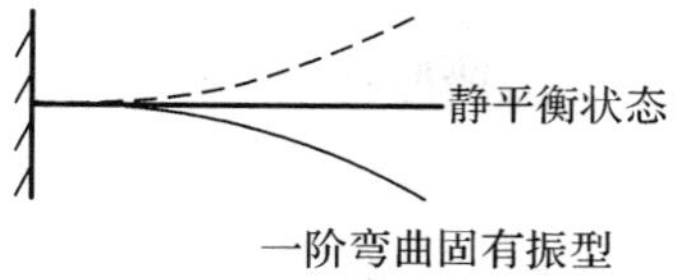

图 2-1　悬臂梁结构第一阶弯曲振动模态的固有振型示意图

求解固有振动特性是飞行器结构振动分析最基本的任务之一，是后续开展飞行器颤振分析和动力学响应分析的基础。

2. 固有模态的正交性

固有模态的正交性是指模态振型对质量矩阵 $\boldsymbol{M}$ 及刚度矩阵 $\boldsymbol{K}$ 的加权正交性，即

$$\left.\begin{aligned}\boldsymbol{\phi}_s^{\mathrm{T}}\boldsymbol{M}\boldsymbol{\phi}_r &= 0 \quad (r \neq s, \omega_r \neq \omega_s)\\ \boldsymbol{\phi}_s^{\mathrm{T}}\boldsymbol{K}\boldsymbol{\phi}_r &= 0 \quad (r \neq s, \omega_r \neq \omega_s)\end{aligned}\right\} \tag{2.5}$$

式(2.5)中，当 $r=s$ 时，有

$$\left.\begin{aligned}\boldsymbol{\phi}_r^{\mathrm{T}}\boldsymbol{M}\boldsymbol{\phi}_r &= M_r\\ \boldsymbol{\phi}_r^{\mathrm{T}}\boldsymbol{K}\boldsymbol{\phi}_r &= K_r\\ K_r &= M_r\,\omega_r^2\end{aligned}\right\} \tag{2.6}$$

其中，ω_r 是系统的第 r 阶模态的固有频率；M_r，K_r 分别称为系统的第 r 阶模态的广义质量和广义刚度，也称为第 r 阶模态质量和模态刚度。

将各阶模态振型的列向量 $\boldsymbol{\phi}_i$ 按顺序组成一个矩阵，称为系统的模态矩阵，即

$$\boldsymbol{\Phi} = [\boldsymbol{\phi}_1 \quad \boldsymbol{\phi}_2 \quad \cdots \quad \boldsymbol{\phi}_N] \tag{2.7}$$

利用式(2.6)的结果可定义广义质量阵(模态质量阵)为

$$\overline{\boldsymbol{M}} = \boldsymbol{\Phi}^{\mathrm{T}}\boldsymbol{M}\boldsymbol{\Phi} = \mathrm{diag}(M_1 \quad M_2 \quad \cdots \quad M_N) \tag{2.8}$$

广义刚度阵(模态刚度阵)为

$$\overline{\boldsymbol{K}} = \boldsymbol{\Phi}^{\mathrm{T}}\boldsymbol{K}\boldsymbol{\Phi} = \mathrm{diag}(K_1 \quad K_2 \quad \cdots \quad K_N) \tag{2.9}$$

其中，diag(•) 表示对角阵。

3. 位移展开定理和运动方程解耦

对于式(2.1)的矩阵运动方程，如果把它展开成 N 个微分方程会发现，每一个方程都包含各个物理坐标方向的位移，可称这样的方程是坐标耦合的。显然，坐标耦合的运动微分方程不便于求解。

根据线性代数的知识，由于 N 自由度系统的 N 个模态振型向量之间具有正交性，这些已知的模态振型向量可以组成一个 N 维广义坐标空间，任意一个 N 维向量可以在该 N 维广义坐标空间与原来 N 维物理坐标空间之间变换。因此，N 自由度系统的 N 维物理坐标位移向量 $\boldsymbol{u}(t)$，可以展开为模态坐标位移的加权形式，即(位移展开定理)：

$$\boldsymbol{u}(t) = \boldsymbol{\Phi}\boldsymbol{q} = \sum_{i=1}^{N} q_i(t)\,\boldsymbol{\phi}_i \tag{2.10}$$

其中，$\boldsymbol{q}$ 称为模态坐标。将式(2.10)代入式(2.1)，并将两端左乘 $\boldsymbol{\Phi}^{\mathrm{T}}$，利用式(2.5)和式(2.6)的结果，可得到如下形式的模态运动方程：

$$M_r\,\ddot{q}_r(t) + K_r\,q_r(t) = 0 \quad (r = 1,2,\cdots,N) \tag{2.11}$$

注意到，式(2.11)的 N 个模态坐标的运动微分方程互相是不耦合的，即每个方程只包含一个模态坐标，可称这样的方程是坐标解耦的，简称“解耦方程”。显然，N 自由度系统坐标解耦的方程求解非常方便，即只需要逐个求解仅包含一个模态坐标(未知数)的微分方程，在求得所有模态坐标的解后，再根据式(2.10)即可得到物理坐标下的振动位移向量。

在气动弹性动力学分析中，一般可认为结构振动的能量主要集中在低阶模态上，气动弹性动力学失稳也是由低阶模态间的耦合所致，而高阶模态的贡献可以忽略，于是可以在式(2.10)中只考虑前面 m 个低阶模态的贡献，即只用前 $m(m \ll N)$ 个模态坐标和模态振型来近似展开物理位移向量：

$$\boldsymbol{u}(t) = \sum_{i=1}^{m} q_i(t)\boldsymbol{\phi}_i \tag{2.12}$$

这种近似处理方式，称为模态截断。从而得到仅保留有 m 个模态坐标的运动方程为

$$M_r \ddot{q}_r(t) + K_r q_r(t) = 0 \quad (r = 1,2,\cdots,m) \tag{2.13}$$

实际工程中，复杂结构往往具有数以万计的自由度(相应就有数以万计的模态振型)，获得全部的模态振型结果显然是不现实的。通常从工程应用的角度，只需要求解其前 m 阶固有模态，并采取模态截断的方式进行运动方程的模态坐标解耦，仅对其前 m 阶模态坐标所对应的模态坐标运动方程进行分析。在求得式(2.13)中模态坐标的解后，利用截断的模态坐标展开式(2.12)获得其物理坐标下的振动位移。这样一来，就实现了从 N 自由度结构振动系统到 m 自由度系统的降阶，从而可以大大提高计算效率。

4. 阻尼模型

注意到在前述的分析中，都忽略了结构的阻尼，而实际的工程结构都存在一定的阻尼，但产生阻尼的物理机制复杂，这导致其理论建模非常困难，通常都采用先验的阻尼特性假设。在飞行器工程振动分析中，常用的两种阻尼是线性黏性阻尼和线性结构阻尼。线性黏性阻尼是最常用的阻尼形式，它假定系统在某个物理坐标方向的阻尼力与该坐标方向上的运动速度成正比(比例系数称为阻尼系数)，而阻尼力的方向与运动速度方向相反。一种更简便的工程处理方式是在式(2.13)中直接引入模态坐标下的线性黏性阻尼力，即

$$M_r \ddot{q}_r(t) + C_r \dot{q}_r(t) + K_r q_r(t) = 0 \quad (r = 1,2,\cdots,m) \tag{2.14}$$

其中，模态阻尼系数 $C_r = 2\zeta_r M_r \omega_r$，可结合飞行器地面振动试验方法进行各阶模态阻尼比 ζ_r 的识别。如没有试验数据，一般可认为飞行器结构各阶模态阻尼比均为 $\zeta = 0.015$，它对应的等效结构阻尼系数为 $g = 2\zeta = 0.03$(在本书后续的颤振分析内容中，将用到这个结构阻尼系数 g)。

2.3 结构动力学有限元建模方法

2.3.1 飞机结构动力学有限元建模的特点

飞机结构具有无限个自由度，它由力学特性各不相同的多种部件组成，而且还有许多不连续的区域。要对结构进行动强度计算分析，必须首先将真实结构简化成有限自由度的计算模

型。这种简化过程通常称为结构动力学建模。

结构动力学模型简化有多种方法。目前使用最多的是有限元素法，就是将结构离散化为有限个结点和连接这些结点的有限个元素。这是一个相当复杂的过程。结构建模合理与否，直接影响分析的工作量和结果的精度，甚至影响分析的成败。结构建模的原则是，在满足精度要求的前提下，尽量使模型简化，以减小分析工作量。

结构建模必须抓住主要矛盾，分清主要因素和次要因素，区别对待，确定必须进行详细分析和可以从简的部件（或部位）。例如，分析机翼的振动特性时，对机翼结构就应该进行详细的模拟，而对机身、垂直尾翼和水平尾翼的结构就可以进行较大的简化。

结构建模的方法与分析目的有关。例如，用于静力分析的结构有限元模型（简称“静力模型”）和用于气动弹性分析的结构有限元模型（简称“气动弹性模型”）主要有以下差异：

（1）静力分析的严重情况是大载荷情况，对于受压部件，必须考虑失稳问题。气动弹性分析的临界情况一般是非高载情况下的微幅振动，因而一般可以不考虑受压部件的失稳问题。

（2）气动弹性分析着眼于飞机的总体特性，而不是结构的细节特性，因而对气动弹性模型，可以在静力模型的基础上进行简化。但随着计算能力的提高，有时会直接采用静力模型，不再进行大的简化。一般来说，对于小展弦比翼面，气动弹性模型和静力模型比较接近；对于大展弦比翼面，气动弹性分析往往采用单梁模型，相比静力模型大为简化。

在气动弹性分析中，静气动弹性分析和动气动弹性分析所用的结构模型一般是大体相同的。静气动弹性分析模型可以略为简化。动气动弹性分析中要考虑惯性特性，包括燃油的惯性特性以及随频率变化的环节。本节的讨论主要针对适用于动态分析的结构动力学模型有限元建模方法。

2.3.2　结构离散化

结构离散化有两种方法：第一种是直接根据结构特点将其分解成杆元、梁元、板元、弹簧元以及刚性元等。根据结构 CAD 设计图，可采用有限元前处理软件进行单元网格划分，元素的属性参数可以直接根据结构 CAD 设计图确定，但所生成的模型，自由度往往较高。当然这种离散化模型也可以有相当大的差别，可以详细到每个结构件都对应一个元素，也可以简化，把几个纵向构件（如桁条）或横向构件（如肋）合并为一个元素。第二种方法是先将结构简化为一维或二维弹性体，如梁、梁架、板等，再分别将其分解成若干梁元、杆元、板元等。这样生成的模型自由度较前者更低，但元素参数需根据真实结构的特性进行细致的当量化处理。为了验证简化的合理性，最好将模型的若干结点处的柔度影响系数或刚度影响系数与原结构进行比较，对模型及其元素的参数进行必要的调整。

1. 坐标系

为了建模方便，通常使用以下三种直角坐标系：

（1）元素坐标系，如图 2-2(a)所示，$O_e - x_e y_e z_e$；

（2）部件坐标系，如图 2-2(b)所示，$O_w - x_w y_w z_w$ 为右机翼局部坐标系；

（3）全机坐标系，如图 2-2(b)所示，$O_f - x_f y_f z_f$。

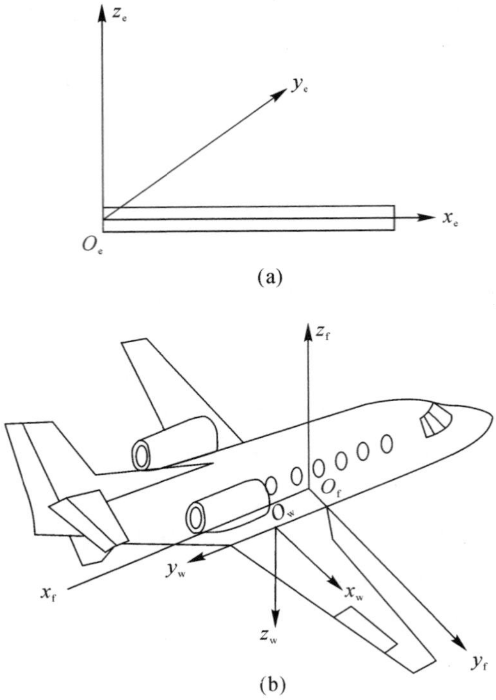

图 2-2　坐标系示意图

(a)元素坐标系;(b)部件坐标系和全机坐标系

2. 结点

有限元模型的结点,一般位于实际结构构件的交点处。结点数目决定着模型的规模,应该在保证精度的前提下尽量少取,且结点的位置和数量要便于结点位移或模态的处理。对于不能忽略弦向变形的翼面,每个弦向截面上应至少有三个结点。

结点位移包括三个坐标轴方向的线位移和绕三个坐标轴的角位移,分别用 $u_1, u_2, u_3, u_4, u_5, u_6$ 表示,每一种线位移或角位移称为一个自由度上的位移。相应的结点载荷是三个坐标轴方向的力和绕三个坐标轴的力矩,分别用 $P_x, P_y, P_z, M_x, M_y, M_z$ 表示。相应的集中质量单元特性,对应线位移的是质量参数,对应角位移的是绕三个坐标轴的质量惯性矩参数,分别用 $m_x, m_y, m_z, I_x, I_y, I_z$ 表示。

3. 元素刚度矩阵和质量矩阵

(1) 元素刚度矩阵。令第 i 个元素的结点位移向量为 $\boldsymbol{u}_i$,应变向量为 $\boldsymbol{\varepsilon}_i$,应力向量为 $\boldsymbol{\sigma}_i$,弹性模量矩阵为 $\boldsymbol{E}_i$,并以 $\boldsymbol{B}_i$ 表示几何矩阵,则有

$$\boldsymbol{\sigma}_i = \boldsymbol{E}_i \boldsymbol{\varepsilon}_i \tag{2.15}$$

$$\boldsymbol{\varepsilon}_i = \boldsymbol{B}_i \boldsymbol{u}_i \tag{2.16}$$

于是,第 i 个元素的刚度矩阵为

$$\boldsymbol{K}_i = \int_{\bar{V}_i} \boldsymbol{B}_i^{\mathrm{T}} \boldsymbol{E}_i \boldsymbol{B}_i \mathrm{d}\bar{V} \tag{2.17}$$

式中,$\bar{V}$ 是元素体积。

(2)元素质量矩阵。令第 i 个元素体内的位移函数为 $\boldsymbol{d}_i$，则有

$$\boldsymbol{d}_i = \boldsymbol{\Pi}_i \boldsymbol{u}_i \tag{2.18}$$

式中，$\boldsymbol{\Pi}_i$ 是位移形函数(或插值函数)。

于是，元素质量矩阵为

$$\boldsymbol{M}_i = \int_{\bar{V}_i} \rho_{m_i} \boldsymbol{\Pi}_i^{\mathrm{T}} \boldsymbol{\Pi}_i \mathrm{d}\bar{V} \tag{2.19}$$

式中，ρ_{m_i} 是第 i 个元素的质量密度。

式(2.19)表示的元素质量矩阵称为一致质量矩阵，或称为协调质量矩阵。

另一种元素质量矩阵称为集中质量矩阵，就是把元素的质量按杠杆原理分配给该元素的结点。

一致质量矩阵比较适合于高阶固有模态的计算。但实际上，一般的动力建模大都采用集中质量矩阵。

按有限元模型尺寸计算出的质量同飞机实际结构质量有较大的出入，必须根据经验进行修正。当然，也可以按实际结构计算构件质量，分到各个结点，形成元素质量矩阵。但是需要注意，当构件尺寸更改(特别是优化设计)时，这种方式不能自动生成新的元素质量矩阵。

4. 总体刚度矩阵和总体质量矩阵

结构(全机或部件)的总体刚度矩阵和总体质量矩阵需要在总体坐标系(全机坐标系或部件坐标系)中组装，需要对元素刚度矩阵和质量矩阵进行坐标变换。令 $\boldsymbol{T}_i$ 为第 i 个元素的坐标系转入总体坐标系的转换矩阵。于是，可以按照结点自由度进行组装，即总体刚度矩阵为

$$\boldsymbol{K} = \sum_i \boldsymbol{T}_i^{\mathrm{T}} \boldsymbol{K}_i \boldsymbol{T}_i \tag{2.20}$$

总体质量矩阵为

$$\boldsymbol{M} = \sum_i \boldsymbol{T}_i^{\mathrm{T}} \boldsymbol{M}_i \boldsymbol{T}_i \tag{2.21}$$

5. 消去非独立自由度

上面形成的总体刚度矩阵可能是奇异的，某些自由度之间可能是不独立的。为了消除总体刚度矩阵的奇异性，应当施加各种约束。详见后续关于约束的介绍。

2.3.3 常用元素概述

现在通用的各种结构有限元分析软件都有自己的元素库。本节将简要介绍一些常用的元素。

(1)杆元。杆元是连接两个结点的线元素，它只提供沿轴线的拉压刚度。杆元可分成等切面杆元和变切面杆元，也可分成平面杆元和空间杆元。

(2)梁元。梁元也是连接两个结点的线元素。它除了提供拉压刚度外，还可提供弯曲刚度、扭转刚度和横向剪切刚度。梁元可以分成等切面梁元和变切面梁元，也可以分成平面梁元和空间梁元。

(3)板元。板元包括各种二维元素。按形状分，有三角形元和四边形元。按承力性质分，有膜元、纯剪板元、弯曲板元和一般板元。现分别简述如下：

1)膜元　只提供面内拉压刚度和面内剪切刚度,多用于薄蒙皮。

2)纯剪板元　是膜元的一个特例,它只提供面内剪切刚度,多用于薄蒙皮和腹板。

3)弯曲板元　只提供弯曲刚度和横向剪切刚度,适用于板中面的面内变形可以忽略的厚蒙皮。

4)一般板元　既提供面内拉压刚度和剪切刚度,又提供弯曲刚度和横向剪切刚度。适用于一般的厚蒙皮。

各种板元均不提供绕垂直于板平面方向的轴线的旋转刚度。

(4)体元。体元包括各种三维实体元素,它提供三个平移方向上的刚度。按形状分,有四面体元、五面体元、六面体元。各种体元可有不同数目的结点。四面体元可有 4～10 个结点,五面体元可有 6～15 个结点,六面体元可有 8～20 个结点。对于结构动力学分析模型,体元应用相对较少,它主要用于蜂窝结构的整体模拟。

(5)弹簧元。弹簧元又称为弹性标量元,可连接两个自由度之间的位移(包括线位移和角位移),直接给出两个自由度之间的弹簧刚度系数,主要用于模拟连接弹簧。如果已用试验或计算求得两个自由度之间的弹簧刚度系数,则使用它就很方便。

(6)广义元。广义元又称为一般元,是弹簧元的推广。它可连接任意数目的结点自由度上的位移,直接给出这些结点自由度之间的刚度影响系数矩阵或柔度影响系数矩阵。如果已用试验或计算求得这些刚度影响系数矩阵或柔度影响系数矩阵,则使用广义元就非常方便。例如,采用广义元可进行翼吊发动机的连接刚度模拟。

(7)刚性元。刚性元实质上是下面将要讲到的多点约束的一种特殊形式,但通常被当作一类元素来使用。一个空间刚体最多有 6 个独立的自由度,其余的自由度均可表达成这 6 个自由度的线性组合,称为非独立自由度。如图 2-3 所示,假定 O 点的 6 个自由度为独立自由度,则 i,j,k 等结点的自由度均取决于 O 点的 6 个自由度,为非独立自由度。非独立自由度的个数等于多点约束方程的个数。

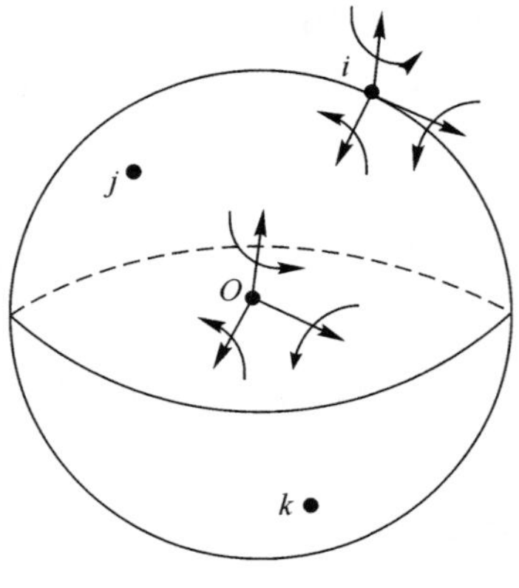

图 2-3　刚性元

刚性元有广泛的应用,现举例如下:

1)若结构中某构件(或部件)的刚度远远大于其他构件(或部件)的刚度,其变形可以忽略不计,或者某构件(或部件)的最低固有频率远远大于分析要求的最高固有频率,则可用刚性元来模拟该构件或部件。

2)对于单梁模型,若质心偏离单梁轴线,则可用刚性元来连接质心和单梁结点。同样,若要求单梁轴线外某些点的位移或模态,则可用刚性元来连接这些点和单梁结点,这样便于后续采用面样条插值方法与气动升力面进行耦合。

3)用于翼面和机身的连接、操纵面和主翼面的连接、外挂物与翼面的连接等。

2.3.4　约束

对有限元模型,还需要引入必要的边界条件,进行对称性处理和零刚度约束,指定某些连接关系,等等。这就要用到各种各样的约束条件。约束可以分为两类,单点约束和多点约束,现分别叙述如下。

1. 单点约束

某些自由度上的位移(线位移或角位移)被限定为零或给定的值,称为单点约束。

单点约束的主要应用如下:

(1)引入边界条件。如图 2-4 所示的矩形板,一边固支,可用单点约束将结点 1,6,11 的线位移和角位移约束为零。

(2)对称性处理。如图 2-5 所示,结构相对于 xOz 平面为对称(图中 Oz 轴垂直于纸面向外,未绘示出)。计算模型只取右半结构,对称面上的元素刚度和结点惯性数据均取一半。根据对称条件,将对称面上的结点 7 和 8 的某些自由度上的线位移和角位移限制为零。

1)对称状态:将结点 7 和 8 的线位移 u_y,角位移 θ_x 和 θ_z 约束为零。

2)反对称状态:将结点 7 和 8 的线位移 u_x 和 u_z,角位移 θ_y 约束为零。

(3)零刚度处理。例如,由杆元和板元组成的在 xOy 平面内的模型,绕 z 轴旋转的刚度就为零,如图2-6所示。该模型的刚度矩阵是奇异的。为了消除刚度矩阵的奇异性,应将零刚度方向的位移(此处的角位移 θ_z)约束为零。

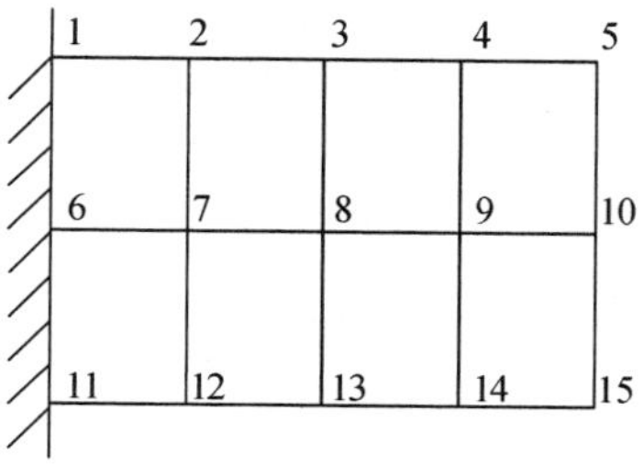

图 2-4　矩形板边界条件

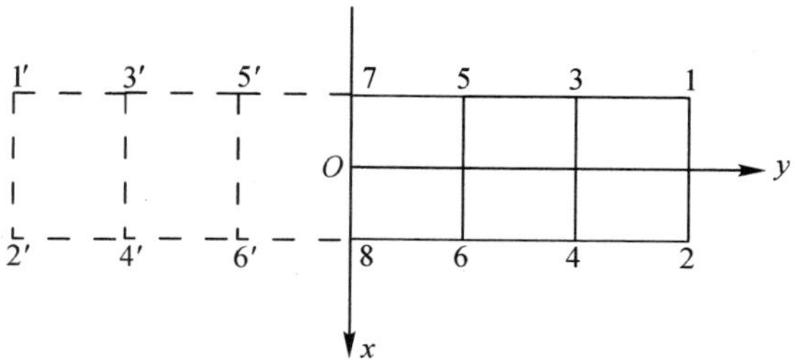

图 2-5　对称性处理示例

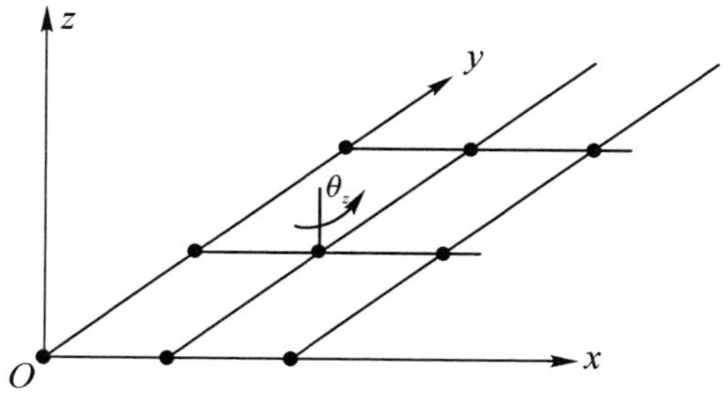

图 2-6　零刚度方向示例

2. 多点约束

将结构一部分自由度上的位移表示成另一部分自由度上的位移的线性组合，称为多点约束。则有

$$\boldsymbol{u}_m = \boldsymbol{a}_{mn}\boldsymbol{u}_n \tag{2.22}$$

式中，$\boldsymbol{u}_m$ 是非独立自由度上的位移向量；$\boldsymbol{u}_n$ 是独立自由度上的位移向量；$\boldsymbol{a}_{mn}$ 是系数矩阵。

多点约束主要应用如下：

(1)规定某结点沿某方向的位移为零，而该方向不与坐标系中各坐标轴平行。如图 2－7 所示，规定结点 j 沿 $i-j$ 方向的位移为零，则有如下关系式：

$$u_x\cos\alpha + u_y\sin\alpha = 0 \tag{2.23}$$

式中，u_x 是结点 j 沿 x 方向的线位移；u_y 是结点 j 沿 y 方向的线位移；α 是 $i-j$ 方向与 x 轴的夹角。

式(2.23)也可写成如下的形式：

$$u_x = (-\tan\alpha)u_y \tag{2.24}$$

式中，u_x 为非独立自由度上的位移；u_y 为独立自由度上的位移；$(-\tan\alpha)$为系数。

(2)铰接点。如果两个梁元在某点处铰接，则可在该点处设置两个结点，并令这两个结点的三个方向上的线位移 u_x，u_y，u_z 对应相等。通常，为便于描述绕铰链轴的转角，常需依铰链轴建立局部分析坐标系，并作为铰接点的分析坐标系。

(3)刚性元。如前节所述，刚性元实质上是多点约束的一种特殊形式。因而，刚性元可以同多点约束通用。

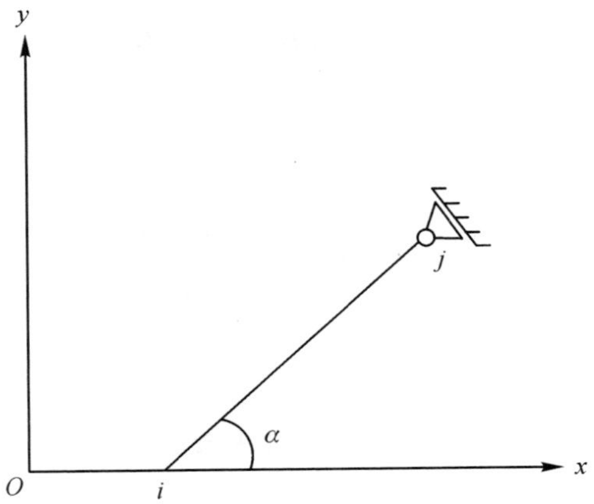

图 2－7　多点约束应用示例

2.3.5　结构动力学有限元建模典型示例

本节介绍几种常见的飞机结构(部件及全机)的结构动力学建模示例。由于现代飞机的气动和结构布局的多样化，这里仅给出一些示例性的做法。

1. 小展弦比翼面

小展弦比翼面的特点是，翼根效应区相对较大，翼面的弦向变形较大，不能忽略，其有限元模型大都采用杆板模型。基本按照实际结构，采用少量的简化建立有限元模型。

小展弦比翼面的结构形式主要有两种：一是梁式结构，蒙皮较薄；二是厚蒙皮结构，蒙皮较厚。厚蒙皮结构又有多墙式和多肋式之分。在建模时，主要是蒙皮所用的元素不同。对于梁式结构，蒙皮可以用膜元，也可用纯剪板。用纯剪板时，需将蒙皮承受正应力的能力折入杆元。对于厚蒙皮结构，蒙皮应该用一般板元模拟。

梁、墙、肋的上下凸缘用杆元模拟，承受正应力。腹板用纯剪板模拟，承受面内剪应力。桁条用杆元模拟。

元素形心到中性平面的距离对于厚度比较大的翼面，影响较小。反之，对于厚度很小的翼面，影响很大。当杆元中包括蒙皮承受正应力的能力时，杆元形心应取梁、桁条、肋的凸缘面积或/和蒙皮折算面积之和的形心。如果形心不这样选取，则梁、桁条、肋的凸缘面积或/和蒙皮面积就应进行折算。例如将杆元形心选在蒙皮中面上，则梁、桁条、肋的凸缘面积就应进行折算。

如前所述，飞机结构有许多不连续的部位，处理好这些不连续性是结构建模中的一个重要课题。

小展弦比机翼的杆板有限元模型的建模原理如图 2-8 所示。

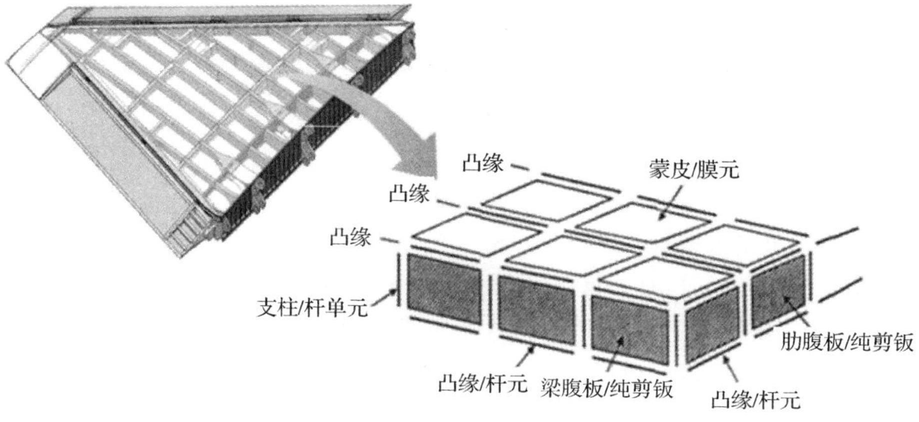

图 2-8 小展弦比机翼的杆板有限元模型的建模原理

2. 大展弦比翼面

大展弦比翼面的特点是，翼根效应区相对较小，弦向变形可以忽略。

大展弦比翼面仍然可以用杆板模型模拟，但是在气动弹性分析中，特别是在动态气动弹性响应和动态载荷分析中，也常用单梁模型模拟。单梁位置应位于翼面的刚心线上。一般，取肋向切面计算刚心。各切面刚心通常不在同一直线上，可用最小二乘法拟合成一条直线，使各切面刚心到这条直线的距离的平方和为最小。一般都将单梁放在翼弦平面内，所以先要求出各切面刚心在弦平面内的投影，再在弦平面内用最小二乘法拟合出单梁轴线。如果刚心线同肋向切面基本垂直，则可用肋向切面计算弯曲刚度和扭转刚度。否则，需取垂直于刚心线的切面重新计算。如果翼面刚心线有明显的转折，则可以用多段直梁组成的转折梁或曲梁来模拟。单梁可以按变截面梁处理。对于可以忽略横向剪切和截面质量惯性矩效应的细长梁，可以用欧拉梁。对于不能忽略上述影响的长细比较小的梁，可以用铁木辛柯梁。单梁也可以用梁元处理。单梁的弯曲刚度 EI、扭转刚度 GJ 和剪切刚度 GA，必须计及整个截面上的纵向受力构件（梁、墙、桁条、蒙皮等）所提供的刚度。

有些翼面上有大开口。对此，有以下两种处理方法：一是进行刚度试验，测得柔度影响系数，再反推出截面抗扭惯性矩；二是对包括大开口在内的一段翼面进行细节有限元分析，根据该段的承扭能力，求出当量的抗扭惯性矩。

将大展弦比后掠翼面简化为单梁模型，还存在翼根效应区的处理问题。处理翼根效应区应首先分析该区的主要受力结构和传力路线，然后确定合适的简化方法。比较可靠的方法是，对翼根区进行细节分析，求出柔度影响系数矩阵，用弹簧元或广义元模拟。对于比较简单的情况，例如单接头结构，或虽是多接头结构，但有一个很强的主接头，其他接头传力较小时，根部效应区仍可简化为单梁，和翼面单梁连接。

有的全动翼面，即使展弦比较小，也可以简化为单梁模型。例如，某飞机的全动水平尾翼虽然展弦比较小，但是因为：①它的转轴同翼面刚心线的走向接近，翼根效应区也较小，②操纵系统柔度很大，翼面的扭转变形相对较小，③翼面的弦向变形相对较小，可以忽略不计，故可将该水平尾翼用位于转轴轴线上的一根单梁来模拟。否则，还需用杆板模型模拟。

单梁模型质量特性模拟的方法是，将翼面沿单梁轴线分成若干段，其分段数与单梁结点数相同。求出各段内所有构件和装载的质量、质心以及绕质心的三个方向的质量惯性矩。一般来说，绕刚心线方向的质量惯性矩对于这类结构的动力学特性影响最大，应仔细计算。一般情况下，各段的质心和刚心（结点）不会完全重合。对于这个问题，不同的有限元软件有相应的处理方法。

3. 机身

机身也可以用单梁来模拟。模拟的方法与大展弦比翼面类似，只是切面刚度有垂直弯曲、侧向弯曲和扭转三种。同时，对于长细比较小的机身，还要考虑横向剪切和切面质量惯性矩的效应。当然，如果实际需要，机身也可以用杆板模型模拟。

4. 全机结构动力学有限元模型

建立全机结构动力学有限元模型时，应特别注意各部件之间的相对几何位置和连接形式、连接刚度，它们应充分反映真实飞机的传力形式，并应尽可能利用各种条件（如对称性）减小模型规模。

图 2-9 给出了某客机的全机结构动力学有限元模型。该飞机的机身、机翼、水平尾翼、垂直尾翼以及副翼、升降舵、方向舵均简化为单梁模型。其中机身和机翼根部的模型为由梁元组成的一条折线，其余模型为直线。机翼、水平尾翼、垂直尾翼与机身之间用刚性元和弹簧元连接；副翼和机翼之间、升降舵和水平尾翼之间、方向舵和垂直尾翼之间分别用若干刚性元连接。为直观显示模态振型，便于进行后续的结构-气动耦合插值，在模型中，参照翼面前后缘、机身的几何轮廓，还建立了附加的结点和线单元，这些结点经过刚性元固连于对应站位处的结构结点上，注意这些附加的单元不应提供任何刚度和质量。

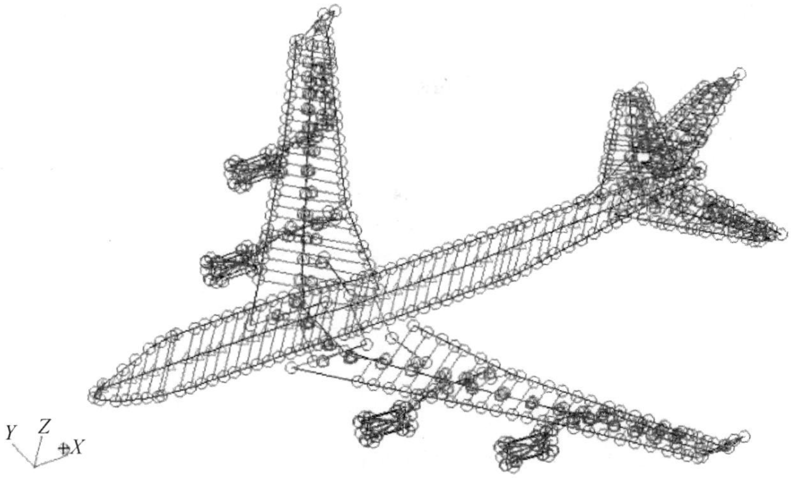

图 2-9　全机结构动力学有限元模型之一

图 2-10 给出了某小展弦比飞机的全机结构动力学有限元模型(左半模型)。机翼、平尾和垂尾有限元模型为杆板模型，机身简化为单梁模型。机翼带有翼尖弹及其挂架的梁模型，前缘襟翼、副翼和襟翼也是杆板模型。

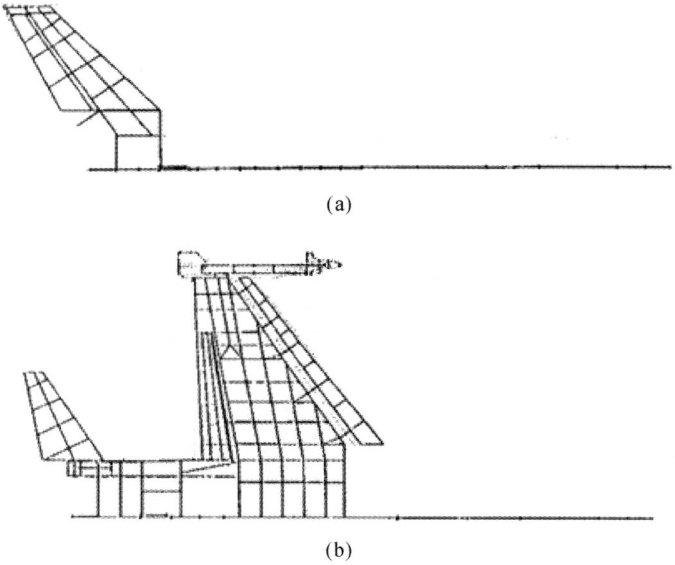

(a)

(b)

图 2-10　全机结构动力学有限元模型之二(左半模型)

(a)侧视;(b)俯视

图 2-11 给出了 F/A-18 推力矢量验证机的全机结构动力学有限元模型(左半模型)。机翼为梁架式模型，机身、平尾和垂尾均简化为单梁模型。注意机尾处的推力矢量燃气舵(TVCS vanes)模型离散为梁单元、刚性杆元和壳单元。全机模型共计 260 个结点、340 个单元。对应 2 500 lb(1 lb=0.454 kg)燃油状态，分别计算了对称边界条件和反对称边界条件下的固有模态，并与全机地面振动试验(Ground Vibration Test，GVT)结果进行了对比，见表 2-1。

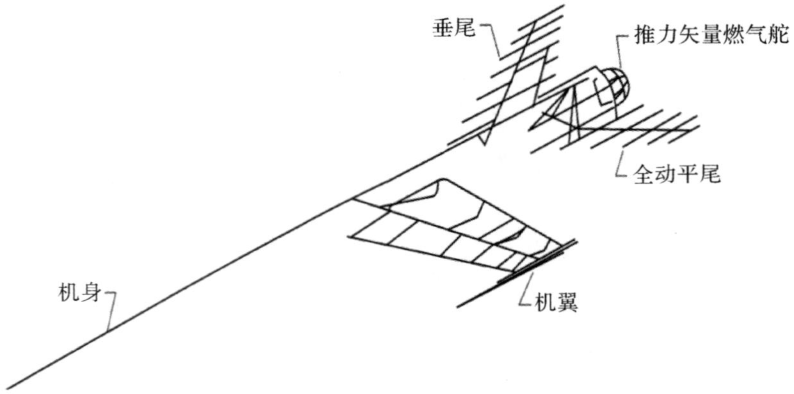

图 2-11　全机结构动力学有限元模型之三(左半模型)

表 2-1　固有振动特性分析结果与 GVT 测试结果对比(2 500 lb 燃油状态)

模态名称	分析结果/Hz	GVT 结果/Hz
对称模态		
机翼对称一弯(W1B)	5.83	6.08
机身垂直一弯(F1B)	7.97	8.19
机翼对称一扭(W1T)	11.71	11.78
水平安定面对称一弯(S1B)	13.77	13.78
垂直安定面对称一弯(Fin 1B)	15.92	15.72
机身垂直二弯(F2B)	16.39	16.20
机翼对称二弯(W2B)	18.05	—
机翼面内前后(WFA)	18.86	—
推力矢量燃气舵旋转	22.10	20.10
内侧襟翼旋转 (IFR)	23.70	—
机翼翼梢扭转(WTT)	27.52	—
反对称模态		
模态名称	分析结果/Hz	GVT 结果/Hz
机身水平一弯(F1B)	7.40	7.25
机翼反对称一弯(W1B)	8.88	8.48
机翼反对称一扭(W1T)	12.03	12.20
水平安定面反对称一弯(S1B)	13.69	13.58

续 表

反对称模态		
模态名称	分析结果/Hz	GVT 结果/Hz
机翼面内前后(WFA)	15.36	15.25
垂直安定面反对称一弯(Fin 1B)	15.85	—
机身一扭(F1T)	19.50	—
机身水平二弯(F2B)	21.83	—
推力矢量燃气舵旋转	22.10	20.10
内侧襟翼旋转 (IFR)	23.33	—
前机身扭(FTT)	24.36	—

2.4　流固耦合建模分析方法

2.4.1　跨声速颤振计算的CFD/CSD耦合时域方法

近年来，国内外学者在跨声速颤振的CFD/CSD（Computational Fluid Dynamics/Computational Structural Dynamics，计算流体动力学/计算结构动力学）耦合时域分析方法方面做出了富有成效的研究工作。用于跨声速颤振的CFD/CSD耦合时域计算方法，涉及诸项需要解决的关键技术。其一，非定常气动力的计算。跨声速非定常气动力是通过数值求解非定常流场的流体控制方程得到的，求解时需要保证在时间和空间上有足够的精度。因此，跨声速非定常流场的求解方法是跨声速颤振的CFD/CSD耦合时域计算的关键技术之一。其二，由于流场边界是随着结构位移瞬时变化的，流体计算域的网格将随之发生变化，因此，非定常流场计算的动态网格技术也是跨声速颤振的CFD/CSD耦合时域计算的关键技术之一。其三，在进行CFD/CSD耦合时域计算过程中，需要将结构动力学计算得到的翼面结构位移信息传递给流场物面边界，也需要将流场计算得到的气动力及分布情况传递给翼面结构的有限元单元结点，在这个信息交换的过程中，流场物面边界网格点与有限元单元结点一般并不重合，这就存在流场与结构位移场之间的信息传递问题，即将流场物面的气动力信息传递给结构有限元单元和将结构有限元单元结点位移信息传递给流场物面的问题，通常将这种信息传递技术称为流固耦合界面信息交换技术，它也是跨声速颤振的CFD/CSD耦合时域计算的关键技术之一。

本节以ANSYS/CFX软件的多物理场耦合求解模块（也称之为MFX模块）为例，来对上述关键技术予以说明。ANSYS/CFX软件的MFX模块将商用计算流体力学软件CFX和通用有限元求解程序ANSYS结合起来进行流固耦合计算，利用该流固耦合计算平台可以实现翼面跨声速颤振的CFD/CSD耦合时域计算。

2.4.2 结构动力学方程的求解

经过结构有限元方法离散后的结构动力学方程可以写为

$$\boldsymbol{M}\ddot{\boldsymbol{u}}+\boldsymbol{C}\dot{\boldsymbol{u}}+\boldsymbol{K}\boldsymbol{u}=\boldsymbol{F} \tag{2.25}$$

式中，$\boldsymbol{M}$ 表示结构质量矩阵；$\boldsymbol{C}$ 表示结构阻尼矩阵；$\boldsymbol{K}$ 表示结构刚度矩阵；$\boldsymbol{u}$ 表示有限元结点位移向量；$\boldsymbol{F}$ 表示有限元结点力向量。

ANSYS/CFX 的流固耦合软件平台采用直接法进行结构动力学响应的计算，即在式(2.25)中，使用 CFD 计算传递到结构有限元的结点力进行直接积分运算，即可得到结构位移响应。ANSYS 结构动力学响应计算采用 Newmark 法对结构动力学方程进行直接积分，其离散时间形式为

$$\dot{\boldsymbol{u}}_{n+1}=\dot{\boldsymbol{u}}_n+[(1-\delta)\ddot{\boldsymbol{u}}_n+\delta\ddot{\boldsymbol{u}}_{n+1}]\Delta t \tag{2.26}$$

$$\boldsymbol{u}_{n+1}=\boldsymbol{u}_n+\dot{\boldsymbol{u}}_n\Delta t+[(0.5-\alpha)\ddot{\boldsymbol{u}}_n+\alpha\ddot{\boldsymbol{u}}_{n+1}]\Delta t^2 \tag{2.27}$$

其中，α 和 δ 为 Newmark 积分参数，一般取为 0.252 5 和 0.505 0。第 $n+1$ 步平衡方程为

$$\boldsymbol{M}\ddot{\boldsymbol{u}}_{n+1}+\boldsymbol{C}\dot{\boldsymbol{u}}_{n+1}+\boldsymbol{K}\boldsymbol{u}_{n+1}=\boldsymbol{F}_{n+1} \tag{2.28}$$

将式(2.26)和式(2.27)整理为

$$\ddot{\boldsymbol{u}}_{n+1}=a_0(\boldsymbol{u}_{n+1}-\boldsymbol{u}_n)-a_2\dot{\boldsymbol{u}}_n-a_3\ddot{\boldsymbol{u}}_n \tag{2.29}$$

$$\dot{\boldsymbol{u}}_{n+1}=\dot{\boldsymbol{u}}_n+a_6\ddot{\boldsymbol{u}}_n+a_7\ddot{\boldsymbol{u}}_{n+1} \tag{2.30}$$

将式(2.29)和式(2.30)代入方程式(2.28)得到

$$(a_0\boldsymbol{M}+a_1\boldsymbol{C}+\boldsymbol{K})\boldsymbol{u}_{n+1}=\boldsymbol{F}_{n+1}+\boldsymbol{M}(a_0\boldsymbol{u}_n+a_2\dot{\boldsymbol{u}}_n+a_3\ddot{\boldsymbol{u}}_n)+\boldsymbol{C}(a_1\boldsymbol{u}_n+a_4\dot{\boldsymbol{u}}_n+a_5\ddot{\boldsymbol{u}}_n) \tag{2.31}$$

其中，$a_0=1/(\alpha\Delta t^2)$；$a_1=\delta/(\alpha\Delta t)$；$a_2=1/(\alpha\Delta t)$；$a_3=1/(2\alpha)-1$，$a_4=\delta/\alpha-1$；$a_5=\Delta t(\delta/\alpha-2)/2$；$a_6=\Delta t(1-\delta)$；$a_7=\delta\Delta t$。

给定初始条件 $\boldsymbol{u}_0$、$\dot{\boldsymbol{u}}_0$ 和 $\ddot{\boldsymbol{u}}_0$，就可以求解结构动力学方程式(2.25)的瞬态响应。当积分参数满足 $\delta\geqslant0.5$，$\alpha\geqslant0.25(0.5+\delta)$，$0.5+\delta+\alpha>0$ 时，Newmark 法是一种无条件稳定的隐式积分格式。

2.4.3 非定常流场的求解

在跨声速颤振的 CFD/CSD 耦合时域计算中，气动力的计算多采用以欧拉方程为流场控制方程的 CFD 方法，故本节在后续的跨声速颤振时域计算中，所涉及的跨声速气动力计算均以欧拉方程为流场控制方程。积分形式的非定常欧拉方程可以写为

$$\frac{\partial}{\partial t}\iiint_{\Omega}\boldsymbol{Q}\,\mathrm{d}V+\oiint_{\partial\Omega}\boldsymbol{F}\cdot\boldsymbol{n}\,\mathrm{d}S=0 \tag{2.32}$$

式中，$\boldsymbol{Q}$ 表示流体变量向量；$\boldsymbol{F}$ 表示对流项；Ω 表示控制体；$\partial\Omega$ 表示控制体边界；$\boldsymbol{n}$ 表示控制体边界法向量。

本节在流场的 CFD 求解中，采用了一种基于有限元形函数插值的有限体积法，对控制方程进行数值离散；对由运动网格引起的控制体变化，通过引入网格速度的方法来保证几何守恒；控制方程中的对流项采用高分辨率(high resolution)格式进行计算；时间离散格式采用二

阶后向欧拉(Second Order Backward Euler)格式进行离散,应用双时间步推进方法对非定常流场进行求解。流场远场采用无扰动边界条件,机翼表面采用无穿透绝热壁边界条件。

2.4.4　运动网格技术

在利用CFD求解气动弹性问题中,运动网格技术扮演着很重要的角色。在本节使用的CFD求解器中,结构表面(即CFD物面边界)的网格点可由运动边界位移给定,远场边界上的流体网格点固定,其余流体计算域内的网格点通过求解下列方程得到:

$$\nabla\cdot(\Gamma_{\text{disp}}\nabla\delta)=0 \tag{2.33}$$

式中,Γ_{disp}表示流体计算域网格刚度,由网格结点所在单元的体积确定,通常取与体积成反比,这样可以保证较小体积单元具有较大的刚度,增加网格的运动能力;δ表示流体计算域的网格结点运动位移量。

2.4.5　流固耦合界面信息传递

如前所述,流体域与结构界面之间的数据交换是跨声速颤振的耦合CFD/CSD时域计算方法的关键技术之一,由于物面边界表面的CFD网格点与结构有限元单元结点坐标一般不重合,因此需要采用插值方法将二者联系起来。

在ANSYS/CFX通常选用保形的插值方法(profile preserving interpolation)将结构有限元单元结点上的位移信息,传递到流体计算域的网格结点上。在这种方法中,首先将物面的网格结点映射到结构有限元单元结点所构成的曲面上,然后通过内插等方法,得到流体计算域的物面边界上的位移信息。保形的插值方法能够保证物面边界上的流体域网格结点与结构有限元单元结点具有相同的位移分布形式。

在进行跨声速颤振的CFD/CSD耦合时域计算时,通常采用守恒的插值方法(conservative interpolation)将流体域物面的网格结点上的气动力信息传递到结构有限元单元结点上。在这种方法中,首先将结构和流体的交界面分成若干小块,这些小块重叠的部分构成了信息交换的"控制面",然后利用控制面进行载荷信息传递。这种守恒的插值方法能够保证气动力网格结点与结构有限元单元结点传递的总载荷不变。

2.4.6　流固耦合方式

跨声速颤振的耦合CFD/CSD时域计算方法的耦合方式主要有全耦合、紧耦合和松耦合三种。全耦合是将翼面结构振动运动微分方程和流场的流体控制方程进行严格的同步联立求解,得到翼面结构的气动弹性响应的方式。一般这种方式实现起来比较困难。紧耦合是在每个时间步内,分别求解非定常流场和翼面结构的振动运动位移,直到二者误差达到精度要求,才进入下一个时间步的计算的方式。这种耦合方式精度很高,但是计算量很大。松耦合是在每个时间步内,只分别求解一次流场和结构运动的方式。其流程如图2-12所示。松耦合方式的计算效率高,当计算的时间步足够小时,也能达到计算精度要求。本节在后续的跨声速颤振的时域计算中,均采用这种松耦合的计算流程。

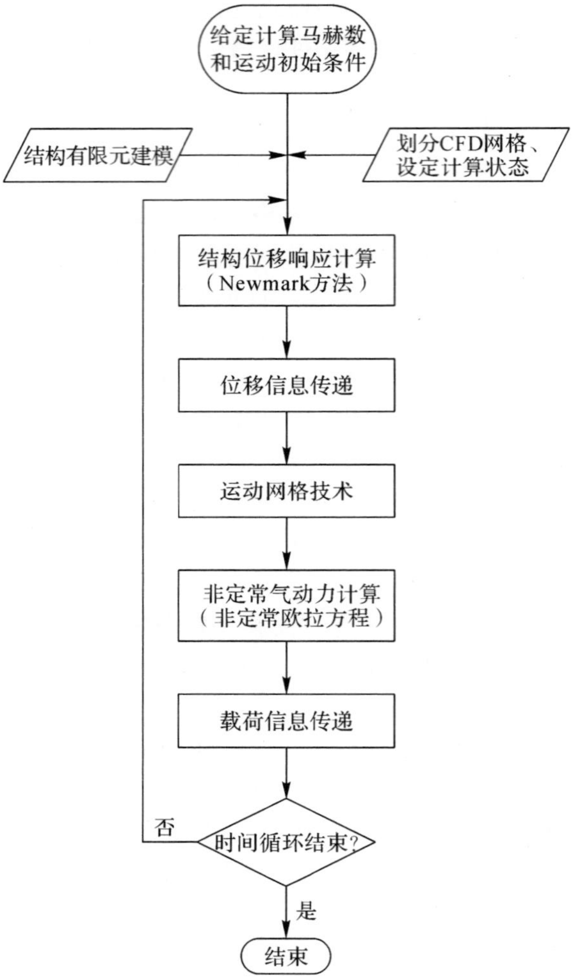

图 2－12　跨声速颤振的 CFD/CSD 时域松耦合计算流程

跨声速颤振的 CFD/CSD 耦合时域分析过程可以表述为:在给定的马赫数下,以翼面运动的某种初始条件作为气动弹性系统的初始扰动,计算一系列速度下的气动弹性响应,根据气动弹性响应的衰减或发散情况,判断出颤振临界速度。具体而言,在某个速度下,如果气动弹性响应(如结构位移响应)表现出衰减趋势,表明在该速度下气动弹性系统是稳定的;如果气动弹性响应表现为发散趋势,表明在该速度下气动弹性系统是不稳定的;如果气动弹性响应表现为简谐振动,表明在该速度下气动弹性系统处于临界稳定状态,此时的速度即为颤振临界速度,相应的结构振动运动频率即为颤振频率。

例 2－1　AGARD 445.6 机翼模型跨声速颤振 CFD/CSD 耦合时域计算

此处以 AGARD 445.6 机翼模型为例,利用 ANSYS/CFX 软件进行三元机翼跨声速颤振的 CFD/CSD 耦合时域计算。

首先,利用有限元软件 ANSYS 建立起机翼的结构有限元模型。在结构有限元建模过程中,采用 4 结点的四边形壳单元(Shell 181 单元)对机翼结构进行离散,离散后的结构有限元模型包含 121 个结点、100 个单元。风洞实验中的 AGARD 445.6 机翼模型用复合材料制成,因此，本例也采用各向异性材料对机翼模型的复合材料性能进行模拟。计算中所采用的复合材料 x 方向定义为平行于机翼前缘方向。材料力学性能参数分别为：x 方向弹性模量 $E_x=3.151\ 1$ GPa，y 方向弹性模量 $E_y=0.416\ 2$ GPa，剪切模量 $G=0.439\ 2$ GPa，泊松比 $\nu=0.31$，材料密度 $\rho=360\ \text{kg/m}^3$。单元厚度分布根据有限元单元所在站位的机翼实际厚度分布来确定。

对建立起来的有限元模型进行模态分析，分析结果与实验结果对比见表 2-2，计算的振型如图 2-13 所示，可以看出本节建立的有限元模型与实验模态分析结果十分接近。

表 2-2 AGARD 445.6 机翼模型的固有频率比较 单位：Hz

	第 1 阶	第 2 阶	第 3 阶	第 4 阶
实验值/Hz	9.60	38.10	50.70	98.50
计算值/Hz	9.52	38.84	50.40	95.05
相对误差/(%)	0.83	1.94	0.59	3.50

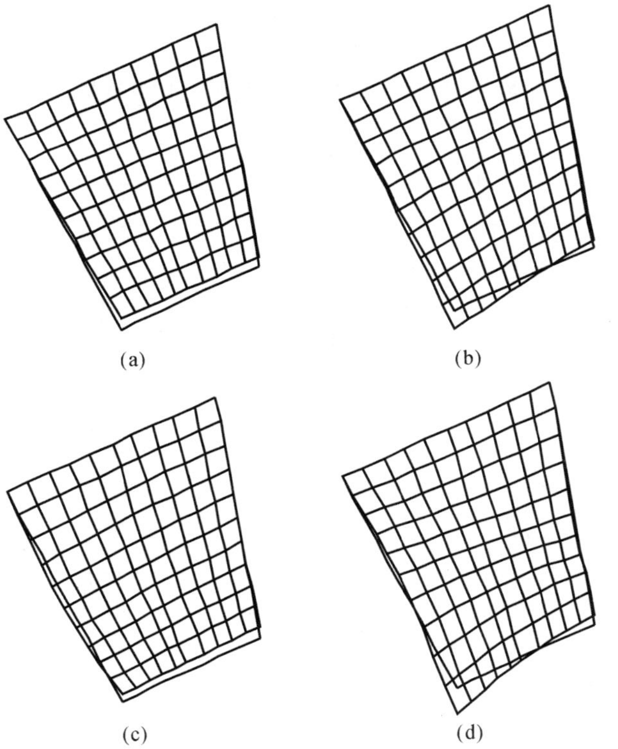

图 2-13 AGARD 445.6 机翼的前四阶固有振型（有限元结果）

(a) 一阶模态（一阶弯曲）；(b) 二阶模态（一阶扭转）；

(c) 三阶模态（二阶弯曲）；(d) 四阶模态（二阶扭转）

AGARD 445.6 机翼的 CFD 分析流场网格划分（对称面和上表面）如图 2-14 所示。

现在对 AGARD 445.6 机翼进行 CFD/CSD 耦合时域颤振计算。本例在响应计算时的初始条件：按照机翼结构的一阶弯曲振型分布形式给定各个有限元单元结点的初始速度，响应计算的时间步长取为 0.001 s。在来流马赫数 $Ma=0.96$ 下选择无量纲的来流速度分别为

0.210、0.235 和 0.240，进行 CFD/CSD 耦合时域仿真计算得到机翼翼梢前、后缘的有限元结点的位移响应如图 2-15 所示。从图中可以看出，当无量纲速度 $V_i=0.210$ 时，位移响应表现出衰减运动趋势；当无量纲速度 $V_i=0.235$ 时，位移响应表现出简谐运动趋势；当无量纲速度 $V_i=0.240$ 时，位移表现出发散运动趋势。从而可以判断在该马赫数下，AGARD 445.6 机翼模型的无量纲颤振速度 $V_i=0.235$，相应无量纲颤振频率 ω/ω_α 为 0.300。

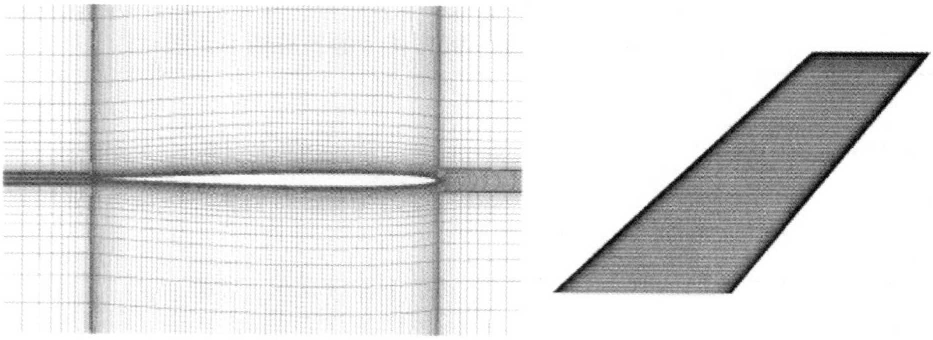

图 2-14　AGARD 445.6 机翼的 CFD 网格

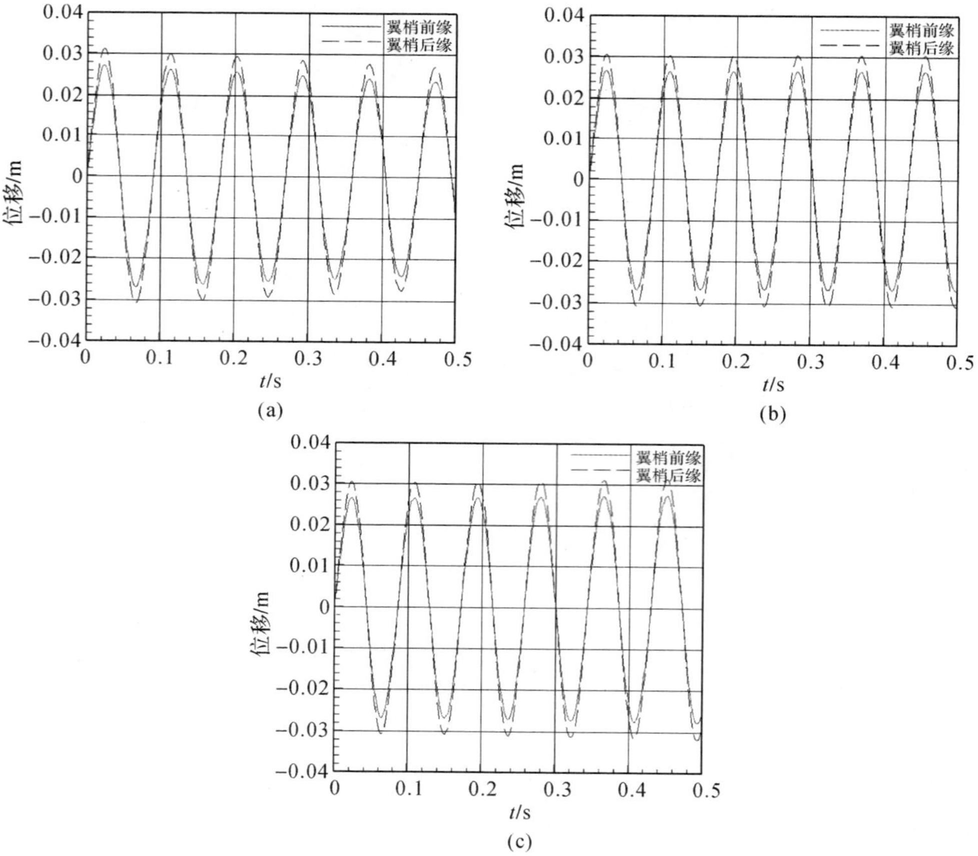

图 2-15　AGARD 445.6 机翼在不同无量纲化速度下的气动弹性响应($Ma=0.96$)

(a) $V_i=0.210$ 衰减运动；(b) $V_i=0.235$ 简谐运动；(c) $V_i=0.240$ 发散运动

2.5 实验模态分析原理和模型修正方法

为验证有限元建模及分析结果的准确性，需要针对全机或部件结构开展必要的地面试验［例如全机地面振动试验(GVT)］测试结构的固有振动特性，具体内容将在第五章加以详细介绍，本节对实验模态分析基本原理和模型修正方法进行简要介绍。

2.5.1 实验模态分析原理

实验建模的基础是实验模态分析技术。实验模态分析是以动态试验获取激励和响应信息，依据信号处理技术求得系统的频响函数(传递函数)或脉冲响应函数，经参数识别得出系统的模态参数。模态参数辨识是系统辨识的一个方面。若用模态参数来描述系统的特性，则系统的参数为模态参数，这时的系统辨识称为模态参数辨识。在模态参数辨识中，涉及的系统可以分为单输入(单点激励)多输出(多点测量)系统和多输入多输出系统。

1. 单点激励频域法

对于单输入多输出系统的模态辨识方法有很多种，既有频域的，也有时域的，有适用于实模态的，也有适用于复模态的。下面就其中应用最为广泛的单点激励频域法进行简要介绍。

单点激励频域模态参数辨识方法，即对结构上的某一点激励，同时测量激励点及响应点的时域信号，经 A/D 转换与快速傅里叶变换(Fast Fourier Transformation，FFT)变换，变成频域信号，然后将频率数字信号进行运算，求得频率响应函数(频响函数)，再按参数辨识出模态参数，其原理图如图 2-16 所示。

单点激励方法因其模态测试所需设备少、方法简单而被广泛应用。但在测量复杂机械结构时，因其激励能量小，不能使整个结构激振起来，实际结构上响应信号过小，信噪比过低，特别是当激励点布置在某阶振型节线附近时，这种情况更为严重，最终导致模态测试失败，从而不能得到所需的模态参数。这时应采用两点或更多点激励的方法。

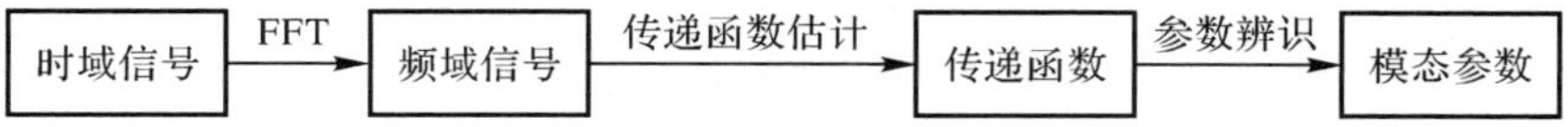

图 2-16 单点激励频域模态参数辨识方法

2. 多输入多输出系统的模态参数辨识方法

单输入多输出系统模态参数辨识方法对不太复杂的结构系统是有效且常用的，但是对于大型复杂结构，单点激励就显得激励能量不够，且在传递过程中损耗很大，因此在离激励点较远的地方，响应信号较弱，信噪比较小。若加大激励力，则容易使得局部响应过大，造成非线性现象。另外，单点激励时，若激励点正好处于某阶模态的节点位置，则对该阶模态来说，系统将成为不可控和不可观的，这样就会导致该阶模态无法辨识，从而发生遗漏模态的现象，特别是对模态密集的情况，辨识能力较弱。

针对这些情况，从 20 世纪 80 年代开始，陆续出现了一些多输入多输出系统的模态参数辨识方法。多输入多输出方法可分为频域和时域两类。前者利用频响函数实测数据在频域中进行参数辨识；后者利用脉冲响应函数数据，或直接根据实测响应数据，建立时域模型，在时域内进行参数辨识。

多输入多输出系统的参数辨识方法都是建立在“总体”“同时”辨识的基础之上的，因此它能充分利用所测得的全部信息，辨识精度高，识别所得的模态参数一致性好，从而减少了人为的干预和判断，而且多输入多输出模态参数辨识方法对高阻尼、密集模态，甚至重根都具有较高的辨识能力。

2.5.2 模型修正基本理论和方法

一般情况下，试验模型被认为具有更高的可信度，由它作为评价、验证相应理论模型的参考基准。如果由两种模型获得的结构特性的差别低于用户界定的阈值，则认为理论模型是足够精确的，无须再对其进行修正。反之，如果两者比较得到的结果差别较大，但整体仍具有一定的一致性，则需要通过模型修正技术对理论模型进行修正，以使这种差别降低到可以接受的水平。

1. 理论模型结果与试验结果的相关性

在实际工程中，通常将理论模型的模态分析结果，即模态频率和模态振型，分别与试验结果进行对比。其中，固有频率的对比较为直观，对于模态振型的相关性，则可采用模态置信准则（MAC）来衡量：

$$\mathrm{MAC}=\frac{(\boldsymbol{\phi}_{\mathrm{a}}^{\mathrm{T}}\boldsymbol{\phi}_{\mathrm{t}})^{2}}{\boldsymbol{\phi}_{\mathrm{a}}^{\mathrm{T}}\boldsymbol{\phi}_{\mathrm{a}}\boldsymbol{\phi}_{t}^{\mathrm{T}}\boldsymbol{\phi}_{\mathrm{t}}} \tag{2.34}$$

式中，下标 a 表示计算模态；下标 t 表示试验模态。

两阶模态之间的 MAC 值是一个介于 0～1 之间的标量，如果两模态的 MAC 值为 1，则说明两者代表的是同一阶模态，如果两模态的 MAC 值为 0，则代表不同模态；MAC 值越接近于 1，相关程度越高。该指标应用广泛，也很有效，但是需要注意，当理论模型具有系统误差或结果存在局部模态时，利用这个指标可能会对模型相关程度做出错误判断。

工程中，理论模态分析结果与试验结果符合性的评价标准可参考表 2－3。

表 2－3　模态评价标准

频率相对误差	相关性 MAC	评价模态
小于 5％	大于 0.9	优良模态
小于 10％	大于 0.8	可接受模态
小于 10％	小于 0.8	欠佳模态

2. 模型修正方法

为了使得理论模态分析结果与实测模态结果之间有较好的一致性，需要对结构动力学模型进行修正。修正模型的目标是理论分析与试验之间的频率和振型向量都要能比较好地符合。模型修正方法大致可以分为两类：矩阵型法和设计参数型法。

矩阵型修正方法以系统的总体矩阵或子结构的总体矩阵为修正对象，一般是先将质量矩阵和刚度矩阵进行摄动，代入正交性条件或运动方程求出摄动量，从而得到符合实测结果的刚度矩阵和质量矩阵。但使用该方法得到的质量矩阵或刚度矩阵，不仅改变了原矩阵的带状和稀疏性，破坏了模型的连续性，而且物理意义不明确，有时会出现虚元和负刚度值。

设计参数型修正方法则是以结构的设计参数为修正对象，其结果具有明确的物理意义，便于实际结构分析计算，并与其他优化设计过程兼容，实用性强，其缺点是计算复杂，且精度依赖于计算方法。设计参数型修正算法用于修正的参数可以是结构的边界条件、物理特性或者几何特性，对于实际结构，这些参数都可能具有一定程度的不确定性，必须通过与试验数据的对比来确定。

思 考 题

1. 简述结构静力分析有限元模型和结构动力学有限元模型之间的主要差异。

2. 试分别简述广义元与刚性元的用途。

3. 假定飞机结构相对于 xoz 平面为对称，在建立飞机右半结构模型时，需要进行何种对称性处理？并分别给出对称状态的约束和反对称状态的约束。

4. 小展弦比翼面的结构动力学有限元建模有何特点？

5. 以大展弦比翼面为例，简要介绍建立单梁模型时的必要步骤和所需数据。

参 考 文 献

[1] BISPLINGHOFF R L, AAHLEY H. Principles of aeroelasticity[M]. New York: John Wiley and Sons. 1962.

[2] MEIROVITCH I. Computational methods in structural dynamics [M]. The Netherlands: Sijthoff and Noordhoff. 1980.

[3] 管德. 飞机气动弹性力学手册[M]. 北京：航空工业出版社，1994.

[4] JANG J, AHN S. FE modeling methodology for load analysis and preliminary sizing of aircraft wing structure [J]. International Journal of Aviation, Aeronautics, and Aerospace, 2019, 6(2): 1-10.

[5] BRENNER M J. Aeroservoelastic modeling and validation of a thrust-vectoring F/A-18 aircraft: NASA TP-3647[R]. Washington, D. C.: NASA, 1996.

[6] REICHENBACH E, DAVIDSON R. Aeroservoelastic design and test of the X-45A unmanned combat air vehicle[C]// 44th AIAA Structure, Structural Dynamics, and Materials Conference. Norfolk, Virginia: AIAA, 2003:1-11.

[7] 傅志方，华宏星. 模态分析理论与应用[M]. 上海：上海交通大学出版社，2000.

[8] BLELLOCH P, BLADES E, DRAGONE T. Modeling and correlation of the X-34 launch vehicle [C]// 41st AIAA Structure, Structural Dynamics, and Materials

Conference. Atlanta, Georgia: AIAA, 2000:1-8.
[9] 刘小川，张凌霞，牟让科. 基于GVT结果和MSC Nastran优化功能的有限元模型修正[J]. 计算机辅助工程，2006(S1)：44-45.
[10] 贺顺，杨智春，谷迎松. 机翼跨音速颤振特性的频域分析[J]. 中国科学(物理学 力学 天文学)，2014，44(3)：285-292.

第三章　结构动强度设计的基本准则与处理方法

3.1　概　　述

实施飞机结构的动强度设计，必须遵循飞机相关设计规范、适航条例、技术标准中明确给出的动强度设计基本准则、具体要求和处理方法。根据飞机设计目标和设计技术体系的不同，对动强度设计规范和要求在实际应用过程中一般可按军机和民机进行分类管理。对军用飞机主要引用国军标，主要有 GJB 67. A—2008《军用飞机结构强度规范》，及其相应的支持标准。对民机主要有中国民用航空局（CCAC）颁布实施的中国民用航空条例 CCAR－25 和 CCAR－23 部以及其他支持标准。

各类具体动强度问题的解决，最终不可避免地归结为：动态应力是否超过结构静强度判据要求，振动和声疲劳寿命是否满足飞机全寿命周期的可靠性要求，机载设备与装备是否满足振动耐久性和可靠性的要求，动稳定性的边界是否处于合理的包线范围，以及振动噪声舒适性是否满足空勤人员人机功效和乘客舒适性的要求。

本章将集中介绍飞机结构动强度设计的基本准则、动强度设计一般流程以及振动/声疲劳的基本理论分析方法，并对抗振动/声疲劳设计提出相关设计要求，促进飞机动强度设计分析手段的形成，使之进入有章可循的设计阶段。

3.2　动强度评估的基本准则

3.2.1　一次性破坏准则

飞机在静、动叠加的极限载荷作用下不发生一次性破坏，具体可根据飞机不同部位结构的一次性安全准则要求分为：在动静叠加的极限载荷作用下结构的最大应力低于结构强度极限应力，$\sigma_{静极限}+\sigma_{动极限}\leqslant\sigma_b$（破坏应力）；在限制载荷下不发生有害的屈曲，$\sigma_{静限制}+\sigma_{动限制}\leqslant\sigma_{0.2}$（屈服应力）。

3.2.2　振动疲劳破坏准则（只适用于飞机结构，不适用于飞机设备）[4]

在飞机的使用寿命周期内，飞机结构在静、动叠加的疲劳载荷作用下不发生结构动态疲劳破坏。在验证飞机结构和结构部件的声与振动疲劳寿命时，声和振动使用寿命分散系数的选用目前没有统一的标准。这里引用《现代战斗机结构动强度设计指南》提供的振动疲劳破坏准则：若结构在动载荷（动载荷×1.5＋静载荷或热载荷）作用下预估结构的振动、噪声疲劳寿命，其分散系数为 4 时的寿命指标≤飞机机体结构设计的寿命指标，并经试验验证，试验寿命（分散系数为 2）≤飞机机体结构设计的寿命指标，则是不允许的。

3.2.3 动稳定性准则[3]

固定翼飞机的动稳定性问题主要包括气弹稳定性问题和滑跑摆振问题，它们都属于典型的自激振动问题。

气弹动稳定性的要求可归结为：飞机设计、制造、材料选择应使飞机及其部件在全部飞行包线内的各种外挂物组合、重量、装载以及引起较大刚度损失的机动飞行等条件下，飞机速度直到 n 倍限制速度都不发生颤振、发散、嗡鸣，以及其他气动弹性和气动伺服弹性不稳定现象。对于超声速飞机，如果由空气动力加热引起较大的刚度损失，还应考虑气动热弹性不稳定现象。

对于军机，n 值取为 1.15；对于民机，n 值为 1.2。但是当限制设计速度 Ma 小于 1，而且直至限制速度均有适当的阻尼余量，同时阻尼无大幅度减小时，可以不考虑马赫数大于 1 的情况。此外，对 n 倍设计包线的扩展是依据等马赫数和等高度原则进行的。

飞机的滑跑摆振指飞机在地面滑行时，前起落架由于机身、前起落架本身的弯曲和扭转变形，在大于临界速度时可能会产生自激的摆振现象而引起结构的破坏。因此，飞机在地面滑行的所有速度范围内，前起落架必须具有足够的防摆振能力以保证这种振动不致发散。

对于军机，判别是否符合防摆稳定度的要求为：当出现摆振趋势时，经三个周期后，如果摆振幅值降到初始扰动值的 1/4 或更小，则认为具有足够的防摆稳定度。

对于民机，在国内外所有的适航条例中对摆振均没有明确提出要求[原因可能是地面摆振往往不会影响到乘员的安全性（它是适航条例主要考虑的）]，然而作为对飞机的使用要求，在飞机的设计中可以采用如下的标准和要求来防止摆振：

（1）在轮胎和减震支柱正常情况下，包括有和没有液压动力源，并且所有轮胎挤压面均磨损至最大允许程度，在直至最大地面速度 1.2 倍的所有地面滑跑速度下，均不应有摆振现象。

（2）正常使用刹车时，刹车座和转轴处因使用刹车而引起振动，在承受振动的时间内（大约 0.5 s），这些位置的振动不应超过表 3－1 规定的数值。

表 3－1　刹车振动指标限制

频　率/Hz	振动水平
5～10	9 mm（峰-峰值）
10～37	1.8g（峰值）
37～140	0.6 mm（峰-峰值）
140～2 000	25g（峰值）

允许在小于 0.5 s 的短时间内，超过表 3－1 规定的振动水平的 100%。

（3）在有和没有液压动力源情况下，操纵系统单独发生故障后，仍应提供必需的摆振阻尼。

3.2.4 振动耐久性准则

广义的飞机结构耐久性与耐久性分析指飞机结构在规定的时间周期内抗开裂、腐蚀、热退化、分层、磨损和外来物损伤的能力。飞机的耐久性使用寿命也称为经济寿命。参阅国军标可知，结构的耐久性使用寿命是由结构耐久性试验和分析、评估结果所得到的寿命，即当结构大范围出现损伤，若不修理则影响装备的使用功能和战备状态，而修理又不经济时，则认为结构达到了耐久性使用寿命(经济寿命)。

振动耐久性则是指设计应能保证飞机结构或设备在所受振动载荷及同时发生的其他重要影响的载荷与环境的联合作用下，具有足够的经济寿命，其失效准则不仅包括传统的疲劳断裂，也包括振动条件下产品功能失效、性能退化及磨损等。具体对不同的结构部位及设备，相关规范里对军、民用飞机的振动耐久性检验规定了具体的要求，可参考 GJB 67.8A—2008《军用飞机结构强度规范 第 8 部分：振动和航空声耐久性》、GJB 150.16A－2009《军用装备实验室环境实验方法　第 16 部分：振动试验》、RTCA－DO160F《机载设备的环境条件和测试程序》。

3.2.5 声疲劳破坏准则

声疲劳是结构在声频交变负载的反复作用下产生裂纹或断裂的问题。一般对工作在高强度噪声场(超过 140 dB)的各种航空材料都要预先考虑其声疲劳性质。声疲劳现象同其他由随机载荷产生的疲劳没有本质上的区别。疲劳破坏的过程有裂纹源的形成、疲劳累积(微观裂纹扩展)、疲劳损伤(裂纹扩展)和疲劳断裂四个阶段。裂纹源通常产生在应力集中的地方，它和局部的最大应力、表面处理、部件结构形式、材料内部缺陷、材料表面腐蚀和磨损等情况有关。

在飞机设计、制造和材料选择方面，均应保证飞机在使用寿命期内或可更换构件规定的更换周期内，不发生声疲劳破坏，即：

(1)承受声激励飞机结构的任何部位不应产生声疲劳裂纹；

(2)当实际的载荷作用于有声疲劳裂纹的结构时，此裂纹的扩展不应引起灾难性的破坏。

同样，滑油、燃油和液压系统的管路、导管、电线、操纵系统及将其连接到飞机结构上的连接件，其他结构紧固件、支架、卡箍等及其连接件，均应设计成在飞机的使用寿命期内不发生声疲劳破坏。

3.3 动强度设计中的极值载荷估计方法

3.3.1 基于设计包线准则的极值载荷估计方法

在飞机结构动强度设计中，一般首先要满足飞机在静动叠加的极限载荷作用下不发生一次性破坏，此时需要确定动态极值载荷。但对于具有不确定特性的随机振动过程，如何根据短时的测试或计算样本数据，恰当地确定动态极值设计载荷，是一个重要的问题。飞机设计工程实践中对随机振动工况下确定动态设计载荷的传统习惯方法是所谓的 3σ 法则，其中 σ 指振动响应的均方根值。其数学内涵为，Gauss 随机变量在 $(-3\sigma, 3\sigma)$ 区间外取值的概率为 0.27%。但实际飞机设计中对极限载荷的定义是服役中预期的最大载荷。很显然 3σ 法则确定的极值载荷一般不满足极限载荷定义。

目前在飞机设计过程中，可供参考的一类确定动态载荷峰值的方法是根据指定的超越频次指标来截取极限载荷，即所谓任务分析准则。如对突风载荷设计，FAA - ADS - 53 推荐的限制设计超越频次是 2×10^{-5} 次/飞行小时。这种基于设计超越频次指标的抖振载荷设计方法在 F - 22 飞机完成试飞测试，获得大量抖振试飞数据后也得到了应用。相关文献给出的确定极限载荷的可接受超越指标为全寿命周期内 10^7 次飞行发生一次，或超越概率为 1×10^{-4}。但这种方法应用的前提是必须先建立飞机全寿命周期的振动载荷超越曲线。对于设计阶段的飞机来说，尤其在飞机没有试飞之前，缺乏全使用寿命飞行条件下的数据，难以直接应用任务分析准则。一个变通的方法是根据有限的计算数据或风洞实验数据，采用极值预估方法来估计可能出现的最大载荷值。本节介绍基于 Gumbel 极值理论的估计方法。

用 $\boldsymbol{X}_1, \boldsymbol{X}_2, \cdots, \boldsymbol{X}_n$ 代表 n 个独立的样本，x 是任意样本 $\boldsymbol{X}_i$ 的最大值，在大样本数目的条件下，Gumbel 给出了 x 的三种渐进分布。这三种分布可以统一用广义极值分布函数表示，即

$$F(x) = \exp\left[-\left(\frac{\alpha-\beta x}{\alpha-\beta v}\right)^{1/\beta}\right] \tag{3.1}$$

式(3.1)中：$\beta=0$ 称为极值Ⅰ型分布，实际是一种双参数分布函数；$\beta<0$ 称为极值Ⅱ型分布；$\beta>0$ 称为极值Ⅲ型分布，具有有限的上限端点。后两种都属于三参数分布函数。参数 α, β, v 具有确定的物理含义：α 为尺度参数，表示极值水平随对数时间变量的增长率；β 为形状参数，确定极值分布函数的形状；α/β 则表示可能发生的极值；v 为位置参数，表示最频繁发生的极值水平，对应分布密度函数的中心峰值位置。实际应用过程中，极值Ⅱ型或Ⅲ型分布的适用性由估计形状参数 β 决定。

在极值估计中，重现期是一个非常重要的概念，假定单个样本数据占据的物理时间长度为 Δt，则重现期的数学表达式为

$$t_{\mathrm{N}} = T \cdot \Delta t \tag{3.2}$$

$$T = 1/[1-F(x)] = 1/\{1-\exp[-\exp(-t)]\} \tag{3.3}$$

式(3.3)中 t 称为对数减缩变量，$t=-\ln[1/F(x)]$。重现期 t_{N} 的物理意义是观察到等于或大于 x 的极值所需的操作时间长度。$1-F(x)$ 表示超越概率。

对Ⅰ型分布，令 $\beta\to0$，求 $\left(\dfrac{\alpha-\beta x}{\alpha-\beta v}\right)^{1/\beta}$ 的极限有：

$$\lim_{\beta\to 0}\left(\frac{\alpha-\beta x}{\alpha-\beta v}\right)^{1/\beta} = \lim_{\beta\to0}\exp\left(\frac{1}{\beta}\ln\frac{\alpha-\beta x}{\alpha-\beta v}\right) = \exp\left[\lim_{\beta\to0}\frac{\ln(\alpha-\beta x)-\ln(\alpha-\beta v)}{\beta}\right]=$$

$$\exp\left(\lim_{\beta\to0}\frac{-\dfrac{x}{\alpha-\beta x}+\dfrac{v}{\alpha-\beta v}}{1}\right) = \exp\left(-\frac{x-v}{\alpha}\right) \tag{3.4}$$

将式(3.4)代入式(3.1)可得Ⅰ型分布函数的表达式为

$$F(x)=\exp\left[-\exp\left(-\frac{x-v}{\alpha}\right)\right] \tag{3.5}$$

比较式(3.1)和式(3.5)可以发现，Ⅰ型分布属于双参数分布，估计方便，计算简单，而且对取值无上、下限要求。Ⅲ型分布属于三参数分布，可估计的数据类型较广，能够有效地弥补Ⅱ型分布的缺陷。Ⅲ型分布的参数估计，特别是形状参数β的估计比较困难，有时很难得到稳定的解，而形状参数显著影响Ⅲ型分布的分布形状。因此，需要采用合适的算法来估计分布参数。常用的参数估计方法有最小二乘法和最大似然估计法。此处仅介绍应用最大似然估计法分别导出Ⅰ型分布和Ⅲ型分布参数的步骤。

对于Ⅰ型分布，x的总体分布函数如式(3.5)所示。引入变量

$$\frac{1}{\alpha}=m\,,\quad \frac{v}{\alpha}=w \tag{3.6}$$

则式(3.5)可化为

$$F(x)=\exp[-\exp(-mx+w)] \tag{3.7}$$

将式(3.7)代入式(3.3)，推导出$x-T$关系式为

$$x=-\frac{1}{m}\ln\left[-\ln\left(1-\frac{1}{T}\right)\right]+\frac{w}{m} \tag{3.8}$$

或$x-t$关系式为

$$x=\frac{1}{m}t+\frac{w}{m} \tag{3.9}$$

对于Ⅲ型分布，x的总体分布函数如式(3.1)所示。引入变量

$$\frac{\alpha}{\beta}=A\,,\ \frac{1}{\beta}=B\,,\ \frac{\alpha}{\beta}-v=C \tag{3.10}$$

则式(3.1)可化为

$$F(x)=\exp\left[-\left(\frac{A-x}{C}\right)^{B}\right] \tag{3.11}$$

将式(3.11)代入式(3.3)推导出$x-T$关系式为

$$x=A-C\left[-\ln\left(1-\frac{1}{T}\right)\right]^{1/B} \tag{3.12}$$

或$x-t$关系式为

$$x=A-C\mathrm{e}^{-t/B} \tag{3.13}$$

对于如式(3.7)所示的Ⅰ型分布函数，分布密度为

$$f(x)=\frac{\mathrm{d}F(x)}{\mathrm{d}x}=m\exp[-mx+w-\exp(-mx+w)] \tag{3.14}$$

似然函数为

$$L(m,w)=\prod_{i=1}^{n}f(x_i)=m^n\exp\left\{\sum_{i=1}^{n}[-mx_i+w-\exp(-mx_i+w)]\right\} \tag{3.15}$$

对式(3.15)两边取自然对数可得

$$\ln L(m,w) = n\ln m - \sum_{i=1}^{n}(mx_i - w) - \sum_{i=1}^{n}\exp(-mx_i + w) \tag{3.16}$$

$\ln L(m,w)$取极值的条件为

$$\frac{\partial \ln L(m,w)}{\partial m} = \frac{n}{m} - \sum_{i=1}^{n}x_i + \sum_{i=1}^{n}x_i\exp(-mx_i + w) = 0 \tag{3.17}$$

$$\frac{\partial \ln L(m,w)}{\partial w} = n - \sum_{i=1}^{n}\exp(-mx_i + w) = 0 \tag{3.18}$$

可以利用 Gauss－Newton 迭代法求解式(3.17)和式(3.18)组合而成的以 m,w 为未知数的非线性方程组。具体计算时应用 Matlab 自带的非线性求解函数“lsqnonlin”进行求解。初值的选取显著影响计算结果的收敛性和精度。参照相关文献知，A,B,C 初值可取为$[1.5\times x_n, 5, 1.5\times x_n-0.4]$，其中 x_n为数量为 n 的极值样本中的最大绝对值。

对于如式(3.11)所示的Ⅲ型分布函数，它的分布密度为

$$f(x) = \frac{\mathrm{d}F(x)}{\mathrm{d}x} = \frac{B}{C}\left(\frac{A-x}{C}\right)^{B-1}\exp\left[-\left(\frac{A-x}{C}\right)^{B}\right] \tag{3.19}$$

似然函数为

$$L(A,B,C) = \prod_{i=1}^{n}f(x_i) = \left(\frac{B}{C}\right)^{n}\prod_{i=1}^{n}\left(\frac{A-x_i}{C}\right)^{B-1}\exp\left[-\sum_{i=1}^{n}\left(\frac{A-x_i}{C}\right)^{B}\right] \tag{3.20}$$

对式(3.20)两边取自然对数可得

$$\ln L(A,B,C) = n\ln B - nB\ln C + (B-1)\sum_{i=1}^{n}\ln(A-x_i) - \frac{1}{C^B}\sum_{i=1}^{n}(A-x_i)^B \tag{3.21}$$

对 $\ln L(A,B,C)$取极大值，得

$$\frac{\partial \ln L(A,B,C)}{\partial A} = (B-1)\sum_{i=1}^{n}\frac{1}{A-x_i} - \frac{B}{C^B}\sum_{i=1}^{n}(A-x_i)^{B-1} = 0 \tag{3.22}$$

$$\frac{\partial \ln L(A,B,C)}{\partial B} = \frac{n}{B} - n\ln C + \sum_{i=1}^{n}\ln(A-x_i) - \frac{1}{C^B}\sum_{i=1}^{n}(A-x_i)^B\ln\left(\frac{A-x_i}{C}\right) = 0 \tag{3.23}$$

$$\frac{\partial \ln L(A,B,C)}{\partial C} = -\frac{nB}{C} + \frac{B}{C^{B+1}}\sum_{i=1}^{n}(A-x_i)^B = 0 \tag{3.24}$$

方程式(3.22)～式(3.24)组合而成的以 A,B,C 为未知数的非线性方程组可以利用 Gauss－Newton 迭代法求解式，此处不再赘述。

为了检验极值估计模型和估计方法的适用性，以图 3－1 所示的某飞机尾部抖振的 24 s 平稳随机振动响应数据作为数据总体进行算例说明。该数据的采样时间间隔为(1/2 048)s，为了便于数据统计处理和参数识别，对原始数据幅值进行了规范化处理(参考相关文献，规范化因子取为 0.8)，即 $C_a = \dfrac{\text{原始数据}}{\max[\text{abs}(\text{原始数据})]}\times 0.8$(式中，abs 表示求绝对值函数)，则 24 s 时间内的理想极值为 0.8。以每 128 个数据作为一个子样本，则每个子样本对应的占用时间 $\Delta t=0.0625$ s。提取各个子样本内的极值(绝对值)，进行极值分布参数估计分析。应用本节所述的最大似然法分别进行Ⅰ型分布和Ⅲ型分布的参数估计，所得结果如表 3－2 和图 3－2 所示。

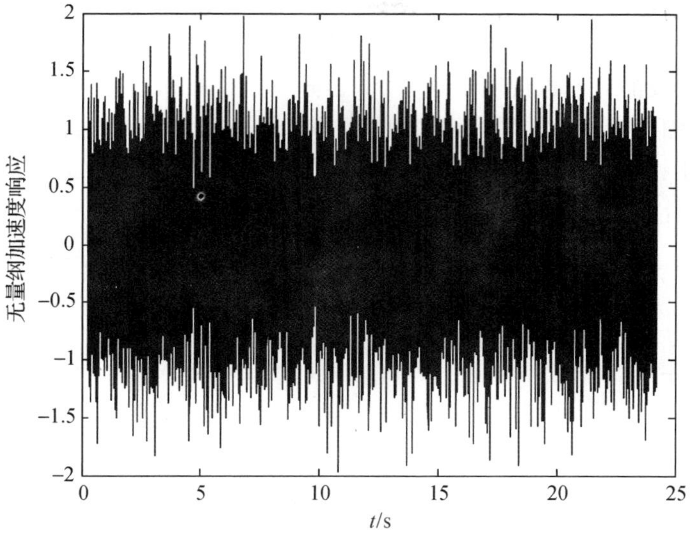

图 3-1　24 s 抖振测试样本

表 3-2　Ⅰ型和Ⅲ型分布结果比较

	分布参数	预测极值	相对误差
Ⅰ型	α=0.095 3 v=0.418 7	0.917 0	14.62%
Ⅲ型	α=0.143 1 β=0.112 9 v=0.413 6	0.810 7	1.34%

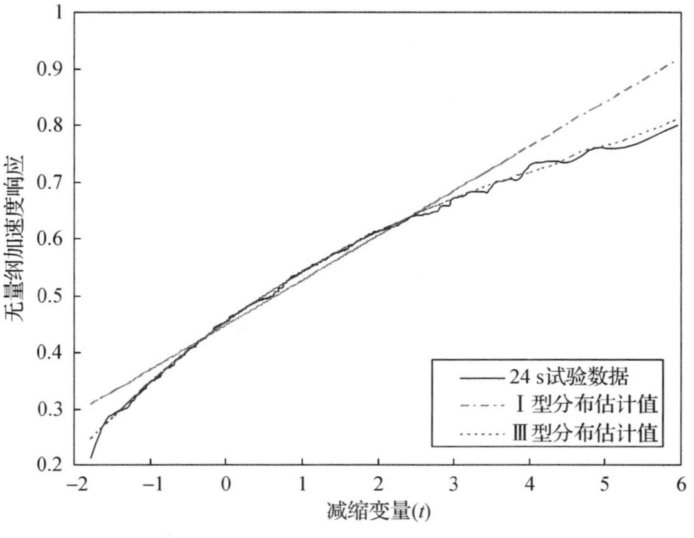

图 3-2　Ⅰ型和Ⅲ型分布估计值和试验值的对比

观察表 3－1 可以发现，Ⅰ型分布估计出来极值偏差都比实际值大 14％以上，过于保守。Ⅲ型分布估计得到的最大抖振载荷更接近试验值，图 3－2 中由两种模型得到的极值估计曲线与试验数据统计曲线的对比也说明了这一点，Ⅰ分布估计在初始阶段与实际统计曲线吻合较好，但随着对数减缩时间变量的增长，后段曲线偏离越来越大。导致这种现象的主要原因是双参数模型较难描述长尾分布。图 3－3 所示为超越概率分布曲线，Ⅲ型分布模型明显改善了后段的描述精度，拟合后的总体趋势曲线与实际统计数据吻合得非常好。

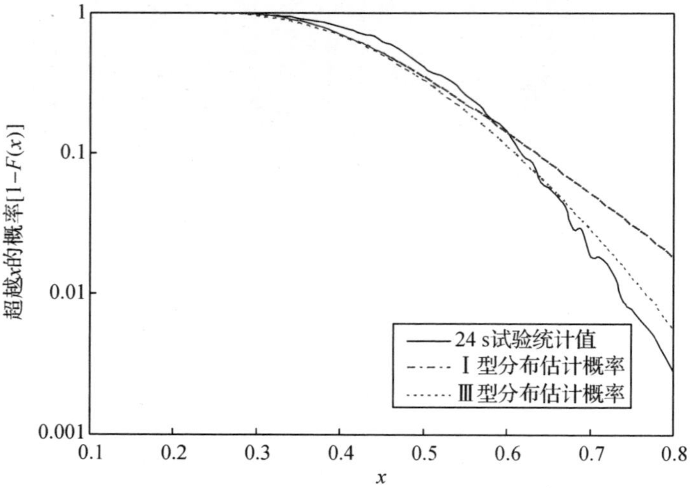

图 3－3　超越概率分布曲线对比

由于实际动态信号测量过程中稳定状态持续时间和数据采集时间总是有限的，尤其对于飞行测试试验，飞行参数及姿态持续稳定的时间非常短。下面将从有效估计长期极值需要的角度，讨论样本长度对估计精度的影响，为合理的采样长度的确定提供参考。

以图 3－1 所示 24 s 数据为例，分别截取不同 t_N 时间长度：0.5 s、1 s、1.5 s、2 s、2.5 s、5 s、24 s 的数据，按Ⅲ型分布模型应用最大似然估计法进行参数估计，并进行极值预测。同时，对不同长度的样本数据求取相应的均方根值，并按照传统的 3σ 法则估计设计载荷。

计算结果见表 3－3，对比分析可知：应用 2 s 时长数据、共计 32 个统计样本进行参数估计，即可较为准确地识别分布模型参数；对应 24 s 重现期估计得到的极值与实际极值之间的误差小于 5％。由识别参数随样本数量变化趋势可见，参数识别结果随样本数量的增加趋于稳定，而简单由 3σ 法则估计的设计载荷明显低于 24 s 内的极值载荷，因此传统的 3σ 法则是一种偏危险的做法。

表 3－3　样本长度对估计精度的影响(Ⅲ型分布，最大似然法估计)

t_N /s	n	α	β	v	预测极值	相对误差	t_N 数据段内的极值	σ	3σ
0.5	8	0.103 9	0.044 6	0.475 6	0.907 7	13.4	0.595 0	0.208 7	0.626 2
1	16	0.107 7	0.044 3	0.427 0	0.891 5	11.4	0.595 0	0.192 4	0.577 2
1.5	24	0.122 5	0.073 6	0.433 6	0.870 2	8.77	0.595 0	0.192 6	0.577 9

续 表

t_N /s	n	α	β	v	预测极值	相对误差	t_N 数据段内的极值	σ	3σ
2	32	0.112 2	0.067 6	0.423 5	0.833 1	4.13	0.611 5	0.187 5	0.562 5
2.5	40	0.120 4	0.082 8	0.434 1	0.831 2	3.90	0.620 0	0.195 1	0.585 4
5	80	0.146 9	0.126 3	0.445 2	0.824 8	3.10	0.761 7	0.201 3	0.604 0
24	384	0.143 1	0.112 9	0.413 6	0.810 7	1.34	0.800 0	0.210 5	0.621 6

以上介绍了如何利用短时的振动数据样本来确定长期过程可能出现的极值。飞机飞行过程中涉及多种不同的典型飞行状态。划分典型飞行状态的依据是要求每一典型飞行状态所对应的振动响应原则上满足平稳的统计特征，则每一种典型飞行状态下飞机结构的振动响应可用一个代表性的短时振动响应样本代表。

依据设计包线来确定极限设计载荷的流程如图 3－4 所示。首先需要确定飞行包线，一般由临界飞行速度和飞行高度确定飞行包线；然后在设计包线上同时考虑动静载荷的特征，划分形成足够多的典型飞行状态，以保证获得飞机结构中每个部分的载荷数据；接着针对动态载荷贡献部分，对各个选定状态进行响应分析，求出各个状态对应的响应谱；最后计算响应谱的均方根，根据统计模型估计峰值与均方根值的比例系数（极限强度比），确定极限载荷。

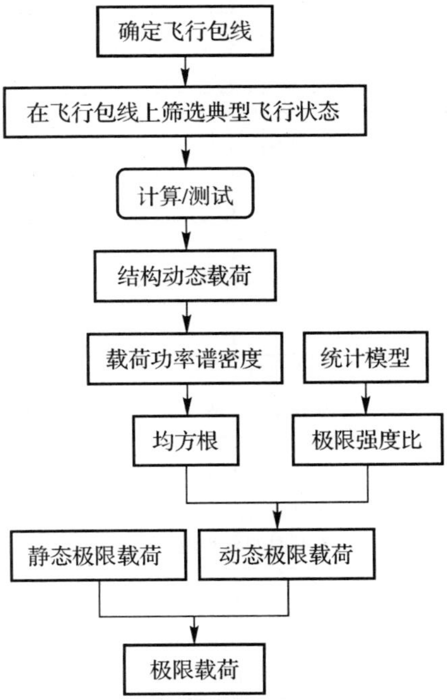

图 3－4　极限载荷传统设计包线设计准则流程图

3.3.2 基于任务分析准则的抖振极限载荷确定方法

任务分析的目标是为属于一定用途的一类飞机提供一个可接受的安全水平。其优点是对设计包线内和包线上的各种飞行状态及其出现概率作了统计考虑，可以保证给出的设计载荷既安全又保守，避免了设计包线准则所不能考虑“经常远离包线飞行飞机的载荷估计”的问题。这样做的主要缺点是，一般在飞机设计阶段，很难确定符合未来使用的任务剖面，飞机实际使用情况可能与初始设想的任务统计分布或借鉴机型的任务统计分布相差很大。

根据任务分析准则确定抖振极限载荷的流程如图 3-5 所示。注意在典型状态的划分中，应尽量保证每个典型状态的飞行姿态、速度、高度、迎角、侧滑角、动压等参数在一定范围内稳定波动。为了保持飞行条件恒定，每个典型状态的持续时间一般不能取得太长，但为了使结果具有足够的置信度，则需要增加典型状态的持续时间，因此划分确定各典型状态的持续时间需充分考虑上述两个因素。

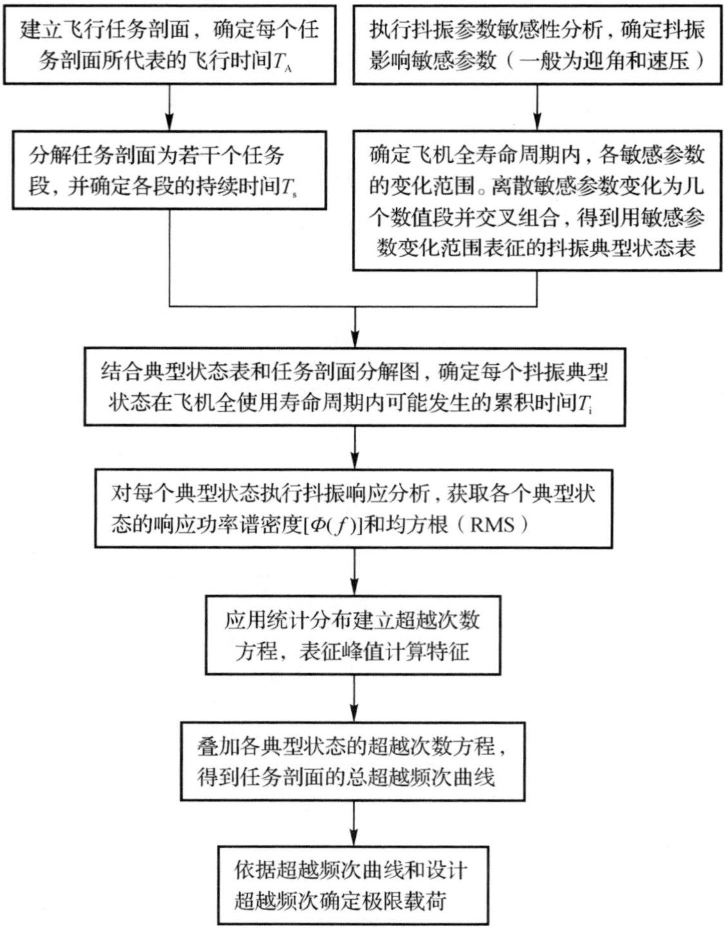

图 3-5　抖振任务分析准则执行流程

本节根据任务分析准则，结合某典型振动工况，说明基于任务分析准则的动态极限载荷确定方法。

如上所述，一般设定一个合理时间长度来分割实测得到的抖振响应数据样本，再对照飞机的姿态记录数据，将样本进行归仓处理。如 F－22 飞机的抖振响应数据处理中设定的子样本的分割时间为 0.65 s。当然这一时间长度的合理确定需要结合数据的采样率及响应特征进行分析。

根据以上的描述，对于抖振问题，每一个抖振典型状态将对应一个响应数据仓。从统计学的角度出发，每个数据仓内的抖振响应的分布规律，可以用如下所述的两种统计分布函数进行组合描述：

(1)典型状态的数据仓内各个子样本的峰值(或谷值)的分布(简称“z 分布”)，并统计每个子样本的均方根(RMS)。

(2)数据仓内所有子样本 RMS 的分布(简称“ζ 分布”)。

第一种分布参数可无量纲化为如下形式：

$$z_{ij} = \frac{s_{ij}}{\mathrm{RMS}_{ij}} \tag{3.25}$$

式中，s_{ij} 为第 i 个典型状态内第 j 个抖振响应子样本的峰值(或谷值)；RMS_{ij} 为子样本的均方根：

第二种分布参数可无量纲化为如下形式：

$$\zeta_{ij} = \frac{\mathrm{RMS}_{ij}}{\mathrm{RSS}_i} \tag{3.26}$$

式中，RSS_i 是第 i 个典型状态所对应的数据仓内所有子样本的 RMS_{ij} 的均方根，具体表达式如下：

$$\mathrm{RSS}_i = \sqrt{\frac{1}{n}\sum_{j=1}^{n}\mathrm{RMS}_{ij}^2} \tag{3.27}$$

式中，n 为子样本的总个数。

抖振响应数据分析表明，低 RMS 水平时 z 的绝对值较大，出现次数多而密，而高 RMS 水平时 z 的绝对值分布恰好相反。一般来说，随着 RMS 增大，超越分布函数曲线缩紧、变尖。这说明为了得到较为保守的结果，可以选用曲线形状较宽的超越分布函数。

超越分布曲线可以用经验统计模型描述，一般采用双参数威布尔分布。威布尔超越分布函数的表达式为

$$P = \exp\left[-\left(\frac{z_1}{\eta_1}\right)^{\beta_1}\right] \tag{3.28}$$

式中，P 为超越 z_1 值的概率；z_1 为标准化后的响应幅值(峰值/RMS)，即 $z_1 = |z|$；η_1 为威布尔分布的尺寸因子；β_1 为威布尔分布的形状因子。

瑞利分布是 $\beta_1=2$，$\eta_1=\sqrt{2}$ 的特殊威布尔分布。在大多数情况下，瑞利分布可以很好地预测低 RMS 水平下的抖振响应，而对于高 RMS 水平，则需要调整威布尔因子。当 η_1 一定时，增大 β_1 将使曲线缩紧，增大 z_1 值对应的 P 值降低。当 β_1 一定时，增大 η_1 将降低大 z_1 值对应的 P 值，提高小 z_1 值对应的 P 值。需要注意的是，η_1 的微小变化显著影响 β_1 的参数估计。参数 β_1 和 η_1 的变化对超越分布函数的影响如图 3－6 所示。

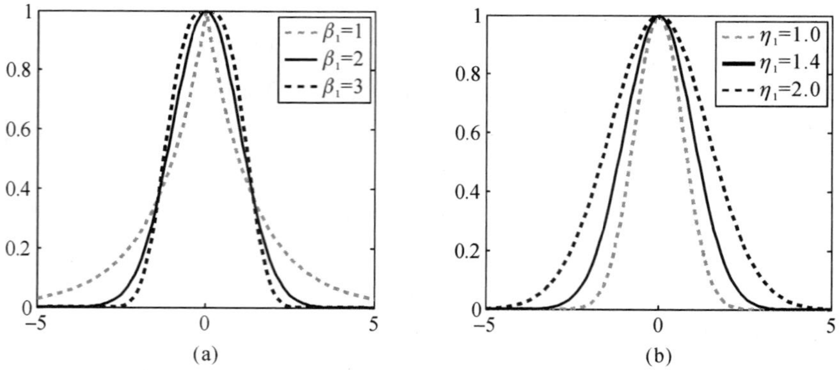

图 3-6　β_1 和 η_1 对超越分布函数的影响

(a) $\eta_1=\sqrt{2}$；(b) $\beta_1=2$

数据分析表明，采用单一的威布尔分布建立所有数据仓的统计预测模型是可行的。低 RMS 水平下，分布和数据吻合得很好，因此用这种分布预测最大抖振响应有些保守，但在大多数情况下，这种保守的估计结果并没有超出结构满足机动载荷设计的相关要求。

在一些特殊情况下，尤其是垂尾和方向舵结构，抖振响应的分析要求更加精细的统计模型。其主要针对较高的 RMS 水平，一般同样运用威布尔函数进行统计学建模，只不过威布尔分布的形状因子和尺度因子更大。

3.4　动强度设计中的振动疲劳寿命分析方法

进行振动疲劳分析必须首先进行结构动力响应分析，可在时域内也可在频域内进行。时域响应分析得到的是应力响应时间历程曲线；频域响应分析则是基于频响(传递函数)函数分析，获得应力响应功率谱密度(PSD)函数。然后，根据应力响应数据，时域法采用“雨流循环计数”技术，得到应力幅值(或范围)和均值的概率分布，而频域法则通过求 PSD 的第 $n(n=0,1,2,4)$ 阶惯性矩计算获得幅值(或范围)的概率分布。最后，选择适用的结构振动疲劳 $S-N$ 曲线，利用 Miner 线性累积损伤理论和一定的损伤破坏准则来预计疲劳寿命。

3.4.1　基于三区间法的振动疲劳寿命估计方法

三区间法的基础是高斯分布，假设振动加速度响应水平在 $-1\sigma\sim1\sigma$ 时为 1σ 级，其所占时间比为 68.3%。同样地，假设加速度响应在 $-2\sigma\sim2\sigma$ 时为 2σ 级，其所占时间比为 95.4%－68.3%＝27.1%，加速度响应在 $-3\sigma\sim3\sigma$ 时为 3σ 级，其所占时间比为 99.73%－95.4%＝4.33%。高斯(或正态)分布定义如下：

$$Y=\frac{e^{-X^2/2\sigma^2}}{\sigma\sqrt{2\pi}} \tag{3.29}$$

上述方程的右侧表示概率密度函数，X 是瞬时加速度与加速度均方值(数学期望)的比值。

图 3－7 所示的高斯分布曲线表示任何时候瞬时振动加速度的概率。横坐标是瞬时加速度与均方根加速度之比，纵坐标是概率密度，有时称之为发生概率。曲线下总面积为 1，任意两点之间的曲线下包围的面积直接表示加速度在这两点之间的概率。例如，从图 3－7 中的阴影部分可以看出，加速度在 $-1\sigma \sim 1\sigma$ 之间的概率为 68.3%。

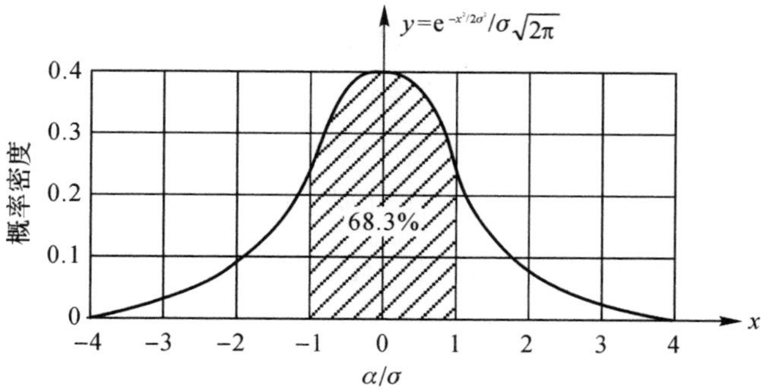

图 3－7　高斯分布曲线

例 3－1　随机振动疲劳寿命的确定[8]

一个 6061－T6 悬臂铝梁，长 6.0 in(1 in＝2.54 cm)，宽 0.50 in，厚 0.30 in，在梁的末端安装了一个集中质量，如图 3－8 所示。组件的总质量为 0.50 lb(lb＝0.454kg)，且只能在垂向运动。该组件能够在白噪声随机振动环境下工作，输入平直 PSD 谱的量值为 0.30 g^2/Hz，频率范围为 20～2 000 Hz，振动持续时间 4.0 h。确定组件的近似动态应力和预期疲劳寿命。

此处使用三区间法和 Miner 线性累计损伤定理。

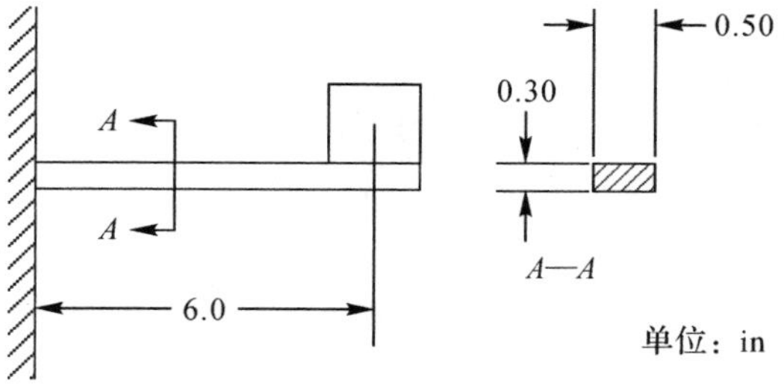

图 3－8　具有末端质量的悬臂梁

(1)计算具有末端质量悬臂梁的静态位移。

$$Y_{st} = \frac{WL^3}{3EI} \tag{3.30}$$

式中，$W = 0.50$ lb (总质量)；$L = 6.0$ in (梁的长度)；$E = 10.5 \times 10^6$ lb/in^2 (弹性模量)；$I = 0.50 \times 0.30^3/12 = 0.001\ 12$in^4 (截面惯性矩)。

$$Y_{st} = \left(\frac{0.50 \times 6.0^3}{3 \times 10.5 \times 10^6 \times 0.001\ 12}\right)\text{in} = 0.003\ 06\ \text{in (末端静位移)} \tag{3.31}$$

(2)计算结构的固有频率。根据悬臂梁的经典分析理论，当重力加速度 g 为 386 in/s^2 时，其一阶固有频率可利用以下公式计算：

$$f_n = \frac{1}{2\pi}\sqrt{\frac{g}{Y_{st}}} = \frac{1}{2\pi}\sqrt{\frac{386}{0.003\ 06}}\text{Hz} = 56.5\ \text{Hz} \tag{3.32}$$

(3)计算随机振动响应。根据单自由度振动系统的响应分析理论,对于小阻尼系统,可推导得到质量对宽带随机振动输入的均方根响应,即

$$G_{\text{out}} = \sqrt{\frac{\pi}{2} P f_{\text{n}} Q} \tag{3.33}$$

式中

$$\left.\begin{aligned} &P = 0.30\ g^2/\text{Hz}(\text{输入的白噪声随机激励功率谱密度值}) \\ &f_n = 56.5\ \text{Hz}(\text{结构固有频率}) \\ &Q = 2\sqrt{f_n} = 15(\text{结构的品质因数}) \end{aligned}\right\} \tag{3.34}$$

根据式(3.34),可以得到的示例的均方根加速度响应为

$$G_{\text{out}}(\text{RMS}) = \sqrt{\frac{\pi}{2} \times 0.3\ g^2/\text{Hz} \times 56.5\ \text{Hz} \times 15} = 20\ g$$

(4)计算 1σ RMS 弯曲应力(作用时间占比为 68.3%)。根据矩形截面悬臂梁的应力计算方法,可估算 $1\sigma G(\text{RMS})$ 振动响应水平所对应的最大应力,则臂梁根部上表面的最大弯曲应力 RMS 值可用以下公式计算:

$$S_{\text{b}} = \frac{MC}{I} \tag{3.35}$$

式中 $M = W \times G(\text{RMS}) \times L = (0.50 \times 20.0 \times 6.0)\text{lb} \cdot \text{in} = 60.0\ \text{lb} \cdot \text{in}$ (RMS 弯矩)

$C = 0.30\ \text{in}/2 = 0.15\ \text{in}$ (到中性轴的距离)

$I = 0.001\ 12\ \text{in}^4$ (截面惯性矩)

将相应数值代入式(3.35)中,计算可得

$$1\sigma S_{\text{b}} = \left(\frac{60.0 \times 0.15}{0.001\ 12}\right)\text{lb} \cdot \text{in}^2 = 8\ 036\ \text{lb}/\text{in}^2\ ①$$

考虑到实际结构,应力集中环节总是不可避免存在的,因此在进行评估时必须恰当考虑结构的局部应力集中效应的影响。为便于设计操作,一种工程做法是,在提供材料的 $S-N$ 曲线时,提供一些包含有应力集中系数效应的 $S-N$ 修正曲线。图 3-9 所示实线表示考虑应力集中系数 2 后,处理得到的 6061-T6 铝合金的 $S-N$ 曲线。

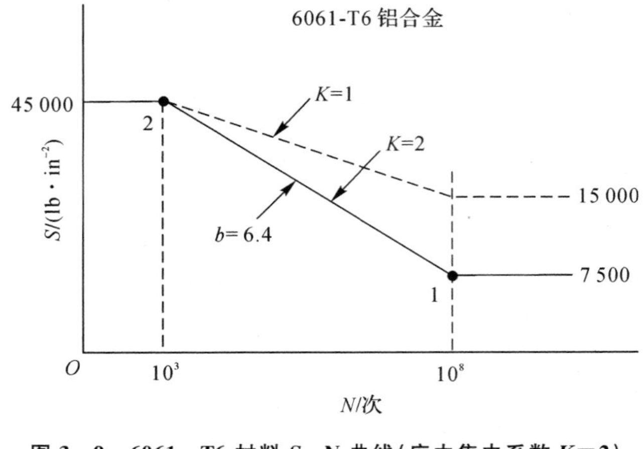

图 3-9　6061-T6 材料 $S-N$ 曲线(应力集中系数 $K=2$)

---

① $1\ \text{lb}/\text{in}^2 = 6.899\ \text{kPa}$。

(5)采用三区间法计算产生疲劳失效所需的应力循环数。

根据 $S-N$ 曲线和经典疲劳寿命分析方法,寿命 1 点和 2 点之间的斜线段上,任意两点之间的应力水平和循环次数之间满足以下公式:

$$N_1 S_1^b = N_2 S_2^b \tag{3.36}$$

若令 2 点为参考点,则其物理含义为振动应力水平 $S_2 = 45\ 000\ \mathrm{lb/in^2}$ 下循环 $N_2 = 1\ 000$ 次失效。基于式(3.36)则可以计算该区间内任意应力水平 S_1 所对应的循环次数 N_1,即

$$N_1 = N_2 \left(\frac{S_2}{S_1}\right)^b \tag{3.37}$$

基于式(3.37)可以获得在梁中产生 1σ,2σ 和 3σ 应力的疲劳破坏所需的应力循环次数为

$$\begin{aligned} 1\sigma N_1 &= 1\ 000 \times \left(\frac{45\ 000}{8\ 036}\right)^{6.4} = 6.14 \times 10^7 \\ 2\sigma N_2 &= 1\ 000 \times \left(\frac{45\ 000}{2 \times 8\ 036}\right)^{6.4} = 7.27 \times 10^5 \\ 3\sigma N_3 &= 1\ 000 \times \left(\frac{45\ 000}{3 \times 8\ 036}\right)^{6.4} = 5.43 \times 10^4 \end{aligned} \tag{3.38}$$

(6)计算 4 h 振动期间累积的实际应力循环数。在振动测试 4 h 内累积的实际疲劳循环数 n 可以从下式的三区间分析方法中的 1σ,2σ 和 3σ 值的时间百分比获得:

$$\left.\begin{aligned} 1\sigma n_1 &= 56.51\ \mathrm{s} \times 3\ 600\ \mathrm{s/h} \times 4\ \mathrm{h} \times 0.683 = 5.56 \times 10^5 \\ 2\sigma n_2 &= 56.51\ \mathrm{s} \times 3\ 600\ \mathrm{s/h} \times 4\ \mathrm{h} \times 0.271 = 2.20 \times 10^5 \\ 3\sigma n_3 &= 56.51\ \mathrm{s} \times 3\ 600\ \mathrm{s/h} \times 4\ \mathrm{h} \times 0.043\ 3 = 3.52 \times 10^4 \end{aligned}\right\} \tag{3.39}$$

(7)使用 Miner 线性累积疲劳损伤理论来估计疲劳寿命。Miner 线性累积疲劳损伤理论认为,不论应力循环是由正弦振动、随机振动、冲击还是声音引起的,每个应力循环都会消耗结构疲劳寿命的一部分。在特定环境中实际产生的应力循环数用 n 表示,在特定环境中产生疲劳破坏所需的循环数用 N 表示,则疲劳循环比 n/N 表示使用寿命的百分比。将所有寿命百分比相加,总和等于 1.0 或更大,则寿命已经耗尽,结构失效。累积疲劳损伤比可用下式表示:

$$R_n = \frac{n_1}{N_1} + \frac{n_2}{N_2} + \frac{n_3}{N_3} + \frac{n_4}{N_4} + \cdots = 1.0 \tag{3.40}$$

将式(3.39)和式(3.38)代入式(3.40),获得 Miner 疲劳损伤循环比为

$$R_n = \frac{5.56 \times 10^5}{6.14 \times 10^7} + \frac{2.20 \times 10^5}{7.27 \times 10^5} + \frac{3.52 \times 10^4}{5.43 \times 10^4} = 0.960 \tag{3.41}$$

对上述疲劳循环比的分析表明,虽然 1σRMS 应加响应在大约 68.3%的时间内起作用,但其损伤贡献很小。3σ 级应力虽然仅在大约 4.33%的时间内起作用,但大多数损伤是由 3σ 级应力响应产生的。3σ 级应力响应产生的损伤是 2σ 级的两倍多,后者在 27.1%的时间内起作用。

上述疲劳循环比表明,在 4 h 的振动测试中,约有 96%的寿命损耗,这意味着只剩下 4%的寿命。可以通过下式计算结构的预期寿命:

$$T = 4.0\ \mathrm{h} + 4.0 \times (1.0 - 0.960)\mathrm{h} = 4.16\ \mathrm{h} \tag{3.42}$$

由于疲劳具有很大的分散性,对于本例,所提出的梁没有足够的安全系数来确保其对环境的疲劳寿命。因此,如果要求所设计的梁具有 8 h 的振动疲劳寿命,则需要根据以上分析,反推确定合理的设计应力水平。

3.4.2 基于时域响应的多轴振动疲劳寿命分析

时域分析法是一种传统方法,这种方法由于能考虑应力循环均值的影响,因此通常能得到比较准确的累积损伤,而且适用于窄带和宽带随机振动疲劳问题。但是对于随机振动信号来说,这种时域分析方法需要足够长的信号-时间历程记录,数据处理量非常大,而且时域的随机响应分析也很复杂,涉及较大的计算工作量。

时域振动疲劳分析的前提是必须先获得时域的应力或应变响应历程。响应计算属于动力学问题中的第一类正问题,在此不再叙述。结构在振动环境中,疲劳危险部位通常处于多向应力状态,属于多轴疲劳问题。目前对于多轴疲劳的等效损伤量及疲劳破坏准则的研究属于疲劳研究的热点,提出的方法众多,但有的需要其他材料参数,有的无法适用于传统名义应力法,对于需要快捷评估的工程设计难以适用。相关文献指出[6],在确定性载荷下可采用 Von Mises 应力准则将多轴应力响应转变为等效单轴应力。

Mises 应力与 S_x,S_y,S_{xy} 的关系可按下式计算:

$$\sigma_{\mathrm{vm}} = \sqrt{(\sigma_1 - \sigma_2)^2 + (\sigma_2 - \sigma_3)^2 + (\sigma_3 - \sigma_1)^2} \tag{3.43}$$

式中

$$\sigma_1 = \sigma_{\max}$$

$$\sigma_2 = \begin{cases} \sigma_{\min} & \sigma_{\min} \geqslant 0 \\ 0 & \sigma_{\min} < 0 \end{cases}$$

$$\sigma_3 = \begin{cases} 0 & \sigma_{\min} \geqslant 0 \\ \sigma_{\min} & \sigma_{\min} < 0 \end{cases}$$

$$\left.\begin{matrix} \sigma_{\max} \\ \sigma_{\min} \end{matrix}\right\} = \frac{S_x + S_y}{2} \pm \sqrt{\left(\frac{S_x - S_y}{2}\right)^2 + {S_{xy}}^2}$$

S_x,S_y,S_{xy} 即为利用时域响应分析或频率时域信号处理技术转化而来的各个应力分量的时域应力响应数据。

由式(3.43)可知,Von Mises 应力均值是恒正的,在时域范围内,应用经典的 Von Mises 应力等效计算方法得到的等效应力时间历程出现了负载荷符号丢失的情况,将实际的拉-压应力循环等效成了拉-拉应力循环,这与结构的实际受载情况是不符的。由此,有学者尝试对经典的 Von Mises 应力进行修正,以期得到与实际情况等效的应力水平。目前文献中提出的转换方法有符号修正法、经验修正法、基于 Goodman 疲劳经验公式的转换法等。此处仅介绍一种易于操作的符号修正方法。

F. Cosmi 提出等效应力的符号应与绝对值最大主应力的符号相一致,由此巧妙地实现了对经典 Von Mises 等效应力的修正(见下式),其中符号取主应力分量绝对值最大的分量所含的符号。

$$\sigma_{\mathrm{eq}}(t) = \sigma_{\mathrm{vm}}(t) \cdot \operatorname{sign}(\sigma_1) \tag{3.44}$$

但该修正方法在小应力幅值范围内会出现跳跃现象,白春玉等人提出一种新的符号修正方法,如下式所示。该公式无需计算主应力的大小及绝对值最大应力的符号,而是直接提取各分量的符号。

$$\sigma_{\mathrm{eq}}(t)=\sigma_{\mathrm{vm}}(t)\cdot \mathrm{sign}[(\sigma_x-\sigma_y)^2\cdot \mathrm{sign}(\sigma_x-\sigma_y)+\sigma_x{}^2\mathrm{sign}(\sigma_x)+\sigma_y{}^2\mathrm{sign}(\sigma_y)+6\tau_{xy}{}^2\mathrm{sign}(\tau_{xy})] \tag{3.45}$$

获得等效应力分量的时域历程后，后续疲劳计算则遵循常规的基于雨流计数的疲劳寿命评估流程。

3.4.3　频域疲劳寿命分析

由于在大多数工程实际问题中，结构的振动载荷（或环境）通常是以功率谱密度（PSD）的方式给出的（如有关规范和标准中提供的振动环境数据），或者在产品的设计阶段，还无法获得受力严重部位的应力响应时域数据，因此基于功率谱密度信号的频域寿命分析方法应用更为普遍。现在已经有多种频域疲劳分析方法，本节将对这些方法进行综述和比较，并给出相关建议。

根据经典疲劳分析理论，对大多数材料而言，循环应力幅值 S 和疲劳循环次数 N 通常满足如下等式：

$$S^m N=C \tag{3.46}$$

式中，C 为由疲劳试验确定的材料常量；m 为 $S-N$ 曲线斜率的负倒数。这里指出，对于振动疲劳分析，一般取应力比 $R=-1$ 的 $S-N$ 曲线。若已知的疲劳曲线应力比不等于-1，可以用 Goodman 公式修正后得到 $R=-1$ 的 $S-N$ 曲线。

对于等幅应力 S_i 作用，到达疲劳破坏的循环数为 N_i，式(3.46)可写为

$$S_i^m N_i=C \tag{3.47}$$

将 N_i 的表达式代入 Miner 线性损伤定理，有

$$\sum_{i=1}^{k}\frac{n_i}{N_i}=\sum_{i=1}^{k}\frac{n_i}{C}S_i^m=1 \tag{3.48}$$

式中，k 为不同应力幅的总数。

由于随机过程的应力幅变化是连续的，令 $p(S)$ 为其概率密度函数，则在应力幅 $S\sim S+\mathrm{d}S$ 区间内的应力循环的概率为 $p(S)\mathrm{d}S$。如果令 N 为总循环数，在应力区间 $\mathrm{d}S$ 内的循环数为 $\mathrm{d}n$，则有

$$\mathrm{d}n=Np(S)\mathrm{d}S \tag{3.49}$$

用式(3.49)中的 $\mathrm{d}n$ 代替式(3.48)中的 n_i，并将式(3.48)中的求和号换成积分号，有

$$N\int_{S_{\mathrm{r}}}^{S_{\max}}\frac{p(S)}{C}S^m\mathrm{d}S=1 \tag{3.50}$$

式中，积分下限 S_{r} 为疲劳极限，小于疲劳极限的应力不产生疲劳损伤。对于在腐蚀环境中工作的零部件，$S-N$ 曲线没有明显的下限水平，此时 S_{r} 用 0 代替。$S_{\max}$ 为载荷时间历程中的最大应力幅值。由式(3.50)可得结构达到破坏的总循环数的估算公式为

$$N=\frac{C}{\int_{S_{\mathrm{r}}}^{S_{\max}}p(S)S^m\mathrm{d}S} \tag{3.51}$$

设 v_{p} 是单位时间内的应力幅数的期望值，则疲劳寿命 T（以时间为单位）的预估值为

$$T = \frac{N}{v_{\mathrm{p}}} = \frac{C}{v_{\mathrm{p}} \int_{S_{\mathrm{r}}}^{S_{\max}} p(S) S^m \mathrm{d}S} \tag{3.52}$$

式中，v_{p}与应力功率谱密度的矩有关。

由式(3.52)可见，随机振动疲劳寿命的预估结果取决于零部件材料的疲劳特性、应力功率谱密度和选用的应力幅概率密度函数。基于应力功率谱密度来估算疲劳寿命的 Bendat 法、Wirsching 法、Dirlik 法和 Bi－modal 法，实质上是针对不同种类的随机过程提出了相应的应力幅概率密度函数 $p(S)$，然后根据式(3.52)估算结构的疲劳寿命。

1. Bendat(Rayleigh 分布)法

1964 年，Bendat 提出一种由功率谱密度求得结构疲劳寿命的方法。在窄带范围内应力幅值趋近于 Rayleigh 分布。Bendat 利用功率谱密度的惯性矩估计、期望波峰数来进行随机振动疲劳寿命预估。

对于窄带过程，应力幅值服从 Rayleigh 分布，其概率密度函数为

$$p(S) = \frac{S}{m_0} \exp\left(-\frac{S^2}{2m_0}\right) \tag{3.53}$$

式中，S 为应力幅值；m_0为功率谱密度的零阶矩，即均方值。功率谱密度 k 阶矩的表达式为

$$m_k = \int_0^{f_c} f^k G_S(f) \mathrm{d}f \tag{3.54}$$

式中，$G_S(f)$是频率 f 对应的单边应力功率谱密度；f_c为截止频率。

v_{p}以应力功率谱密度的矩的形式表示，可写为

$$v_{\mathrm{p}} = \sqrt{\frac{m_4}{m_2}} \tag{3.55}$$

将式(3.53)和式(3.55)代入式(3.52)，可得结构的疲劳寿命的预估值为

$$T = \frac{1}{v_{\mathrm{p}}} \frac{Cm_0}{\int_{S_r}^{S_{\max}} S^{1+m} \exp[-S^2/(2m_0)] \mathrm{d}S} \tag{3.56}$$

需要说明的是，Bendat 法在处理时域信号时，无论实际情形下是否能构成这样的应力循环，均假定数值为正的波峰后面紧接着一个对应数值相等的谷值。因此，在用 Bendat 法处理宽带振动过程时得到的疲劳寿命相对保守。

2. Wirsching 法

1980 年，P. H. Wirsching 基于等效近似窄带过程的概念，提出一个宽带过程疲劳寿命预估模型。在模型中引入修正因子 λ，它是有效带宽的带宽因子 ε 与 $S-N$ 曲线的指数 m 的函数。该经验模型假设宽带随机振动疲劳损伤可以写为

$$D_{\mathrm{BB}} = \lambda D_{\mathrm{NB}} \tag{3.57}$$

式中，D_{BB} 表示宽带过程疲劳累积损伤；D_{NB} 表示窄带过程疲劳累积损伤。

λ 可由下式计算：

$$\lambda = [1 - a(m)](1 - \varepsilon)^{b(m)} + a(m) \tag{3.58}$$

式中，a，b 是 m 的函数，具体表达式分别为

$$a(m) = 0.926 - 0.033m \tag{3.59a}$$

$$b(m) = 1.587m - 2.323 \tag{3.59b}$$

带宽因子 ε 的表达式为

$$\varepsilon=\sqrt{1-\gamma^2} \tag{3.60}$$

式中，γ 为不规则因子，定义为随机过程以正斜率穿越零的频率 f_0 与峰值频率 v_p 的比值，即

$$\gamma=\frac{f_0}{v_p} \tag{3.61}$$

γ 也可以用功率谱密度的零阶矩、2 阶矩和 4 阶矩表示，即

$$\gamma=\frac{m_2}{\sqrt{m_0 m_4}} \tag{3.62}$$

根据 ε 或 γ 的值可以判断随机信号是窄带过程还是宽带过程。当 ε 值趋近于 0 时，随机信号是一个纯粹的窄带过程；通常，如果 ε 值低于 0.3，可将随机信号视为窄带过程；当 ε 值趋近于 1 时，信号则是白噪声过程。

根据 Miner 线性损伤累积理论和材料的 $S-N$ 曲线可得适用于宽带随机振动疲劳的寿命预估公式，即

$$T=\frac{1}{\lambda v_p}\frac{Cm_0}{\int_{S_r}^{S_{\max}} S^{1+m}\exp[-S^2/(2m_0)]\mathrm{d}S} \tag{3.63}$$

3. Dirlik 法

Dirlik 公式是通过模拟“雨流计数”的应力幅值得到其概率密度函数的半经验公式。这个半经验公式由一个指数分布密度函数与两个 Rayleigh 分布密度函数叠加而成，由该公式计算得到的疲劳寿命接近雨流计数法的计算结果。Bishop 从理论上证明了 Dirlik 公式的正确性。Dirlik 提出的应力幅值概率密度函数如下：

$$p(S)=\frac{1}{\sqrt{m_0}}\left[\frac{G_1}{Q}\exp\left(-\frac{Z}{Q}\right)+\frac{G_2 Z}{R^2}\exp\left(-\frac{Z^2}{2R^2}\right)+G_3 Z\exp\left(-\frac{Z^2}{2}\right)\right] \tag{3.64}$$

式中

$$Z=\frac{S}{\sqrt{m_0}}$$

$$G_1=\frac{2(x_m-\gamma^2)}{1+\gamma^2}$$

$$G_2=\frac{1-\gamma-G_1+G_1^2}{1-R}$$

$$G_3=1-G_1-G_2$$

$$Q=\frac{1.25(\gamma-G_3-G_2 R)}{G_1}$$

$$R=\frac{\gamma-x_m-G_1^2}{1-\gamma-G_1+G_1^2}$$

$$x_m=\frac{m_1}{m_0}\sqrt{\frac{m_2}{m_4}}$$

由式(3.64)可以看到，Dirlik 应力幅值概率密度函数由三部分组成：第一部分是一个指数分布，Dirlik1：$p_1(S)=\frac{1}{\sqrt{m_0}}\frac{G_1}{Q}\exp\left(-\frac{Z}{Q}\right)$。另外两部分是 Rayleigh 分布，Dirlik2：$p_2(S)=$

$\frac{1}{\sqrt{m_0}}\frac{G_2 Z}{R^2}\exp\left(-\frac{Z^2}{2R^2}\right)$ 和 Dirlik3：$p_3(S)=\frac{1}{\sqrt{m_0}}G_3 Z\exp\left(-\frac{Z^2}{2}\right)$。概率密度函数的计算涉及功率谱密度的前 4 阶矩 m_0，m_1，m_2 和 m_4。图 3-10 所示为一条应力功率谱密度曲线，图 3-11 给出了其对应的 Dirlik 概率密度函数 $p_1(S)$，$p_2(S)$，$p_3(S)$ 和 $p(S)$ 的曲线图，它较为直观地体现了 Dirlik 概率密度函数的组成。

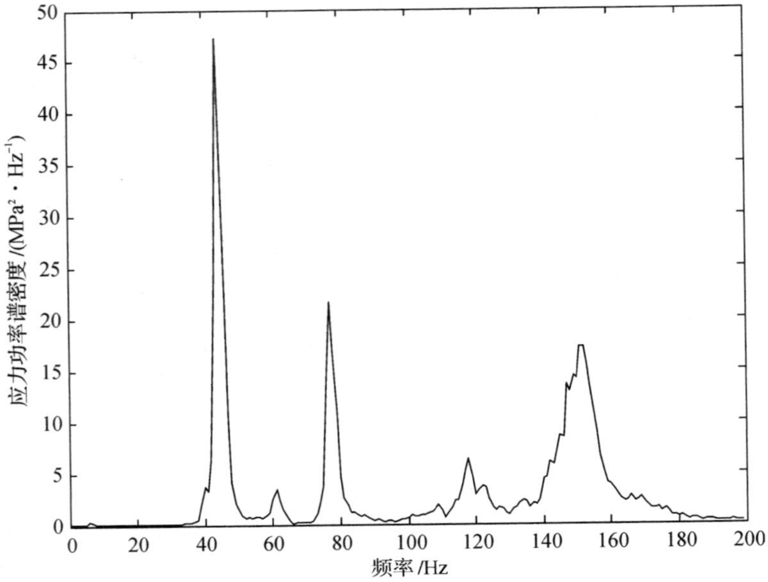

图 3-10　应力功率谱密度

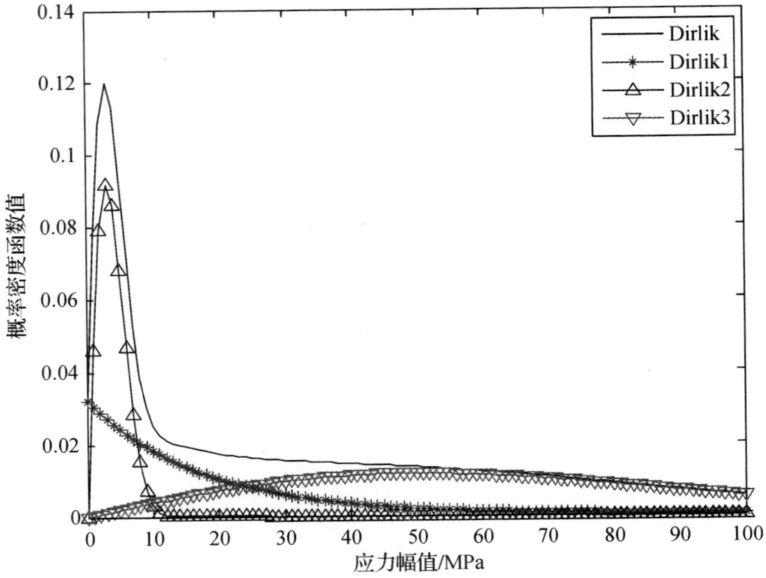

图 3-11　Dirlik 应力幅值概率密度函数曲线

将式(3.64)代入式(3.52)中，可导出 Dirlik 振动疲劳寿命预估公式为

$$T=\frac{C\sqrt{m_2 m_0}}{G\sqrt{m_4}} \tag{3.65}$$

式(3.65)中

$$G=\int_{S_r}^{S_{\max}} S^m\left[\frac{G_1}{Q}\exp\left(-\frac{Z}{Q}\right)+\frac{G_2 Z}{R^2}\exp\left(-\frac{Z^2}{2R^2}\right)+G_3 Z\exp\left(-\frac{Z^2}{2}\right)\right]\mathrm{d}S \tag{3.66}$$

Bishop 已从理论上证明了利用应力幅功率谱密度的矩预测载荷雨流范围的可行性。通过与多种方法结果的比较，证明 Dirlik 方法最接近时域法结果。工程实践表明，利用 Dirlik 公式可以较为准确地估算结构的振动疲劳寿命，因此应用最为广泛。

4. Bi－modal(双模态)模型

针对工程应用中遇到的由两个窄带谱组成的宽带谱(即双模态应力响应功率谱密度)过程，Sakai 提出了一种模型，对于具有两个中心频率的双模态应力谱，用两个单模态的 Rayleigh 分布叠加来进行疲劳寿命预估。其疲劳寿命预估公式为

$$T=\frac{2^{-m/2}C}{\Gamma(1+m/2)}\frac{1}{f_1+f_2}\left(f_1\frac{m_{0,1}^{(1-m)}}{m_{2,1}}+f_2\frac{m_{0,2}^{(1-m)}}{m_{2,2}}\right) \tag{3.67}$$

式中，$\Gamma(\cdot)$为 Gamma 函数；f_1，f_2分别为两个振动模态对应的中心频率；$m_{i,1}$，$m_{i,2}$($i=0,2$)分别为第一阶和第二阶中心频率处功率谱密度的第 i 阶矩。

2000 年，Fu 等人对 Sakai 的寿命预估方法进行了改进，提出了一种更为合理的随机振动疲劳寿命预估方法，即 Bi－modal 法。

理想的双模态功率谱可以近似认为是两个正弦信号在时域上的叠加。设两个正弦波分别为

$$y_1(t)=A_1\sin(2\pi f_1 t),\quad y_2(t)=A_2\sin(2\pi f_2 t) \tag{3.68}$$

式中，A_1，A_2和 f_1，f_2分别为正弦波的响应振幅和频率。则两者在时域上叠加后的信号为

$$y(t)=y_1(t)+y_2(t) \tag{3.69}$$

要求 f_1与 f_2之间有一定的频率间隔，一般要求 $f_2/f_1\geqslant 4$。采用雨流计数原理处理信号 $y(t)$，$y(t)$可以看成由两个幅值不同的循环组成。其中的“大”循环幅值为 $S_1=A_1+A_2$，在 T(s)内的循环次数为 $n_1=f_1T$；“小”循环幅值为 $S_2=A_2$，在 T(s)内的循环次数为 $n_2-n_1=f_1T$。如图 3－12 所示为两个正弦波叠加的时域信号，其功率谱密度如图 3－13 所示。

根据 Miner 线性损伤累积理论，可得总损伤为

$$\sum D_i=\frac{n_1}{N_1}+\frac{n_2-n_1}{N_2}=\frac{T}{C}[f_1S_1^m+(f_2-f_1)S_2^m] \tag{3.70}$$

其中，N_1，N_2为应力 S_1，S_2对应的疲劳寿命，满足式(3.46)所示的 $S-N$ 关系。

现假设 y_1，y_2均为窄带随机过程，引入应力幅值 S_1，S_2的概率密度函数 $p_{S1}(S)$，$p_{S2}(S)$，则式(3.70)可化为

$$\sum D_i=\frac{T}{C}\left[\int_{S_r}^{S_{\max}} S^m p_{S_1}(S)\mathrm{d}S+(f_2-f_1)\int_{S_r}^{S_{\max}} S^m p_{S_2}(S)\mathrm{d}S\right] \tag{3.71}$$

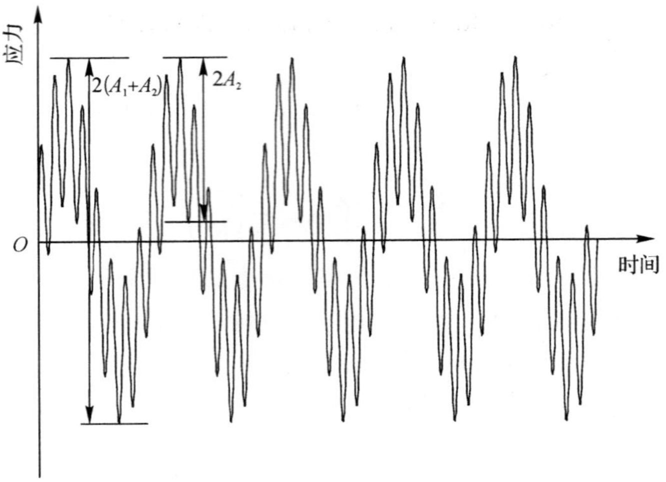

图 3-12　两个正弦波叠加的时域信号

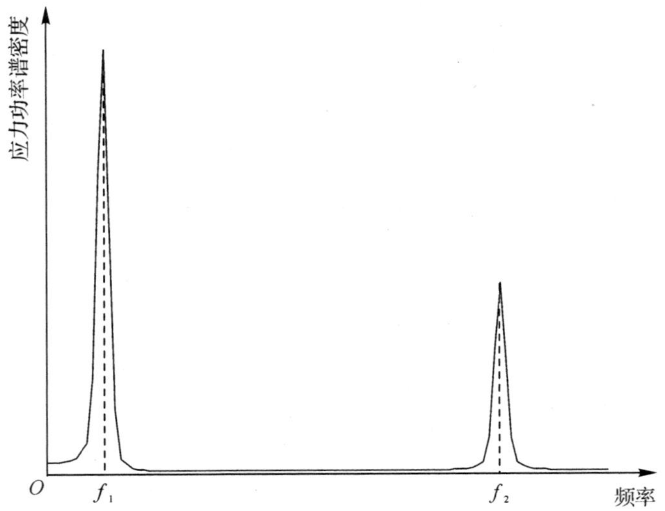

图 3-13　典型的双模态应力响应功率谱密度

因为 y_1，y_2 均为窄带随机过程，所以服从 Rayleigh 分布，S_1，S_2 的概率密度函数可写为

$$p_{S_2}(S)=p_{A_2}(S)=\frac{S}{m_{0,2}}\exp\left(-\frac{S^2}{2m_{0,2}}\right) \tag{3.72}$$

$$\begin{aligned}p_{S_1}(S)=p_{A_1+A_2}(S)=\int_{S_r}^{S_{\max}}p_{A_1}(x)p_{A_2}(S-x)\mathrm{d}x=\\ \frac{1}{m_{0,1}m_{0,2}}\exp\left(-\frac{S^2}{2m_{0,2}}\right)\int_{S_r}^{S_{\max}}(Sx-x^2)\exp(-Ux^2+VSx)\mathrm{d}x\end{aligned} \tag{3.73}$$

式中

$$U=\frac{1}{2m_{0,1}}+\frac{1}{2m_{0,2}} \tag{3.74}$$

$$V=\frac{1}{m_{0,2}} \tag{3.75}$$

根据 Miner 线性累积损伤理论，可得疲劳寿命预估公式为

$$T = \frac{C}{f_1 \int_{S_r}^{S_{max}} S^m p_{S_1}(S)\mathrm{d}S + (f_2 - f_1)\int_{S_r}^{S_{max}} S^m p_{S_2}(S)\mathrm{d}S} \tag{3.76}$$

式中

$$\int_{S_r}^{S_{max}} S^m p_{S_1}(S)\mathrm{d}S = \frac{1}{m_{0,1}m_{0,2}}\int_{S_r}^{S_{max}} \exp\left(-\frac{S^2}{2m_{0,2}}\right)S^m\left[\int_{S_r}^{S_{max}}(Sx - x^2)\exp(-Ux^2 + VSx)\mathrm{d}x\right]\mathrm{d}S \tag{3.77}$$

$$\int_{S_r}^{S_{max}} S^m p_{S_2}(S)\mathrm{d}S = \int_{S_r}^{S_{max}} \frac{S^{1+m}}{m_{0,2}}\exp\left(-\frac{S^2}{2m_{0,2}}\right)\mathrm{d}S \tag{3.78}$$

5. 四种频域疲劳寿命预估方法的比较

由式(3.52)可知，当应力功率谱密度确定(v_p一定)时，用不同方法预估特定结构(材料常数 C 一定)的疲劳寿命，计算结果仅与该种方法假定的应力幅值概率密度函数有关。不规则因子 γ 是判断随机信号是窄带还是宽带过程的特征参数。因此，下面首先探讨 4 种方法假定的概率密度函数随 γ 的变化情况，以判定各种方法的适用范围。

Bendat 法对应的概率密度函数为 Rayleigh 分布密度，表达式为式(3.53)。比较式(3.53)和式(3.52)可知，Wirsching 法对应的概率密度函数为

$$p_W(S) = \frac{\lambda S}{m_0}\exp\left(-\frac{S^2}{2m_0}\right) \tag{3.79}$$

Dirlik 法对应的概率密度函数表达式为式(3.64)。比较式(3.73)和式(3.64)可知，Bi-modal 法对应的概率密度函数为

$$p_B(S) = [f_1 p_{S_1}(S) + (f_2 - f_1)p_{S_2}(S)]/v_p \tag{3.80}$$

为了对 Bi-modal 法的应用范围进行考察，算例中的应力功率谱密度选择了图 3-13 所示的双峰功率谱密度。材料疲劳 $S-N$ 曲线参数，取 $C=3.270\ 3\times10^{16}$，$m=4.9$。四种基于应力功率谱密度进行疲劳寿命的预估方法对应的应力幅值-概率密度函数如图 3-14(a)～(h)所示。图中显示了 4 种概率密度函数随 γ 的变化趋势。

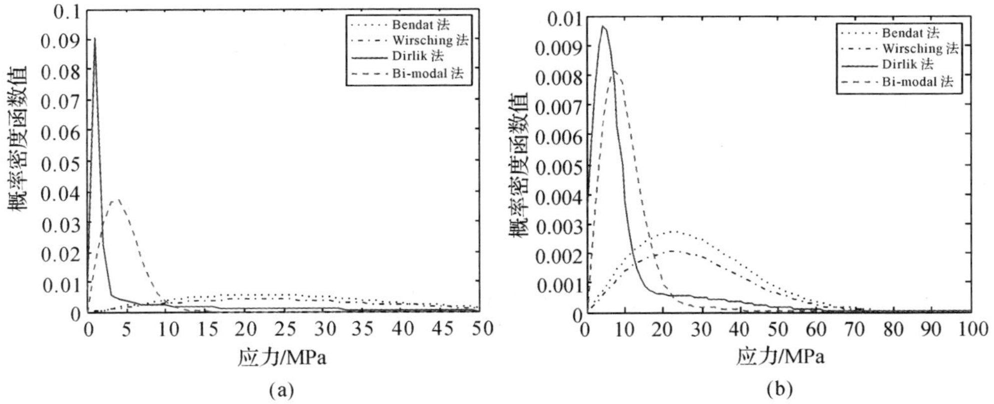

图 3-14 4 种概率密度函数随 γ 变化趋势

(a)$\gamma=0.256\ 8$；(b)$\gamma=0.360\ 7$；

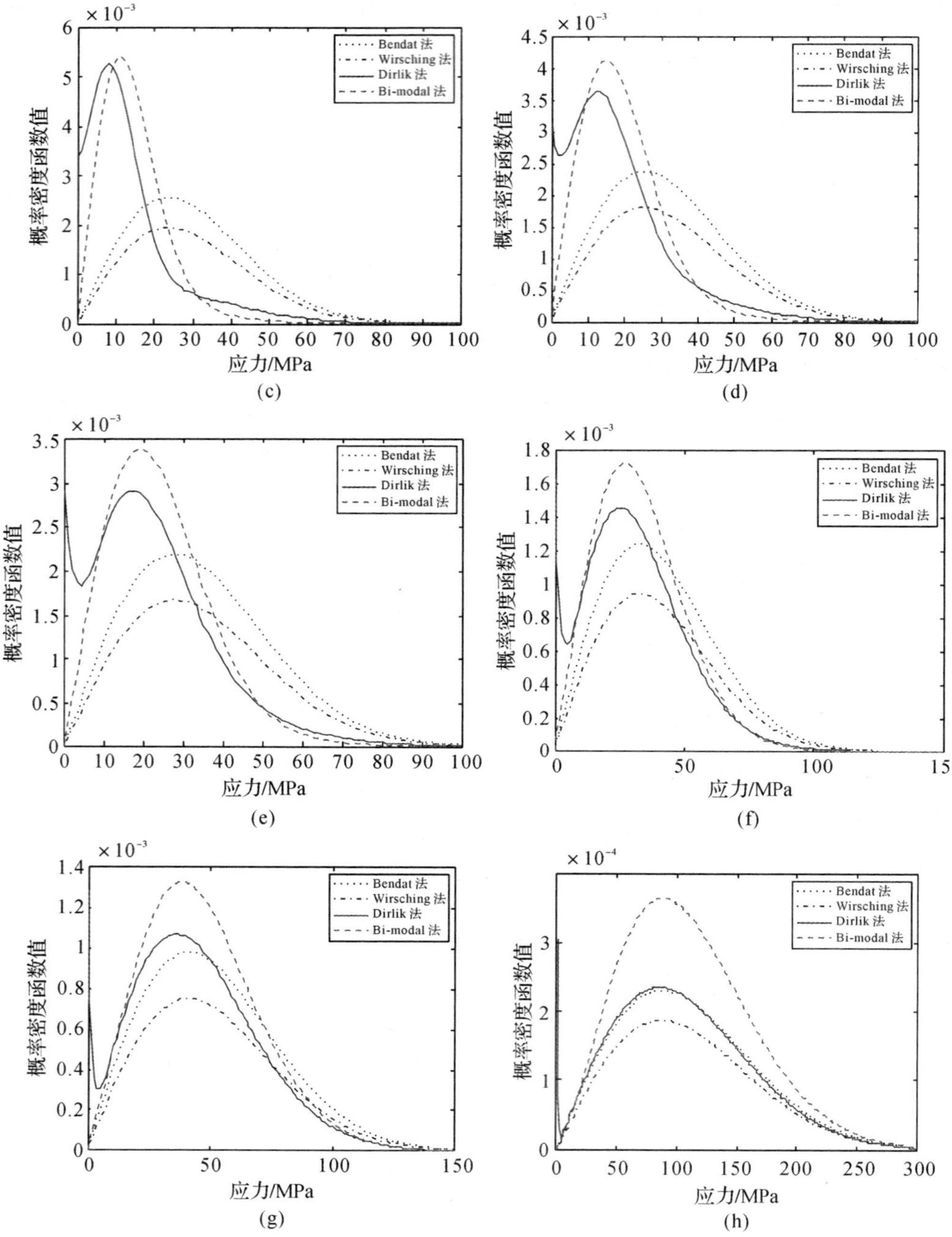

续图 3－14　4 种概率密度函数随 γ 变化趋势

(c)$\gamma=0.475\ 1$;(d)$\gamma=0.574\ 0$;(e)$\gamma=0.654\ 4$;

(f)$\gamma=0.767\ 7$;(g)$\gamma=0.862\ 0$;(h)$\gamma=0.970\ 7$

由图 3－14 可见，当不规则因子 γ 较小(对应宽带过程)时，Bi－modal 模型的应力幅值-概率密度函数与 Dirlik 公式对应的应力幅值概率密度函数值相近；随着 γ 的增加，Bi－modal 与 Dirlik 公式的应力幅值概率密度函数逐渐偏离，而 Bendat 公式与 Dirlik 公式的应力幅值-概率密度函数值逐渐接近；当 γ 趋近于 1（对应窄带过程）时，Bendat 公式与 Dirlik 公式的应力幅值-概率密度函数值几乎完全重合。由于 Dirlik 公式的计算结果和时域结果最为接近，因此，利用应力功率谱密度函数进行振动疲劳寿命估计时，若随机信号为宽带过程，建议选用 Dirlik 公式或 Bi - modal 模型；当随机信号为窄带过程时，最好选用 Bendat 或 Dirlik 公式。

进一步计算不同规则因子条件下，应用上述 4 种频域振动疲劳寿命计算方法获得的寿命结果，见表 3 - 4；图 3 - 15 给出了相应的预估疲劳寿命随 γ 的变化曲线。由图、表可见，Bendat 法预估的随机振动疲劳寿命始终最小，属于偏保守情况。当不规则因子 γ 较小（本例中为 $\gamma \leqslant 0.6544$）时，相对于 Dirlik 法，Bendat 法和 Wirsching 法预估的疲劳寿命差别较大；随着 γ 的逐渐增大，这两种方法和 Dirlik 法预估的疲劳寿命较为接近。Bi - modal 法预估的疲劳寿命随 γ 变化的总体趋势和 Dirlik 法最为接近。

表 3 - 4 基于应力功率谱密度的 4 种疲劳寿命预估方法计算结果

不规则因子	疲劳寿命/h			
	Bendat 法	Wirsching 法	Dirlik 法	Bi - modal 法
0.256 8	58 351	76 345	290 700	402 300
0.360 7	25 868	33 846	126 530	181 070
0.4751	14 238	18 629	56 684	75 060
0.574 0	8 507	11 130	25 028	36 105
0.654 4	5 337	6 982	11 595	14 135
0.767 7	2 330	3 045	3 431	3 849
0.862 0	819	1 065	958	1 045
0.970 7	35	43	36	38

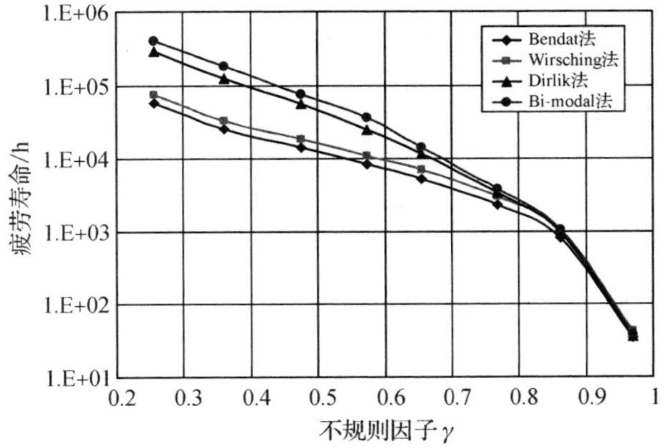

图 3 - 15 预估疲劳寿命随 γ 的变化曲线

3.5 动强度设计中的声疲劳分析方法

3.5.1 声疲劳寿命表征

描述声疲劳要涉及一些参数，主要有声压谱值、声疲劳寿命曲线、使用状态和经历时间等。

1. 声压谱值

声压谱值表示结构遭遇声激励时，结构表面的声压级。在坐标图中，横坐标一般以倍频程或 1/3 倍频程谱表示，纵坐标用声压级表示，单位为分贝(dB)。下面为了方便，将它们转换为以 Hz 为单位的谱值表示，将其记作 $W(f)$。

2. 声疲劳寿命曲线

结构的声疲劳寿命曲线指典型结构元件在不同声压级的有限带宽频谱(见图 3-16)作用下测得的结构疲劳寿命，如图 3-17 所示。一般而言，各种结构的声疲劳寿命曲线，与常规疲劳中的 $S-N$ 曲线类似，也可以大致用双数坐标图(见图 3-17)中的直线来做最小二乘拟合。

假设已测得某典型结构元件的声疲劳寿命曲线，双对数拟合公式为

$$W^b N = C \tag{3.81}$$

式中，W 为声压谱值，dB；N 为达到破坏的循环次数，按激励谱的中心频率折算；C 为常数；b 为双对数声疲劳直线斜率的负倒数值。

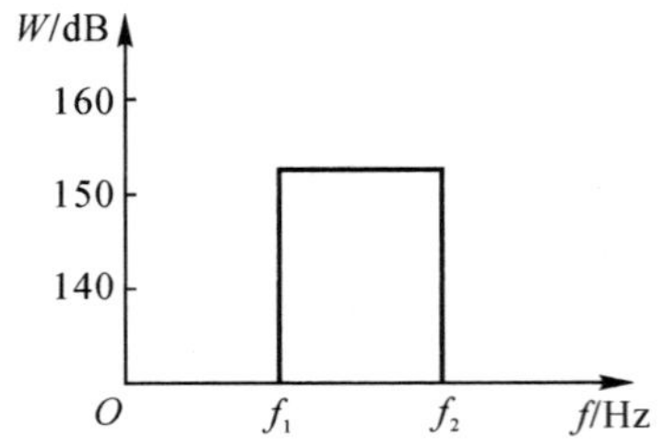

图 3-16　有限带宽声激励平谱

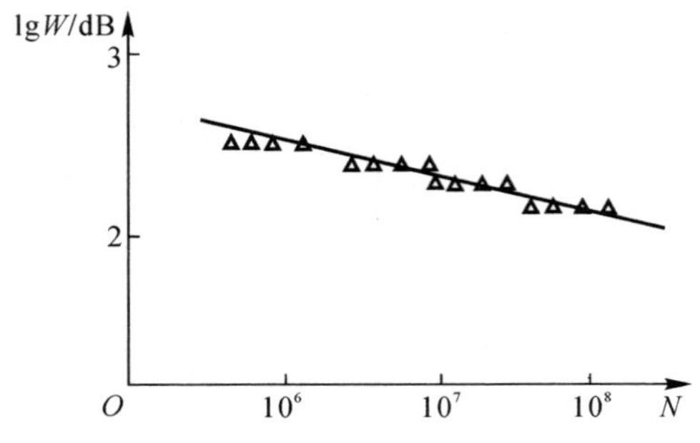

图 3-17　声疲劳寿命曲线(双对数坐标)[7]

根据式(3.81)，两个不同声压激励下，结构的疲劳寿命之间具下列关系：

$$\left(\frac{W_1}{W_2}\right)^b = \frac{N_2}{N_1} \tag{3.82}$$

利用这个关系和 Miner 累积损伤准则，就可以按损伤等价的原则对不同载荷和不同时间进行必要的等效换算。

3. 使用状态和经历时间

对于给定飞机，其结构形式、使用条件以及动力装置特性都是确定的。要得出声载荷谱必须了解它在各种使用状态下各结构部位的声载荷，一般只需要包括那些所产生声载荷对结构声疲劳有影响的状态就可以了。使用状态的确定依据是飞机的使用任务剖面以及实际发生的并经统计给出的其他综合任务剖面。基于这两方面，一般可按一个飞机典型起落或者按一个作用时间段(如 1 000 飞行小时)给出该飞机需加考虑的各种作用状态的相对发生时间，由此推算出有关状态在飞机整个作用寿命期内的相对发生时间。这样，各状态的声载荷分布及其持续时间参数就给出了。例如，设定在 1 000 飞行小时内，共需考虑 m 种状态，记为 $Q_i(i=1, 2,\cdots,m)$，对应的持续时间也有 m 种，记为 $T_i(i=1,2,\cdots,m)$。对状态的划分应较细致，如爬升、巡航这些状态，可以有不同功率、不同速度，相应的声载荷也将不同。实际状态细分过程中，可以按照声载荷的均匀度来划分，一般声压谱值相差不超过 3 dB 可归纳为一种状态。同理，如果在两个不同的作用状态下，声压谱值相近，则可以将两个状态等效合并为一个状态，把相应的持续时间相加即可。

3.5.2　声疲劳寿命估算方法

由于声疲劳损伤与结构细部设计(如蒙皮桁条的连接等)有关，可以根据细节部位的应力水平和声疲劳强度进行设计，美国波音公司提出了局部声额定值 DSR(Detailed Sonic Rating)方法来确定结构的声疲劳特性。本节对该方法的一般计算程序作概要介绍，详细介绍请参阅文献[7]。

壁板类结构是飞机结构中由长桁、框架、蒙皮构成的结构，它也是飞机常见的结构形式，例如机身壁板、飞机进气道内壁板均属于这一类结构。同时，它是飞机各类结构形式中发生声疲劳概率最高的一类结构。DSR 法较适宜于这类结构的声疲劳分析计算。其简要计算步骤如下。

1. 结构振动响应频率的估算

飞机结构在宽频噪声激励下的振动应力响应主要取决于前几阶振动模态，特别是第一阶基本模态。结构响应频率可采用振动试验、数值计算及理论分析来确定。相关设计手册中给出了一些典型飞机局部结构的固有频率估算公式。

以典型薄壁结构为例，如图 3-18，其一阶共振的响应频率 f 有经验公式：

$$f = 1.102\,4\times 10^6\, K_S\, K_r\, \frac{t_s}{b^2}(\text{Hz}) \tag{3.83}$$

式中，a 为壁板长边尺寸，m；b 为壁板短边尺寸，m；t_s 为板厚；K_S 为频率形状比修正系数，如图 3-19 所示；K_r 为曲率修正系数，对平板 $K_r=1$，对曲板，如图 3-20 所示。

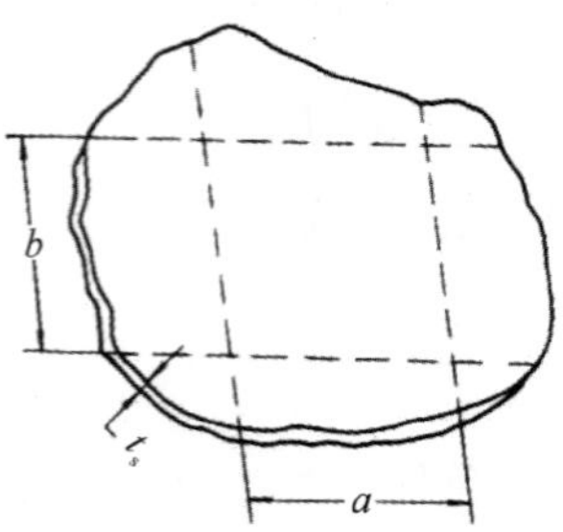

图3-18　典型薄板几何尺寸

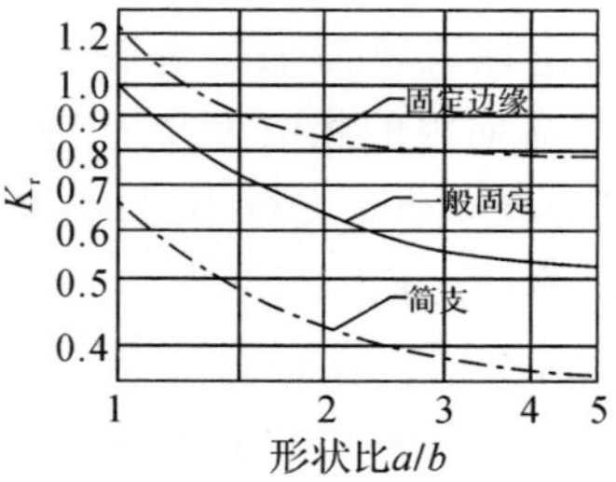

图 3-19　频率形状比修正系数[7]

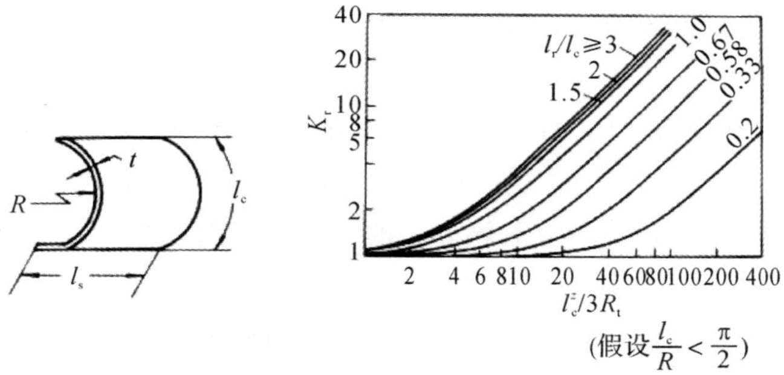

图 3-20　曲率修正系数[7]

2. 确定局部声额定强度

局部声额定强度记作 DSR，定义为噪声载荷激励下获得的疲劳寿命曲线上对应 10^6 次循环的声疲劳强度。DSR 值除可直接从声疲劳试验数据获得外，在没有实测数据情况下，还可按设计手册提供的以下公式进行估算：

$$\mathrm{DSR}=\mathrm{DSR_{BASE}}\,A_s\,B_s\,C_s\,U_s \tag{3.84}$$

式中，$\mathrm{DSR_{BASE}}$为基本局部声额定强度，典型结构形式可查表 3-5～表 3-7；A_s 为孔充填系数；B_s 为材料系数；U_s 为加强凸台系数；C_s 为铆钉埋头系数。

具体修正系数的选取可以参阅相关声疲劳设计手册。

表 3－5　加强蒙皮–腹板的DSR_{BASE}[7]

结构形式	DSR_{BASE}/kPa
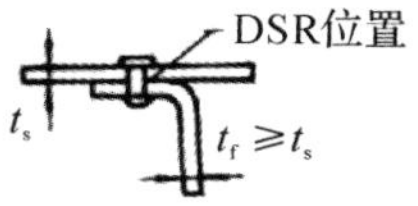	51.7
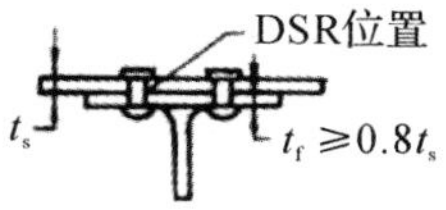	64.9
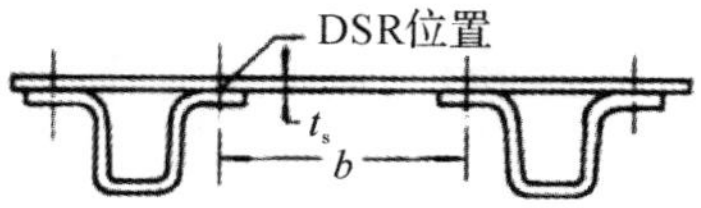	72.4

表 3－6　框–加强件组合结构的 DSR_{BASE}[7]

结构形式	DSR_{BASE}/kPa
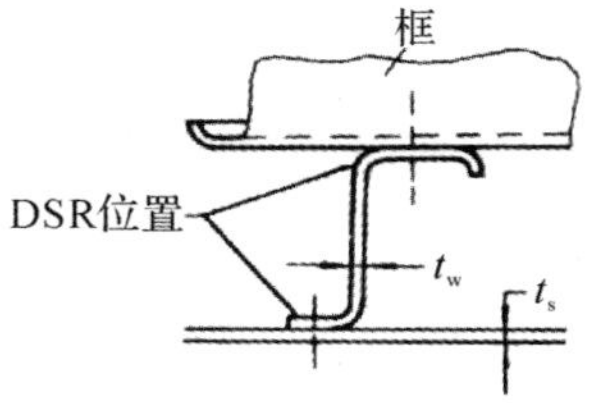	13.8
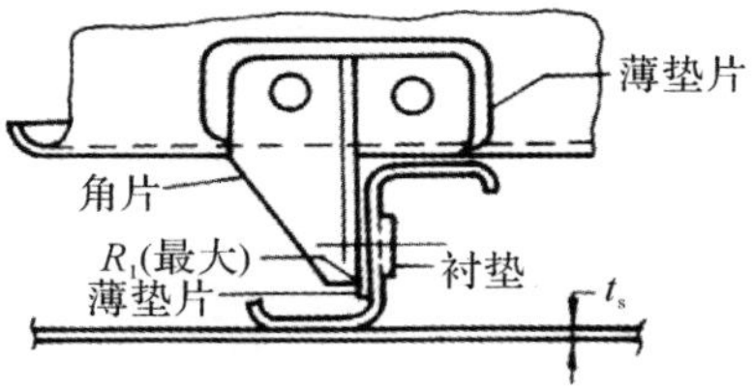	27.6 带薄垫片
	19.3 不带带薄垫片

表 3-7 开孔壁板的DSR_{BASE}[7]

形式	DSR_{BASE}/kPa		图示
	$D<b/4$	$D\geqslant b/4$	
无加强	31.7	22.8	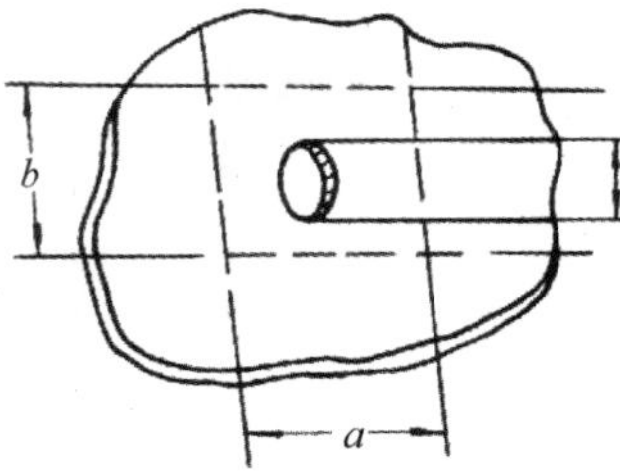
有双层板	44.8	29.7	
有凸缘	40.7	26.9	

3. 载荷确定

飞机的一次飞行任务，可分为若干个飞行段，例如滑跑、爬升、巡航及空中各种飞行状态、着陆等。噪声水平较高的飞行段，其噪声声压级和持续时间是决定结构声疲劳损伤的最主要因素，在计算结构声疲劳时要分别加以考虑。其中对噪声声压级可通过下式进行带宽修正，将频带声压级转换为疲劳谱声压级：

$$L_{ps}(f)=L_p(f)-10\lg\frac{\Delta f}{\Delta f_0} \tag{3.85}$$

式中，$L_{ps}(f)$ 为频率 f 对应的谱级；$L_p(f)$ 为频率所在频段的频带声压级；Δf 为频率所在频段的带宽；Δf_0 为基准带宽，一般取 1Hz。

4. 计算每一飞行段的应力循环数

假定壁板对噪声载荷激励的响应以基频为主，则每一飞行段的应力循环数 n_i 是基频 f 和该飞行段持续时间(T_i)的乘积：

$$n_i = fT_i \tag{3.86}$$

5. 计算声疲劳应力

由噪声激励产生的疲劳应力为

$$\sigma_s = H\sigma(\omega)L_{ps} \tag{3.87}$$

式中，σ_s 为声疲劳应力；$H\sigma(\omega)$ 为单位应力响应，即结构在单位幅值均布声压作用下所产生的动应力响应；L_{ps} 为声载荷在壁板固有频率处的噪声谱级。

单位应力响应 $H\sigma(\omega)$ 的 DSR 确定思路是依据试验结果拟合出经验计算式。

6. 计算声疲劳损伤

获得声疲劳应力后，根据局部声额定强度(DSR)的定义，声疲劳寿命为

$$N=\left(\frac{\mathrm{DSR}}{\sigma_s}\right)^{\frac{1}{\lg\alpha}}\cdot 10^6 \tag{3.88}$$

式中，$\lg\alpha$ 中的 α 是所计算结构的 $S-N$ 曲线的斜率。

按线性累积损伤假定，第 i 飞行段的每个循环的疲劳损伤为

$$m_i=\frac{1}{N_i}=\left(\frac{\sigma_{si}}{\mathrm{DSR}}\right)^{\frac{1}{\lg\alpha}}\cdot 10^{-6} \tag{3.89}$$

式中，N_i 是第 i 飞行段的交变应力σ_{si} 作用下达到疲劳破坏的交变应力。

第 i 飞行段的疲劳损伤是每个循环损伤与该飞行段循环次数的乘积，即

$$M_i = m_i \cdot n_i \tag{3.90}$$

因此，每次飞行的疲劳损伤是各飞行段疲劳损伤的总和，即

$$M_T = \sum_i M_i \tag{3.91}$$

7. 声疲劳寿命计算

飞行器结构的声疲劳损伤应为飞行次数与每次飞行损伤的乘积，假定飞行次数为 N_T，则当累计疲劳损伤达到 1 时，对应的飞行次数为

$$N_T = \frac{1}{M_T} \tag{3.92}$$

如果为了达到新的设计目标而改变局部声额定强度（设为 DSR′），则新的声疲劳寿命为

$$N_T{}' = N_T\left(\frac{\mathrm{DSR}'}{\mathrm{DSR}}\right)^{\frac{1}{\lg\alpha}} \tag{3.93}$$

8. 确定声疲劳目标寿命

如果给定设计目标寿命为 N_G，则可以根据以上公式 计算所需的局部声额定强度 $\mathrm{DSR_{REQ}}$，即

$$\mathrm{DSR_{REQ}} = \mathrm{DSR}\left[\frac{N_G}{N_T}\right]^{\lg\alpha} \tag{3.94}$$

以上所介绍的 DSR 方法，其具体算例见《飞机结构声疲劳设计手册》。

思　考　题

1. 基于设计包线准则的极值载荷估计方法与基于任务分析准则的极限载荷确定方法分别适用于什么情况？有何区别？

2. 频域振动疲劳分析方法相比于时域振动疲劳分析方法有何优越性？

3. 采用 Von Mises 应力准则将多轴疲劳应力转化为等效的 Von Mises 应力是一种简单有效的方法，但如果主应力的幅值随时间变化的同时其方向也随时间变化，等效的 Von Mises 应力还能适用吗？

4. 飞机结构上不同的连接方式对于结构的固有频率和振型有较大的影响，试比较铆接与胶接对飞机局部结构声疲劳寿命的影响。

参 考 文 献

[1] HOBLIT F M. Gust loads on aircraft: concepts and applications [M]. Washington, D. C.: American Institute of Aeronautics and Astronautics INC, 1988.

[2] PATEL S, BLACK C, ANDERSON W, et al. F/A-22 vertical tail buffet strength certification [C]// 46th AIAA Structures, Structural Dynamics and Materials Conference. Austin, Texas: AIAA, 2005: 2292.

[3] 姚起杭. 飞机动强度设计指南[M]. 西安：西北工业大学出版社，1997.

[4] 施荣明. 现代战斗机结构动强度设计技术指南[M]. 北京:航空工业出版社,2012.
[5] 李斌，张玉杰，杨智春. 确定飞机最大抖振设计载荷的长期极值估计方法[J]. 振动与冲击，2012，31(14)：1-6.
[6] 白春玉，齐丕骞，牟让科，等. 基于经典 Von Mises 应力的多轴等效应力修正方法研究[J]. 振动与冲击，2015，35(23)：166-170.
[7] 姚起杭，杨学勤. 飞机结构声疲劳设计手册[M]. 北京:航空工业出版社,1998.
[8] DAVE S. Vibration Analysis for Electronic Equipment [M]. 3 ed. New York：John Wiley&Sons INC，2000.
[9] 张玉杰. 抖振设计载荷和抖振疲劳载荷谱确定方法研究[D]. 西安:西北工业大学，2012.

第四章　结构动力学优化设计

4.1　概　　述

飞机结构动力学优化设计就是要在优化设计过程中，正确反映结构的振动性能，充分考虑飞机结构的动态特性以及动响应设计准则，即将结构的动强度与结构的静力、疲劳、热力等多种强度设计概念一起考虑，综合各种技术完成飞机结构的完整设计。随着结构静力学优化设计的日益成熟和工程设计要求的逐步提高，结构动力学优化设计得到越来越多的关注。目前，结构动力学优化设计技术一直在不断发展，并已逐渐进入实际应用阶段。

结构设计的一个重要内容是强度设计。以往对飞机结构进行设计时，都是按照先进行静强度或静力学的概念设计，然后再进行动力学验算或试验验证步骤而完成设计。飞机设计时对结构振动问题几乎不做（或很少做）分析与计算，而直到飞机试飞或使用过程中出现振动问题或故障时，才采取各种措施进行故障排除和补救，以改善结构的动态性能和动响应水平。因此，在新飞机研制过程中，几乎毫无例外地暴露出众多的结构动力学问题。这样的设计理念及过程，无疑会延误飞机设计的定型周期，甚至还会造成大量的人力、物力和财力损失。例如：为了保证设备与部件的动强度，需要进行飞机的固有特性计算和地面振动试验验证；为保证飞机的颤振性能，需要对飞机结构进行大量的振动分析计算与振动试验工作，并提供准确的振动数据。因此，为了提高飞机设计质量和水平，在设计过程中，迫切需要对以动载荷为主的结构进行早期的振动分析与计算工作。同时，按照动力学设计的概念，在飞机结构总体强度设计中，要求避免出现有害共振或剧烈振动现象，保证结构具有良好的动力学性能，如保证飞机结构的气动弹性稳定性等。而结构动力学优化设计的理念，能对以上需求提供必要和可靠的求解方法和手段。

振动问题不同于静力学问题。静强度设计主要取决于材料性能，而动强度则由更多的因素所决定，涉及结构的刚度、惯性、阻尼，以及附加子系统配置等。因此，结构动力学优化设计较结构静力学优化设计更加复杂，难度也更大。其所涉及的设计指标和措施，仍在进一步明确和完善之中，而且形成了多种结构动力学优化设计问题。

结构动力学优化设计指标可以归结为以下三个方面：

（1）避免结构的有害共振　它要求对结构的固有振动频率进行有效控制和调整，使结构避开外激励频率区间，实现预期的频率值。如要求液压导管系统的固有频率，避免与液压泵或发动机的主频及其倍频相接近，防止液固耦合振动现象的发生；航炮支撑结构的固有频率，应避开发射频率及其倍频等。

（2）避免剧烈的振动，减小振动噪声水平　即要求对结构的动位移或加速度响应幅值进行控制，使之降低到设计规范要求以内。如需把安装重要设备位置的振幅控制在一定量值以下，把由发动机诱发的飞机振动量值降低到较低的水平，等等。

(3)动稳定性的设计要求　即保证在稳定边界内飞机结构能够正常工作，如保证不发生动屈曲、颤振以及其他气动弹性和气动伺服弹性不稳定现象等。

根据不同的结构动力学优化设计指标，形成了众多的结构动力学优化设计方法。而对一个具体结构，结构动力学设计优化方法又取决于设计变量的选取、设计指标的实现措施等。本章主要介绍结构动力学优化设计的一些基础理论知识和求解方法。

4.2　结构动力学优化设计的数学模型

对于一个结构动力学优化设计问题，首先要用一些与结构的性能有关的、在优化设计过程中能够修改并需要最终确定的参数，对结构进行数学建模。在这些待定的参数中，只有那些线性独立的参数才被称为“设计变量”。优化设计的目的就是要在满足预先指定的工作环境和一定的指标限制条件中，寻找出这些设计变量的最佳组合。这些待定的设计参数可以是构件的长度、截面尺寸或特征量(如面积或惯性矩)、关键节点的位置坐标、一定设计区域内材料的分布状况与邻接关系，或是附加构件(如集中质量或边界支承约束)的位置等。一般情况下，这些设计参数可以是连续变化的。然而，受工程实际情况的限制，设计变量通常都是非连续变化的量，这就极大地增加了问题的求解难度。为了降低优化求解工作的难度和复杂性，在大多数优化设计问题中，可以暂时不考虑设计变量的离散属性，先将其按连续变量进行处理和设计。一旦获得了优化解，可将最接近的离散值作为设计变量的最终取值。

设计变量、目标函数和约束条件，是结构优化设计工作的三个基本要素，它们决定了优化设计的最终结果。在结构动力学优化问题中，至少应有一个能衡量设计效果优劣的量化指标，即优化设计所追求的目标函数。飞机结构通常将结构的质(重)量作为设计指标，以结构质量最轻为目标函数。也可以将结构的制作成本最小作为目标函数。

例如，为了避免有害共振的发生，必须使结构的固有频率避开激振力的频率(或频带)，特别是对结构最低的前几阶频率而言更是如此。假设结构的前 m 阶固有频率是 ω_i $(i=1,2,\cdots,m)$，要求经过动力学优化设计后，相应频率的目标值是 ω_i^* $(i=1,2,\cdots,m)$。可以按照其偏差的加权平方和最小来构造如下目标函数：

$$\min f(p_r)=\sum_{i=1}^{m}w_i\,(\omega_i-\omega_i^*)^2 \tag{4.1}$$

式中，p_r是设计变量；w_i为各阶频率的权函数，有 $\sum_{i=1}^{m}w_i=1$。当然，对于不同的动力学设计问题，还可以构造出其他形式的目标函数。

同时，优化问题还可能有一个或几个对结构性能和设计变量实施限制的约束条件，保证设计过程完成以后，结构能够正常地发挥作用。例如，动力响应水平控制就是飞机结构动力学设计最基本的设计限制；还有满足稳定性要求的结构阻尼必须达到一定值，等等。约束函数可以是设计变量的线性或非线性函数，甚至还可能是设计变量的隐函数，无法用一个显性的公式来表达。例如，在结构动力学设计时，应保证结构有足够的静强度和动强度，即满足以下应力约束准则：

$$\sigma_b - \sigma_{max}(p_r) \geqslant 0 \tag{4.2}$$

对于一般飞行器结构设计，其重量都有非常严格的要求。优化设计后结构的重量不应超过重量的允许值，即

$$\sum_{i=1}^{m} m_i(p_r) + m_0 \leqslant M^* \tag{4.3}$$

其中，m_0是非结构集中质量，如机载设备、装备、燃料等。

实际结构动力学优化问题所涉及的目标函数和约束函数，基本上都是设计变量的非线性函数，即所谓的非线性优化问题。从数学上讲，结构动力学优化设计构成了一个约束非线性规划问题，其目标函数和约束函数可以是下列项目之一或几项的组合：

(1) 结构质(重)量、体积或造价；

(2) 结构的固有振动频率值或振型的节点位置；

(3) 在规定的动载荷作用下，结构指定点的动位移、加速度或动应力响应幅值；

(4) 在变频的动载荷条件下，指定点在某一频段内的频响函数幅值；

(5) 飞机的颤振速度。

除了极简单的问题以外，一般情况下，对于有关结构的动态性能和响应，通过理论分析求解非常困难，需要利用数值方法计算才能得到。目前工程上广泛采用的数值分析技术是有限元计算方法，它主要包括以下三个步骤：

(1)构建结构参数化的有限元模型。它是结构动力学优化设计的对象，主要是由结构的构型所决定的。这是一个初始设计模型，可以取自静强度分析的结构模型。结构动力学优化设计将要修改这个有限元模型，以满足对结构动力学设计的要求。

(2)结构的振动特性分析。它表现为获取结构的动力学基本性能，如计算结构的固有频率、振型和模态阻尼率等。为满足结构动力学优化设计有关响应的目标或约束函数，往往可以通过直接或间接地改变结构的振动基本特性来实现。

(3)结构的动力响应分析。为降低结构的振动水平和提高结构的动强度，必须分析结构的位移、加速度、动应力(或应变)响应等。根据不同的外界激励状况，需要有效地计算由此引起的各类动力响应，构建准确、可靠的算法。

一般的有限元分析程序都具备这些计算功能。但为了适应结构动力学优化设计的需要，有时要对它进行改造，以适应设计变量的变化和模型的不断修改。

结构优化设计的基本任务，就是要寻求一组结构设计变量的最优值，使之既满足约束条件，又能使目标函数达到极小(或极大)。最常见的单目标结构优化设计问题的数学表达式如下：

寻求所有设计变量的一组集合

$$\boldsymbol{X} = [x_1 \quad x_2 \quad \cdots \quad x_n]^{\mathrm{T}} \tag{4.4}$$

使目标函数

$$\min(\text{或 } \max)\ f(\boldsymbol{X}) \tag{4.5}$$

满足约束条件

$$g_i(\boldsymbol{X}) \leqslant 0 \quad (i = 1,2,\cdots,m) \tag{4.6}$$

$$h_i(\boldsymbol{X}) = 0 \quad (i = m+1,\cdots,p) \tag{4.7}$$

$$x_j^{\mathrm{l}} \leqslant x_j \leqslant x_j^{\mathrm{u}} \quad (j = 1,\cdots,n) \tag{4.8}$$

其中，$\boldsymbol{X}$ 为设计变量列向量；$f(\boldsymbol{X})$ 为目标函数；$g_i(\boldsymbol{X})$ 为不等式约束函数；$h_i(\boldsymbol{X})$ 为等式约束函数；x_j^{l}，x_j^{u} 分别是设计变量 x_j 取值的下限和上限。

建立结构优化设计的数学模型，是将实际工程中的优化设计问题，转化为数学问题的一个非常重要的步骤。结构动力学性能的约束条件一般如同式(4.6)的不等式方程。通常，不等式约束函数将由全体设计变量构成的空间划分为可行域和不可行域两部分。一组设计变量，就是设计空间上的一个点。最优设计点可能在某个约束的可行域内部，也可能在可行域的边界上。而式(4.7)的等式约束表示设计空间的一个几何超曲面，给予设计变量之间一个必须满足的关系式。除了一些极简单的结构外，通常情况下结构的约束方程都难以用设计变量的显式表达。另外，各设计变量之间也可能还存在某种形式的联系，以便减少独立变量的数量，如保持结构的对称性或周期性等。不等式(4.8)的约束函数称为几何(或边界)约束，限定了设计变量可选择的范围，防止出现不切合实际的设计值。此外，还有结构的平衡、连续以及协调性条件。虽然它们没有直接显示在优化模型中，但在结构分析过程中也必须首先得到满足的。

既满足等式约束又满足不等式约束的设计变量称为可行点，可行点的集合称为可行域。对于等式约束式(4.7)，可行点落在等式约束表达式给出的空间超几何曲面(线)上。对于不等式约束式(4.6)，满足 $g_i(\boldsymbol{X}) < 0$ 的变量称为内点，满足 $g_i(\boldsymbol{X}) = 0$ 的变量称为边界点，它们都是可行设计点。

4.3 结构动力学优化设计的分类与主要方法

4.3.1 结构动力学优化设计的分类

结构动力学优化问题主要依赖于设计目标函数、约束函数以及设计变量的类型，不同类型的设计变量需要用不同的数学方法来处理。根据设计变量的性质，结构动力学优化设计一般可划分为尺寸优化、形状优化、拓扑优化和边界约束优化四个层次。随着优化层次的提高，设计难度逐渐增大，优化设计的效益亦增大。

1. 拓扑优化

拓扑优化有时又称为布局优化。在结构的初步设计阶段(如方案设计阶段)，对于给定的设计目标和约束条件，拓扑优化可用来定性地描述在设定区域内最佳的结构构型(材料分布及其连通性)，以便在特定加载条件下，将动载荷有效传递到结构的约束边界，同时也使结构的某些动态性能达到最优，为结构进一步详细设计提供科学的依据。因此，拓扑优化设计对理论界有很强的挑战性，能产生可观的经济效益，对工程设计人员也有很大的吸引力。拓扑优化对象包括离散型和连续型两类结构。

对于离散杆系结构，如飞行器设计常用的桁架或刚(框)架结构，拓扑优化需要确定结构中节点的数量、位置，以及节点之间构件在空间的连接状况，使其具有最少的构件数量以及正确的连接形式，从而获得最佳的传力路径和形式。从总体结构的角度看，低效的构件或材料将从设计域内被删除掉，使可用的材料以最佳的布局方案传递外力，并使结构在满足约束的情况下获取最优的力学性能。

对于连续体结构，拓扑优化设计实质是一种 0－1 离散变量的组合优化问题。其基本思想是将设计区域离散化为有限网格，根据设计准则，删除某些低效的网格。连续体拓扑优化方法主要有均匀化法、变密度法和渐进结构优化法等。其中变密度法由于易于理解和实现而得到广泛应用，该方法认为结构的材料密度是可变的，且假定材料的物理性能与密度参数之间存在着某种简单的数学关系。变密度法以材料密度为设计变量，以结构性能最优为目标函数，使设计区域的材料分布达到最优。通常单元密度与弹性模量之间的关系采用人为给定的幂函数规律，主要采用带惩罚因子的固体各向同性微结构/材料模型(Solid Isotropic Microstructure/Material with Penalization，SIMP)或材料属性有理近似模型(Rational Approximation of Material Properties，RAMP)。其特点是：数学理论比较严密，能反映拓扑优化的本质特征；方法简单、计算效率高，但收敛精度较差，需要一些技术补救措施才能得到比较满意的结果。

2. 形状优化

结构形状优化设计，可以用来确定连续体结构的内部或外部几何边界形状，或两种材料之间的界面形状，也用来确定桁架、刚架类杆系结构形状控制节点的坐标(或位置)。形状优化属于可动边界问题，其目的是改善结构内力传递路径，降低结构的动应力，增加结构的动刚度等，进而提高结构的动强度。

形状优化的特点是不改变结构原来的拓扑构型设计，既不增加新的节点和构件，也不允许有节点或构件被删除。在形状优化过程中，结构性能或响应与设计变量之间一般呈现非线性关系，使得在形状优化过程中，设计变量的灵敏度分析与计算存在一定的困难。迄今为止，形状优化设计发展缓慢，取得的理论和应用成果相对较少。

3. 尺寸优化

结构尺寸优化设计是在结构的详细设计阶段，对各构件的尺寸(如横截面面积、截面惯性矩、板厚等)进行调整，从而达到优化设计的目的。与拓扑或形状优化相比，尺寸优化相对比较简单，因为它在优化过程中不会改变结构的连通性，而且设计变量与刚度和质量矩阵一般呈现线性或简单的非线性关系。经过众多研究者多年的不懈努力，尺寸优化技术已经比较成熟。通常情况下，可以单独对结构尺寸进行优化设计，也可以同时对结构的形状和尺寸变量进行优化设计，充分考虑两类变量的耦合效应。此外，根据结构响应的特点，有时还可以引入中间变量，以使目标函数和约束函数的偏导数计算得到一定程度的简化，并使计算精度得以提高。这种技术对大型复杂结构动力学优化设计非常适用。

4. 边界约束优化

众所周知，结构的边界约束状况对结构的性能及其内力传递路径影响很大。如边界支承(撑)的作用是固定结构，防止结构产生过度(刚体或弹性)的位移和变形。结构与其边界约束状况一起，构成了一个完整的系统，实现结构设计的基本功能。附加非结构集中质量，可代表结构上安装的仪器、设备，或所承担的荷载等。当实际结构本身的设计，如尺寸和形状设计，因其功能和性能的限制无法修改时，通过改变结构的边界约束的刚度和位置，或非结构集中质量的位置，同样也能提高结构的动力学性能，降低由外载荷引起的响应水平。

图 4－1 所示悬臂梁在 B 点附加一个弹性的铰(点)支承，在 C 点附加一个集中质量块。改变铰支承的约束刚度系数 k 和位置 x_B，或非结构集中质量的位置 x_C，将改变悬臂梁结构的

刚性或惯性分布,从而能够极大地改变结构的动力学性能。从力学分析角度来看,可以把这些附加构件的作用作为一个施加在结构上的集中外力 F_B 和 P_C——支承反力和惯性力——统一来处理。外力作用点的位置 B 和 C 的优化设计属于结构边界约束优化设计范畴的问题,应当得到飞机结构设计人员的高度重视和研究。

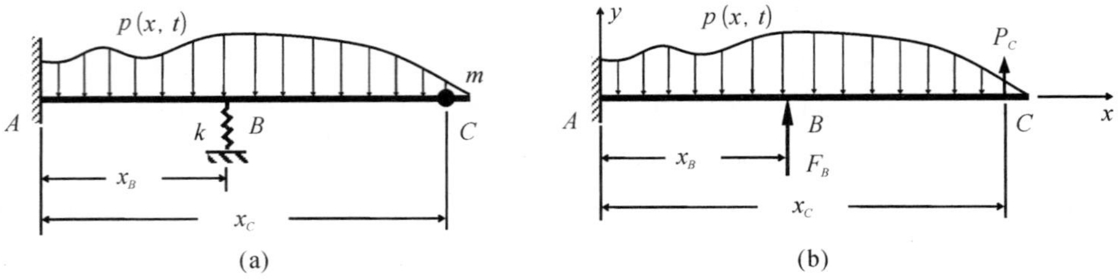

图 4-1 悬臂梁支承与集中质量位置优化及受力分析示意图

(a)结构布局图;(b)受力分析图

4.3.2 结构动力学优化设计的主要方法

实际结构的动力学优化问题都比较复杂,多数情况下,优化设计问题无法得到理论解。因而只能采用数值算法,通过反复修改和调整模型,逐步逼近最优设计。这就需要花费一定的时间和精力。每一步迭代过程通常由两部分组成:①结构动力性能分析、响应计算与收敛性检验;②结构模型参数修改获取新的模型。因此,结构动力学优化求解非常费时和费力,致使结构优化设计效率低、成本高,而且所得解也不一定是优化设计的全局最优解。开发快速、高效的优化算法是结构动力学优化设计研究的一项关键技术。

1. 数学规划法

数学规划法以运筹学的规划理论为基础,在由设计变量构成的 n 维空间内,确定一个函数的极值(极大或极小值)。它依据结构的数学模型求最优解,有严格的数学推导过程。它对约束和目标函数的形式一般没有特别要求,因而有非常广泛的适应性。但是数学规划法计算量较大,对于多变量复杂结构的优化问题,计算效率比较低,收敛速度较慢。数学规划法包括拉格朗日乘子法、可行方向法、共轭梯度法、牛顿法、序列线性规划法以及序列二次规划法等。这些方法各有其优缺点,适用于不同的优化设计问题,而且都需要计算目标函数和约束函数的灵敏度信息,即目标函数和约束函数对每个设计变量的一阶甚至二阶导数值。另外,这些算法一般都对设计变量的每次修改量施加一定的限制。近年来,基于概率的随机搜索方法,如模拟自然界生物群体进化的遗传算法(Genetic Algorithm, GA)、神经网络算法(Artificial Neural Network, ANN)、免疫算法(Immunity Algorithm, IA)、蚁群算法(Ant Colony Algorithm, ACA)和模拟退火算法(Simulated Annealing, SA)等得到人们的普遍关注。因为这些智能优化算法寻优过程无须计算目标和约束函数的导数信息,所以适应性较广,可使结构优化设计问题得到一定程度的简化,特别适合"非光滑优化"问题。但它们自身的局限性也很明显,如寻优过程随机性较大,计算工作量大,优化效率不高等。

在数学规划法中,首先要对目标函数和约束函数进行逼近。现以目标函数为例,将其展开成泰勒(Taylor)级数:

$$f(\boldsymbol{X}_r) = f(\boldsymbol{X}_r^{(k)}) + \nabla^{\mathrm{T}} f(\boldsymbol{X}_r^{(k)})(\boldsymbol{X}_r - \boldsymbol{X}_r^{(k)}) + \frac{(\boldsymbol{X}_r - \boldsymbol{X}_r^{(k)})^{\mathrm{T}} \nabla^2 f(\boldsymbol{X}_r^{(k)})(\boldsymbol{X}_r - \boldsymbol{X}_r^{(k)})}{2} + \cdots \tag{4.9}$$

其中，$\nabla f(\boldsymbol{X}_r^{(k)})$ 是目标函数在 $\boldsymbol{X}_r^{(k)}$ 点处的梯度，代表了函数增加最快的方向，它是目标函数对全体设计变量的一阶偏导数：

$$\nabla f(\boldsymbol{X}_r^{(k)}) = \begin{Bmatrix} \dfrac{\partial f(\boldsymbol{X}_r^{(k)})}{\partial x_1} \\ \vdots \\ \dfrac{\partial f(\boldsymbol{X}_r^{(k)})}{\partial x_r} \end{Bmatrix} \tag{4.10}$$

从而目标函数的一次(线性)近似表达式为

$$f(\boldsymbol{X}_r) \approx f(\boldsymbol{X}_r^{(k)}) + \nabla^{\mathrm{T}} f(\boldsymbol{X}_r^{(k)})(\boldsymbol{X}_r - \boldsymbol{X}_r^{(k)}) \tag{4.11}$$

式(4.9)中 $\nabla^2 f(\boldsymbol{X}_r^{(k)}) \equiv \boldsymbol{H}(\boldsymbol{X}_r^{(k)})$，称为目标函数的海赛(Hessian)矩阵，它是目标函数对全体设计变量的二阶偏导数。

$$\boldsymbol{H}(\boldsymbol{X}_i^{(k)}) = \begin{bmatrix} \dfrac{\partial^2 f(\boldsymbol{X}_r^{(k)})}{\partial x_1^2} & \cdots & \dfrac{\partial^2 f(\boldsymbol{X}_r^{(k)})}{\partial x_1 \partial x_r} \\ \vdots & & \vdots \\ \dfrac{\partial^2 f(\boldsymbol{X}_r^{(k)})}{\partial x_r \partial x_1} & \cdots & \dfrac{\partial^2 f(\boldsymbol{X}_r^{(k)})}{\partial x_r^2} \end{bmatrix} \tag{4.12}$$

于是，目标函数的二次近似表达式为

$$f(\boldsymbol{X}_r) \approx f(\boldsymbol{X}_r^{(k)}) + \nabla^{\mathrm{T}} f(\boldsymbol{X}_r^{(k)})(\boldsymbol{X}_r - \boldsymbol{X}_r^{(k)}) + \frac{(\boldsymbol{X}_r - \boldsymbol{X}_r^{(k)})^{\mathrm{T}} \boldsymbol{H}(\boldsymbol{X}_r^{(k)})(\boldsymbol{X}_r - \boldsymbol{X}_r^{(k)})}{2} \tag{4.13}$$

以上各式是进行非线性规划分析的重要公式。

实际工程结构的优化设计问题通常都是带约束、非线性和隐式的优化问题，可以采用梯度投影法、序列二次规划法或罚函数法等。对于式(4.4)～式(4.7)描述的约束非线性优化问题，这里介绍一种能求解约束优化问题的重要思想方法，即罚函数法，它把约束非线性规划问题转化为等效的无约束非线性规划问题加以处理。

引入罚因子 $\rho_i > 0$，把约束条件构成的约束函数加给目标函数，形成一个增广函数，这种方法通常称之为罚函数法，即

$$F(\boldsymbol{X}_r, \rho_i) = f(\boldsymbol{X}_r) + \sum_{i=1}^{m} \rho_i G[g_i(\boldsymbol{X}_r)] + \sum_{i=m+1}^{p} \rho_i H[h_i(\boldsymbol{X}_r)] \tag{4.14}$$

其中，$G[g_i(\boldsymbol{X}_r)]$ 和 $H[h_i(\boldsymbol{X}_r)]$ 是约束条件的泛函。通过罚函数项，促使约束条件得到满足，并将约束非线性规划问题转换成了一系列无约束极小或极大化问题。对于一般的结构优化问题，罚函数法运行可靠，基本都能得到问题的最优解，只是计算量与其他方法相比要稍大一些。约束函数由约束条件构成，它的选择原则如下：

(1)对于不等式约束函数：

当 $g_i(\boldsymbol{X}_r) \leqslant 0$ 时，$G[g_i(\boldsymbol{X}_r)] = 0$，它要求 $\boldsymbol{X}_r$ 总是可行域内或边界上的点；

当 $g_i(\boldsymbol{X}_r) > 0$ 时，$G[g_i(\boldsymbol{X}_r)] \to +\infty$，对于可行域外的点，要对目标函数施加一定的惩罚。

(2)对于等式约束函数：

当 $h_i(\boldsymbol{X}_r) \to 0$ 时，$H(h_i[\boldsymbol{X}_r]) \to 0$。

对于等式约束和不等式约束，都要求：

$$\left.\begin{aligned}&\lim_{k\to\infty}\sum_{i=1}^{m}\rho_i^{(k)}G[g_i(\boldsymbol{X}_r^{(k)})]=0\\&\lim_{k\to\infty}\sum_{i=m+1}^{p}\rho_i^{(k)}H[h_i(\boldsymbol{X}_r^{(k)})]=0\\&\lim_{k\to\infty}|F(\boldsymbol{X}_r^{(k)})-f(\boldsymbol{X}_r^{(k)})|=0\end{aligned}\right\} \tag{4.15}$$

不论是等式约束函数，还是不等式约束函数，构造增广函数的基本思想都是一致的，这就是：在可行点增广函数值等于原来的目标函数值；在不可行点，增广函数值等于原来的目标函数值加上一个很大的正数，以惩罚对约束的破坏。

2. 优化准则法

优化准则方法首先从结构的动力学基本原理出发，为满足各种约束的要求，建立直观的、可操作的结构设计方案必须遵循的最优性条件，如等动强度设计准则、动应变能密度一致准则等。通常认为优化准则法算法简单，收敛速度快，要求结构重分析的次数一般与设计变量的数目没有太多关系，而且编程计算相对比较简单。因此，对于大型复杂工程结构的动力学优化设计问题，人们更倾向于运用优化准则法来解决。但是对不同类型的优化设计问题，优化准则的形式各不相同。必须根据问题的性质，构造不同的设计迭代求解公式。

应当注意的是，对于结构非线性优化问题，其极值解往往不止一个。有时所得到的解仅仅是一个局部最优解，即在给定设计变量附近可行域内的一个局部极小(大)值，无法保证一定是全局性的最优解。此时，优化设计过程不得不从多个初始点重新开始，以便能够对多个局部最优解进行比较，最终获得全局最优解。

4.4 结构动力学特性灵敏度分析

开展结构动力学优化设计的一项重要工作，是对结构动力学特性和动响应进行灵敏度分析与计算。所谓结构动力学特性的灵敏度，即结构的固有频率、振型和模态阻尼率对设计变量的一阶导数，从而定量地获得结构的振动特性因设计参数的改变而变化的程度。对一些简单的问题，可以通过结构力学分析，得到精确的一阶导数表达式，使得灵敏度计算变得简单、易行，而且不受设计变量规模的限制。经过一次结构动力分析，即可计算得到对全部设计变量的一阶灵敏度值。通过灵敏度分析，确定修改哪些结构设计参数，从而指导优化设计的实施，实现结构模型的有效改变和设计目标的更新。

4.4.1 固有频率的灵敏度计算

结构的固有频率灵敏度分析，在动力学优化设计过程中起着非常关键的作用。下面首先推导一般结构的固有频率一阶导数计算表达式，然后再将其运用到典型结构对特定设计变量求导中去。通常无阻尼离散结构固有振动频率 ω_i 与相应的振型 $\boldsymbol{\phi}_i$ 满足如下特征方程：

$$(\boldsymbol{K}-\omega_i^2\boldsymbol{M})\boldsymbol{\phi}_i=0 \quad (i=1,\cdots,N) \tag{4.16}$$

这里假设结构的总体刚度矩阵 $\boldsymbol{K}$ 和质量矩阵 $\boldsymbol{M}$ 都是实对称矩阵，已施加了边界位移约束条件，并且对设计变量一阶可导。N 代表结构的自由度数。对于一个线性结构，N 也是结构的固有频率和振型的总数。设结构所有固有频率都是实数，而且都是单频（非重频），并已按从小到大的顺序排列：

$$0<\omega_1<\omega_2<\cdots<\omega_N \tag{4.17}$$

并且所有的振型 $\boldsymbol{\phi}_i$ 都已对质量矩阵 $\boldsymbol{M}$ 正交标准规（归）一化：

$$\left.\begin{aligned}\boldsymbol{\phi}_i^{\mathrm{T}}\boldsymbol{M}\boldsymbol{\phi}_j&=\delta_{ij}\\ \boldsymbol{\phi}_i^{\mathrm{T}}\boldsymbol{K}\boldsymbol{\phi}_j&=\omega_i^2\delta_{i\varphi j}\end{aligned}\quad (i,j=1,\cdots,N)\right\} \tag{4.18}$$

式中，δ_{ij} 称作 Kronecker Delta 函数，即

$$\left.\begin{aligned}\delta_{ij}&=1\quad(i=j)\\ \delta_{ij}&=0\quad(i\neq j)\end{aligned}\right\} \tag{4.19}$$

将方程式(4.16)两边对设计参数 x 求一阶导数：

$$(\boldsymbol{K}-\omega_i^2\boldsymbol{M})\frac{\partial\boldsymbol{\phi}_i}{\partial x}+\left(\frac{\partial\boldsymbol{K}}{\partial x}-\omega_i^2\frac{\partial\boldsymbol{M}}{\partial x}-\frac{\partial\omega_i^2}{\partial x}\boldsymbol{M}\right)\boldsymbol{\phi}_i=0 \tag{4.20}$$

式(4.20)既包括固有频率的一阶导数，又包括振型的一阶导数，应消去其中的一个。对式(4.20)两边左乘以 $\boldsymbol{\phi}_i^{\mathrm{T}}$，由于存在方程式(4.16)，考虑到刚度和质量矩阵的对称性，相乘后等号左边第一项等于 0。于是可得

$$\frac{\partial\omega_i^2}{\partial x}=\frac{\boldsymbol{\phi}_i^{\mathrm{T}}\left(\dfrac{\partial\boldsymbol{K}}{\partial x}-\omega_i^2\dfrac{\partial\boldsymbol{M}}{\partial x}\right)\boldsymbol{\phi}_i}{\boldsymbol{\phi}_i^{\mathrm{T}}\boldsymbol{M}\boldsymbol{\phi}_i}\quad(i=1,\cdots,N) \tag{4.21}$$

由于振型 $\boldsymbol{\phi}_i$ 已对质量矩阵 $\boldsymbol{M}$ 标准正交规一化，式(4.21)的分母为 1，于是可将其简写为

$$\frac{\partial\omega_i^2}{\partial x}=\boldsymbol{\phi}_i^{\mathrm{T}}\left(\frac{\partial\boldsymbol{K}}{\partial x}-\omega_i^2\frac{\partial\boldsymbol{M}}{\partial x}\right)\boldsymbol{\phi}_i\quad(i=1,\cdots,N) \tag{4.22a}$$

或

$$\frac{\partial\omega_i}{\partial x}=\frac{1}{2\omega_i}\boldsymbol{\phi}_i^{\mathrm{T}}\left(\frac{\partial\boldsymbol{K}}{\partial x}-\omega_i^2\frac{\partial\boldsymbol{M}}{\partial x}\right)\boldsymbol{\phi}_i\quad(i=1,\cdots,N) \tag{4.22b}$$

式(4.22)将固有频率的一阶导数，用结构的刚度和质量矩阵的一阶导数表示，即用结构的物理特性的一阶导数表示其模态特性的一阶导数。由式(4.22)可知，由于第 i 阶固有频率 ω_i 是单频，则其一阶导数的计算只需要该阶模态参数值，与其他阶的模态参数值无关，这就使计算过程变得很容易了。此外，多数情况下，一个设计变量 x 只影响系统中少数几个相关的单元，一般不会使所有的单元都发生改变。于是可将式(4.22a)进一步化简到单元层面上进行计算：

$$\frac{\partial\omega_i^2}{\partial x}=\sum_{e=1}^{n_j}\boldsymbol{\phi}_{ei}^{\mathrm{T}}\left(\frac{\partial\boldsymbol{k}_e}{\partial x}-\omega_i^2\frac{\partial\boldsymbol{m}_e}{\partial x}\right)\boldsymbol{\phi}_{ei}\quad(i=1,\cdots,N) \tag{4.23}$$

式中，$\boldsymbol{k}_e$和 $\boldsymbol{m}_e$分别是第 e 号单元的刚度和质量矩阵。$\boldsymbol{\phi}_{ei}$ 是第 e 号单元的第 i 阶振型，或者说是结构第 i 阶振型在第 e 号单元上的投影（分量）。实际上，$\boldsymbol{\phi}_{ei}$ 只含有 $\boldsymbol{\phi}_i$ 中与相关单元自由度相对应的少数几项，因此应用式(4.23)计算时，通常矩阵的维数可大为降低。n_j 代表与设计变量 x 有关的单元数。其他与 x 无关的单元将不在式(4.23)出现。因此，相对于式(4.22)，公式(4.23)的计算量要小很多。由式(4.23)不难理解：某阶固有频率的一阶导数仅是相关几个单元计算结果之和。

以上推导过程中，利用了刚度矩阵 $\boldsymbol{K}$ 和质量矩阵 $\boldsymbol{M}$ 可导性条件。另外，还假设结构的特

征对(ω_i , $\boldsymbol{\phi}_i$)是唯一确定的。于是由式(4.22)或式(4.23)计算的频率导数才是唯一的,与设计变量 x 变化方向无关。而关于重频灵敏度的计算,其计算过程与单频灵敏度计算完全不同,需要求解一个子特征值问题,感兴趣的读者可以参考文献[6]。

4.4.2 固有振型的灵敏度计算

通常情况下,一种计算固有振型 $\boldsymbol{\phi}_i$ 的一阶导数简单方法是振型叠加法,即利用固有振型在 N 维空间上的完备性,将固有振型的一阶导数在 N 维空间上展开,也就是将固有振型 $\boldsymbol{\phi}_i$ 的一阶导数表示成所有振型的线性组合。

假设第 i 阶振型的一阶导数可表示成

$$\frac{\partial \boldsymbol{\phi}_i}{\partial x} = \boldsymbol{\Phi} \cdot \boldsymbol{c}_i = \sum_{j=1}^{N} c_{ij} \boldsymbol{\phi}_j \tag{4.24}$$

式中,$\boldsymbol{\Phi}$ 是结构完备的振型矩阵:

$$\boldsymbol{\Phi} = [\boldsymbol{\phi}_1 \quad \boldsymbol{\phi}_2 \quad \cdots \quad \boldsymbol{\phi}_N] \tag{4.25}$$

$\boldsymbol{c}_i$是 N 维未知的系数列阵,c_{ij} 为其中的第 j 项。将式(4.24)代入方程式(4.20)中,两边再同时左乘 $\boldsymbol{\phi}_j^{\mathrm{T}}(j \neq i)$ 可得

$$\boldsymbol{\phi}_j^{\mathrm{T}}(\boldsymbol{K} - \omega_i^2 \boldsymbol{M}) \boldsymbol{\Phi} \boldsymbol{c}_i + \boldsymbol{\phi}_j^{\mathrm{T}} \left(\frac{\partial \boldsymbol{K}}{\partial x} - \omega_i^2 \frac{\partial \boldsymbol{M}}{\partial x} - \frac{\partial \omega_i^2}{\partial x} \boldsymbol{M} \right) \boldsymbol{\phi}_i = 0 \tag{4.26}$$

考虑到固有振型的正交性条件,即方程式(4.18),于是可得

$$c_{ij} = \frac{-\boldsymbol{\phi}_j^{\mathrm{T}} \left(\frac{\partial \boldsymbol{K}}{\partial x} - \omega_i^2 \frac{\partial \boldsymbol{M}}{\partial x} \right) \boldsymbol{\phi}_i}{\omega_j^2 - \omega_i^2} \qquad (j = 1, \cdots, N; \quad j \neq i) \tag{4.27}$$

再对模态质量规一化表达式[式(4.18)第一式]两边同时进行微分,可得

$$2\boldsymbol{\phi}_i^{\mathrm{T}} \boldsymbol{M} \frac{\partial \boldsymbol{\phi}_i}{\partial x} + \boldsymbol{\phi}_i^{\mathrm{T}} \frac{\partial \boldsymbol{M}}{\partial x} \boldsymbol{\phi}_i = 0 \tag{4.28}$$

将式(4.24)代入式(4.28),进一步可得

$$c_{ii} = -\frac{1}{2} \boldsymbol{\phi}_i^{\mathrm{T}} \frac{\partial \boldsymbol{M}}{\partial x} \boldsymbol{\phi}_i \tag{4.29}$$

至此,系数列阵 $\boldsymbol{c}_i$中的所有项均已确定。与式(4.23)相应,式(4.27)和式(4.29)也可在单元层面上进行计算,即

$$c_{ij} = \frac{-\sum_{e=1}^{n_j} \boldsymbol{\phi}_{ej}^{\mathrm{T}} \left(\frac{\partial \boldsymbol{k}_e}{\partial x} - \omega_i^2 \frac{\partial \boldsymbol{m}_e}{\partial x} \right) \boldsymbol{\phi}_{ei}}{\omega_j^2 - \omega_i^2} \qquad (j = 1, \cdots, N; \quad j \neq i) \tag{4.30}$$

$$c_{ii} = -\frac{1}{2} \sum_{e=1}^{n_j} \boldsymbol{\phi}_{ei}^{\mathrm{T}} \frac{\partial \boldsymbol{m}_e}{\partial x} \boldsymbol{\phi}_{ei} \tag{4.31}$$

从式(4.24)和式(4.30)右端不难发现,欲获得第 i 阶振型 $\boldsymbol{\phi}_i$ 的一阶导数,需要先计算结构所有的频率和振型。除了简单结构以外,复杂多自由度系统几乎无法进行以上计算。因此,这种算法对实际复杂结构很难适用。为了解决这个矛盾,一般只取结构的前几阶振型,在一个不完备的模态空间中,采用叠加法近似计算振型的一阶导数:

$$\frac{\partial \boldsymbol{\phi}_i}{\partial x} \approx \sum_{j=1}^{N_i} c_{ij} \boldsymbol{\phi}_j, \quad N_i < N \tag{4.32}$$

4.4.3　模态阻尼率灵敏度计算

在时域内计算结构的振动响应时,对结构的阻尼必须有所考虑。在频域内计算结构的频响函数时,在共振区附近结构阻尼也不能忽略。模态阻尼率是一个非常重要的振动特性参数,它代表了主振动衰减的快慢程度。因此,有时也需要知道设计参数的改变对模态阻尼率的影响程度。当系统的阻尼矩阵 $\boldsymbol{C}$ 满足条件 $\boldsymbol{CM}^{-1}\boldsymbol{K}=\boldsymbol{KM}^{-1}\boldsymbol{C}$ 时,系统阻尼称为经典阻尼,可借助于实模态变换转成对角矩阵。第 i 阶模态阻尼率 ζ_i 可按下式计算:

$$\zeta_i = \frac{\boldsymbol{\phi}_i^{\mathrm{T}}\boldsymbol{C}\boldsymbol{\phi}_i}{2\omega_i} \tag{4.33}$$

于是,模态阻尼率的一阶导数可表示为

$$\frac{\partial \zeta_i}{\partial x} = \frac{1}{2\omega_i}\left(2\boldsymbol{\phi}_i^{\mathrm{T}}\boldsymbol{C}\,\frac{\partial \boldsymbol{\phi}_i}{\partial x} + \phi_i^{\mathrm{T}}\,\frac{\partial \boldsymbol{C}}{\partial x}\boldsymbol{\phi}_i\right) - \frac{\boldsymbol{\phi}_i^{\mathrm{T}}\boldsymbol{C}\boldsymbol{\phi}_i}{2\omega_i^2}\,\frac{\partial \omega_i}{\partial x} \tag{4.34}$$

式(4.34)表明,要计算系统第 i 阶模态阻尼率的一阶导数,需要先获得系统第 i 阶固有频率和振型以及它们的一阶导数。而振型的一阶导数又要在完备的 N 维模态空间内进行投影,需要先得到系统的所有振型。然而,考虑到阻尼矩阵满足对振型的正交性条件(即 $\boldsymbol{\phi}_j^{\mathrm{T}}\boldsymbol{C}\boldsymbol{\phi}_i=0$, $j\neq i$),可使得问题计算的难度大为降低。对于振型的一阶导数 $\partial\boldsymbol{\phi}_i/\partial x$, 其实只需式(4.24)中的一项 $c_{ii}\boldsymbol{\phi}_i$,其他各项对模态阻尼率的一阶导数计算不起作用。于是,计算模态阻尼率的一阶导数可以利用当前的模态参数,比较容易地得到。

由式(4.29)和式(4.33),式(4.34)可进一步简化为

$$\frac{\partial \zeta_i}{\partial x} = \frac{1}{2\omega_i}\boldsymbol{\phi}_i^{\mathrm{T}}\,\frac{\partial \boldsymbol{C}}{\partial x}\boldsymbol{\phi}_i - \zeta_i\boldsymbol{\phi}_i{}^{\mathrm{T}}\,\frac{\partial \boldsymbol{M}}{\partial x}\boldsymbol{\phi}_i - \frac{\zeta_i}{2\omega_i^2}\,\frac{\partial \omega_i^2}{\partial x} \tag{4.35}$$

对于一般的复杂结构,如果其刚度矩阵和质量矩阵的一阶导数精确计算比较困难,可以先用差分方法,如中心差分法,近似计算结构的刚度矩阵 $\boldsymbol{K}$ 和质量矩阵 $\boldsymbol{M}$ 的一阶导数,然后按照以上推导的一阶导数公式,分别计算结构动力性能的灵敏度值。这种估算结构动力性能灵敏度值的方法称为半解析法,具有良好的计算精度。此外,也可以采用有限差分技术,简单代替设计变量的一阶导数分析和计算。但是若设计变量较多,这样做的计算工作量非常巨大,而且计算结果受差分步长的影响很大,计算精度难以得到保证。

例 4-1　弹簧-质量-阻尼系统

如图 4-2 所示为一个弹簧-质量-阻尼三自由度系统,各质量、弹簧刚度和黏性阻尼系数值见表 4-1。

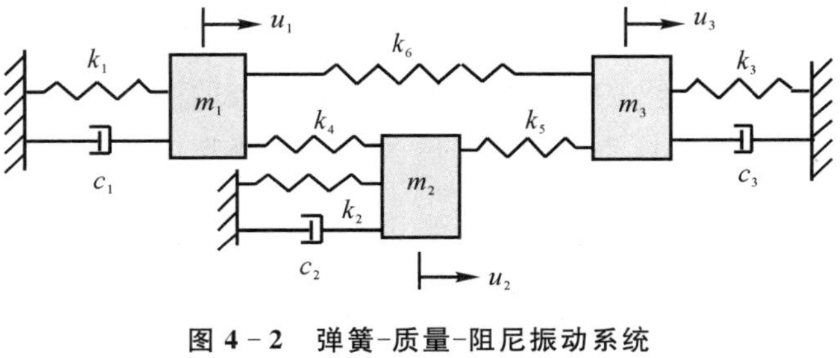

图 4-2　弹簧-质量-阻尼振动系统

表 4-1 质量、弹簧刚度和黏性阻尼系数值

i	1	2	3	4	5	6
$k_i/(\mathrm{N\cdot m^{-1}})$	1	8	2	2	2	1
m_i/kg	1	4	2			
$c_i/(\mathrm{N\cdot s\cdot m^{-1}})$	0.1	0.4	0.2			

(1)分别计算系统的第一阶固有频率 ω_1、振型 $\boldsymbol{\phi}_1$ 和阻尼率 ζ_1 对 k_4的一阶导数值；

(2)若 k_4增加到 2.2，而其他参数不变，根据以上导数结果，利用一阶 Taylor 公式计算系统的第一阶模态参数值，并与理论计算结果进行比较。

解：首先计算系统所有的固有频率、振型和第一阶模态阻尼率。为此，分别构造系统的质量、阻尼和刚度矩阵如下：

$$\boldsymbol{M}=\begin{bmatrix}1&0&0\\0&4&0\\0&0&1\end{bmatrix},\quad \boldsymbol{C}=\begin{bmatrix}0.1&0&0\\0&0.4&0\\0&0&0.1\end{bmatrix}$$

$$\boldsymbol{K}=\begin{bmatrix}k_1+k_4+k_6&-k_4&-k_6\\-k_4&k_2+k_4+k_5&-k_5\\-k_6&-k_5&k_3+k_5+k_6\end{bmatrix}=\begin{bmatrix}4&-2&-1\\-2&12&-2\\-1&-2&5\end{bmatrix}$$

由振动特征方程式(4.16)，可得系统的各阶模态参数，计算结果列于表 4-2 中。而系统的质量、刚度和阻尼矩阵对 k_4的一阶导数分别是

$$\frac{\mathrm{d}\boldsymbol{M}}{\mathrm{d}k_4}=0,\quad \frac{\mathrm{d}\boldsymbol{K}}{\mathrm{d}k_4}=\begin{bmatrix}1&-1&0\\-1&1&0\\0&0&0\end{bmatrix},\quad \frac{\mathrm{d}\boldsymbol{C}}{\mathrm{d}k_4}=0$$

表 4-2 系统的固有频率、振型以及模态参数的一阶导数值

i	1	2	3
ω_i	1.207 5	1.842 1	2.156 0
$\boldsymbol{\phi}_i$	0.423 3	0.247 3	0.871 6
	0.294 9	0.327 5	−0.236 2
	0.486 2	−0.504 9	−0.092 9
ζ_i	0.0414 1	0.0271 4	0.0231 9

按照本节推导的模态参数灵敏度公式，可分别计算系统的第一阶频率和模态阻尼率对 k_4的一阶导数值。为了计算第一阶振型对 k_4的一阶导数，需要知道系统所有的固有频率和振型，并将其投影到固有振型空间上：

$$\frac{\partial\boldsymbol{\phi}_1}{\partial k_4}=\boldsymbol{\Phi}\cdot\boldsymbol{c}_1=\sum_{j=1}^{3}c_{1j}\boldsymbol{\phi}_j$$

按照 4.4.2 节的公式可得

$$\boldsymbol{c}_1 = [0 \quad 0.532 \quad 0 \quad -4.458]^{\mathrm{T}} \times 10^{-2}$$

系统的第一阶固有频率、振型和模态阻尼率的一阶导数计算结果见表 4-3 第二列。从第一阶模态参数的一阶导数值可知，增加弹簧刚度系数 k_4 的值能使系统的第一(所有)阶固有频率增大，但却使第一(所有)阶模态阻尼率有所减小。这是因为在系统阻尼系数不变的情况下，虽然 $\mathrm{d}C/\mathrm{d}k_4=0$，但固有频率的增大将会导致模态阻尼率的减小，正如式(4.33)所示。

表 4-3　系统的第一阶模态参数一阶导数值以及 k_4 改变后的第一阶模态参数值

模态参数	$\partial(\cdot)/\partial k_4$	k_4 改变后系统的第一阶模态参数值	
		Taylor 公式	广义特征值
ω_1	0.006 827	1.208 9	1.208 8
$\boldsymbol{\phi}_1$	−0.037 54	0.415 8	0.416 4
	0.012 27	0.297 4	0.297 2
	0.001 456	0.486 5	0.486 5
ζ_1	−0.000 234	0.041 36	0.041 36

若 k_4 由于制造误差而发生改变，从 2.0 N/m 变到 2.2 N/m，可以利用以上计算得到的模态参数一阶灵敏度值，运用一阶 Taylor 展开公式快速估算系统的第一阶模态参数值。或者按照振动特征方程式(4.16)，通过广义特征值计算系统的第一阶模态参数值。两种方法计算结果分别列于表 4-3 中的第三、四列。经过比较不难发现，两种方法的计算结果基本吻合。说明利用一阶 Taylor 公式能够快速、准确地估算系统的模态参数变化情况。对于一个复杂振动系统，利用模态参数的一阶导数值估算系统物理参数变化后的模态参数，能够极大地节省结构动力学分析的成本，显著提高优化设计的效率。

4.5　桁架结构动力学尺寸优化设计

众所周知，桁架结构在实际工程中是一类非常重要的结构类型，它在航空、航天结构工程中有广泛的应用，如空间可伸展结构就多使用桁架结构。研究桁架结构动力学尺寸优化设计策略及算法，对求解其他结构，如刚架结构、薄壁结构的尺寸优化设计问题有很大的帮助和启发意义。

4.5.1　桁架结构尺寸优化问题数学模型

对于桁架结构的尺寸优化设计问题，通常假设结构的拓扑构型和形状设计是预先指定的，并在优化过程中保持不变。以构件的截面积作为设计变量，并假设它们在指定范围内是连续变化的。一般取结构的质量最小作为优化设计的目标函数，将结构的某一阶或前几阶固有频率作为设计约束条件，它们在优化设计过程中必须得到满足。以有限元分析为基础，桁架结构动力学尺寸优化设计问题的数学表达式如下：

$$\min W = \sum_{e=1}^{n} L_e \rho_e A_e \tag{4.36}$$

$$\text{s. t.} \quad \omega_i \geqslant \omega_i^* \quad (i = 1,\cdots,q_1) \tag{4.37}$$

$$\omega_i \leqslant \omega_i^* \quad (i = q_1 + 1,\cdots,q) \tag{4.38}$$

$$\underline{A}_j \leqslant A_j \leqslant \overline{A}_j \quad (j = 1,\cdots,k) \tag{4.39}$$

式中，W 是结构的总体质量；L_e，ρ_e 和 A_e 分别是第 e 号杆件的长度、材料密度和横截面面积；n 代表结构包含的杆件总数；k 是独立的杆件单元截面积 A_j 的数量。由于在实际工程设计时，各杆件尺寸之间存在着一定的关联性，如类似位置上的若干个杆件的截面共用一个尺寸变量，以减少杆件的种类，便于生产和加工等。因此，$k \leqslant n$。式(4.37)表示结构的某几阶固有频率 ω_i(共计 q_1 阶，但阶次不必连续)必须分别大于各自指定的下限值，而式(4.38)表示其他一些固有频率 ω_i(共计 $q-q_1$ 阶)必须分别小于各自指定的上限值。式(4.39)为几何约束，代表设计变量 A_j 应该在其上、下限之间取值。由于计算结构的固有频率是一个特征值问题，显然，固有频率是杆件尺寸 A_j 的非线性隐函数，无法像结构的质量一样表示成 A_j 的线性显函数。

以往的理论研究和实际经验表明，对于大多数低频振动系统来说，结构的动态响应主要依赖于其低阶的固有频率和相应的振型。因此，针对结构第一阶或前几阶固有频率的优化设计在结构动力优化设计研究中占了很大一部分内容。通过对结构低阶固有频率进行优化设计，可以避免结构与外激励发生有害的共振，降低振动响应位移以及结构内的动应力水平，提高结构的疲劳寿命。

4.5.2 桁架结构尺寸变量的灵敏度分析

通常，设计变量的灵敏度分析与计算是结构优化算法的基础，它能够提供设计变量更新环节中一些至关重要的信息。因此，首先必须建立目标函数和约束函数相对杆件尺寸变量的一阶导数计算公式。根据所得的一阶导数灵敏度值，确定设计变量的搜索方向和搜索步长，指导桁架结构模型的修改和优化设计。

目标函数(结构质量)对杆件截面积的一阶导数可以很容易地获得，即

$$\frac{\partial W}{\partial A_j} = \sum_{e=1}^{n_j} \rho_e L_e \tag{4.40}$$

式中，n_j 为与尺寸设计变量 A_j 相关的杆件数，而且 $n_j \ll n$。

根据 4.4 节“结构固有频率灵敏度分析”结果，可以获得在单元层面上，桁架结构尺寸设计变量的一阶灵敏度解析表达式：

$$\frac{\partial \omega_i^2}{\partial A_j} = \sum_{e=1}^{n_j} \boldsymbol{\phi}_{ei}^{\mathrm{T}} \left(\frac{\partial \boldsymbol{k}_e}{\partial A_j} - \omega_i^2 \frac{\partial \boldsymbol{m}_e}{\partial A_j}\right) \boldsymbol{\phi}_{ei} \tag{4.41}$$

式中，ω_i 是桁架结构的第 i 阶固有频率。知道了单元的刚度和质量矩阵对杆件尺寸的一阶导数，结构的固有频率的一阶导数就不难精确求出。

对于空间坐标系中的一个桁架杆单元，如图 4-3 所示，定义其方向为从节点 i 指向节点 j。由于每个节点的位移沿坐标轴各有 3 个分量，因此一个杆单元就有 6 个位移分量 $\boldsymbol{u}_e = [u_i \quad v_i \quad w_i \quad u_j \quad v_j \quad w_j,]^{\mathrm{T}}$。在总体坐标系中，杆件的刚度矩阵 $\boldsymbol{k}_e$ 可表示为

$$\boldsymbol{k}_e = \frac{A_e E}{L_e}\begin{bmatrix} \boldsymbol{D} & -\boldsymbol{D} \\ -\boldsymbol{D} & \boldsymbol{D} \end{bmatrix} \tag{4.42}$$

其中，E 是材料的弹性模量；

$$\boldsymbol{D} = \begin{bmatrix} \alpha^2 & \alpha\beta & \alpha\gamma \\ \alpha\beta & \beta^2 & \beta\gamma \\ \alpha\gamma & \beta\gamma & \gamma^2 \end{bmatrix} \tag{4.43}$$

α,β 和 γ 分别是杆单元 $i-j$ 对总体 x,y,z 轴的方向余弦，有

$$\alpha = \frac{x_j - x_i}{L_e},\quad \beta = \frac{y_j - y_i}{L_e},\quad \gamma = \frac{z_j - z_i}{L_e} \tag{4.44}$$

L_e表示杆件的长度，与节点坐标有下列关系式：

$$L_e = [(x_j - x_i)^2 + (y_j - y_i)^2 + (z_j - z_i)^2]^{\frac{1}{2}} \tag{4.45}$$

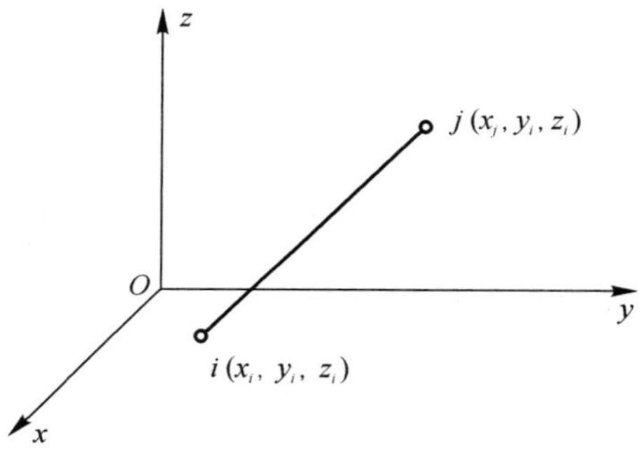

图 4-3　空间总体坐标系中的杆单元 $i-j$

在工程应用中，对单元质量矩阵的转换有不同的策略。通常认为质量是标量，没有方向。由此得出杆单元的质量矩阵将不随着杆件轴线方向的改变而变化。即在总体坐标系中，单元的质量矩阵仍是：

$$\boldsymbol{m}_e = \frac{\rho A_e L_e}{6}\begin{bmatrix} 2\boldsymbol{I}_3 & \boldsymbol{I}_3 \\ \boldsymbol{I}_3 & 2\boldsymbol{I}_3 \end{bmatrix} \tag{4.46}$$

其中，$\boldsymbol{I}_3$是 3×3 阶的单位矩阵。因此，桁架杆单元的刚度矩阵和质量矩阵分别是杆件横截面积的线性函数。其刚度和质量矩阵对横截尺寸的一阶导数非常容易计算：

$$\frac{\partial \boldsymbol{k}_e}{\partial A_j} = \frac{\boldsymbol{k}_e}{A_j},\quad \frac{\partial \boldsymbol{m}_e}{\partial A_j} = \frac{\boldsymbol{m}_e}{A_j} \tag{4.47}$$

可见，知道了单元的刚度矩阵和质量矩阵，其一阶导数也即可获得。于是可计算固有频率对 A_j的灵敏度：

$$\frac{\partial \omega_i^2}{\partial A_j} = \frac{1}{A_j}\sum_{e=1}^{n_j} \boldsymbol{\phi}_{ei}^{\mathrm{T}}(\boldsymbol{k}_e - \omega_i^2 \boldsymbol{m}_e)\boldsymbol{\phi}_{ei} \tag{4.48}$$

由于对尺寸变量的求导运算不牵扯坐标变换矩阵，因此式(4.48)导数计算工作可以在总体坐标系空间完成，也可以在单元局部坐标系空间完成，将单元的振型 $\boldsymbol{\phi}_{ei}$ 转换到单元局部坐标系中即可。

例 4-2　平面三杆桁架结构

图 4-4 所示为一个平面桁架结构，假设各杆件横截面积相同，为 $A=3.927\ 0\times10^{-4}\ \mathrm{m}^2$，

弹性模量 $E=200$ GPa，材料密度 $\rho=7\ 800\ \text{kg/m}^3$。结点 1 上附带一个集中质量块 $m=5$ kg。按照以上推导的公式，分别求结构的质量 W，第一阶固有频率 ω_1 对杆件 3 横截面积的一阶导数值。

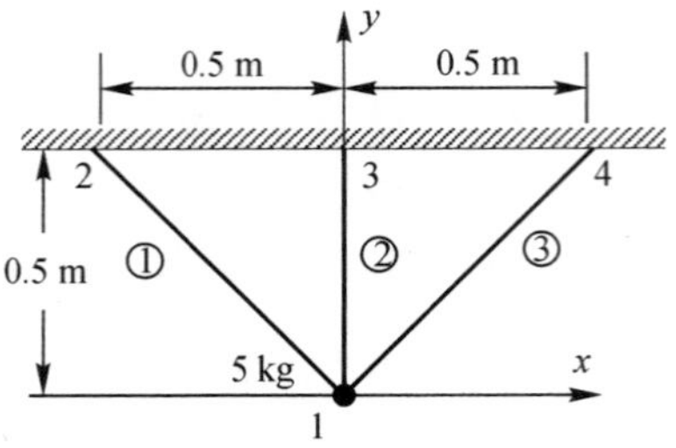

图 4-4　平面桁架结构模型

解：对于该平面桁架结构，由分析可知，总自由度只有 2 个：

$$\boldsymbol{U}=[u_1\quad v_1]^{\mathrm{T}}$$

其他位移已全部被约束掉。有限元分析可得结构的总体刚度矩阵和质量矩阵为

$$\boldsymbol{K}=10^8\times\begin{bmatrix}1.110\ 7 & 0\\ 0 & 2.681\ 5\end{bmatrix},\quad \boldsymbol{M}=\begin{bmatrix}6.954\ 4 & 0\\ 0 & 6.954\ 4\end{bmatrix}$$

由此可得结构的固有频率和振型矩阵为

$$\omega_1=3\ 996.4\ \text{rad/s},\ \omega_2=6\ 209.5\ \text{rad/s}$$

$$\boldsymbol{\Phi}=[\boldsymbol{\phi}_1\quad \boldsymbol{\phi}_2]=\begin{bmatrix}0.379\ 2 & 0\\ 0 & 0.379\ 2\end{bmatrix}$$

首先，按照式(4.40)，可得桁架结构的质量对杆件 3 截面积的一阶导数为

$$\frac{\partial W}{\partial A_3}=\rho L_3=5\ 515.4\ \text{kg/m}^2$$

其次，由式(4.48)，仅考虑杆件在 xOy 平面内，令 $\gamma=0$，可得相应单元的刚度矩阵和质量矩阵。进而得到结构的第一阶固有频率对杆件 3 截面积的一阶导数为

$$\frac{\partial\omega_1}{\partial A_3}=\frac{1}{2\omega_1}\frac{\partial\omega_1^2}{\partial A_3}=2.016\times10^6\ \text{rad/(s}\cdot\text{m}^2)$$

分析以上灵敏度计算结果不难发现，桁架结构的质量对杆件 3 截面积的一阶导数为正值，说明增加杆件 3 的截面积将增加结构的质量，而减小杆件 3 的截面积将减少结构的质量。同时，增加（或减小）杆件 3 的截面积也将增加（或减小）结构的第一阶固有频率值。

4.5.3　桁架结构尺寸优化算法描述

在桁架结构动力优化设计中，要求结构的固有频率满足预先设定的约束条件，而结构的质量设计应达到最小。对于图 4-4 所示的平面桁架结构，由例 4-2 计算结果可知，增加杆件 3 的截面尺寸不但能使结构的第一阶固有频率增加，同时也能使结构的质量增加。而不同杆件的截面积改变对结构质量和第一阶固有频率的改变效果又各不相同。因此，在桁架结构动力优化设计中，引入设计变量的灵敏度数（sensitivity index）作为结构设计修改的效率指标。定义第 i 阶固有频率 ω_i 对第 j 个尺寸设计变量 A_j 的灵敏度数，即设计变量的效率为

$$\alpha_{ij}=\frac{\dfrac{\partial\omega_i^2}{\partial A_j}}{\dfrac{\partial W}{\partial A_j}}=\frac{\sum\limits_{e=1}^{n_j}\boldsymbol{\phi}_{ei}^{\mathrm{T}}(\dfrac{\partial\boldsymbol{k}_e}{\partial A_j}-\omega_i^2\dfrac{\partial\boldsymbol{m}_e}{\partial A_j})\boldsymbol{\phi}_{ei}}{\sum\limits_{e=1}^{n_j}\rho_e L_e}\quad(j=1,\cdots,k)\tag{4.49}$$

例如，对于图 4－4 所示的平面三杆桁架结构，第一阶固有频率对杆件 3 截面积的灵敏度数为

$$\alpha_{1A_3}=\frac{\dfrac{\partial\omega_1^2}{\partial A_3}}{\dfrac{\partial W}{\partial A_3}}=\frac{1.611\,3\times10^{10}}{5\,515.4}=2.921\,5\times10^{6}\ (\mathrm{s}^2\cdot\mathrm{kg})^{-1}$$

按照一阶泰勒级数展开公式，可将固有频率的变化量 $\Delta\omega_i^2$ 近似表示成尺寸设计变量的改变量 ΔA_j 的一次线性函数：

$$\Delta\omega_i^2\approx\sum_{j=1}^{k}\frac{\partial\omega_i^2}{\partial A_j}\cdot\Delta A_j\tag{4.50}$$

若要增加频率 ω_i，对每一个设计变量的修改 ΔA_j，都要对该频率的增加做一定的贡献。由此可得如下符号关系式：

$$\mathrm{sign}(\Delta A_j)=\mathrm{sign}(\frac{\partial\omega_i^2}{\partial A_j})\quad(j=1,\cdots,k)\tag{4.51}$$

式中，sign（·）是符号函数。于是由方程式(4.51)可以确定第 j 个设计变量的搜索方向。反之，若要减小某一阶固有频率，则可以得到与上式相反的符号关系式，即 ΔA_j 的符号与 $\partial\omega_i^2/\partial A_j$ 的符号反号。为了得到最小结构质量设计，可以利用灵敏度数来确定最有效的设计变量。

1. 增加频率

如果当前结构设计的固有频率 ω_i 小于约束要求的下限频率 ω_i^*，则需要增加频率 ω_i 以满足式(4.37)的约束条件。正的灵敏度数 α_{ij} 代表 $\partial\omega_i^2/\partial A_j$ 和 $\partial W/\partial A_j$ 具有相同的符号，而按式(4.51)确定的搜索方向，能够保证 W 和 ω_i 同时增加。从增加频率而需付出质量代价的观点来看，最大的 α_{ij} 值对应的变量修改方案效率最高，即 ω_i 增加最多而结构质量增加最少。因此，可确定效率最高的设计变量为

$$\max\ \{\alpha_{ij}\mid\alpha_{ij}>0,\quad j=1,\cdots,k\}\tag{4.52}$$

在优化设计过程中，只选择灵敏度数大(设计效率高)的设计变量参与模型修改，而忽略一些灵敏度数小(设计效率低)的设计变量，以提高结构优化的效率。为此在灵敏度数分析的基础上，对设计变量作一次取舍是非常有意义的。

另外，设计变量的改变也可能引起负的 α_{ij} 值，即 $\partial\omega_i^2/\partial A_j$ 和 $\partial W/\partial A_j$ 具有相反的符号，表示第 i 阶固有频率 ω_i 增加而结构质量 W 减小。此时，α_{ij} 最大的负值(最小绝对值)对应的设计变量效率最高，因为对于同样的频率增加值，这样的截面尺寸修改能使结构质量减少最多。但是为了获得目标为结构最小质量的优化设计，应将所有负灵敏度数对应的设计变量都进行修改，而不论其数值的大小，即所有的负灵敏度数对应的杆件截面尺寸设计变量都将优先修改。因此，结构尺寸优化设计的执行策略是：

(1)优先修改所有负灵敏度数对应的尺寸设计变量；

(2)然后修改最大正灵敏度数对应的尺寸设计变量。

2. 减小频率

如果当前结构的固有频率 ω_i 大于约束指定的上限频率 ω_i^*，则需要减小频率 ω_i 以满足式(4.38)的约束条件。此时对 ω_i 的优化步骤与前节所述增加频率的情形正好相反，即优先修改所有正灵敏度数对应的设计变量。这是因为在减小频率的同时，也会减小结构的质量。另外，按照变量 A_j 的优化设计效率的定义，最负的 α_{ij}（最大绝对值）对应于较大的频率减小和较小的结构质量增加，即效率最高的设计变量为

$$\min\{\alpha_{ij} \mid \alpha_{ij} < 0, \quad j = 1,\cdots,k\} \tag{4.53}$$

将以上优化过程不断循环，直至指定频率满足约束条件。然后，利用最优设计条件检验所得结果，保证所有设计变量的灵敏度数基本相同，优化设计过程最终能够收敛于最优解。

4.5.4 多阶频率约束处理方法

如式(4.37)和式(4.38)所示，当桁架结构的多阶固有频率同时受到约束时，则可以采用一种简单、有效的方法处理多阶频率约束问题。对于 q 个频率约束条件，定义设计变量灵敏度数的加权和为

$$\eta_j = \sum_{i=1}^{q}\bar{\lambda}_i\alpha_{ij} \quad (j = 1,\cdots,k) \tag{4.54}$$

式中，η_j 为杆件截面尺寸设计变量 A_j 的总体灵敏度数；$\bar{\lambda}_i$ 相应于每个频率约束的加权系数。式(4.54)的物理概念应当表明，如果某个频率约束被严重违反，那么它对总体灵敏度数的贡献也就越大；反之，如果某个频率约束已经得到满足，那么它对总体灵敏度数的贡献也就很小。$\bar{\lambda}_i$ 可按如下公式计算：

对于要求增加频率的情形

$$\bar{\lambda}_i = \left(\frac{\omega_i^*}{\omega_i}\right)^b \quad (i = 1,\cdots,q_1) \tag{4.55}$$

对于要求减小频率的情形

$$\bar{\lambda}_i = -\left(\frac{\omega_i}{\omega_i^*}\right)^b \quad (i = q_1 + 1,\cdots,q) \tag{4.56}$$

由以上 $\bar{\lambda}_i$ 定义可知，当第 i 阶频率约束条件未满足时，$|\bar{\lambda}_i| > 1$；反之，当第 i 阶频率约束满足时，$|\bar{\lambda}_i| \leqslant 1$。如果第 i 阶频率约束被违反得很严重，在当前优化循环中，应该主要改善该阶频率约束条件。相反，如果该阶频率约束已经满足设计要求，则这个约束对总体灵敏度数 η_j 的影响很小。指数 b 是一个惩罚因子，如果 b 值取得较大，被违反约束的加权系数就会放得很大，而已满足的约束对应的加权系数会变得很小。由于结构的各阶固有频率之间存在着较强的相互耦合，在本章随后的结构优化算例中，取 $b=5$。

式(4.56)中引入一个负号是因为减小频率情形时，效率最高的设计变量对应的灵敏度数与增加频率情形时的情况刚好相差一个符号。引入一个负号能够统一处理频率增加或频率减小的问题，减小处理不同频率约束条件的难度。

应该指出的是：引入总体灵敏度数 η_j 后，能够统一处理一阶或多阶频率约束问题，而且 η_j 的最大正值总是对应于效率最高的设计变量 A_j。这使得在优化循环过程中，确定最优的设计方案得到一定程度的简化。

4.5.5　桁架结构动力学尺寸优化设计算例

图 4－5 所示为一个典型的十杆平面桁架结构尺寸优化算例。假设材料的弹性模量 $E=68.9$ GPa，密度 $\rho=2\ 770$ kg/m^3，$L=9.144$ m。在每个自由结点（1～4）上，都附带有一个集中质量 454 kg。以所有杆件的横截面积为设计变量，设定截面积下限值都是 0.645 cm^2。初始设计时，所有杆件的截面积是 20 cm^2。优化设计分别考虑以下几种频率约束的情况：

（1）$\omega_1 \geqslant 10$ Hz；

（2）$\omega_1 \geqslant 14$ Hz；

（3）$\omega_2 \geqslant 25$ Hz；

（4）$\omega_1 \geqslant 7$ Hz，$\omega_2 \geqslant 15$ Hz，$\omega_3 \geqslant 20$ Hz。

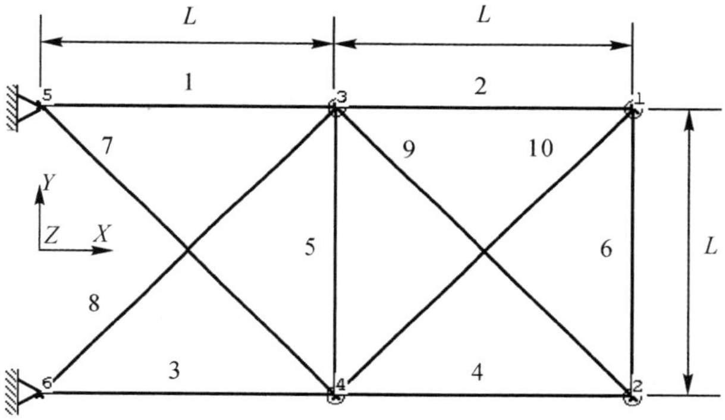

图 4－5　十杆平面桁架结构

按照上面描述的优化算法，可以分别得到各种频率约束条件下，结构的优化设计结果。表 4－4 列出了不同约束情形下，优化设计前、后结构的前 5 阶固有频率。由表可见，当优化某一阶频率时，其他阶频率值变化各不相同，有的频率会升高，有的会降低。特别是在第二阶频率受到约束时，$\omega_2 \geqslant 25$ Hz，优化设计后结构的第二、三阶频率重合，变成一个二重频率。

表 4－4　不同频率约束条件下，十杆桁架结构固有频率优化设计结果　单位：Hz

频率阶次	初始设计	频率约束条件			
		$\omega_1 \geqslant 10$	$\omega_1 \geqslant 14$	$\omega_2 \geqslant 25$	$\omega_1 \geqslant 7$，$\omega_2 \geqslant 15$，$\omega_3 \geqslant 20$
1	6.02	10.00	14.00	8.05	7.01
2	18.15	13.90	18.01	25.00	17.30
3	19.39	22.23	29.40	25.00	20.00
4	34.07	25.85	34.55	26.91	20.10
5	39.05	37.32	49.36	32.90	30.86

表 4-5 列出了所得截面积优化设计结果和最小的结构质量(不计非结构集中质量)。可以看到,结构质量与桁架结构的第一阶固有频率有很大的相关性:基本上第一阶固有频率越高,结构质量越大。

表 4-6 列出了在不同设计状态下,十杆平面桁架结构各设计变量的灵敏度数 α_{1j}。在初始设计状态,结构的第一阶固有频率相对 5、6 杆件截面积的灵敏度数是负值,这表明减小这两根杆件的截面积可以增大结构的第一阶频率,同时还能减小结构的质量。因此,应该首先减小 5、6 杆件的截面积。而第一阶频率对其他杆件截面积的灵敏度数都是正值,增大第一阶频率的同时,也将增加结构的质量。在最优设计状态(频率约束 $\omega_1 \geqslant 10$ 或 $\omega_1 \geqslant 14$)下,第一阶频率是主动约束(见表 4-4 第三、四列)。虽然第一阶固有频率对 5、6 杆件截面尺寸的灵敏度数仍是负值,但它们都已经到达其几何约束的下限值,不能再继续减小。第一阶频率对其他杆件截面积的灵敏度数都是正的,而且数值也几乎相等。这表示在最优设计点,所有杆件的尺寸设计变量的灵敏度数(或者设计效率)都基本相等。

表 4-5 不同频率约束条件下十杆平面桁架结构截面尺寸优化设计结果比较

单元编号	初始设计截面积/cm^2	优化设计截面积/cm^2			
		$\omega_1 \geqslant 10$ Hz	$\omega_1 \geqslant 14$ Hz	$\omega_2 \geqslant 25$ Hz	$\omega_1 \geqslant 7$ Hz, $\omega_2 \geqslant 15$ Hz, $\omega_3 \geqslant 20$ Hz
1	20.0	90.340	220.680	48.932	32.456
2	20.0	24.172	48.043	34.984	16.577
3	20.0	90.340	220.680	48.932	32.456
4	20.0	24.172	48.043	34.984	16.577
5	20.0	0.645	0.645	15.041	2.115
6	20.0	0.645	0.645	7.789	4.467
7	20.0	49.220	124.095	41.226	22.810
8	20.0	49.220	124.095	41.226	22.810
9	20.0	27.433	54.847	13.449	17.490
10	20.0	27.433	54.847	13.449	17.490
质量/kg	590.5	1132.5	2646.5	874.6	553.8

表 4-6　不同设计状态下十杆桁架结构各设计变量的灵敏度数 α_{1j}

单元编号	初始设计		优化设计			
			$\omega_1 \geq 10$ Hz		$\omega_1 \geq 14$ Hz	
	截面积 /cm^2	灵敏度数 /($s^{-2}\cdot kg^{-1}$)	截面积 /cm^2	灵敏度数 /($s^{-2}\cdot kg^{-1}$)	截面积 /cm^2	灵敏度数 /($s^{-2}\cdot kg^{-1}$)
1	20.0	8.306	90.340	2.979	220.680	2.142
2	20.0	0.246	24.172	2.924	48.043	2.144
3	20.0	8.306	90.340	2.979	220.680	2.142
4	20.0	0.246	24.172	2.924	48.043	2.144
5	20.0	−0.184	0.645	−0.383	0.645	−0.569
6	20.0	−1.071	0.645	−3.126	0.645	−5.372
7	20.0	2.286	49.220	2.940	124.095	2.141
8	20.0	2.286	49.220	2.940	124.095	2.141
9	20.0	0.528	27.433	2.954	54.847	2.140
10	20.0	0.528	27.433	2.954	54.847	2.140

4.6　结构动力学形状优化设计

工程设计实践表明，结构的几何形状优化设计，能够极大地改善结构的力学性能。与结构的尺寸优化设计相比较，形状优化设计能节省更多的材料，获得更大的经济效益。这是因为改变结构的形状，将影响结构的整体性能分布和外力传递路径，而结构尺寸设计仅仅是局部构件性能的改变，只影响结构的局部特性（刚度和质量）。然而，结构的力学性能与其形状之间，存在着非常复杂的非线性关系。例如，移动桁架结构的节（结）点位置就伴随着杆件长度的伸缩以及角度的改变，桁架结构的动力性能与其形状控制节点位置之间存在着非常复杂的关系。另外，如果结构的尺寸优化设计能在一个较优的结构形状设计基础上展开，则对最终优化设计效果非常有益。相反，如果结构的尺寸优化设计在一个非优的形状设计上实施，则所能取得的优化设计效果，如结构质量的减少、结构性能的提高等，都是非常有限的，有时甚至优化设计无解。然而，结构动力学形状优化设计比尺寸优化要复杂得多，必须谨慎处理才能获得满意的结果。

4.6.1　桁架结构形状优化问题数学模型

与尺寸优化不同，桁架结构的形状优化设计以结构形状控制节点坐标 x_j 为设计变量，并假设它们在指定范围内是连续变化的。在优化过程中，结构的拓扑构型和杆件截面尺寸保持

不变，即节点不会发生重合，没有节点和杆件被删除或取消现象发生。单独开展桁架结构动力学形状优化设计问题的数学表达式为

$$\min \quad W = \sum_{e=1}^{n} L_e \rho_e A_e \tag{4.57}$$

$$\text{s. t.} \quad \omega_i \geqslant \omega_i^* \quad (i = 1, \cdots, q_1) \tag{4.58}$$

$$\omega_i \leqslant \omega_i^* \quad (i = q_1 + 1, \cdots, q) \tag{4.59}$$

$$\underline{x}_j \leqslant x_j \leqslant \overline{x}_j \quad (j = 1, \cdots, k) \tag{4.60}$$

$$x_d = f(x_j) \tag{4.61}$$

式(4.61)中，x_d代表非独立的设计变量。如在工程实际设计时，结构保持镜像或旋转对称性，要求某些坐标之间满足以下关系：

$$x_d = f(x_j) = a_d + b_d x_j \tag{4.62}$$

此外，不仅结构的固有频率是节点坐标 x_j的非线性隐函数，而且结构的质量（通过 L_e）也是坐标 x_j的非线性函数。

4.6.2 桁架结构形状设计变量的灵敏度分析

已有研究结果表明，桁架结构的质量对节点 j 的 x 坐标的一阶导数为

$$\frac{\partial W}{\partial x_j} = \sum_{e=1}^{n_j} \rho_e A_e \frac{\partial L_e}{\partial x_j} = -\sum_{e=1}^{n_j} \rho_e A_e \alpha_e \tag{4.63}$$

式中，α_e 是第 e 号杆件对 x 轴的方向余弦（节点 j 是第 e 号杆件的起始端）；n_j表示与节点 j 相连的杆件数。关于桁架结构的质量对节点 j 的其他坐标的一阶导数，同样也能通过杆长 L_e获得，这里不再重复推导。

根据 4.4 节“结构固有频率灵敏度分析”结果，可以获得在单元层面上，频率对桁架结构形状设计变量的灵敏度解析表达式：

$$\frac{\partial \omega_i^2}{\partial x_j} = \sum_{e=1}^{n_j} \boldsymbol{\phi}_{ei}^{\mathrm{T}} \left(\frac{\partial \boldsymbol{k}_e}{\partial x_j} - \omega_i^2 \frac{\partial \boldsymbol{m}_e}{\partial x_j} \right) \boldsymbol{\phi}_{ei} \tag{4.64}$$

式(4.64)退化为杆件的单元刚度和质量矩阵对节点坐标的一阶导数计算问题。获得了单元刚度和质量矩阵对节点坐标的一阶导数，即可获得结构的固有频率对桁架结构形状控制节点位置的一阶灵敏度值。

若在总体坐标系中有一个桁架杆件如图 4－3 所示，杆单元的刚度矩阵 $\boldsymbol{k}_e$相对于其 i（起始）端 x 坐标的一阶导数公式如下：

$$\frac{\partial \boldsymbol{k}_e}{\partial x_i} = \frac{EA_e}{L_e^2} \begin{bmatrix} \boldsymbol{k}_{x_i} & -\boldsymbol{k}_{x_i} \\ -\boldsymbol{k}_{x_i} & \boldsymbol{k}_{x_i} \end{bmatrix} \tag{4.65}$$

式中

$$\boldsymbol{k}_{x_i} = \begin{bmatrix} 3\alpha^3 - 2\alpha & 3\alpha^2\beta - \beta & 3\alpha^2\gamma - \gamma \\ 3\alpha^2\beta - \beta & 3\alpha\beta^2 & 3\alpha\beta\gamma \\ 3\alpha^2\gamma - \gamma & 3\alpha\beta\gamma & 3\alpha\gamma^2 \end{bmatrix} \tag{4.66}$$

类似地可以得到杆单元一致质量矩阵 $\boldsymbol{m}_e$对 i 端 x_i坐标的一阶导数计算公式：

$$\frac{\partial \boldsymbol{m}_e}{\partial x_i}=-\frac{\rho A_e \alpha}{6}\begin{bmatrix} 2\boldsymbol{I}_3 & \boldsymbol{I}_3 \\ \boldsymbol{I}_3 & 2\boldsymbol{I}_3 \end{bmatrix} \tag{4.67}$$

关于杆单元的刚度和质量矩阵，相对于 i 端其他坐标 y_i 和 z_i 的一阶导数，以及对 j 端坐标的一阶导数计算公式，感兴趣的读者可参考文献[6]。若仅考虑杆单元在 xOy 平面内变化，则在各表达式中令 $\gamma=0$，即可得到相应各项。

例 4－3　平面三杆桁架结构

对于如图 4－4 所示的平面三杆桁架结构，分别求结构的质量 W 和第一阶固有频率 ω_1，对节点 4 的 x 坐标的一阶导数值，以及第一阶固有频率对节点 4 的 x 坐标的灵敏度数 α_{1x_4}。

解：首先，按照式(4.62)，可得桁架结构的质量对节点 4 的 x 坐标的一阶导数值为

$$\frac{\partial W}{\partial x_4}=-\rho A_3\alpha_3=2.165\ 9\ \text{kg/m}$$

注意：上式中，杆件 3 的方向从节点 4 到节点 1，$\alpha_3=-0.707$。

按照例 4－2 的动力分析结果，由式(4.64)可得第一阶频率对节点 4 的 x 坐标的一阶导数值为

$$\frac{\partial \omega_1}{\partial x_4}=\frac{1}{2\omega_1}\frac{\partial \omega_1^2}{\partial x_4}=687.94\ \text{rad/(s}\cdot\text{m)}$$

第一阶固有频率对节点 4 的 x 坐标的灵敏度数为

$$\alpha_{1x_4}=\frac{\dfrac{\partial \omega_1^2}{\partial x_4}}{\dfrac{\partial W}{\partial x_4}}=\frac{5.498\ 6\times 10^6}{2.165\ 9}(\text{s}^2\cdot\text{kg})^{-1}=2.538\ 7\times 10^6\ (\text{s}^2\cdot\text{kg})^{-1}$$

比较算例 4－2 和算例 4－3 的计算结果不难发现，桁架结构的质量对杆件 3 截面积的一阶导数比对节点 4 的 x 坐标的一阶导数值大 3 个数量级，而且单位也不相同。同样，桁架结构的第一阶固有频率，对这两个变量的一阶导数值也相差 4 个数量级，单位也不相同。但在灵敏度数的基础上，两者的单位是相同的，彼此之间可以进行比较，并能够确定哪个设计变量的修改对提高桁架结构第一阶固有频率以及降低结构质量的效率更高。因此，这两类不同性质的变量能够在同一个设计空间里，按照相同的算法同时进行优化设计。

4.6.3　结构动力学形状优化设计算例

1. 桁架结构动力学形状优化设计

图 4－6 所示为一个平面简支桥梁结构初始形状设计。假设材料的弹性模量 $E=210$ GPa，密度 $\rho=7\ 800\ \text{kg/m}^3$。为了能够真实模拟桥梁的变形情况，保证桥面变形后的光滑和连续性，下弦构件均假设为矩形截面梁单元，宽度 $b=8$ cm，高度 $h=5$ cm。其他构件为桁架杆单元，横截面积 $A=5\ \text{cm}^2$。上弦节点可以沿纵向移动，下弦节点固定不动，而且每个节点附带一个非结构质量 $m=10$ kg。此外，优化过程中结构保持对 y 轴的对称性不变。因此该结构仅有 5 个独立的形状变量需要在优化过程中确定。在不同的频率约束条件下，分别对其形状进行优化设计。

首先，分别对桥梁结构的第一阶和第二阶固有频率施加以下约束：

(1) $\omega_1\geqslant 30$ Hz；

(2) $\omega_1 \geqslant 35$ Hz;

(3) $\omega_2 \geqslant 70$ Hz。

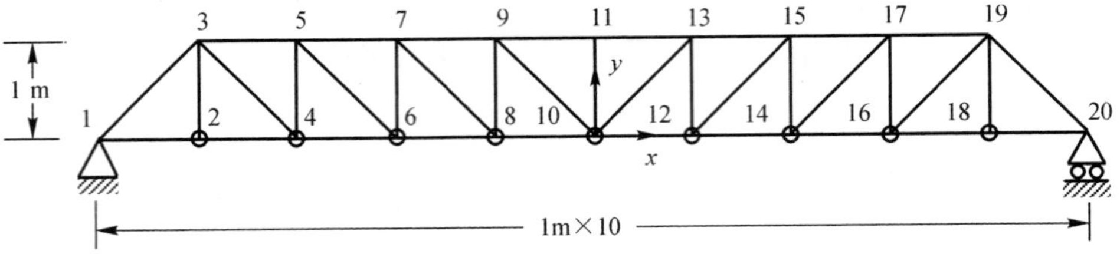

图 4-6　简支桥梁结构初始形状设计

运用 4.5 节提出的优化方法,分别对桁架结构的形状实施优化设计。表 4-7 列出了优化前、后结构的前 3 阶固有频率。优化设计完成以后,受约束的固有频率都得到了满足,且均为主动约束。

表 4-7　不同频率约束条件下前三阶固有频率优化设计结果

频率阶次	初始设计/Hz	优化设计/Hz			
		$\omega_1 \geqslant 30$ Hz	$\omega_1 \geqslant 35$ Hz	$\omega_2 \geqslant 70$ Hz	$\omega_1 \geqslant 30$ Hz, $\omega_2 \geqslant 60$ Hz
1	17.22	30.03	35.00	13.36	30.07
2	56.23	56.95	48.73	70.00	60.01
3	89.78	87.02	73.02	89.26	85.19

图 4-7 显示了当第一阶频率约束条件为 $\omega_1 \geqslant 30$ Hz 时,典型的桥梁外形优化设计结果。其上弦呈现出一个拱形,这样的外形设计对提高桥梁结构的刚度是非常有益的。表 4-8 分别列出了该桥梁结构上弦各结点 y 坐标的初始值和最优设计值,以及结构的最小质量(不计非结构集中质量)。

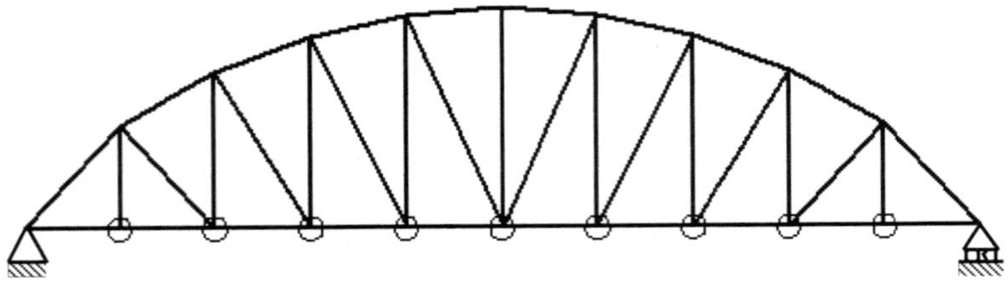

图 4-7　频率约束为 $\omega_1 \geqslant 30$ Hz 时简支桥梁最优外形设计

其次,同时对结构的第一阶和第二阶固有频率施加以下约束条件

$$\omega_1 \geqslant 30 \text{ Hz 和 } \omega_2 \geqslant 60 \text{ Hz}$$

再对桥梁结构的外形进行优化设计。优化设计后,结构的前 3 阶固有频率和形状控制结点的 y 坐标值分别列于表 4-7 和表 4-8 中的最后一列。此时,前两阶频率均得到控制,并且都是主动约束。图 4-8 是优化得到的结构形状设计,上弦仍是一个拱形,但与图 4-7 相比有显著差异。中间结点 11 的 y 坐标值与端点 3 的 y 坐标值之比明显减小。

表 4-8　不同频率约束条件下初始和最优设计上弦结点坐标以及结构质量

结点坐标	初始设计/m	优化设计/m			
		$\omega_1 \geqslant 30$ Hz	$\omega_1 \geqslant 35$ Hz	$\omega_2 \geqslant 70$ Hz	$\omega_1 \geqslant 30$ Hz，$\omega_2 \geqslant 60$ Hz
y_3，y_{19}	1.00	1.106 1	1.654 7	1.455 2	1.409 5
y_5，y_{17}	1.00	1.661 0	2.501 2	1.847 3	1.927 7
y_7，y_{15}	1.00	2.044 8	3.086 8	1.737 4	2.159 1
y_9，y_{13}	1.00	2.269 5	3.411 1	1.207 7	2.238 3
y_{11}	1.00	2.342 7	3.492 4	0.824 0	2.314 0
质量/kg	433.45	484.95	548.21	469.15	495.37

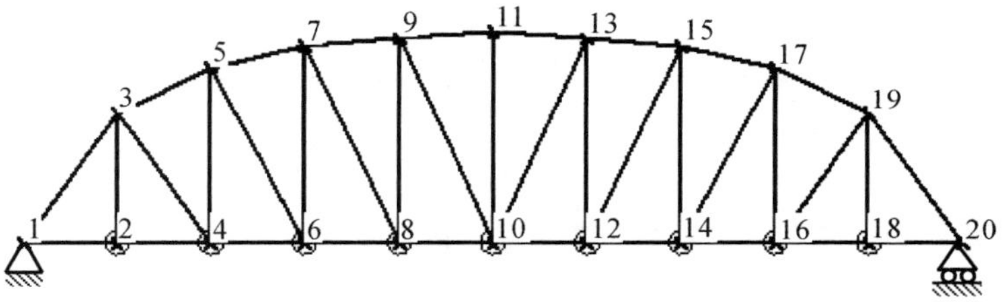

图 4-8　频率约束为 $\omega_1 \geqslant 30$ Hz 和 $\omega_2 \geqslant 60$ Hz 时，简支桥梁最优形状设计

2. 薄板结构开孔动力学形状优化设计

由于工程实际的需要，在航空、船舶结构壁板表面经常要设计一些检修孔、管线过孔或减重孔。薄壁板上开孔无疑会出现应力集中现象，降低构件的刚度和强度。同时，开孔也会改变板的质量和刚度分布，从而对结构的振动特性，如固有频率或振型等产生较大的影响。研究开孔形状设计的优化问题，对提高板的动力特性具有重要的实际意义。

如图 4-9 所示，四边简支矩形薄板在中间开一个圆形孔，此处采用椭圆方程来描述开孔的边界形状：

$$\left(\frac{x}{a}\right)^2 + \left(\frac{y}{b}\right)^2 = 1 \tag{4.68}$$

式中，a、b 分别是椭圆孔沿 x 和 y 轴方向上的半轴尺寸。如果以 a 和 b 作为设计变量，按照式(4.22)可以求固有频率的一阶导数。在开孔面积不变的条件下，优化设计两个半轴的尺寸，能有效提高薄板结构的第一阶固有频率。

如图 4-9 所示的四边简支矩形薄板，假设矩形板厚度是 2 mm，材料的弹性模量 $E=200$ GPa，泊松比 $\nu=0.3$，质量密度 $\rho=7\ 830$ kg/m^3。初始圆孔半径 $a=b=75$ mm，第一阶固有频率 $f_1=82.065$ Hz。经过对开孔半轴 a 和 b 的优化设计，第一阶固有频率最大上升到 $f_1=82.686$ Hz。最优形状图 4-10(a)所示，长半轴沿 y 轴方向。如果将初始圆孔的半径扩大到 $a=b=125$ mm，则第一阶固有频率 $f_1=109.41$ Hz。经过对开孔半轴 a 和 b 的优化设计，第一阶固有频率最大值达到 $f_1=113.50$ Hz，长半轴沿 x 轴方向。最优形状图 4-10(b)所示。比较两个开孔形状可见，开孔面积不同，其最优形状也不相同，必须分别进行优化设计。

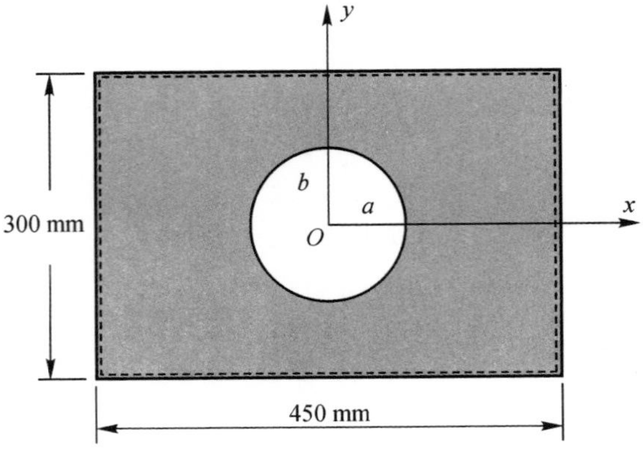

图 4-9　四边简支矩形薄板中间开一个圆形孔

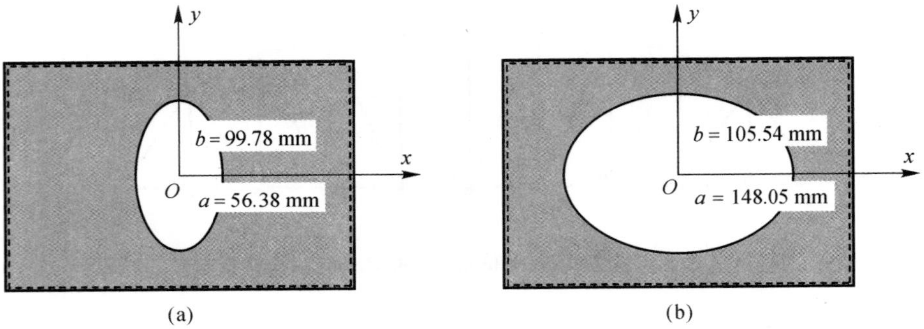

图 4-10　四边简支矩形薄板中间开孔的最优形状

(a) 初始面积 $75^2\pi$ mm^2；(b) 初始面积 $125^2\pi$ mm^2

除了开孔形状对薄板结构的动力特性影响以外，开孔位置、面积和方向等对薄板结构的动力特性也有很大的影响。对这些参数进行优化设计，也能显著改善薄板结构的动态特性，有效控制其动响应水平。

4.7　连续体结构拓扑优化设计

拓扑优化设计的目的是在规定的区域内及边界条件下，以最优的方式配置给定的材料，使结构的动力学性能或响应在给定动载荷作用下达到最优。如连续体结构动力学拓扑优化设计通常在材料的可用量约束条件下，使结构的固有频率升到最大，或使结构的振动响应降到最小。当结构的初始构型设计无法确定时，拓扑优化设计能够在特定的载荷作用下获得创新性的结构构型（即传力路径）设计，充分发挥材料的性能潜力，从而显著地提高工程设计的效率和质量。本节介绍基于结构强迫振动响应幅值最小的拓扑优化设计研究。

4.7.1 线性结构稳态动响应

若外激励频率远离结构的固有频率,结构内的阻尼影响很小,可以暂时忽略不计。采用有限元方法对连续体结构进行离散化处理,则无阻尼结构受迫振动微分方程为

$$\boldsymbol{M}\ddot{\boldsymbol{u}}(t)+\boldsymbol{K}\boldsymbol{u}(t)=\boldsymbol{f}(t) \tag{4.69}$$

式中,$\boldsymbol{K}$ 和 $\boldsymbol{M}$ 分别是振动系统的刚度和质量矩阵;$\boldsymbol{u}(t)$ 和 $\ddot{\boldsymbol{u}}(t)$ 分别是结构的位移和加速度响应列阵;$\boldsymbol{f}(t)$ 是系统所受的时变外激励载荷列阵。

航空航天类结构在其服役期内经常受到各种动载荷的作用,而简谐激励是一种非常基础和典型的动载荷,研究简谐激励作用下结构的动响应具有很重要的理论和实际意义。假设结构受到如下简谐外力的作用:

$$\boldsymbol{f}(t)=\boldsymbol{F}\mathrm{e}^{\mathrm{j}\omega t}\quad t>0 \tag{4.70}$$

其中,$\boldsymbol{F}$ 是外激励幅值列阵;ω 是外激励频率(rad/s),这是一个预先给定的量。

在简谐载荷作用下,线性系统的稳态响应也是同一频率的简谐运动:

$$\boldsymbol{u}(t)=\boldsymbol{U}\mathrm{e}^{\mathrm{j}\omega t}\quad t>0 \tag{4.71}$$

式中,$\boldsymbol{U}$ 是结构位移响应幅值列阵。由于不考虑结构内的阻尼,$\boldsymbol{U}$ 是实数,且与结构的动态性能以及激振频率密切相关。将式(4.71)代入方程式(4.69),则在频域内振动系统响应特征方程可表示为

$$\boldsymbol{D}(\omega)\boldsymbol{U}=\boldsymbol{F}(s) \tag{4.72}$$

其中,$\boldsymbol{D}(\omega)=\boldsymbol{K}-\omega^2\boldsymbol{M}$ 是振动系统的动刚度矩阵,是激振频率的函数。若激励频率不等于系统的固有频率,响应特征方程式(4.72)的系数矩阵 $\boldsymbol{D}(\omega)$ 不会是奇异的,可求解响应的幅值列阵 $\boldsymbol{U}$,进而由式(4.71)可以得到结构在时域内的动响应 $\boldsymbol{u}(t)$。

4.7.2 结构动态拓扑优化问题数学模型

若拓扑优化以结构整体材料用量为约束条件,根据结构动态位移响应的特点,目标函数设置为结构的动柔顺度(动刚度)最小(大),其数学列式可表示为

$$\min C_{\mathrm{d}}=|\boldsymbol{F}^{\mathrm{T}}\boldsymbol{U}| \tag{4.73}$$

$$\text{s. t.}\begin{cases}\boldsymbol{D}(\omega)\boldsymbol{U}=\boldsymbol{F}\\ V(\boldsymbol{\rho})\leqslant f_{\mathrm{v}}V_0\\ 0<\rho_{\min}\leqslant\rho_e\leqslant 1\quad(e=1,\cdots,n)\end{cases} \tag{4.74}$$

式中,C_{d}是结构的动柔顺度(代表结构动刚度的倒数),它不仅与外激励的大小有关,而且也与外激励的频率密切相关。由于动柔顺度取绝对值因而总是一个正值,并可在单元层面上计算:

$$C_{\mathrm{d}}=|\boldsymbol{F}^{\mathrm{T}}\boldsymbol{U}|=\left|\sum_{e=1}^{n}\boldsymbol{u}_e^{\mathrm{T}}\boldsymbol{d}_e\boldsymbol{u}_e\right| \tag{4.75}$$

其中,$\boldsymbol{u}_e$是单元的动响应幅值列阵。$\boldsymbol{d}_e=\boldsymbol{k}_e-\omega^2\boldsymbol{m}_e$是单元的动刚度矩阵。$\boldsymbol{\rho}=[\rho_1\ \rho_2\cdots\ \rho_n]^{\mathrm{T}}$是 n 维拓扑设计变量,表示单元材料的相对密度,n 代表结构的有限单元总数。$\rho_{\min}$是为了避免结构刚度矩阵奇异而设置的一个极小值,一般取 $\rho_{\min}=0.001$。$V(\boldsymbol{\rho})$是材料的体积,V_0是设计区域的体积,因此,f_{v}是给定的材料体分比,即结构材料用量的上限。

为了合理地描述结构性能与设计变量之间的关系，根据以往的研究结果，可采用 RAMP 模型对单元的质量和刚度矩阵进行估算，即

$$\left.\begin{aligned} \boldsymbol{m}_e &= \rho_e \boldsymbol{m}_0 \\ \boldsymbol{k}_e &= \frac{\rho_e}{1+q(1-\rho_e)} \boldsymbol{k}_0 \end{aligned}\right\} \tag{4.76}$$

式中，$\boldsymbol{m}_0$ 和 $\boldsymbol{k}_0$ 分别是实体材料单元的质量和刚度矩阵；q 是插值模型的惩罚因子($q=5$)。于是，结构的动柔顺度 C_d 对设计变量 ρ_e 的一阶导数灵敏度可由下式计算：

$$\frac{\partial C_d}{\partial \rho_e} = -\operatorname{sign}(\boldsymbol{F}^T\boldsymbol{U})\,\boldsymbol{u}_e^T \frac{\partial \boldsymbol{d}_e}{\partial \rho_e} \boldsymbol{u}_e \quad (e=1,\cdots,n) \tag{4.77}$$

式中，由 RAMP 模型材料插值函数可得

$$\frac{\partial \boldsymbol{d}_e}{\partial \rho_e} = \frac{1+q}{[1+q(1-\rho_e)]^2} \boldsymbol{k}_0 - \omega^2 \boldsymbol{m}_0 \tag{4.78}$$

于是通过一次有限元分析计算，即可获得振动结构的动柔顺度 C_d 及其对所有拓扑设计变量的一阶导数灵敏度值。

结构动力学拓扑优化问题通常可采用移动渐近法(Method of Moving Asymptotes, MMA)，通过迭代使设计逐渐收敛到最优解。此外，在优化求解过程中还要利用灵敏度过滤技术，对动柔顺度灵敏度进行再分配，以便消除优化过程中的棋盘格现象，确保优化结果的稳定性及可靠性。

4.7.3 结构拓扑优化设计算例

图 4-11 所示为 MBB 梁结构设计区域及尺寸，厚度为 10 mm，左、右两端固定。有一个集中简谐力 $f(t)=10e^{j\omega t}$ kN 施加在梁上缘边界的中点处，外激振频率是 200 Hz ($\omega=2\pi\times200$ rad/s)。采用四结点平面单元将结构的设计区域均匀划分成 150×25 的单元网格。假设材料的弹性模量 $E=200$ GPa，密度 $\rho=7\ 800$ kg/m^3，泊松比 $\nu=0.3$。材料体积约束系数 $f_v=0.35$。

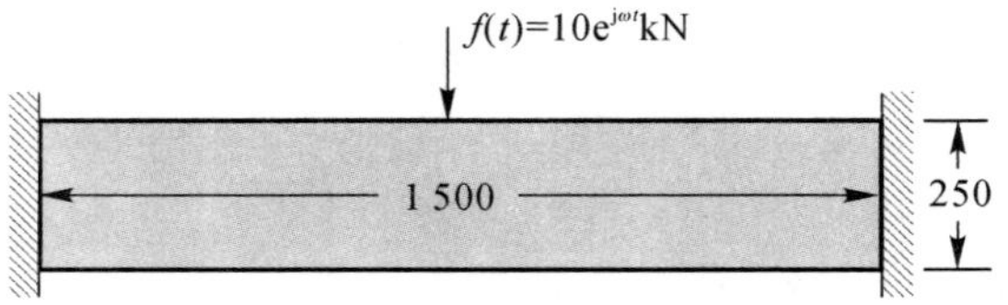

图 4-11　MBB 梁结构设计区域及外激励

图 4-12 示出了结构拓扑优化得到的最优构型设计，可以看到，在结构的中间部位形成了一个稳固的三角形，两根斜杆张成 90°的夹角。表明外力先沿着相互正交的两个方向传递到下弦，然后再沿着斜杆传递到固定基础上，这是针对该特定激励既合理又经济的传力路径。

表 4-9 给出了优化设计数值计算结果。初始设计时，可用的材料均匀分布在设计区域内，这样的平铺设计使得结构的动柔顺度很大，而且外激振频率与结构的第一阶固有频率比较接近。经过拓扑优化后，所给的材料得到有效配置，传力路径更加合理，使得结构的动柔顺度急剧地减小，即结构的动刚度显著增大。此外，结构的第一阶固有频率也明显升高，外激励频

率更加远离结构的共振区域，结构的动响应显著得到改善。

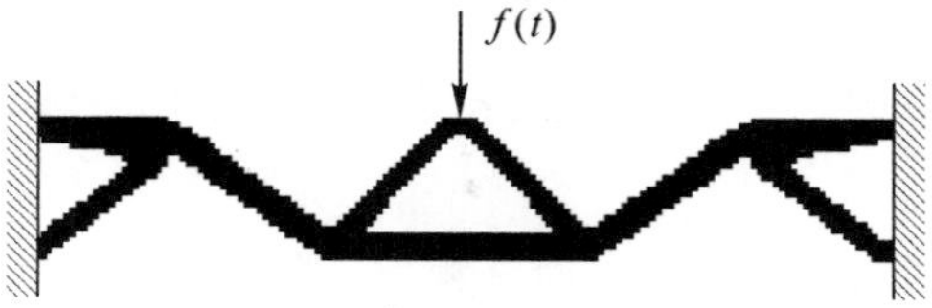

图 4-12　结构拓扑优化设计结果

表 4-9　MBB 梁结构拓扑优化结果

状态	C_d	固有频率 ω_i/Hz	
		ω_1	ω_2
初始设计	34.364	240.54	572.14
优化设计	2.9097	361.75	497.02

4.8　结构的边界支承优化设计

在结构动力学研究分析领域，支承作为结构的边界约束条件，其基本作用除了用来固定结构、传递结构所受动载荷以外，也可以用来改善结构的动态特性。改变支承的刚度或位置，对控制结构的动态性能和响应水平影响也很大。如飞机结构内部输液管道系统的卡箍或支架的刚度和位置的优化设计，能显著改善由液体压力脉动和管道结构振动而导致的液固耦合振动现象的发生，防止导管振裂。而从实际结构动力学优化情况来看，不仅结构具有可设计性，支承的刚度和位置也可以作为设计变量进行调整。特别是当实际结构本身的设计已经定型，无法修改时，通过优化设计这些边界约束参数，在结构的质量基本保持不变的情况下，同样可以提高结构的固有频率、改变振型形式、降低结构动响应幅值等。本节介绍基于支承位置的灵敏度信息，通过移动边界支承的位置，改变结构的刚度分布状况，从而提高结构的固有频率的优化设计。

4.8.1　梁结构支承位置优化问题数学模型

在梁结构动力学边界支承位置优化设计研究中，通常假设支承是无质量的，只考虑弹性支承的横向刚度，忽略其扭转刚度的影响，即认为支承可用一个线弹簧来代替。通过改变梁结构的支承位置，使结构的第 i 阶固有频率 ω_i 达到最大。

假设一个梁结构附加了 n 个支承，它们可以在指定的范围内移动，优化问题的数学模型表示为

$$\max \quad \omega_i \tag{4.79}$$

$$\text{s. t.}\begin{cases}s_j \in D_j \quad (j=1,\cdots,n)\\ s_d = f(s_j)\end{cases} \tag{4.80}$$

式中，s_j表示第 j 个独立支承的位置坐标；s_d代表非独立支承的坐标；D_j是第 j 个支承在结构上可移动的范围。

根据欧拉-伯努利梁弯曲变形理论，由固有频率一阶导数一般性公式[式(4.21a)]，可推导出梁结构第 i 阶固有频率相对支承位置的一阶导数公式为

$$\frac{\partial \omega_i^2}{\partial s_j} = -2R_i\theta_i(s_j) \tag{4.81}$$

式中，R_i是第 i 阶振型的支承反力；$\theta_i(s_j)$是梁在第 j 个支承点处的转角。式(4.81)表明，结构的第 i 阶固有频率对支承位置的一阶灵敏度只与该阶振型有关，其值与支反力和支承点的转角成正比。梁结构的支承位置优化设计依然采用 4.5 节提出的优化方法，由于不考虑结构质量的变化，可按照支承位置的一阶灵敏度值的大小优先移动效率高的支承。

若在式(4.81)中，用 $m\omega_i^2 v_i(s)$（惯性力）代替第 i 阶振型的支反力 R_i，则可得梁结构的第 i 阶固有频率对集中质量位置的一阶导数计算公式：

$$\frac{\mathrm{d}\omega_i^2}{\mathrm{d}s} = -2m\omega_i^2 v_i(s)\theta_i(s) \tag{4.82}$$

即在集中外力的基础上，梁结构的固有频率对边界支承位置的一阶导数计算，与对集中质量位置的一阶导数计算是一致的。因此，两者的位置优化设计可以按照相同的策略来处理。

4.8.2 梁结构的支承位置优化设计算例

如图 4-13 所示，一个均匀悬臂梁，自由端附带一个 $m=5$ kg 的集中质量。假设梁的截面为圆环形，内、外直径分别是 10 cm 和 15 cm。弹性模量 $E=200$ GPa，材料密度 $\rho=7\ 800\ \mathrm{kg/m^3}$。在悬臂梁跨中附加一个刚性的点(铰)支承，借以提高梁结构的固有振动频率。

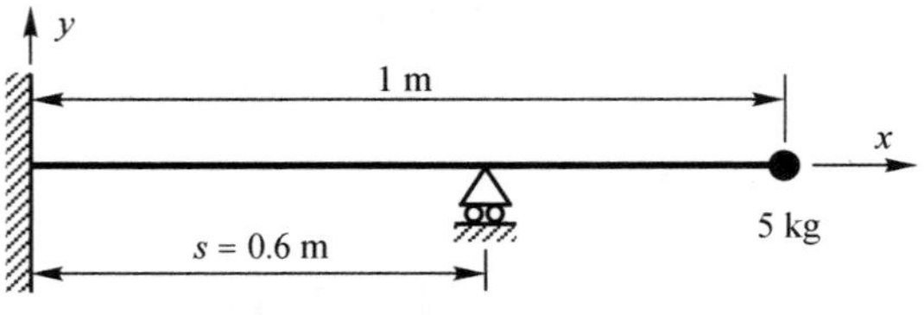

图 4-13　悬臂梁跨中间附加一个刚性的点支承

(1)分别计算悬臂梁结构的前两阶固有频率，并计算前两阶固有频率对支承位置的一阶导数。

(2)求使结构的第一阶固有频率达到最大值的最优支承位置。

按照有限元分析要求，将梁划分成 10 个等长的单元。各单元长度为 0.1 m，使支承刚好位于其中的一个节点上。计算所得梁结构的前两阶固有频率以及在支承点处(按质量规一化后)的支反力和转角分别列于表 4-10 中第二至四列，结构的前两阶固有频率对支承位置的一

阶导数值列于表中的第五列。由所得到的一阶导数值可知，当支承向右(自由端)移动时，第一阶固有频率将会增加，而第二阶频率将降低。

表 4-10　悬臂梁固有频率值及对支承位置的灵敏度值

频率 阶次 i	频率 ω_i rad·s^{-1}	支反力 R_i	转角 θ_i	一阶导数 $d\omega_1/ds$ rad·(s·m)$^{-1}$
1	2 498.7	5.252E7	−0.375 5	7 892.1
2	11 580.0	3.419E8	0.861 6	−25 436.7

图 4-14 分别显示了在刚性点支承向右移动过程中，梁结构的第一阶固有频率和对支承位置的一阶灵敏度值。在初始设计点(s=0.6 m)，由于第一阶固有频率灵敏度为正值，为了增大基频，支承应沿着 x 方向移动。随着支承不断向自由端移动，基频逐渐升高。当支承从 0.8 m移到 0.9 m 时，设计变量的灵敏度值改变符号，这表明支承的最优位置就在这两个节点之间。由于已经有了支承在单元两端时，第一阶固有频率值及其一阶导数值，可以采用三阶 Hermite 插值的方法确定支承的最优位置和最大基频值。

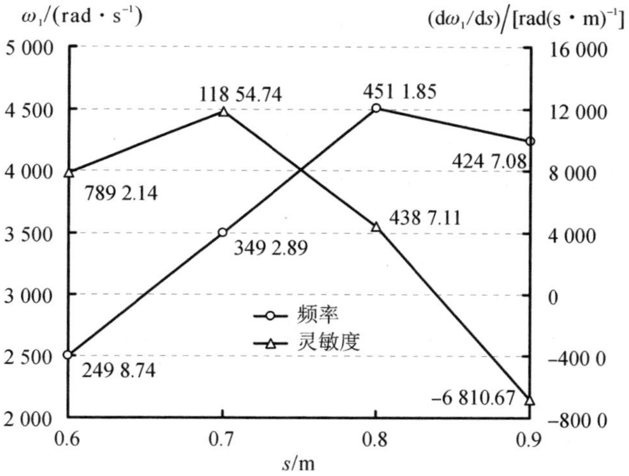

图 4-14　基频的优化过程和支承的灵敏度值

根据 Hermite 插值技术，当支承位于单元内某个点时，结构的第 i 阶固有频率值可按下式估算：

$$\omega_i(a) = \begin{bmatrix} N_1(a) & N_2(a) & N_3(a) & N_4(a) \end{bmatrix} \begin{bmatrix} \omega_i(0) \\ \dfrac{d\omega_i(0)}{ds} \\ \omega_i(L_e) \\ \dfrac{d\omega_i(L_e)}{ds} \end{bmatrix} \tag{4.83}$$

式(4.83)中，$N_i(a)(i=1,2,3,4)$是三次 Hermite 插值函数，有

$$\left.\begin{aligned} N_1(a) &= 1 - \frac{3a^2}{L_e^2} + \frac{2a^3}{L_e^3}, \quad N_2(a) = a - \frac{2a^2}{L_e} + \frac{a^3}{L_e^2} \\ N_3(a) &= \frac{3a^2}{L_e^2} - \frac{2a^3}{L_e^3}, \qquad N_4(a) = -\frac{a^2}{L_e} + \frac{a^3}{L_e^2} \end{aligned}\right\} \tag{4.84}$$

当支承位于最优点时,固有频率 ω_i 对支承位置的一阶导数一定等于 0。则根据式(4.83),最优解 a^* 由以下方程确定:

$$\frac{\mathrm{d}\omega_i(a^*)}{\mathrm{d}a} = 0 \quad (0 \leqslant a^* \leqslant L_e) \tag{4.85}$$

由图 4-14 中基频及其一阶灵敏度值,可以确定支承位于第 9 号单元内的最优点为

$$a^* = 0.024\ 82\ \mathrm{m}$$

并由式(4.83),可以得到梁结构第一阶固有频率的最大值为

$$\omega_1(a^*) = 4\ 564.10\ \mathrm{rad/s}$$

这个结果与理论分析的最优位置 $s=0.824\ 92$ m 和最大基频值 $\omega_1^{\max} = 4\ 565.79$ rad/s 基本是一致的。

思 考 题

1. 结构优化设计的基本要素有哪些? 构建各要素的目的是什么? 试举一个工程结构优化实例进行说明。

2. 结构动力学优化分哪几类? 各在什么阶段实施? 包括哪些步骤?

3. 结构动力学优化设计中,开展灵敏度分析的目的是什么? 包括哪些结构特征量的灵敏度分析与计算?

4. 如何验证结构灵敏度分析与计算结果的准确性?

5. 结构灵敏度数的物理意义是什么? 如何计算结构的灵敏度数?

6. 在 4.8.2 节算例中,采用连续参数模型计算悬臂梁结构的前两阶固有频率对支承位置的一阶导数,并与有限元结果(见表 4-10)进行比较。

参 考 文 献

[1] 姚起航. 飞机动强度设计指南[M]. 西安:西北工业大学出版社,1997.

[2] 朱伯芳,梨展眉,张璧城. 结构优化设计原理与应用[M]. 北京:水利电力出版社,1984.

[3] SIGMUND O, MAUTE K. Topology optimization approaches, a comparative review [J]. Struc Multidisc Optim, 2013, 48(6):1031-1055.

[4] WANG D, ZHANG W H, JIANG J S. Truss optimization on shape and sizing with frequency constraints[J]. AIAA J, 2004, 42(3):622-630.

[5] 蔡新,李洪煊,武颖利,等. 工程结构优化设计研究进展[J]. 河海大学学报(自然科学版), 2011, 39(3), 269-276.

[6] 王栋. 结构优化设计:探索与进展[M]. 2 版. 北京:国防工业出版社,2018.

[7] FOX R L，KAPOOR M P. Rate of change of eigenvalues and eigenvectors[J]. AIAA J，1968，6(12)：2426－2429.

[8] NELSON R B. Simplified calculation of eigenvector derivatives[J]. AIAA J，1976，14(9)：1201－1205.

[9] 陈建军，车建文，崔明涛，等. 结构动力优化设计评述与展望[J]. 力学进展，2001，31(2)：181－192.

[10] 方同，薛璞. 振动理论及应用[M]. 西安：西北工业大学出版社，1998.

[11] PRELLS U，FRISWELL M I. Calculating derivatives of repeated and nonrepeated eigenvalues without explicit use of eigenvectors[J]. AIAA J，2000，38(8)：1426－1436.

[12] 王栋，禹志刚. 四边形板开孔动力学优化设计研究[J]. 机械强度，2012，34(3)：459－464.

[13] WANG D. Sensitivity analysis and shape optimization of a hole in a vibrating rectangular plate for eigenfrequency maximization[J]. J of Engineering Mechanics，2012，138(6)：662－674.

[14] 王栋，李正浩，任建亭. 输流管道附加支承刚度优化设计[J]. 计算力学学报，2016，33(6)：851－855.

[15] 王栋. 外激励作用位置不确定条件下结构动态稳健性拓扑优化设计[J]. 力学学报，2021，53(5)：1439－1448.

[16] WANG D. Frequency sensitivity analysis for beams carrying lumped masses with translational and rotary inertias[J]. Int J of Mechanical Sciences，2012，65(1)：192－202.

第五章　飞机的颤振分析与防颤振设计

本章主要介绍飞机颤振的基本概念、分析方法、防颤振设计措施和模型的风洞颤振试验技术。首先介绍颤振的概念和颤振产生的机理，再概述飞机强度规范对颤振分析及验证方法的基本要求；然后简要介绍颤振分析的基本理论和分析方法，以及防止翼面颤振特别是操纵面颤振的设计方法；最后简述模型风洞颤振试验方法。

5.1　颤振的概念

颤振属于飞机气动弹性力学中的气动弹性动力学稳定性问题。飞机气动弹性力学是研究空气动力与飞机结构相互作用的一门交叉学科。产生气动弹性现象的根本原因是飞机结构在空气动力的作用下发生静态或动态的弹性变形，结构的这种变形反过来又会引起作用在其上的空气动力的改变，从而又引起进一步的变形。也就是说，在气动弹性力学中，作用在结构上的载荷(空气动力)是与结构的弹性变形密切相关的。空气动力与弹性结构的相互作用构成了各种各样的气动弹性现象。气动弹性力学包含气动弹性静力学、气动弹性动力学两大分支，在飞机设计的结构强度规范或适航条例中，都规定了气动弹性方面的设计要求。飞机结构的动强度设计工作包含了飞机气动弹性动力学中的颤振分析与设计工作。

在气动弹性动力学问题中，颤振安全性设计是现代飞机设计中必须考虑的主要气动弹性问题。在飞机设计工程中，颤振分析与设计具有举足轻重的地位。随着飞机设计的发展，颤振分析的内容也由经典的线性颤振分析拓展出非线性颤振分析、带外挂物的机翼颤振分析、操纵面颤振分析、跨声速颤振分析以及全机伺服颤振分析等新的内容和分支。本章首先对经典颤振的概念和机理进行讨论，使读者对颤振问题有一个定性的了解，并为进一步学习颤振分析方法做准备。

颤振就是飞机或其部件结构在弹性力、惯性力和非定常空气动力相互作用下产生的一种不衰减且振幅相当大的振动。具体地说，飞机的颤振是在由机翼等升力面结构在气流中振动运动所引起的附加气动力激励下发生的，运动一旦停止，附加气动力也就消失，所以颤振是一种结构与气流相互耦合作用下的自激振动，这也是颤振的独特性质。颤振属于气动弹性动力学中的稳定性问题。按力学领域的分类来说，气动弹性力学属于流固耦合力学，而颤振振动则属于流固耦合振动。颤振对于飞机来说是一种相当危险的振动，一旦发生，将在数十秒甚至几秒内使飞机结构发生毁灭性的破坏。

就空气动力产生的原因而言，颤振主要可以分为两大类：第一类发生在势流中，而且主要发生在飞机的流线型剖面升力系统中，即翼面结构发生的颤振，也就是通常所说“经典颤振”，以机翼颤振为代表；第二类颤振称为失速颤振，它与流动分离和旋涡形成有直接关系，其机理与经典颤振不同，且一般发生在螺旋桨、旋翼桨叶、涡轮叶片等产生气动力的旋转机械部件上，机翼和尾翼这类固定翼飞行器的升力面则很少遇到失速颤振问题。本章只涉及固定翼飞机升力面的经典颤振问题，这种颤振在飞机设计的工程实际中是最主要的，也是最危险的。在气动弹性动力学问题中，对它的研究最广泛且研究方法也最为成熟。

5.2　颤振产生的机理

对飞机颤振问题的理论分析与飞机颤振设计的工程实践表明，对于飞机来说，当飞行速度增加时，由扰动引起的振动会由衰减的变为发散的，即当飞机速度较小时，这种振动会很快衰减，随着飞行速度的增大，振动的衰减也相应减慢，当飞行速度达到某一个特定值时，扰动所引起的飞机振动刚好能维持一个等幅的简谐振动，这个特定的速度在颤振分析中被称为颤振临界速度，简称“颤振速度”。计算飞机颤振临界速度，正是飞机颤振分析与设计的主要任务之一。

计算颤振临界速度的问题，实际上是研究在气流中飞机结构的振动运动稳定的临界条件问题，即在多大的一个飞行速度下，飞机结构的振动会成为等幅的简谐振动。因此，在计算临界颤振速度时，只需要考虑作简谐振动的飞机结构产生的气动力就可以了，并且在经典的亚声速颤振分析中，往往只限于研究微幅振动运动的稳定性，故在计算非定常气动力时也就可以应用小扰动的线性化气动力理论。

机翼结构要获得振动所需的激励，只能从气流中获取能量，如果这个能量大于机翼的结构阻尼所消耗的能量，就会发生颤振。对于悬臂梁式结构的机翼，作为一个弹性体结构，在振动中通常同时具有弯曲与扭转两种变形模态，称之为弯扭耦合振动。由机翼结构的弯扭耦合振动而导致的颤振，称为机翼弯扭耦合颤振，下面以振动弹性机翼的一个典型剖面为对象，从定性的角度来分析颤振产生的机理。

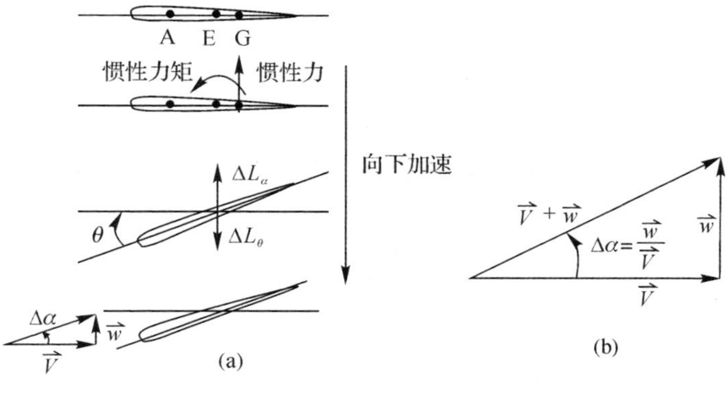

图 5-1　机翼弯扭耦合颤振机理示意图(A 为空气动力中心，E 为刚心，G 为重心)

设机翼剖面的重心位于其刚心之后，则机翼在受到扰动后产生的弯扭耦合振动情况如图 5-1(a)所示，图中偏离平衡位置的机翼由于弹性恢复力的作用而向下作加速运动，其惯性力(向上)通过重心，它会产生一个绕机翼剖面刚心的低头力矩，使机翼在作弯曲运动的同时还会有绕其刚心的扭转运动。记该机翼剖面的低头扭转角为 θ，则机翼剖面在顺气流方向的攻角相应会减小 θ，从而机翼剖面上产生一个向下的附加气动力 ΔL_θ，它与机翼运动的方向相同，是促使机翼向下运动的力，也就是说，ΔL_θ 是激振力。同时机翼的弯曲振动，使机翼剖面向下运动，机翼剖面向下的运动速度导致其周围的空气具有一个向上的所谓相对风速 w，它使机翼与气流间原来相对速度的大小和方向都发生改变。设原来机翼与气流间的相对速度为 V，如图 5-1(b)所示，则由于弯曲振动运动带来的相对风速，相当于使机翼的气动攻角改变了 $\Delta\alpha$，机翼相应地会受到一个附加气动力 ΔL_α，且它总是和机翼弯曲振动的方向相反，因此，它具有阻尼力的性质，起到阻碍振动的作用。

总而言之，飞行中飞机的机翼在作弯扭振动时，会产生两种附加的气动力 ΔL_θ 和 ΔL_α，两者的作用性质相反，ΔL_θ 是激振的，ΔL_α 是阻振的，而机翼后续的振动性质与这两个附加气动力的相对大小有密切的关系。下面来分析这两种力与飞行速度 V 的关系。

按照空气动力学理论中的升力公式，由(机翼结构扭转变形引起的)附加攻角 θ 所产生的附加气动力可表示为

$$\Delta L_\theta = \frac{1}{2}\rho\ V^2 S\frac{\partial C_L}{\partial\alpha}\theta = (\frac{1}{2}\rho\ S\theta\frac{\partial C_L}{\partial\alpha})V^2$$

即 ΔL_θ 与速度平方成正比。由(机翼向下运动时的相对风引起的)附加攻角 $\Delta\alpha$ 产生的附加气动力也可以用升力公式表示为：

$$\Delta L_\alpha = \frac{1}{2}\rho\ V^2 S\frac{\partial C_L}{\partial\alpha}\Delta\alpha = (\frac{1}{2}\rho\ wS\frac{\partial C_L}{\partial\alpha})V$$

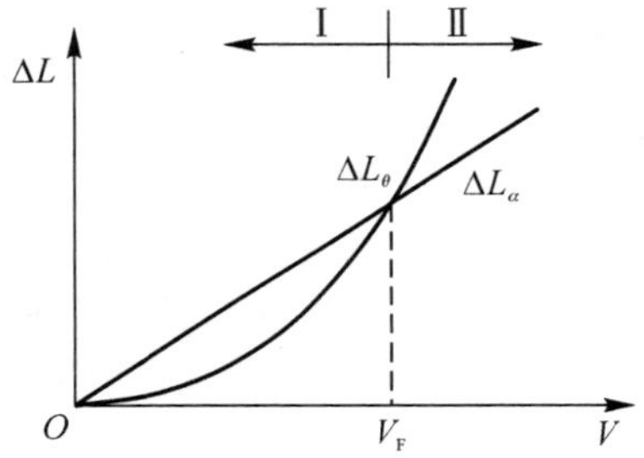

图 5-2　弯扭振动机翼上的附加气动力

由上式可知，ΔL_α 与速度 V 成正比。将 ΔL_θ 和 ΔL_α 随 V 的变化规律定性地画成曲线，如图 5-2 所示。显然，ΔL_θ-V 曲线是抛物线，而 ΔL_α-V 曲线是直线，记两者的交点处速度值为 V_F，则它将速度轴划分为两个范围。可以明显看出，在速度范围Ⅰ内，阻振力 ΔL_α 比激振力 ΔL_θ 大，因此在速度范围Ⅰ内，机翼的振动是衰减的；在速度范围Ⅱ内，激振力 ΔL_θ 比阻振力 ΔL_α 大，机翼的振动会不断增大，直至机翼结构发生破坏，即发生了颤振；在 V_F 处，激振力与阻振力相等，机翼振动处于发散的临界状态，即等幅简谐振动，这里的速度 V_F 就是所谓的颤振临界速度。

由此我们再次看到，机翼发生颤振是因为有附加气动力在对机翼进行激励，也就是说，颤振是在有气流不断输入能量给机翼的情况下才产生的，所以它与自由振动不同。另外，促使机翼振动的附加气动力，完全是由机翼本身弯扭耦合振动变形引起相对气流才产生的，即激振力由运动直接引起，因而又与强迫振动有区别，它属于振动理论中所定义的自激振动。

总之，这里可以把机翼弯扭耦合颤振的机理归结为：由于在气流中弹性机翼的弯曲、扭转两个自由度的惯性耦合，使得弯曲运动引起扭转运动，从而使机翼成为一个“能量转换开关”，它将均匀来流的能量转换成机翼往复振动运动的能量，从而导致机翼颤振的发生。

从前面的讨论知道，机翼向下弯曲运动会引起低头扭转(在振动理论中称之为弯曲运动的相位超前扭转运动的相位)，是由于机翼重心位于刚心之后，引发弯扭耦合颤振。因此在飞机

设计中，从防颤振设计的角度，应该力图使机翼剖面的重心向刚心靠近，甚至位于刚心之前，以减弱或避免弯扭耦合效应，提高颤振临界速度。

上述颤振机理分析中没有计及各种运动之间的相位差以及振动引起的非定常空气动力的复杂性，因此没有定量意义，而且在定性分析方面也不够严格。但由此得到结论，即机翼颤振总是由于机翼结构某两种运动模态的相互耦合，形成一种能量转换器，使直行的气流产生了能促使机翼振动的附加气动力而发生的。若能使这两种模态的运动解耦（即解除它们之间耦合的可能性），则颤振就不会发生。这就是飞机设计工程中防颤振设计的一个经验性原则，即所谓的“模态解耦”原则。该原则最为广泛的应用实例就是操纵面的质量平衡。

对颤振机理的另一种解释是所谓的“频率重合理论”，频率重合理论将颤振产生的机理解释为：当飞机的速度增大时，会使飞机结构的某两个模态分支的频率发生变化而相互接近，到这两个分支的频率完全相等（即重合）时，这两个模态分支的耦合振动就有可能从气流中吸收能量，从而达到颤振临界点而发生颤振。具体的解释可参阅气动弹性力学的教材或专著。

由于频率重合理论所用的气动力公式过于简单，所以这种理论不能直接用于飞机设计中的工程颤振分析，但此理论对颤振机理的解释却使我们知道，两个振动模态的频率彼此越接近，就意味着该两个模态的耦合作用越强。对具有更多振动模态的实际飞机结构来说，也就是，在某两个模态耦合较强的情况下，会产生均匀气流的能量转换而引发颤振，因此，在飞机设计时，应尽量避免飞机结构各个固有振动模态的频率相互接近，这已成为防颤振设计的一条准则。

当然，比较精确的定量分析还得借助于比较完善的气动力理论，并结合各种颤振分析理论和方法通过数值计算来完成。后面将介绍有关的颤振分析理论和方法。

5.3 飞机强度规范中有关防颤振设计的条款

飞机颤振这个气动弹性动力学问题，属于飞机的结构动强度设计的范畴。在进行军用飞机或民用飞机的结构设计时，为了保证飞机的结构安全，必须根据飞机性能要求，对飞机各使用状态的严重受载特点、强度设计准则、结构承载余量、刚度要求及使用限制等做出规定。这些规定就是飞机强度规范或民用飞机的适航性条例的内容，它们是国家制定的飞机设计的指令性或指导性文件，也是飞机设计时应遵守的法则。各航空工业大国都有自己的飞机强度规范，通常以国家标准、国家军用标准的形式颁布。

对于军用飞机，目前我国执行的是 2008 年出版的《军用飞机结构强度规范》(GJB 67A—2008)，该规范以分册形式出版，第 7 分册为《军用飞机结构强度规范　第 7 部分：气动弹性》(GJB 67.7A—2008)。

对于民用飞机，目前我国执行的是中国民用航空总局 2011 年 11 月颁布的《运输类飞机适航标准》(CCAR－25－R4)和 2004 年 10 月颁布的《正常类、实用类、特技类和通勤类飞机适航规定》(CCAR－23－R3)。在 CCAR－25－R4 和 CCAR－23－R3 的 D 分部（设计与构造）第 25.629 条款和第 23.629 条款的“气动弹性稳定性要求”中，也对颤振问题进行了相应的规定，但对于如何满足这些规定以及应该用什么样的分析和试验方法来验证所设计的飞机符合“气动弹性稳定性要求”条款，在 CCAR－25 和 CCAR－23 中并没有作出规定。这也是民机适航标准和规定与军用飞机设计规范的一个明显区别。

飞机强度规范大都带有附件性质的出版物，例如，我国针对《军用飞机结构强度规范》(GJB 67A—2008)出版了一本配套的《军用飞机结构强度规范使用说明》，其作用是解释规范的基本内容和编写依据，可供从事飞机订货、设计和验证的工程技术人员参考使用。

我国的《军用飞机结构强度规范　第7部分：气动弹性》(GJB 67.7A—2008)的正文包括两方面内容(下文中的斜体字内容为规范的正文原文)：

(1)在飞机设计、制造过程中防止颤振、发散及其他气动弹性不稳定性的要求。

(2)为保证达到上述要求(即不发生颤振等)所需进行的计算及试验工作，这就是规范第三章及第四章两部分。

在该分册第三章的3.1节"一般要求"中提出"*飞机及其部件在其飞行环境内，应具有足够的速度安全余量和阻尼安全余量，以防止颤振、嗡鸣、发散、气动热弹性、气动伺服弹性、持续有限幅值振荡或其他动态气动弹性的不稳定性。……*"接着提出，计算或试验应证明满足最低要求的颤振余量及要求的阻尼(衰减率)如下：

"*分析和/或试验应证明：*

*a) 在等马赫数和等高度线上所得到的飞机飞行限制速度(V_L)或限制马赫数(M_L*①*)包线的所有点上，当量空速(V_{EQU})提高15%不会发生颤振*(见图5-3)；

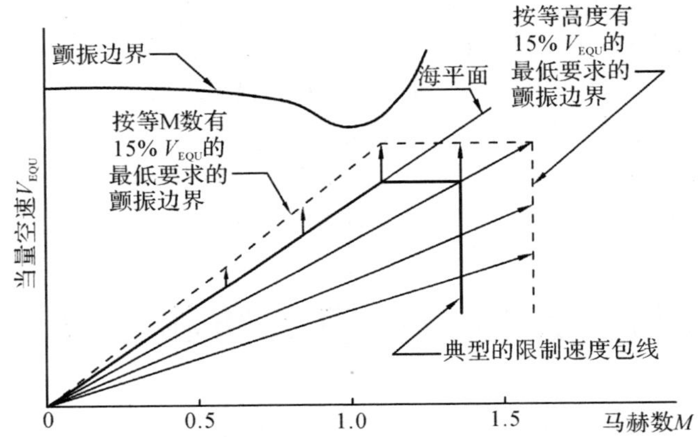

图5-3　最低要求的颤振余量图示

b)在所有高度上，飞行速度从最低巡航速度直到飞行限制速度，任何临界颤振模态或任何显著的动态响应模态，其阻尼系数(包括气动和结构阻尼两部分)至少应为0.03(见图5-4)。

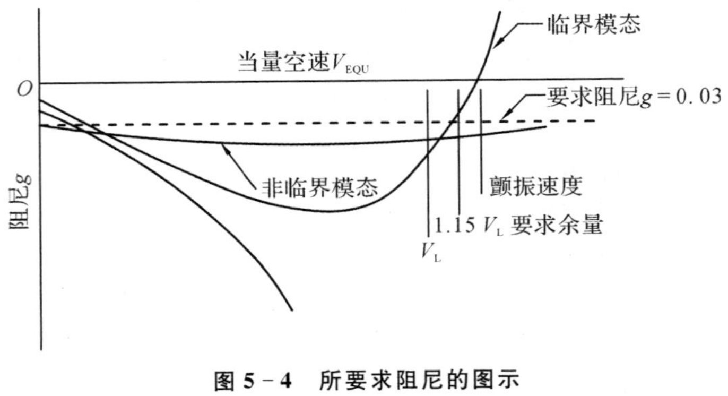

图5-4　所要求阻尼的图示

① GJB 67.7A—2008中用M代表马赫数，本书其他部分用Ma代表马赫数。

在《军用飞机结构强度规范　第7部分：气动弹性》的使用说明中，对上述安全系数（颤振余量）作说明时，推荐了两种证明阻尼（衰减率）是否满足规范要求的方法（见图5-5）。图5-5中的$V-g$曲线就是根据颤振计算结果绘制的。

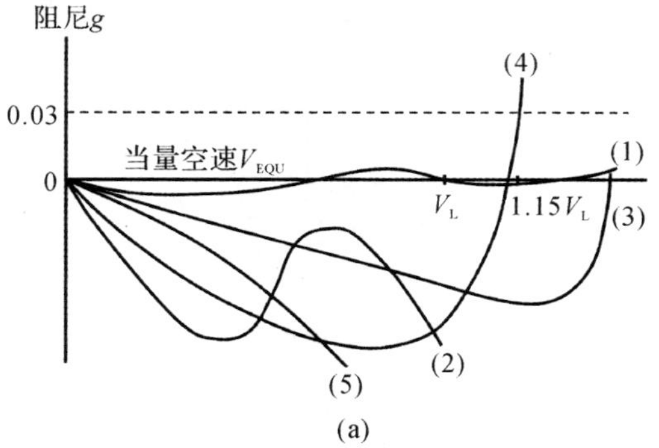

(a)

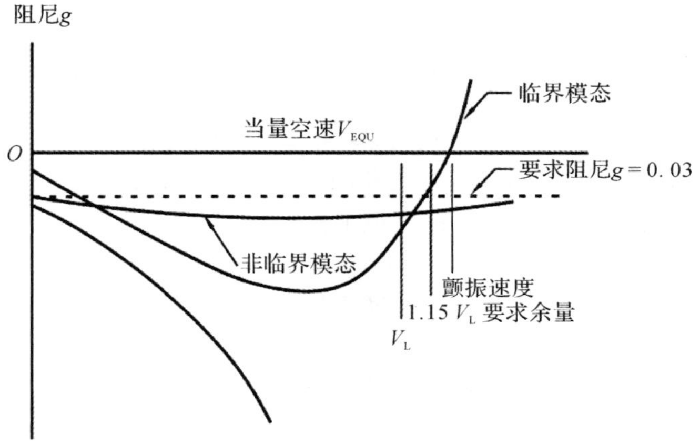

(b)

图5-5　阻尼-速度曲线

5.4　颤振的分析方法

飞机设计工程中的颤振分析，主要是利用飞机结构的动力学有限元模型和升力面的非定常气动力模型，通过数值计算，获得飞机的颤振特性。如果没有特殊需求，在飞机设计工程的颤振分析工作中，通常只需要考虑线性动力学模型和线性气动力模型，获得线性颤振特性。本章介绍的三元机翼颤振计算也以线性结构动力学模型和线性化非定常气动力理论为基础。下面以机翼为对象，介绍机翼线性颤振特性的分析方法，对于全机或其他部件的线性颤振分析，原理和过程是完全相同的。对非线性颤振问题的分析方法，可以参阅有关飞机气动弹性力学的教材或专著。

对于真实的机翼结构，其变形不能简单地用弯、扭两个模态来描述，且机翼的弦向变形不可忽略（见图5-6），结构的振动运动方程需要用有限元方法来建立，机翼上的非定常气动力也需要用升力面气动力理论来计算。

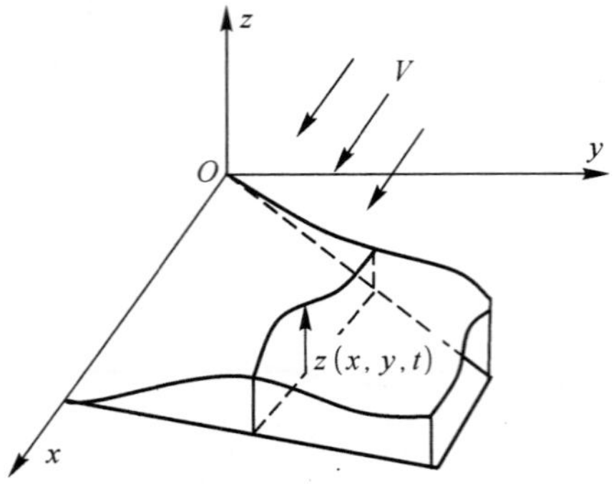

图 5-6 机翼的振动变形

根据结构振动理论中的模态叠加原理，机翼结构在任一点(x, y)处的变形可以用其前 n 阶固有模态的叠加来表示，即

$$z(x,y,t) = \sum_{j=1}^{n} \varphi_j(x,y)\xi_j(t) \tag{5.1}$$

这里，$\xi_j(t)$ 为模态坐标；$\phi_j(x,y)$ 为机翼的第 j 阶固有模态在点(x, y)处的振型值。假定已经用有限元方法将机翼结构离散，并得到机翼的质量矩阵和刚度矩阵 $\boldsymbol{M},\boldsymbol{K}$，并且求得了离散的第 l 阶、第 j 阶模态矩阵 $\boldsymbol{\phi}_l, \boldsymbol{\phi}_j$，则根据模态正交性，有

$$\boldsymbol{\phi}_j^{\mathrm{T}}\boldsymbol{M}\boldsymbol{\phi}_l = \begin{cases} M_j & j = l \\ 0 & j \neq l \end{cases}, \quad \boldsymbol{\phi}_j^{\mathrm{T}}\boldsymbol{K}\boldsymbol{\phi}_l = \begin{cases} K_j = \omega_j^2 M_j & j = l \\ 0 & j \neq l \end{cases} \tag{5.2}$$

式中，M_j，K_j 是与第 j 阶固有模态 $\boldsymbol{\varphi}_j$ 对应的广义质量和广义刚度。

机翼的动能、势能可写为

$$\left.\begin{aligned} T &= \frac{1}{2}\sum_{j=1}^{n} M_j \dot{\xi}_j^2(t) \\ U &= \frac{1}{2}\sum_{j=1}^{n} K_j \xi_j^2 = \frac{1}{2}\sum_{j=1}^{n} M_j \omega_j^2 \xi_j^2 \end{aligned}\right\} \tag{5.3}$$

设振动翼面上的非定常气动力分布为 $P(x,y,t)$，则当机翼有虚位移 $\delta z_j(x,y)$ 时，系统的虚功为

$$\begin{aligned} \delta W_{ej} &= \iint_S P(x,y,t)\delta z_j(x,y,t)\mathrm{d}x\mathrm{d}y = \iint_S P(x,y,t)\varphi_j(x,y)\delta\xi_j(t)\mathrm{d}x\mathrm{d}y = \\ &\left[\iint_S P(x,y,t)\varphi_j(x,y)\mathrm{d}x\mathrm{d}y\right]\delta\xi_j(t) \end{aligned} \tag{5.4}$$

故翼面上对应于广义坐标 $\xi_j(t)$ 的广义气动力为

$$Q_j = \iint_S P(x,y,t)\varphi_j(x,y)\mathrm{d}x\mathrm{d}y \tag{5.5}$$

将 T,U,Q_j 代入拉格朗日方程，得到机翼的颤振方程为

$$M_j\ddot{\xi}_j^{(t)} + M_j\omega_j^2\xi_j^{(t)} = Q_j \quad (j = 1,2,\cdots,n) \tag{5.6}$$

在不能给出作任意振动运动机翼的时域非定常气动力的情况下，通常只能计算机翼作简

谐振动时的频域非定常气动力。假定采用 $V-g$ 法求解颤振方程，设 $\xi_j(t)=\bar{\xi}_j e^{i\omega t}$（这里 $i=\sqrt{-1}$，为虚数单位），并人为地引入一个结构阻尼因子 g。根据结构阻尼的定义，结构阻尼力与位移成正比且与速度方向相反，则引入结构阻尼后，机翼的颤振方程式(5.6)可改写为矩阵微分方程形式：

$$-\omega^2\mathrm{diag}[M_j]\bar{\xi}+(1+\mathrm{i}g)\mathrm{diag}[M_j\omega_j^2]\bar{\xi}=Q \tag{5.7}$$

式中，diag[·]表示对角矩阵。根据气动力理论，广义气动力矩阵可以表示为

$$\boldsymbol{Q}=\left(\frac{1}{2b}\rho V^2\right)\boldsymbol{A}\bar{\boldsymbol{\xi}} \tag{5.8}$$

式中，$\boldsymbol{A}$ 为广义气动力影响系数矩阵，与减缩频率 $k=\omega b/V$ 和固有模态有关；b 为机翼特征长度，通常取为机翼根弦的半弦长。具体计算简谐广义气动力列阵时，也是采用矩阵方法。

将式(5.8)代入方程式(5.7)，整理得到如下形式的方程：

$$\{\mathrm{diag}[M_j]+\frac{1}{2}\rho b\left(\frac{1}{k}\right)^2\boldsymbol{A}-\lambda\cdot\mathrm{diag}[M_j\left(\frac{\omega_j}{\omega_1}\right)^2]\}\bar{\boldsymbol{\xi}}=\boldsymbol{0} \tag{5.9}$$

式中，$\lambda=(1+\mathrm{i}g)\left(\frac{\omega_1}{\omega}\right)^2$；$\omega_1$ 为机翼结构的基频(第1阶固有频率)。颤振行列式方程为

$$\left|\mathrm{diag}[M_j]+\frac{1}{2}\rho b\left(\frac{1}{k}\right)^2\boldsymbol{A}-\lambda\cdot diag\left[M_j\left(\frac{\omega_j}{\omega_1}\right)^2\right]\right|=0 \tag{5.10}$$

在实际求解方程式(5.10)时，是将其化为一个代数特征值问题来求解。具体步骤如下：

给定一个减缩频率 k，计算相应的 $\boldsymbol{A}$ 矩阵，由式(5.10)求得 n 个特征值 λ_j，按定义求出：

$$\omega_j=\frac{\omega_1}{\sqrt{\mathrm{Re}(\lambda_j)}},\quad g_j=\frac{\mathrm{Im}(\lambda_j)}{\mathrm{Re}(\lambda_j)}\quad(j=1,2,\cdots,n) \tag{5.11}$$

再根据减缩频率的定义求出

$$V_j=\frac{\omega_j b}{k}\quad(j=1,2,\cdots,n) \tag{5.12}$$

这样，就得到 $V-\mathrm{g}$ 平面和 $V-\omega$ 平面上的 n 组点 (V_j,g_j)，(V_j,ω_j)，$j=1,2,\cdots,n$。

再选取一系列减缩频率 k，重复上述求解过程，得到一系列 $V-\mathrm{g}$ 平面和 $V-\omega$ 平面上的 n 组 (V,g)，(V,ω) 点，在 $V-\mathrm{g}$ 平面和 $V-\omega$ 平面(以 V 为横坐标，分别以 g，ω 为纵坐标)上画出有 n 个分支的 $V-\mathrm{g}$ 曲线和 $V-\omega$ 曲线。在 $V-g$ 图中，若有一个分支曲线与横轴(V 轴)相交，即 g 经过零点由负值变为正值，则交点的速度值就是所求的颤振临界速度值 V_F，对应在该分支的 $V-\omega$ 曲线上可以确定 ω_F 的值。注意，若有几个 $V-\mathrm{g}$ 曲线分支先后与 V 轴相交，则根据颤振临界速度的物理意义，由速度最低的交点得到的才是所求的机翼颤振临界速度 V_F。

由 $V-g$ 法求得的 $V-\mathrm{g}$ 曲线和 $V-\omega$ 曲线上的 (V_j,g_j)，(V_j,ω_j) 点的物理意义是，若要使机翼在 V_j 速度下以频率 ω_j 作等幅的简谐振动，则机翼应该具有 g_j 这样大的阻尼(水平)。如果 g_j 是负的(负阻尼意味着需要激励)，说明未引入结构阻尼的机翼在这个速度下应该是衰减振动；反之，如果 g_i 是正的，说明未引入结构阻尼的机翼在这个速度下应该是发散振动。由此可知，当 $g=0$ 时对应的速度(即 $V-\mathrm{g}$ 曲线由负变正穿过 V 轴时，与 V 轴交点对应的速度值)，就是未引入结构阻尼的机翼的颤振临界速度。

将求得的 V_F 和 ω_F 代入方程式(5.9)，可以求得对应的模态坐标幅值列阵 $\bar{\xi}$，称为颤振模态。显然这是一个复模态，其物理意义是，发生颤振时，各模态对应的自由度之间有相位差。$\bar{\xi}$ 中各个复数元素的模，称为颤振模态参与因子，反映了各阶模态参与颤振耦合的程度。根据颤

振模态参与因子的大小，可以定性确定参与颤振耦合的主要模态的阶次。一般来说，颤振模态参与因子最大的两阶模态即为颤振耦合的主导模态，参与因子越小，对应的模态在颤振耦合中的作用越小。当然，实际中也存在颤振耦合模态比较复杂的情况，可能会有3阶或更多阶模态参与颤振的耦合。

机翼的非定常气动力影响系数矩阵 $\boldsymbol{A}$ 的计算，请参阅气动弹性力学教材。

对颤振方程式(5.6)的求解，常用的还有 $p-k$ 法，也请参阅气动弹性力学教材。

5.5 操纵面的颤振分析与设计

为了使飞机在飞行中保持平衡和进行机动飞行，在机翼、尾翼上都带有不同功能的操纵面，如机翼上的副翼、水平安定面上的升降舵和垂直安定面上的方向舵等，由于这些操纵面都具有有限的操纵刚度，操纵面本身也是一个小型的气动升力面，因而飞机在飞行中除了会发生以机翼振动模态耦合为主的机翼颤振外，还可能发生以操纵面运动模态为主的或有操纵面运动模态参与的所谓操纵面颤振。操纵面颤振的形式很多，包括机翼弯曲-副翼偏转型颤振、机翼扭转-副翼偏转型颤振，机翼弯/扭-副翼偏转型颤振、垂尾弯扭-方向舵偏转耦合型颤振，垂尾弯扭-方向舵偏转-后机身扭转耦合型颤振、平尾弯扭-升降舵偏转耦合型颤振、平尾弯扭-升降舵偏转-后机身垂直弯曲耦合型颤振，以及其他一些包括操纵面及调整片运动的耦合颤振型态。

对上述有操纵面模态参与耦合的颤振的机理，也可以像机翼弯曲-扭转耦合型颤振的机理一样进行分析描述，它和机翼弯/扭型颤振相似，都是由两个模态的耦合产生的。但是对于操纵面颤振的临界速度，很难像经典的机翼弯/扭耦合颤振速度那样准确计算，其原因主要如下：

(1)操纵面非定常气动力的理论计算结果不准确，因为计算时通常忽略了空气的黏性效应，而黏性效应对操纵面的铰链气动力矩影响显著。

(2)操纵面的铰链及支持结构刚度及操纵刚度，很难通过计算或测量得到准确的值。

(3)对于人力操纵系统，机械连接系统之中不可避免地会有诸如间隙、摩擦等非线性因素，使得按名义线性刚度分析结果的精度难以保证；而对于动力操纵系统，除上述结构非线性因素外，还必须考虑作动器液压系统的非线性特性。按理论设计值进行操纵面颤振计算得到的结果往往有偏差。

下面先介绍机翼弯曲-副翼偏转型颤振的机理，再介绍防颤振设计中的操纵面质量平衡概念，并举例说明防止操纵面颤振的质量平衡设计方法。

5.5.1 机翼弯曲-副翼偏转型颤振机理

图5.7所示为一个典型的带副翼的机翼剖面在气流中振动时产生附加气动力的情况，与机翼弯扭耦合颤振情况的分析类似，当机翼作向上的加速振动运动时，副翼产生向下的惯性力，它作用于副翼的重心，从而产生对副翼偏转铰链轴的顺时针力矩 $m_a\ddot{h}e$（m_a 为副翼质量，e 为副翼重心到副翼转轴的距离），使得副翼向下偏转 β 角，由此在机翼上产生一个附加的升力。

根据气动力理论，这个附加升力可以写为 $\Delta L_e = C_L^{\beta} \cdot \beta \cdot \frac{1}{2}\rho V^2 S$，该附加升力方向为向上，即 L_e 促进机翼的向上运动，相当于一种激振力。

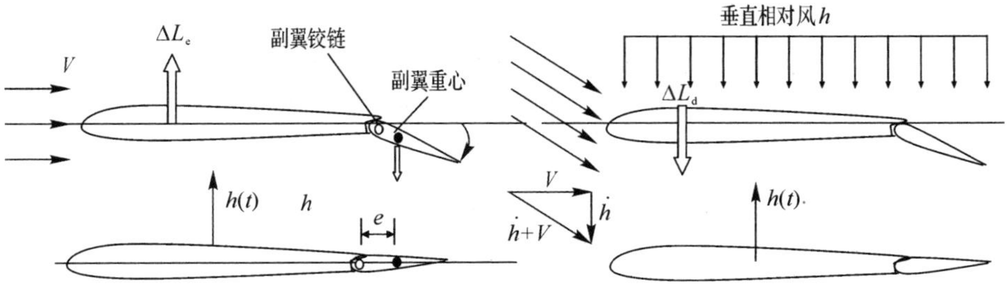

图 5-7　机翼弯曲/副翼偏转耦合颤振机理示意图

另外，当机翼向上运动时，使得机翼附近的空气产生一个向下的相对风速 $\dot{h}$，从而使得机翼具有一个负的附加攻角 $-(\dot{h}/V)$，由此机翼上产生一个向下的附加气动力 $\Delta L_d = C_L^{\alpha}\left(-\frac{\dot{h}}{V}\right)\frac{1}{2}\rho V^2 S$，即 ΔL_d 阻碍机翼的向上运动，相当于一种阻尼力。

同样，可以将上述附加气动力 ΔL_e 及 ΔL_d 与速度 V 的关系定性地画成类似图 5-2 所示的曲线，它也对应有一个临界速度 V_F。当 $V < V_F$ 时，$\Delta L_d > \Delta L_e$，机翼的振动运动是衰减的；当 $V > V_F$ 时，$\Delta L_e > \Delta L_d$，机翼的振动运动是发散的。由于产生耦合的运动模态仅包括机翼弯曲模态和副翼偏转模态，因此，V_F 就是机翼弯曲-副翼偏转耦合型颤振的临界速度。

由以上分析可见，若副翼重心前移到与副翼铰链轴重合，则机翼的弯曲振动将不会引起副翼的偏转，因而从理论上讲，就不会发生这种机翼弯曲-副翼偏转耦合型的颤振。

对飞机的平尾-升降舵和垂尾-方向舵组合部件，也存在发生这种主翼面弯曲-操纵面偏转耦合型颤振的可能性。按照上述的颤振机理，在飞机的颤振设计工作中，进行飞机的操纵面设计时，常常采用加配重使剖面重心前移的办法来提高这类颤振的临界速度，甚至完全排除这类颤振的发生。

5.5.2　操纵面的质量平衡概念

从对机翼弯曲-扭转耦合型颤振机理、机翼弯曲-副翼偏转耦合型颤振机理的解释可以看到，防止颤振产生或提高颤振临界速度的关键是消除机翼结构各种不同模态之间可能发生的耦合，即使不能完全消除耦合，只要能使各自由度之间没有强的耦合，也能使颤振速度得到提高来满足设计要求。操纵面质量平衡的概念和方法的提出，正是基于这种思想。由于操纵面上的气动力很难准确计算，而且操纵面的操纵刚度也很难准确确定，对于颤振速度的理论计算往往误差很大，因此在飞机设计的工程实践中，多采用质量平衡的方法来改善操纵面的颤振特性，使得飞机在设计的飞行包线内不会发生这类颤振。

操纵面质量平衡的概念究竟是怎样的呢？此处以图 5-8 所示的一个带有副翼的悬臂机翼为例来具体说明。

假设副翼的重心位于铰链轴之后，那么当机翼作弯曲运动时，副翼就会因惯性力的作用而作偏转运动，称之为惯性耦合。显然，如果副翼的重心位于铰链线上，就不会有惯性耦合。

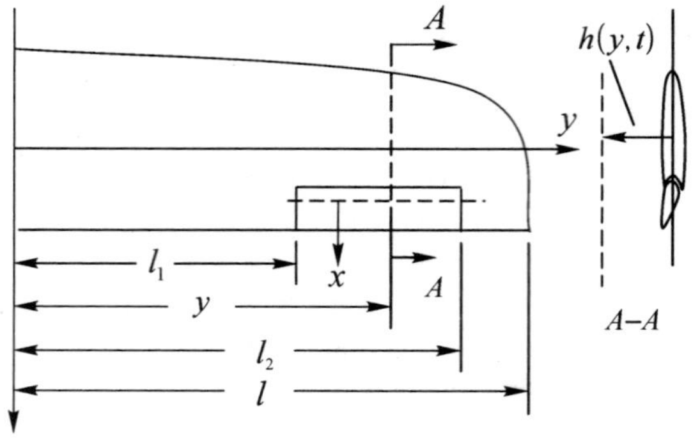

图 5-8 带副翼的悬臂机翼

但是副翼作为一个小升力面，还会影响主翼面上的气动力并产生对铰链轴的空气动力力矩，也就是说存在空气动力耦合。此外，副翼结构还可能存在与主翼面结构之间的弹性耦合，对于飞机设计人员来说，要消除弹性耦合和空气动力耦合通常是不可能的，但在一定条件下，却可以做到消除惯性耦合，这就是采用质量平衡的方法。由前述的颤振机理分析得知，机翼-副翼颤振主要是由机翼弯曲与副翼偏转两种运动模态的惯性耦合产生的，所以研究质量平衡问题对操纵面颤振分析与防颤振设计具有重要意义。

对机翼-副翼颤振问题的分析，只需要考虑机翼弯曲和副翼偏转两个运动自由度，且通常假定副翼部分为刚体结构。现采用假设模态法来建立其颤振运动方程。

图 5.8 中的机翼弯曲变形可表示为

$$h(y,t)=f(y)\cdot h(t) \tag{5.13}$$

其中，$f(y)$ 为假设的机翼弯曲模态，记副翼偏转角为 $\beta(t)$，整个机翼系统的动能、势能可写为

$$\begin{aligned}T=&\frac{1}{2}\int_0^l\int_C[\dot{h}(y,t)]^2\rho_w\mathrm{d}x\mathrm{d}y+\frac{1}{2}\int_{l_1}^{l_2}\int_{C_A}[\dot{h}(y,t)+\dot{\beta}x]^2\rho_a\mathrm{d}x\mathrm{d}y=\\&\frac{1}{2}\dot{h}^2(t)[\int_0^l\int_C f^2(y)\rho_w\mathrm{d}x\mathrm{d}y+\int_{l_1}^{l_2}\int_{C_A}f^2(y)\rho_a\mathrm{d}x\mathrm{d}y]+\\&\frac{1}{2}\dot{\beta}^2(t)\int_{l_1}^{l_2}\int_{C_A}x^2\rho_a\mathrm{d}x\mathrm{d}y+\dot{h}(t)\dot{\beta}(t)\int_{l_1}^{l_2}\int_{C_A}f(y)x\rho_a\mathrm{d}x\mathrm{d}y=\\&\frac{1}{2}a_{11}\dot{h}^2(t)+\frac{1}{2}a_{22}\dot{\beta}^2(t)+a_{12}\dot{h}(t)\dot{\beta}(t)\end{aligned} \tag{5.14}$$

$$\begin{aligned}U=&\frac{1}{2}h^2(t)\int_0^l EI(y)\left[\frac{\mathrm{d}^2f(y)}{\mathrm{d}y^2}\right]^2\mathrm{d}y+\frac{1}{2}k_\beta\beta^2(t)=\\&\frac{1}{2}c_{11}h^2(t)+\frac{1}{2}c_{22}\beta^2(t)\end{aligned} \tag{5.15}$$

式中，ρ_w，ρ_a 分别代表机翼及副翼单位面积上的质量；C 表示机翼弦长；C_A 表示副翼弦长；k_β 为副翼的操纵刚度系数。副翼上各质点的 x 坐标是由铰链轴向后量起为正，如图 5-8 所示。

将式(5.14)和式(5.15)代入拉格朗日方程中，可以得到

$$\left.\begin{aligned}a_{11}\ddot{h}(t)+a_{12}\ddot{\beta}(t)+c_{11}h(t)=Q_h(t)\\a_{12}\ddot{h}(t)+a_{22}\ddot{\beta}(t)+c_{22}\beta(t)=Q_\beta(t)\end{aligned}\right\} \tag{5.16}$$

式中，$Q_h(t)$，$Q_\beta(t)$ 分别为机翼弯曲自由度和副翼偏转自由度上的广义气动力。注意到方程中的耦合项系数

$$a_{12} = \int_{l_1}^{l_2}\int_{C_A} f(y)\cdot x\rho_a \mathrm{d}x\mathrm{d}y \tag{5.17}$$

就是与质量平衡有关的系数。至此，可以将副翼质量平衡的概念表述为：副翼质量平衡就是使副翼的质量分布满足一定的平衡条件，在这种平衡条件下，机翼弯曲振动时，副翼的惯性力所引起的对副翼铰链轴的力矩为零，从而副翼相对于机翼就没有偏转，好像与机翼连成一个整体一起振动。从颤振方程看，就是要使式(5.17)中的系数 a_{12} 为零。从 a_{12} 的表达式知道，积分值与机翼的模态 $f(y)$ 有关，即副翼的质量平衡也是针对机翼某个模态而言的，也就是说对于机翼某个模态，副翼达到质量平衡的质量分布，对机翼的另一个模态就不一定是平衡的。对尾翼上的操纵面质量平衡分析，与上述分析过程完全相同。

通常用“平衡度”来表示操纵面质量平衡的程度。在颤振规范中是按“静平衡度”和“动平衡度”来规定的。所谓静平衡就是要使下式成立：

$$\sum_{\text{整个操纵面}} m_i x_i = 0 \tag{5.18}$$

式中，x_i 代表操纵面的微质量元 m_i 到铰链轴的距离。式(5.18)的含义是操纵面重心位于铰链轴上，这相当于前面假设的机翼弯曲模态 $f(y)=$ 常数时 $a_{12}=0$ 的条件。当满足 $\sum\limits_{\text{整个操纵面}} m_i x_i = 0$ 时，称为100%静平衡。若 $\sum\limits_{\text{整个操纵面}} m_i x_i < 0$，则称为过度平衡，它表示操纵面重心位于铰链轴之前。静平衡度定义为

$$\text{静平衡度} = \frac{\text{实际所加配重}}{\text{达到 }100\%\text{ 静平衡所需配重}} \times 100\% \tag{5.19}$$

图5-9为某型飞机的机翼弯曲-副翼偏转型颤振速度 V_F 与副翼静平衡度的关系曲线示意图。由图可见，对应每一个静平衡度可算出两个 V_F 值，在这两个速度之间为颤振不稳定区，超过一定静平衡度后，将不会再发生该类型的颤振，这也正好与前面分析机翼弯扭耦合颤振机理时所得出的，“使副翼重心位于机翼刚轴之前可提高颤振速度”的原则是一致的。

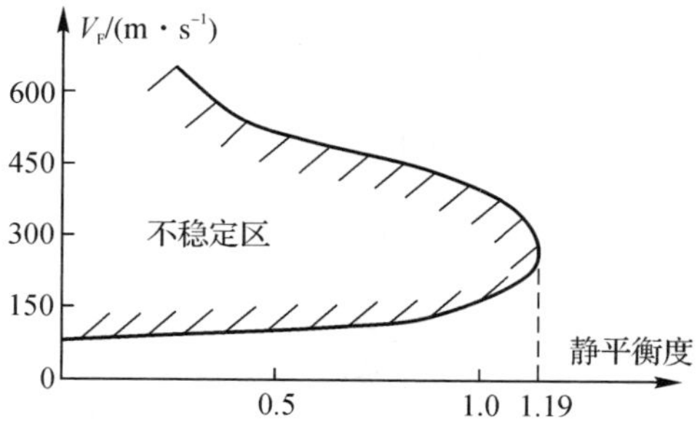

图5-9　颤振速度 V_F 与静平衡度的关系曲线示意图

所谓动平衡是指质量分布使得 $\sum\limits_{\text{整个操纵面}} m_i x_i y_i = 0$ 成立，并称此时为100%动平衡的。其中 x_i 代表微质量元 m_i 到操纵面铰链轴的距离，对于机翼上的副翼，y_i 代表副翼上微质量元 m_i 到翼根的距离，对于尾翼上的操纵面，y_i 代表微质量元 m_i 到机身弹性轴的距离。显然，动平衡相当于使式(5.17)中的 $f(y)=y$，也就是主翼面随机体做刚体滚转时，$a_{12}=0$ 的条件。相应地，动平衡度定义为

$$\text{动平衡度} = \frac{\text{实际所加配重}}{\text{达到 }100\%\text{ 动平衡所需配重}} \times 100\% \tag{5.20}$$

当 $\sum\limits_{\text{整个操纵面}} m_i x_i y_i < 0$ 时，称为过度动平衡。

颤振设计规范中，对各个操纵面的质量平衡要求，都是针对某一种特定的颤振现象而规定的。例如，对于方向舵是为了防止机身扭转-机身侧弯-方向舵偏转型颤振；对于升降舵，是为了防止机身垂直弯-水平安定面弯曲-升降舵偏转型颤振；对于副翼，则通常是为了防止机翼弯曲-副翼偏转型颤振。

需要再次强调的是，由于操纵面的质量平衡是对于主翼面某一阶模态振型而言的，不可能设计一个对于所有模态振型都满足质量平衡要求的机翼，而且即使存在满足了质量平衡要求的机翼，也不意味着它不会发生任何形式的颤振。不论怎样，在防操纵面颤振设计方面，质量平衡概念的运用仍不失为一种简单有效的方法。此外，表征操纵面质量平衡程度的动、静平衡度可以作为初步估计操纵面颤振发生趋势的判据，这为进一步的定量颤振分析作了定性准备。

5.5.3 防止操纵面颤振的质量平衡设计

长期以来，在飞机设计的工程实践中，针对操纵面防颤振设计所采用的有效办法就是质量平衡，即在操纵面上设置配重，使操纵面的重心前移，通常是使重心移到操纵面的转轴（铰链轴线）之前，达到所谓的“过度平衡”状态。

质量平衡至今仍被广泛用于带人力操纵系统的小型、中型飞机。从原理上讲（如在前面给出的机翼弯曲-副翼偏转型颤振机理），质量平衡设计仅对颤振耦合模态中涉及主翼面（机翼、垂直安定面及水平安定面）弯曲模态的操纵面颤振最为有效，这时配重使重心移到操纵面转轴之前，从而消除了操纵面旋转模态与主翼面弯曲两种模态之间的惯性耦合，这就是前面所描述的颤振设计中的“模态解耦”原则。由于“质量平衡”本质上不是按“频率分离”原则提出的防颤振措施，所以在应用质量平衡方法来防止操纵面颤振时，需注意它是否违反“频率分离”原则（即是否会因增加配重而使机翼某两个模态的频率彼此靠近）。

图 5-10 所示是操纵面旋转-主翼面弯曲型颤振分析中，配重质量 Δm 对颤振临界速度 V_F 的影响规律曲线示意图。由图 5-10(a)的曲线可见，在操纵面达到过度平衡以后，有一个临界的 Δm 值，使用超过该值的配重就可以使此类型的颤振完全消除。

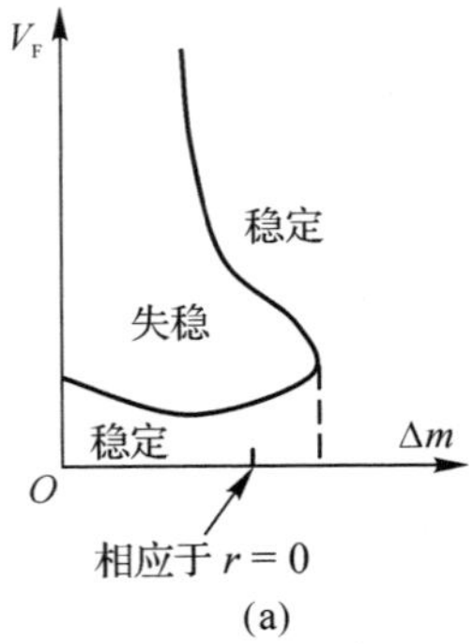

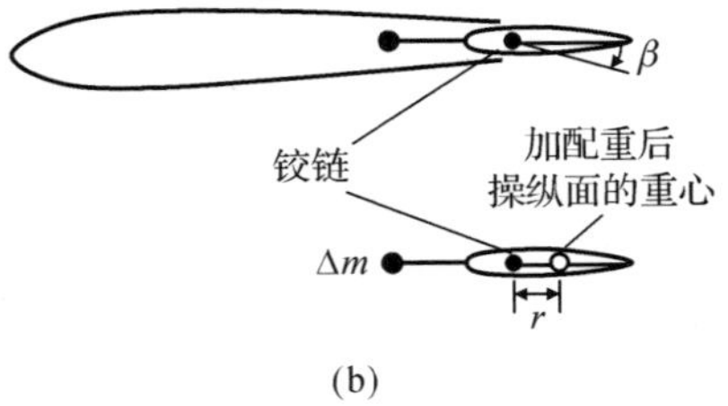

图 5-10　操纵面的质量平衡效应

对于带后掠角的机翼，其主翼面的第一阶弯曲模态并非纯弯曲型态，它的节线由机翼根部延伸向主翼面前缘的远前方。如果由于某种结构参数改变，使主翼面第一阶弯曲模态的节线向后缘方向移动，从而使该模态变得越来越像扭转模态，则配重的质量平衡效应将随之减弱。

图 5－11 所示为一个操纵面配重设计失效的例子，对于图中的平尾，采用了带“角式集中配重”的升降舵，原配重设计是针对平尾弯曲-升降舵偏转耦合型颤振的。由于估计错误，实际发生的涉及平尾的颤振模态中，参与耦合的是平尾扭转模态，其模态节线落在集中配重之后，因此当平尾绕该节线作扭转振动时，集中配重所产生的惯性力与升降舵结构所产生的惯性力，二者反向，它们对升降舵铰链轴产生的力矩不是互相抵消，而是同向互相增补的。显然该集中配重不但没有解除平尾主翼面与升降舵的惯性耦合，反而增强了平尾主翼面扭转与升降舵旋转这两种模态之间的惯性耦合。

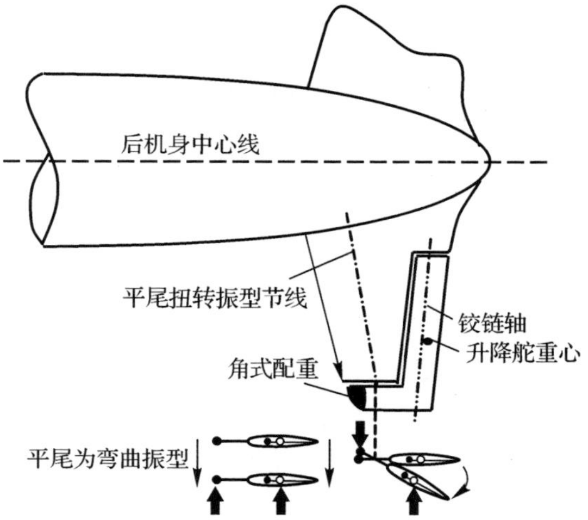

图 5－11　升降舵配重设计失效的例子

前面已经讲过，质量平衡是基于“模态解耦”原则的防颤振设计措施，另一个防颤振设计原则是“频率分离”原则。设计经验表明，若操纵面的旋转频率高于主翼面颤振危险模态频率一定倍数，则操纵面参与的颤振就不会出现(或即使出现，其颤振速度也远大于设计飞行速度，而不予以考虑)。这一条件，对于带助力器的操纵系统容易达到，但增加配重往往会降低操纵面旋转频率，使上述频率条件得不到满足。因此，在操纵面防颤振设计中，如果采用足够高的操纵刚度设计，再采用配重(质量平衡)设计措施来提高该操纵面的颤振临界速度往往就不适宜。

图 5－12 是一架美国 E－6A 型通信中继飞机在飞行试验中因发生尾翼颤振而出现损伤的例子。该飞机的垂尾/方向舵两次在颤振试飞中振毁，而飞机仍然安全返航。第一次颤振事故中，认为发生的是垂尾-方向舵-调整片型颤振，在第二次飞行试验之前，把调整片铰链阻尼增加到了原来的两倍，但第二次飞行试验中却与预期的效果相反，仍然发生了操纵面颤振，且颤振速度比第一次的还低。这个例子说明操纵面颤振的复杂性(不当地增加阻尼反而会对颤振产生不利效应)，但也说明了操纵面颤振不一定是机翼弯扭型颤振那样灾难性的。

图 5-12　发生了操纵面颤振的 E-6A 飞机(图片来自网络)

图 5-13 是另一个操纵面颤振设计实例。飞机设计阶段估计的颤振型是后机身扭转与方向舵偏转耦合[见图 5-13(b)]。由于结构的某些修改,试飞时实际发生的颤振型是垂尾弯曲与方向舵偏转耦合[见图 5-13(c)]。由图 5-13(c)可以看出,原先设计的角式集中配重不但不起模态解耦作用,反而起到加强两个危险模态耦合的作用。在试飞后,采取的修改措施是把一个配重改为两个配重[见图 5-13(d)],分别安置于方向舵的根、梢两处,使两者的惯性力矩起相互抵消作用,结果不再发生该型颤振。

尽可能采用分布式配重(不用集中式配重)也是操纵面防颤振设计的一个半经验准则。

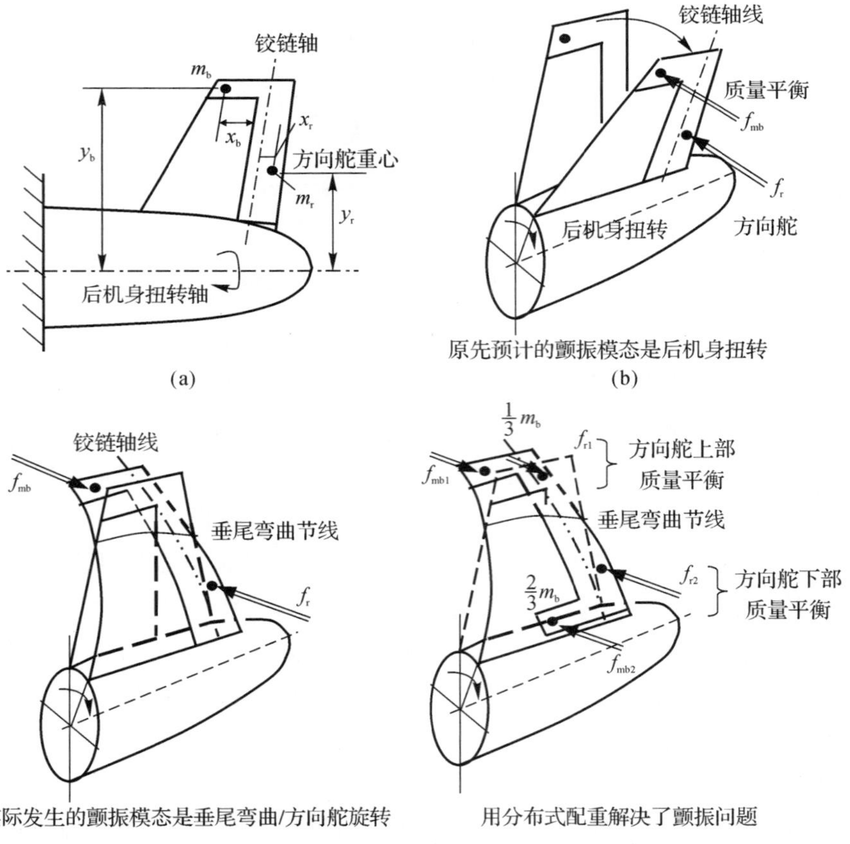

图 5-13　操纵面防颤振设计实例

5.6　防颤振设计中的试验工作

试验工作在飞机防颤振设计中占有重要地位，有兴趣或实际工作中有需要的读者可查阅这方面的专著。本章仅对有关防颤振设计的相关试验问题作一个简要介绍。防颤振设计中的试验工作，包括地面振动试验和风洞模型颤振试验。地面振动试验包括全机地面振动试验和模型地面振动试验，前者主要是为进行原型飞机颤振计算分析工作提供试验结果数据，用于全机结构动力学有限元模型的修正，后者主要是为了考察所设计制造的颤振模型的动力学特性（模态频率、模态振型）是否满足设计要求。从使用的风洞角度，风洞模型颤振试验分为低速风洞模型颤振试验、高速风洞模型颤振试验；从使用的试验模型角度，可分为部件模型颤振试验和全机模型颤振试验。除了上述大型、复杂的试验外，与防颤振设计相关的还有一些小型、简单、辅助性的试验，如模型的质量、质心测试试验，转动惯量测试试验，模型结构的刚度测试试验，等等。本章重点介绍全机地面振动试验和风洞模型颤振试验。模型的地面振动试验，除了在规模上比全机地面振动试验小以外，其他方面几乎完全相同，读者可以在全机地面振动试验技术的基础上举一反三。

5.6.1　飞机全机地面振动试验

与防颤振设计密切相关的全机地面振动试验，主要是在第一批制造出来的全尺寸真实飞机上进行的。其目的主要是用试验获得的飞机全机结构模态特性，来检验或修正颤振特性计算中所用的飞机全机结构动力学（有限元）模型，并为颤振模型风洞试验和飞行颤振试验提供依据。结构动力学模型修正又叫结构动力学模型确认，是建立高可信度颤振分析结构动力学有限元模型的最终保证。对于改型飞机或有新装载构型的改进飞机，有时也需进行全机地面振动试验，过去把这项试验称为全机地面共振试验，因为当时的试验方法是基于结构共振原理的。基于共振方法获得全机模态的试验方法，也称为纯模态试验（注意，本节所说的纯模态是工程意义上近似的纯模态，因为理论上要激发出多自由系统的纯模态，激励点数必须等于其自由度数，这对于工程结构来说是不可能实现的）。

由结构振动理论可知，当外加简谐激振力与结构的某一阶固有频率相等时结构会发生共振。如果按照幅值共振的概念，由于结构阻尼的存在，共振结构的响应振幅会达到一个幅值有限的极大值。如果按照相位共振的概念，共振时结构的位移响应与激振力的相位差为 90°。因此，若逐渐增加激振频率，并记录被测试结构的位移响应幅值及与激振力的相位差（如果以激振力的相位为基准并视为零，则这个相位差就是位移响应的相位），会发现位移响应幅值和相位都将随激振频率的改变而变化，可以将其绘制为以频率为横坐标、位移响应幅值和相位分别为纵坐标的两条曲线，前者称为位移幅频响应曲线（简称“幅频曲线”），后者称为相频响应曲线（简称“相频曲线”）。一旦发现位移幅频曲线出现峰值（即按幅值共振概念）或相位差达到 90°（即按相位共振概念），就可以认为此时的激振频率是被测试结构的某一阶共振频率，当结构阻尼水平不大时，在工程上也将其视为该阶固有频率（也称为模态频率）。对飞机全机结构，这样的固有频率有很多阶，随着激振频率由低到高地增加，这些固有频率都可以逐个被确定下来。从原理上说，当结构在某阶固有频率下振动时，如果能够在结构上布置足够多的位移传感器或加速度传感器，则可同时记录下该阶固有频率所对应的固有模态（或称为固有振型）。由于飞机结构复杂且存在结构阻尼，因此实际进行全机地面振动试验远非像上面从原理上说的那样简单。实际操作中，有很多技术实现上的难题，例如，要使在飞机结构上所布置的众多传感器测试的响应都具有相同的相位差，就是一件十分困难的事。而采用人工操作的方法来逐级提高激振频率对飞机结构进行激励、测试记录各个测点的振动响应，则比较耗时，使得试验周期较长。工程实际中为了提高试验的效率，常采用激振频率以某个速率连续自动变化的稳态正弦激振力（频率连续增加或减少，称为连续“正弦扫频”激振，扫频速率增加或减少的规律可以是线性的，也可以是按对数规律变化）甚至用幅值和频率都随机变化的随机激振力来对飞机结构进行激振，再采用相应的模态识别方法，根据测试的激励和响应数据识别出所关注的若干阶模态特性参数（模态频率、模态振型、模态阻尼、模态质量等）以加快全机地面振动试验的进程。

从振动理论上讲，如果采用脉冲激振方法，仅需一次脉冲激励，就可由各传感器记录的瞬态振动响应数据，用现代模态识别方法，辨识出飞机结构的各阶模态频率和固有模态，当然这要依靠良好的数据分析处理软件（通常它们都包含在称为“模态分析仪”的设备之中）。相对于扫频激振方法，脉冲激振方法显然效率很高，但对于飞机这样庞大而复杂的组合结构，由于脉冲激振的能量相对较小，难以激发出所需要测试的多阶模态，这种基于脉冲激振的试验模态分析技术主要用在部件结构地面振动试验中。随着结构试验模态分析技术的发展，现在的全机地面振动试验基本上都采用基于频响函数测试的频域模态参数识别方法。

全机地面振动试验中，频响函数测试有多种激励方法，典型的方法是正弦步进扫描激振和随机激振。同时，对于一些比较难以激发的，局部结构非线性比较明显的部件模态，如外挂物模态、操纵面模态，有时也采用纯模态试验方法进行地面共振试验。即采用稳态正弦激振技术，通过调节激振频率和多点调力技术使飞机结构达到某阶固有模态的相位共振状态，然后用布置在飞机结构各个测点处的传感器（通常是加速度传感器）获得共振状态下的振动响应幅值，从而直接获得相应的固有模态振型和模态频率。各阶模态阻尼则是通过幅频响应函数曲线，用半功率带宽方法获得的。如果需要对应的广义（模态）质量，则要提供对应于各测点处的集中物理质量数据，按照模态质量的定义计算得到；如有需要，再根据模态质量、模态刚度与模态频率的关系，得到模态刚度。

上面提到的基于相位共振的直接模态测试方法和基于频响函数的模态参数识别法各有优缺点。如果采用基于相位共振的直接模态测试方法获得飞机的全机固有模态特性，即进行全机地面共振试验，其关键技术是需要采用稳态正弦激振、多点调力等技术进行调谐激励，激发出飞机的纯模态，前提是假设飞机结构是线性的，凡未能成功调谐出的纯模态都会被漏掉。因此，它要求由高度熟练的专业人员来从事纯模态调谐工作，这一点非常关键，因为模态调谐过程本质上有主观性。稳态正弦激振试验的另一个问题是，在飞机上调谐出各阶纯模态是一个花费时间的过程，往往使得基于相位共振的模态测试试验的周期较长。当然，该方法的优点是调谐出的纯模态物理上更加直观，特别是在模态密集（各阶固有频率相差较小）的情况下使试验人员容易分辨全机模态的属性并给模态正确命名。

采用基于频响函数的频域模态参数识别法来获得飞机全机的固有模态特性，由于不需要通过调谐激励来使飞机达到某阶固有频率下的共振状态，只需要通过特定的激振方法，激发起飞机全机结构在需要频段内各阶模态的振动，从而获得飞机结构的频响函数矩阵，因此这种试验就叫作全机地面振动试验。发展这种试验方法的初衷，就是为了克服纯模态试验方法周期长（当然花费也大）的缺点，采用随机激励的频域模态参数识别方法的试验时间短是其最大的优点，而且只要激振点不在某阶模态的节线上（通过变换激振点，从频响函数曲线的尖峰数变化情况就可判定），激振力足够大，一次就可以激励出所关心频带内的各阶固有模态，避免出现遗漏模态的情况。

这种方法的另一个优点是，通过模态参数识别，可以同时获得各阶固有模态的频率、振型、阻尼比以及模态质量、模态刚度等所有模态参数。这类试验方法的缺点是，各阶固有模态是通过测试的频响函数数据，拟合出一个理论频响函数（这个过程通常称为频响函数曲线的最小二乘拟合，简称“曲线拟合”）来进行模态参数识别的，测试噪声的影响、曲线拟合方法的精度等，都会使得识别的固有模态不会像相位共振方法得到的那么“纯”，所以对这种方法识别得到的固有模态就存在一个置信度的问题。为了提高全机地面振动试验测试模态的置信度，在响应数据测试阶段，通常采用激振力信号与结构加速度响应信号的相干函数（也叫凝聚函数）来判定和保证测量数据的高品质。在识别出固有模态后，则可以通过模态置信准则来判定所识别的固有模态的品质。常用的判据如下：

（1）模态指示函数。在相位共振法试验中常用模态指示函数来进行模态试验结果的评定，以测试加速度响应为例，模态指示函数的计算公式为

$$\mathrm{MIF}_1 = 1 - \frac{\sum_{j=1}^{L} |\mathrm{Re}(\ddot{x}_j)|\,|\ddot{x}_j|}{\sum_{j=1}^{L} |\ddot{x}_j|^2} \tag{5.21}$$

$$\mathrm{MIF}_2 = 1 - \frac{\sum_{j=1}^{L} m_j |\mathrm{Re}(\ddot{x}_j)|\,|\ddot{x}_j|}{\sum_{j=1}^{L} m_j |\ddot{x}_j|^2} \tag{5.22}$$

式中，$\mathrm{Re}(\ddot{x}_j)$ 为 j 点加速度响应实部的绝对值；$|\ddot{x}_j|$ 为 j 点加速度响应的模；m_j 为对应 j 点的结构离散质量；L 为测量点总数。

在能得到结构对应测点的离散质量的情况下，建议采用式(5.22)的质量加权指示函数。当结构达到理想的相位共振时，理论上有 $\mathrm{MIF}_1 = 1$，$\mathrm{MIF}_2 = 1$。

（2）模态正交性检验。在地面振动试验识别出各阶模态后，还要进行各模态之间的正交性检验。通常采用广义质量矩阵的交叉项来进行正交性检验：

$$\overline{m}_{ij} = \frac{M_{ij}}{\sqrt{M_{ii} \cdot M_{jj}}} = \frac{\boldsymbol{\phi}_i^{\mathrm{T}} \boldsymbol{M} \boldsymbol{\phi}_j}{\sqrt{\boldsymbol{\phi}_i^{\mathrm{T}} \boldsymbol{M} \boldsymbol{\phi}_i} \cdot \sqrt{\boldsymbol{\phi}_j^{\mathrm{T}} \boldsymbol{M} \boldsymbol{\phi}_j}} \tag{5.23}$$

交叉项为试验测试的各模态之间的耦合程度提供了定量检验指标。使用交叉项方法检验正交性时，应准确计算飞机结构的理论质量分布。显然，对于正交模态，交叉项为零。

（3）模态置信准则。用模态置信准则来表示第 i 阶模态与第 j 阶模态之间的相关性，有

$$(\mathrm{MAC})_{ij}=\frac{|\boldsymbol{\phi}_i^{\mathrm{T}}\boldsymbol{\phi}_j|^2}{(\boldsymbol{\phi}_i^{\mathrm{T}}\boldsymbol{\phi}_i)(\boldsymbol{\phi}_j^{\mathrm{T}}\boldsymbol{\phi}_j)} \tag{5.24}$$

当第 i 阶模态与第 j 阶模态完全相关时，MAC＝1，完全不相关时，MAC＝0。

原则上，用于飞机颤振特性计算分析的飞机全机固有振动特性是指它在空中自由飞行时的固有振动特性，显然，试验时飞机的支持方式会对模态试验测试结果产生很大的影响。因此，在进行全机地面振动试验时，还必须解决被测试飞机的支持问题，即如何模拟飞机在空中的自由飞行状态，通常称之为"自由-自由"支持状态。对于小型飞机，可以用软橡皮绳悬挂方式来模拟飞机自由飞行时的全机支持状态，对于大型飞机，则采用专用的空气弹簧或气囊来对飞机进行支撑。空气弹簧或气囊具有承载大、刚度小的特点，通常都是根据实际的性能指标进行定制，因此价格相对昂贵。最简单和最经济的方式是，飞机在停机状态下，对起落架的轮胎放气，使轮胎变软后充当飞机自然的软支撑弹簧。当然这种方式因起落架未收起而与自由飞行状态的飞机相比有一定的差距，而且支撑刚度也较大。无论采用哪一种方式，都会产生由于柔软支持带来一些接近刚体位移的振型，称其为刚体模态，对地面上"自由-自由"支撑的一架飞机，其理论上有 6 个刚体模态，分别是飞机的刚体沉浮、刚体俯仰、刚体滚转和偏航、刚体航向平移和侧向平移，其中，前四个刚体模态频率是必须模拟的。在飞机结构强度规范中，规定这些近似刚体模态的频率应小于飞机弹性变形模态最低阶固有频率的 1/3，才满足对"自由-自由"状态的模拟要求。

有时，也需要将某些飞机部件固定在台架上作共振试验，其目的往往是实测某些难以用分析手段获取的部件支持刚度。它是基于刚度(k)＝质量(m)×(固有频率二次方)这一理论公式的。例如，对发动机架或外挂物的挂架与机体结构的连接刚度或全动尾面根部枢轴在机身上的支持刚度测试，就可以采用上述方法。

对于飞机结构的刚度矩阵测试，则是先测试柔度矩阵，再通过逆矩阵运算得到的。根据刚度系数的定义，刚度系数实际上是很难测试的，只能通过静力试验测试获得飞机结构的柔度系数(再组成柔度矩阵)。理论上，在飞机结构的某一点处施加单位载荷，测出飞机结构上所有选择的测量点处的变形(位移)量就可以获得柔度矩阵的一列，再进行柔度矩阵求逆运算即可得到刚度矩阵，但是静力试验测量的变形(位移)往往很难得到足够准确的测量值，甚至通常测出的柔度矩阵往往不具备应有的对称性，如果柔度矩阵两个对称位置的柔度影响系数差别不大，则可以用两者的平均值作为该系数之合理值。如果差别太大，就要对试验测试设备和测试方法进行检查，发现并排除问题后重新进行测试。除了对称性检查外，还要检查柔度矩阵的正定性。

一旦检查出由静力试验测试得到的柔度矩阵不具有正定性，就要在整个静力试验各环节查找原因，予以修正。相比之下，由地面振动试验的结果反过来推算出刚度矩阵反而更为可靠，因此静力试验获得的刚度矩阵测试结果，往往只用来与地面振动试验结果推算的刚度矩阵结果进行比较验证。图 5－14 是全机地面振动试验的布局示意图。图 5－15 是我国大型灭火/水上救援水陆两栖飞机 AG 600 首飞前全机地面振动试验现场，可以清楚地看到飞机由三个空气弹簧支撑的情况。图 5－16 是巴西飞鸿 100 超轻型喷气式飞机地面振动试验现场，图中可以清楚看到悬吊飞机的四根橡皮绳。

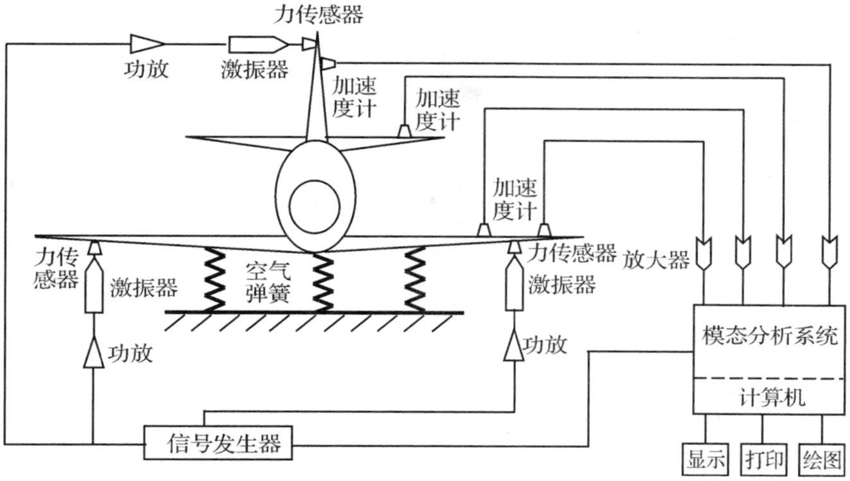

图 5-14　全机地面振动试验的布局示意图

图 5-15　中国 AG 600 全机地面振动试验现场(图片来自网络)

图 5-16　巴西飞鸿 100 超轻型喷气式飞机地面振动试验现场(图片来自网络)

5.6.2 低速风洞颤振模型试验

风洞是以人工的方式产生可控制的气流，用来模拟飞机或其他实体周围气体的流动情况，并可量度气流对实体的作用效果以及观察气流作用下物理现象的一种管状试验设备。风洞主要由洞体、动力系统和测量控制系统组成，各部分的形式因风洞类型而不同，对使用者来说，除了关心风洞的风速（马赫数）范围等性能参数外，关心的另外一个参数就是风洞试验段的几何参数。试验段的功能是对模型进行必要的测量和观察。根据风洞的性能和用途，其试验段具有不同的截面几何形状。风洞对气流的控制性好，可重复性高，从飞机空气动力学和飞行力学的观点来看，飞机在静止的空气中飞行与飞机静止而空气以相同速度流过飞机，是完全等效的。但是，由于风洞所能产生的最高风速和试验段几何尺寸的限制，在对飞机进行风洞颤振试验时，都是采用缩小几何尺寸的动力学相似模型（简称为“缩比模型”）进行试验，以保证试验得到的颤振特性（颤振临界速度、颤振频率等）可以换算并应用到全尺寸真实飞机上。

风洞颤振试验是飞机研制工作中一个不可缺少的组成部分，它在飞机研制中起着十分重要的作用。新设计的飞机必须经过风洞颤振试验的考核。风洞中的气流需要有不同的流速和密度，甚至不同的温度，才能模拟各种飞机的真实飞行状态。风洞中的气流速度一般用气流的马赫数（Ma）来衡量。一般根据风速范围对风洞进行分类：$Ma<0.3$ 的风洞称为低速风洞，这时气流中的空气密度几乎无变化；在 $0.3<Ma<0.8$ 范围内的风洞称为亚声速风洞，这时气流的密度在流动中已有所变化；$0.8<Ma<1.2$ 范围内的风洞称为跨声速风洞；$1.2<Ma<5$ 范围内的风洞称为超声速风洞；$Ma\geqslant 5$ 的风洞称为高超声速风洞。风洞也可按用途（如冰风洞、热风洞、声学风洞等）、结构形式（直流式风洞、回流式风洞）、试验时间（暂冲式风洞、连续式风洞）来分类。

风洞颤振模型试验的目的是确定模型发生颤振时气流的马赫数、密度、速度，以及颤振的频率。风洞颤振模型试验就其所使用的风洞速度范围，可以分为低速风洞颤振试验和高速风洞颤振试验两大类。低速风洞尺寸较大，模型所受的空气动力较小，便于设计、制造和调整参数，试验费用较低，一般用于研究设计参数对颤振特性的影响。高速风洞恰恰相反，适合于校核性的模型颤振试验或专门研究马赫数效应的模型颤振试验。根据试验任务需求和试验条件，部件的风洞颤振试验使用的模型包括半模飞机模型、单独翼面模型（机翼、尾翼）、带操纵面翼面模型、尾段（后机身＋尾翼）模型等。不言而喻，全机颤振风洞试验则使用带有所有部件的全机结构模型（简称“全机模型”），而且为了保证模型的试验结果能够应用到原型飞机的结构设计上，模型结构必须是与原型结构动力学相似的。这里所谓的相似就是成比例，而且模型试验中所指的相似，不仅是指模型与原型间的几何外形和尺寸成比例，而且两者的物理参数之间也应具有比例换算关系。动力学相似就是指模型结构与原型结构的几何外形和尺寸以及与动力学特性相关的参数都满足比例换算关系。当然，无论是部件颤振模型还是全机颤振模型，在进行动力学相似模型设计时，不必要求模型结构与原型结构的布局形式和结构细节完全相同来进行几何缩比（这样的模型也称为全真动力学相似模型），而只要求模型结构与原型结构满足动力学特性相似即可（这样的模型也称为畸变动力学相似模型，畸变相似的概念将在后面介绍）。

因为风洞颤振试验的缩比模型不仅要正确设计出来，而且还要按照相似设计的几何尺寸和动力学特性最终制造出来，所以，在进行风洞颤振试验的缩比模型设计时，应该同时考虑制造工艺的可行性问题。当缩比模型的比例尺很小时，由于可用材料的限制（不同材料的参数不是连续变化的）和制造工艺的可行性，几乎不可能完全按照原型飞机的结构细节，通过一一对应的“拷贝”方式来制造出一个缩小尺寸的模型，而且从颤振风洞模型试验的目的来看，也没有必要进行所谓的“全真”缩比。

下面首先简要介绍相似理论的基本知识，然后以一个单独机翼的风洞颤振试验缩比模型设计为例，说明动力学相似模型的设计方法和过程。

1. 相似理论的基本知识

经典的相似理论主要包括相似正定理、相似第二定理、相似逆定理三个基本定理。相似模型设计，简称“相似设计”，就是指在工程实践中以相似理论为指导，设计一个与原型结构相似的模型，如果只是保证这个模型的静力特性与原型的相似，就称两者为静力学相似，如果设计能够保证两者的动力学特性具有比例换算关系，则称为动力学相似。相似第二定理又叫白金汉定理，在各种工程领域的相似设计中最为常用。相似模型设计主要包括三种方法，即量纲分析法、方程分析法和定律分析法。此处仅介绍动力学相似模型设计使用的量纲分析法。

（1）量纲分析法。量纲分析法是在原型结构的系统特征方程很难或根本无法建立时，通过研究影响原型结构系统各个物理量的量纲之间的关系，根据相似准数（相似理论中称为π数）来推导出模型与原型两个系统的参数间的相似关系，确定在进行相似模型设计时应满足的条件的一种相似模型设计方法。在相似理论被引入结构振动系统的模型试验研究之中后，20 世纪 40 年代，就有学者系统地研究了利用量纲分析法建立原型结构动力学与相似模型动力学之间的相似条件的过程。量纲分析法经过不断完善与发展，已经成为相似模型设计中一种重要的方法。

任一物理问题所服从的规律均可写成有量纲物理量的关系式：

$$a = f(a_1, a_2, \cdots, a_k, a_{k+1}, \cdots, a_n) \tag{5.25}$$

式中，$a_1, a_2, \cdots, a_k$ 是 k 个基本量（不能够由别的物理量导出的物理量），$a_{k+1}, a_{k+2}, \cdots, a_n$ 是 $(n-k)$ 个导出量（可由基本量导出的物理量）。

一个物理量的量纲与其单位是不相同的，“量纲”表征物理量的属性，是物理量“质”的表征，而“单位”是物理量的度量，是物理量“量”的表征。所有的物理量可以分成有量纲量和无量纲量两类，有量纲量又分为基本量纲量和导出量纲量两类。国际单位制中，规定物理学领域一共有 7 个基本量纲：质量 M（单位：千克，kg）、长度 L（单位：米，m），时间 T（单位：秒，s），热力学温度 Θ（单位：开尔文，K）、电流 I（单位：安培，A），物质量 N（单位：摩尔，mol），光照强度 J（单位：坎德拉，cd）。在气动弹性力学领域进行风洞颤振试验的动力学相似模型设计时，一般只涉及三个基本量纲：质量 M、长度 L、时间 T。如果考虑热颤振问题，就要涉及热力学温度 Θ。

在相似理论的基本量纲分析中有如下的 π 定理：

某个物理现象涉及 k 个基本物理量，$(n-k)$ 个导出物理量，则这 k 个物理量之间的关系可由 $(n-k)$ 个无量纲的 π 项的关系式来表示，即

$$f(\pi_1, \pi_2, \cdots, \pi_{n-k}) = 0 \tag{5.26}$$

式中，$\pi_1, \pi_2, \cdots, \pi_{n-k}$ 是对应于各导出量 $a_{k+1}, a_{k+2}, \cdots, a_n$ 的量纲，是自变量。它们也就是量纲分析法得出的相似准数。基本物理量（不要与基本量纲这个概念混淆）应该是最简单、有代表性且容易测量的物理量，比如前面说的基本物理量——质量、长度、时间，当然也可以选密度、

速度等物理量，但所选的基本物理量的量纲必须包含三个基本量纲或其组合。例如，可以选长度、质量、时间作为三个基本物理量，也可以选密度、长度、时间三个物理量作为基本物理量。

在利用量纲分析法进行复杂结构的动力学相似模型设计时，正确选择物理量是建立与其相应的量纲方程并导出正确的相似性结论的关键。

(2)畸变相似模型。在设计相似模型时，由于原型结构本身的复杂性以及尺寸参数的限制等，很少采用完全几何相似的模型，这是因为在相似模型设计的工程实践中，对于一些薄板结构(如飞机机翼的蒙皮结构)来说，其长宽方向与厚度方向的尺寸往往相差两个数量级以上，制作各个方向都等比缩放的缩比模型是很难实现的。因此，在这种情况下，只能采用不完全几何相似模型，即畸变相似模型。在相似模型试验的工程实践中，畸变相似模型的应用更为广泛(注意，畸变相似模型的动力学特性是完全相似的)。在相似第二定理的描述中，当相似模型和原型的所有 π 项中有一个或几个起支配作用的模型设计条件不能被满足时，所得到的相似模型称为畸变相似模型。

由前文可知，风洞颤振模型试验使用的动力学相似模型实际上是畸变相似动力学模型。

2. 颤振模型设计与制造的基本考虑

(1)几何相似。以机翼颤振模型设计为例，首先，风洞颤振试验使用的模型机翼的平面形状与原型的实物机翼应该几何相似，对于低速风洞颤振试验的机翼模型，因为机翼翼型所产生的定常气动力对颤振特性没有影响，因此，通常不要求机翼颤振模型的翼剖面形状与实物机翼相似，一般都采用对称翼型以方便加工制造。但是，对于高速风洞颤振试验机翼模型，由于翼型对机翼翼面上激波的产生有很大影响，在设计高速风洞颤振试验的机翼相似模型时，应保证与原型机翼翼型的几何相似。基于同样的原因，对于带后机身的 T 形尾翼颤振模型，由于平尾的定常气动力会参与到颤振耦合中，在设计这种风洞颤振试验模型时也应保持其翼型与原型尾翼翼型的几何相似。

(2)动力学相似。前面已经说过，所谓动力学相似就是要使模型的动力学特性与原型的动力学特性具有一定的比例关系，即两者之间可以进行线性换算。与颤振特性有关的物理量都按照一个与其量纲一致的比例尺进行伸缩(放大、缩小)。颤振模型设计中使用的三个基本物理量为长度、质量和时间。

(3) 模型构造。机翼低速颤振模型的刚度模拟，一般采用单梁、梁架或两者的组合来实现。模型的空气动力几何外形，通过与梁(梁架)单点相连的木质或塑料框段，再蒙上棉纸(通过喷洒涂布油使其光顺张紧)或热缩膜来保证，并在框段上配置适当的配重以满足对模型惯性特性的模拟。

对于大展弦比长直机翼及长后掠机翼，通常采用“单梁＋维形盒段”形式的构造，如图 5-17 所示。机翼截面的弯曲刚度 EI 和扭转刚度 GJ，仅由一根展向变剖面的翼梁来提供，而维形盒段的中央肋(通常是加强肋)与翼梁固接(可视为单点连接)，相邻两个盒段之间留有空隙，空隙的大小以使得机翼弯曲、扭转变形时，两盒段的端面不会接触而产生附加刚度为宜。试验时该空隙可填充低密度海绵后用柔性乳胶膜粘贴密封，使盒段之间既不会有气流穿泄，也不会使两盒段相互牵连参与受力而引起附加的刚度(因为这些附加刚度未考虑在模型的翼梁设计中)。最后，在盒段的外表面蒙棉纸后，喷洒涂布油使它张紧形成光顺的表面，保证模型机翼具有良好的流线型气动外形。也可根据模型加工的实际情况，用热缩膜来维持外形。加工装配时，要注意保证梁的位置在各盒段的刚心连线上。

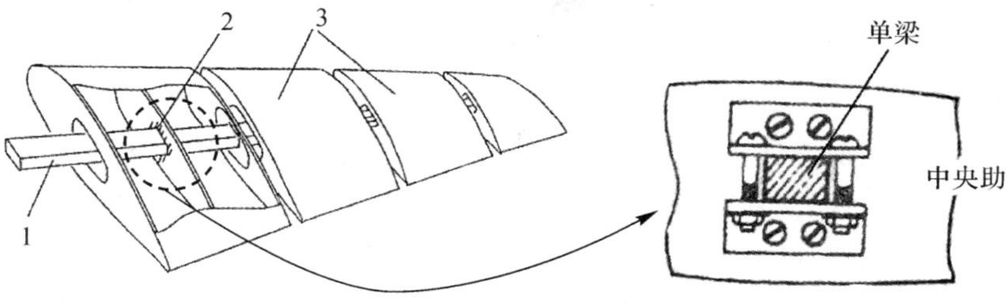

1—单梁；2—中央肋；3—蒙皮

图 5-17　低速风洞机翼颤振模型盒段构造

3. 低速颤振模型设计实例

下面以一个机翼动力学相似模型设计的实例，来对其设计过程进行详细的说明。首先选定三个基本物理量：长度 l、质量 m 和速度 V。根据实际可用的试验条件来确定它们的比例尺。

(1)按照实物尺寸与风洞试验段尺寸，选定模型的长度比例尺。假设实际机翼的半翼展长度为 10 m，试验所用风洞的试验段为长方体，试验段宽度为 1.25 m，模型机翼沿风洞试验段的宽度方向放置，考虑风洞阻塞度要求，为保留足够安装空隙，取模型机翼的长度为试验段宽度的 4/5，即确定模型机翼长度为 1.0 m，则选定长度比例尺为 $K_l = l_m/l_p = 1/10$，这里，K_x 表示物理量 x 的比例尺，下标 m 和 p 分别代表"模型"及"原型"。

(2)按照计算得到的原型机翼颤振速度与风洞可使用的最高风速，选定速度比例尺。假定计算得到的原型机翼颤振速度为 $V_F = 200$ m/s，风洞可以使用的最大风速为 60 m/s，在风洞颤振模型试验的工程实践中，通常会给风速留一个余量，避免因设计误差或其他不确定因素导致动力学相似的颤振模型在风洞可使用速度范围内，试验不出模型实际的颤振临界速度(即试验得到的颤振临界风速略高于计算确定的颤振临界风速)。假设在本例中取其 5/6，即 50 m/s，于是选定速度比例尺为 $K_V = V_m/V_p = 50/200 = 1/4$。以下用符号$[x]$代表物理量 x 的量纲，则 $[V] = [l]/[t]$，从而有 $[t] = [l]/[V]$。本例中既已选定长度 l 的比例尺为 1/10，速度 V 的比例尺为 1/4，因此，时间 t 的比例尺为

$$K_t = t_m/t_p = K_l/K_V = (1/10)/(1/4) = 4/10 = 2/5 \tag{5.27}$$

另一个相关的动力学参数——频率 ω，其量纲为 $[\omega] = [1/t] = 1/[t]$，显然，对本例的颤振模型，$K_\omega = \omega_m/\omega_p = 1/K_t = 5/2$，即如果风洞颤振试验得出的颤振频率是 15 Hz($\omega_m =$ 15 Hz)，则可换算出原型机翼的颤振频率为 $\omega_p = (2/5) \times \omega_m = (2/5) \times 15\ \text{Hz} = 6\ \text{Hz}$。

(3)按照计算原型机翼颤振速度时所取的空气密度与风洞实验室内的空气密度，来选定密度的比例尺。假定计算原型机翼的颤振速度时是以海平面为基准的，而通常认为风洞实验室的空气密度也与海平面的相差无几(在实验室海拔高度不高的情况下，可以忽略其海拔高度引起的空气密度变化，这一点在工程实践中是可以接受的)，故本例中选定密度比例尺为 $K_\rho = \rho_m/\rho_p = 1/1$。

由于 $[\rho] = [m/l^3] = [m]/[l]^3$，即 $[m] = [\rho]\cdot[l]^3$，故本例中，质量比例尺可以确定为 $K_m = (m_m/m_p) = K_\rho K_m^3 = (1/1) \times (1/10)^3 = 1/1\ 000$。即如果原型机翼有一个质量为 1 500 kg的外挂物，那么根据质量比例尺，可换算得出该外挂物的模型的质量是 1.5 kg。

综上所述，在进行低速风洞颤振模型的动力学相似设计时，可以选定长度、速度、密度作为基本比例尺来进行动力学相似模型设计。

根据前面内容，在低速风洞颤振模型设计中，对于大展弦机翼这类细长型结构部件，一般不必采用全真动力学相似设计，通常采用所谓的梁式结构模型，即设计一根弹性梁结构来模拟原型机翼结构的刚度特性，而在特定的一些部位配置集中质量块，并将其刚性连接于梁上来进行机翼模型对原型机翼惯性特性的模拟。因此，下一步是设计确定机翼模型唯一的模拟刚度特性的受力件——翼梁结构。为了制造方便，该翼梁常采用截面参数沿展向变化的矩形截面梁。记它的宽度为 b，高度为 h（长度已经在开始设计时确定为 1.0 m），按以下步骤来确定翼梁的截面几何参数。设计所需的原始数据是原型机翼截面的抗弯刚度 EI 和抗扭刚度 GJ（注意，此处将 EI、GJ 分别视为一个变量），二者量纲相同，都是

$$\begin{aligned}[EI] = [GJ] = [E]\cdot[I] = ([F]/[l]^2)\cdot[l]^4 = \\ [F]\cdot[l]^2 = [m][a]\cdot[l]^2 = [m]([l]/[t]^2)[l]^2 = [m][l]^3/[t]^2\end{aligned} \tag{5.28}$$

这里 $[F]$，$[a]$，$[t]$ 分别为力、加速度和时间的量纲，从而弯曲刚度的比例尺为

$$K_{EI} = (EI)_m/(EI)_p = K_m K_l^3/K_t^2 \tag{5.29}$$

对于本例

$$K_{EI} = (1/1\,000)(1/10)^3/(2/5) = 1/160\,000 \tag{5.30}$$

同样，扭转刚度的比例尺为

$$K_{GJ} = (GJ)_m/(GJ)_p = 1/160\,000 \tag{5.31}$$

由此看到，本例中的翼梁截面抗弯刚度、抗扭刚度需按十六万分之一的比例进行缩小，这样惊人的缩小比例，实际上对于低速风洞颤振动力学相似模型是带有普遍性的。由此也可以理解，为什么该机翼的颤振动力学相似模型要采用单梁结构来模拟机翼结构的刚度特性。若采用和原型结构形式完全一样的梁、长桁、翼肋和蒙皮组成相似的薄壁结构，且截面刚度要达到这样小的缩小比例，则其中某些结构元件根本无法加工制造。

对本例中所设计的机翼模型，假设原型机翼结构在翼根截面处的垂向抗弯刚度和抗扭刚度分别为 $(EI)_p = 11.30\times10^6\ \mathrm{kN\cdot m^2}$ 和 $(GJ)_p = 8.44\times10^6\ \mathrm{kN\cdot m^2}$，则按上述十六万分之一的比例尺，应该有 $(EI)_m = 70.625\ \mathrm{kN\cdot m^2}$，$(GJ)_m = 52.75\ \mathrm{kN\cdot m^2}$。若采用硬铝材料来制造模型机翼的翼梁，可计算出在翼根处模型机翼翼梁的矩形截面尺寸为：宽度 b=12 mm，高度 h=10 mm。

依此类推，可以沿展向确定出模型机翼的翼梁在若干个站位处矩形截面的宽度及高度。为了设计和制造上的方便，通常是把单梁设计成“阶梯梁”形式，即对翼梁进行分段设计，每一段称为一个节段，各节段内截面的尺寸相同，沿展向各节段的截面尺寸是变化的，根据原型机翼在各节段交界截面的抗弯刚度和抗扭刚度数据，按缩比换算成机翼模型在各截面处的抗弯刚度和抗扭刚度，再计算出模型机翼翼梁各矩形截面的尺寸，设计完成后，对各节段的截面尺寸稍加修正，使其与原型机翼的结构柔度相同。最后画出翼梁的加工图纸进行加工，从而完成动力学相似模型机翼的刚度模拟设计。当然，实际中有时还需要模拟机翼剖面的面内抗弯刚度，一般需要在前述矩形截面基础上采用增加矩形截面凸缘的设计方法，来保证在垂直平面内有要求的截面抗弯刚度和抗扭刚度，而在机翼自身平面内有足够的弯曲刚度，以避免机翼的面内弯曲模态参与到颤振模态的耦合中而使风洞颤振模型试验的结果失真。具体做法可参考相关的文献。

接下来是对模型机翼的惯性分布进行设计。对于本例的模型机翼，其质量缩小比例尺是千分之一，比刚度的缩小比例尺(十六万分之一)要大得多。这反映出来的物理事实是，机翼模型的结构骨架(翼梁及如图 5-17 所示的随后要固定在翼梁上的维持气动外形的木质翼型盒段)一般都达不到模拟原型机翼惯性分布时应有的质量分布要求和量级(通常称模型是“欠重”的)，从而需要附加配置所谓的配重来弥补(通常采用易于切割和改变外形的铅块)。图5-17所示为一个盒段的剖面示意图。假设该盒段模型各个惯性参数的值与它应具备的惯性参数值的差值分别为：盒段总质量 m'、对刚心的质量静矩 S'_α 和对刚心的转动惯量 I'_α，如果采用图 5-18所示的前后两个配重的构型方案，为满足上述三个惯性特性的相似模拟，配重块应符合以下三个方程式：

$$\left.\begin{aligned} m_1 + m_2 &= m' \\ -m_1 r_1 + m_2 r_2 &= S'_\alpha \\ m_1 r_1^2 + m_2 r_2^2 &= I'_\alpha \end{aligned}\right\} \tag{5.32}$$

式中，r_1，r_2 分别是两个配重块到翼梁截面中心(即翼剖面刚心)的距离。这样，上面三个方程中一共有四个未知数，因此必须要增加一个约束方程才能求解。这个约束条件就是配重块实际布置时的空间几何约束条件：考虑翼肋的实际弦长，配重块的位置不能超出翼弦长度的范围，即

$$r_1 + r_2 \leqslant l, \quad r_1 > 0, \quad r_2 > 0 \tag{5.33}$$

对每一个盒段分别建立上面的方程，联立求解就可以确定待定参数 m_1，m_2，r_1，r_2，考虑到盒段翼肋的静强度，配重通常固定在盒段的中央加强肋上。

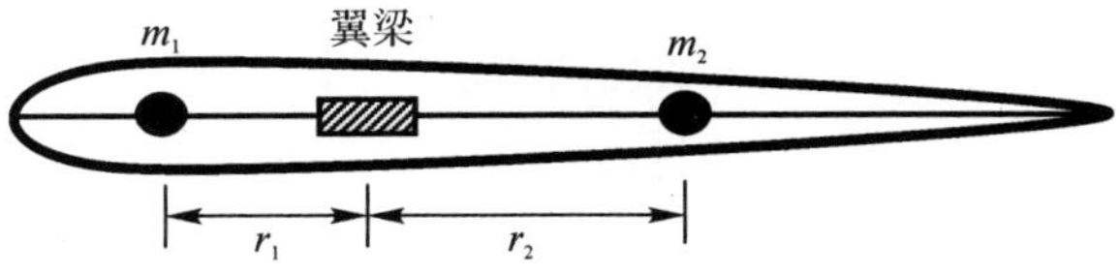

图 5-18　机翼模型维形盒段的质量模拟

到此，就完成了机翼风洞颤振试验的动力学相似模型的刚性模拟及惯性模拟设计，不可避免的是，通常这样设计出来的相似模型，其动力学特性与理论上根据原型机翼动力学特性按照相似比换算得到的动力学特性，还会有一点差别。在冻结相似模型的设计图纸进行加工制造前，还需要在确定了用于制造翼梁、维形盒段的具体材料参数后，根据设计图纸，建立模型机翼的动力学有限元模型，计算出所关注频段内的机翼模型固有模态参数，再与缩比模型理论上换算得到的固有模态参数进行对比。通过对缩比模型的设计参数进行适当的修正，使得用设计的动力学相似模型计算得到的固有模态参数与直接用缩比尺计算的固有模态参数理论值(主要是感兴趣的各阶固有模态)的误差满足精度要求。对设计好的风洞颤振模型，还需要进行静强度校核，确定满足要求后，冻结设计图纸进行加工制造。在模型加工制造出来后，考虑到加工误差、装配误差和材料参数的分散性，还应该进行动力学相似模型的静变形测试及固有振动特性试验，分别对模型的刚度特性和动力学特性作最后的检验。经确认无误后的机翼动力学相似模型，就可以用于进行风洞颤振试验。

4. 小展弦比机翼颤振模型设计问题

对于一些战斗机的小展弦比机翼，仅模拟展向剖面抗弯刚度 EI 和抗扭刚度 GJ 的单梁式结构已经不能够准确模拟原型机翼的刚度分布特性，它们的风洞颤振试验模型一般要用梁架式结构。我国早期的梁架式结构风洞颤振试验模型是用于米格-19 这类飞机的三角形机翼的颤振模型设计，限于当时的技术水平，也仅是用梁架式结构来进行机翼根部三角区的刚度模拟。因为该类机翼原型的外翼部分仍是双梁双闭室薄壁工程梁结构（从结构力学的观点看，其变形仍然是梁式结构弯曲与扭转变形的组合，按照结构力学的观点，依然可以用一个单梁结构来模拟外翼部分各个机翼截面的抗弯刚度 EI 和抗扭刚度 GJ），故仍可以采用前述的单梁模型来模拟外翼部分的刚度分布。在机翼根部的三角区内，模型的承力件可以大体上按原型结构布局进行设计。同时，尽量选用试验段尺寸较大的风洞，从而动力学相似模型的长度比例尺可以取较大的值，使得在模型机翼根部三角区内的梁架式主承力元件按刚度比例缩小后能方便地制造出来。

通常对于一般小展弦比三角形机翼的飞机，其机翼颤振模型结构则应该完全用梁架构型。只要能够按现行的加工工艺设计出来，一般可以采用整体铣切加工，或采用现代的 3D 打印制造工艺进行加工。

5. 低速风洞颤振试验的其他问题

低速风洞颤振试验的过程，基本上就是逐级提高风洞的风速直至模型发生颤振为止。但在具体实施时，还有如下一些要注意的技术事项。

(1)模型支撑设计。风洞颤振模型试验，除了模型设计及具体的吹风试验操作外，一个相关的技术问题是模型在风洞中的支持。对于机翼这种部件模型的风洞颤振试验，模型的支撑设计相对简单。除非试验任务对模型的支持有明确的要求，通常认为机身结构对机翼是一种固定支撑，所以采用机翼模型根部固定支持在特制的夹具（模拟刚体机身）上这种支持方式。机翼模型可以采用水平放置和垂直放置两种方式，如图 5-19 所示。当然，在实际设计模型的支撑夹具时，还要考虑夹具对气流的扰动，通常是设计一个整流罩来减小夹具对气流的干扰。对于尾翼部件的颤振试验，如像在尾翼颤振计算中的要求，通常还要设计一个动力学相似的弹性后机身，组成尾段部件的动力学相似模型。通常根据机身模态振型，将后机身的端部截面取在低阶模态如一阶弯曲模态的波腹位置，而风洞试验时将尾段模型的后机身端部固支在夹具上。

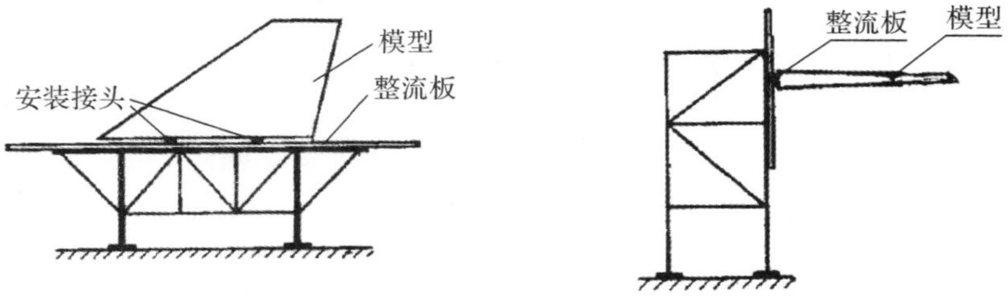

图 5-19　机翼颤振模型在风洞中的支持方式示意图[3]

在进行全机的风洞颤振模型试验时，全机颤振模型需要悬吊在风洞试验段中，以模拟飞机在飞行时的无约束“自由-自由”状态，在风洞中的悬挂设施设计更是一个专门的技术问题。图 5-20 是全机低速颤振模型在风洞中悬吊支持的示意图。

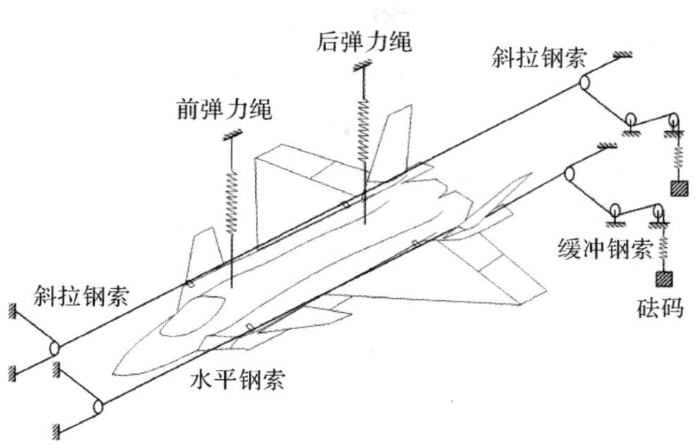

图 5-20　全机低速颤振模型在风洞中的悬吊支持示意图[6]

(2)模型(及风洞)的防护。实际进行风洞颤振模型试验时,还有一个具体的技术问题,即模型的保护措施。颤振是一种动不稳定现象,在物理上表现为结构的发散性振动,因此,一旦模型发生颤振,无论对试验模型本身还是对风洞设备,都有相当大的危害。如果模型因为颤振而发生破坏,模型的残骸会随气流高速飞向下游,撞击在直流式风洞的动力装置——风扇上,而对回流式风洞(大部分风洞是回流式),残骸对风洞的破坏性更大。因此,进行颤振模型的风洞试验时,对颤振模型的防护是一个重要的环节。

对于低速风洞颤振试验,通常采用在模型上固定防护绳的方法,当模型发生颤振时,采取双向拉紧防护绳同时将风洞紧急停车的方法来进行模型的防护(见图 5-21)。对于高速风洞颤振模型试验的模型防护则困难得多。具体防护方法视风洞和模型本身的条件来制定,除风洞紧急停车的措施外,通常同时采取将模型快速抽出风洞或用防护装置快速卡紧模型等措施。

颤振模型防护是一项针对特定模型的具体技术措施。在进行模型风洞颤振试验时,可参考上述模型防护措施,举一反三,进行具体的防护措施设计。

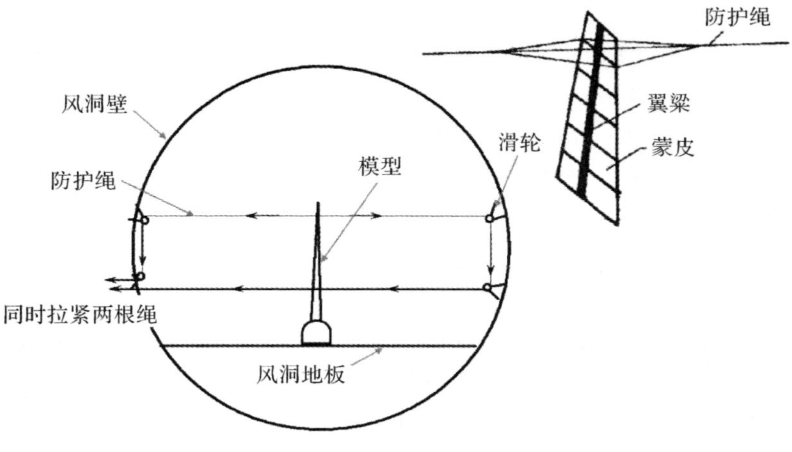

图 5-21　低速风洞颤振模型的防护

(3)模型的激励与响应信号测试。风洞颤振模型试验的第三个相关技术问题,是模型的激励和振动响应信号的测试问题。颤振实质上也是一种特殊的振动,因此,风洞颤振模型试验中的响应信号测试方法，与一般振动试验的响应信号测试方法基本相同。

对低速风洞颤振模型试验来说，一般连续增加风速，通过保护绳对模型施加初始扰动(采用轻轻拉紧模型防护绳中的一根，使模型有一个初始变形，然后突然放松的方法，对模型施加阶跃扰动，或突然抖动拉拽保护绳对模型施加脉冲扰动)，再逐级增加风速，直到模型发生颤振时，同时拉紧两根保护绳，然后风洞停车，记录下发生颤振时的风速。但是，开展风洞颤振模型试验的目的，不仅是获得模型的颤振临界速度，还要获得颤振频率、颤振模态等参数，这些参数无法通过人眼观测获得。因此，必须通过振动传感器来对颤振模型的响应信号进行记录，通过相应的信号处理和数据分析，来获得这些参数。风洞颤振模型试验使用的传感器，一般为加速度计和应变计，对于单梁式模型，应变计通常预先粘贴在翼梁的根部，在模型制作时将加速度计预埋安装在模型合适的位置上(通常是翼尖部位)。传感器的导线从模型内部沿翼梁引出在根部汇集，留出接线头。对高速风洞颤振模型试验，对传感器的安装和振动信号的测试过程也是类似的。

5.6.3　高速风洞颤振模型试验

高速风洞颤振模型试验，包括跨声速风洞颤振模型试验和超声速风洞颤振模型试验两种。我国的《军用飞机结构强度规范　第7部分:气动弹性》(GJB 67.7A—2008)的“3.2.1.10 其他跨声速气动弹性现象”条款中规定:*“当升力面或飞机的其他构件暴露于激波诱发的分离气流中，或者处于其他跨声速飞行范围特有的气动弹性不稳定环境中，其设计应满足3.2.1.1(颤振)和3.2.1.2(气动伺服弹性)的要求。”*

跨声速颤振与亚声速或超声速颤振的区别在于，跨声速颤振中有非定常气动力与定常平均气流的耦合作用。激波与气流分离的存在影响了非定常气动力，从而影响颤振特性。因此，飞机姿态、操纵面变形、静气动弹性变形效应、雷诺数以及附面层转捩，都被认为可能潜在地影响跨声速颤振速度。虽然推荐使用模型试验，但在使用颤振模型来判定这些非线性效应时，对于试验是否能够准确模拟平均流场，需要加以注意。

当飞机的任何一个升力面处于跨声速流中时，可采用本条规范来指导设计。对跨声速颤振问题，目前在学术研究领域一般采用基于CFD(Computational Fluid Dynamics)与CSD(Computational Structural Dynamics)时域耦合分析方法进行数值仿真研究，同时也发展出了基于CFD的频域跨声速颤振计算方法。由于计算效率不高，这些方法尚未在飞机设计的工程实践中得到广泛的应用。在目前的飞机防颤振工程实践中，除了用考虑跨声速效应的压缩性修正因子确定跨声速颤振临界速度外，更多的是通过风洞模型颤振试验和在跨声速范围内的飞行颤振试验，来研究激波诱发的升力面分离流振荡或其他有关的跨声速气动弹性不稳定现象。在进行跨声速风洞颤振试验研究时，风洞试验模型的尺度比(即模型尺寸与原型尺寸的比例)在风洞试验段尺寸允许的情况下要尽可能地大。风洞模型颤振试验和飞行颤振试验两者都要研究颤振系统的阻尼随攻角的变化趋势，在实际允许的情况下，攻角要尽可能地大。

高速风洞有暂冲式及增压连续式两种。目前，国内使用的高速风洞大都是暂冲式，西北工业大学于2003年建成了我国首座、亚洲最大的增压连续式跨声速风洞(见图5-22)。图5-23是暂冲式跨声速风洞原理示意图。改变其第二喉道的形状，可以在试验段得到不同马赫数的气流。

图 5-22　我国首座增压连续式跨声速风洞(图片来自网络)

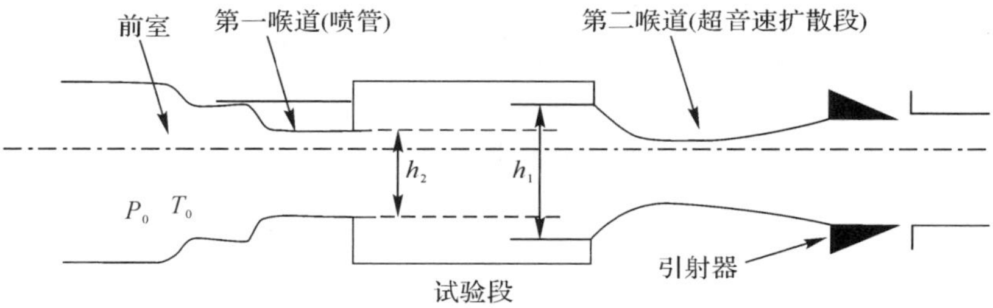

图 5-23　暂冲式跨声速风洞示意图

高速风洞颤振模型也包括部件颤振模型和全机颤振模型两种，具体用哪种模型进行试验，应视飞行器颤振设计的任务要求和试验条件而定。高速风洞颤振模型设计时，首选的三个基本比例尺是长度、密度及速压(注意对比：低速颤振模型设计时选的是速度)，长度比按风洞试验段尺寸与原型(飞机或机翼)的尺寸来确定。密度比则按风洞中的空气密度及原型飞机飞行高度处的空气密度来确定。注意到在低速风洞颤振模型试验时，空气密度可以认为是不变的常数，但在高速风洞中的空气密度则是可以改变的，所以必须事先估计一下当试验中模型发生颤振时试验段内的空气密度。速压比则根据风洞前室驻点压力 p_0 可达到的限度，及对原型飞机计算获得的颤振速压来定。选取速压比例尺有两种方法：第一种方法是根据原型飞机的实际颤振速压，使模型的颤振发生在风洞速压带的中点附近。用这种方法确定速压比，可以通过试验得到更多的颤振点，在变参数研究时能够得到一条较完整的结果曲线。其缺点是，如果飞机的颤振速压较高，则速压比例尺 q_m/q_p 就只能取得很低(例如 0.2～0.3)，这就造成颤振模型结构受力件的尺寸太小，制造困难。第二种方法是考虑到现代战斗机的颤振设计点通常为低空跨声速区($H=0$，$Ma\approx1$)，按海平面的空气密度及声速值，可以按常规工程颤振速度计算方法，估算出此时的速压约为 75 kN/m^2，再计及安全系数 1.32[1.15(颤振安全系数)×1.15(跨声速修正系数)],则要求颤振速压不小于 99 kN/m^2。若取 $q_m/q_p = 0.5$,则只要通过风洞颤振模型试验验证出颤振模型在速压 49.5 kN/m^2 以下不发生颤振,就可以认为该型飞机满足设计要求。此法的优点是速压比大、模型容易制造。其缺点是得到的颤振试验点少,一般用于型号飞机的验证性模型颤振试验,若进行变参数研究,则不易得到完整的变参数结果曲线。

进行高速风洞颤振模型(以下简称“高速模型”)设计时,应使高速模型的马赫数 Ma_m 与原型的马赫数 Ma_p 相同。如果只用一个高速模型来模拟一定的飞行马赫数范围,就要求风洞不仅 p_0 可以调整,而且 T_0 也可以调整。如果 T_0 不能调整,模型的密度必须可以调整,这也就是说必须准备一套大小相同而轻重不同的、考虑不同设计状态的多个模型。(出于经济上的考虑,实际工作中,此法很少采用。)

高速风洞颤振模型试验的进程是,对某一个试验马赫数,逐级增加前室驻点压力,直到模型发生颤振为止(见图 5-24)。如前所述,这时风洞试验段的空气密度很大程度上不是模型设计时所估计的值,因此,由这个点还不能直接按速压比例尺换算成原型飞机尺度的颤振速压。工程中通常采用所谓的“密度修正”方法来获得可供设计使用的颤振速压:改换一系列试验段的马赫数进行颤振试验,可以得到一系列临界颤振速压点,连接各点可以画出一条所谓的颤振边界曲线,再在设定的飞行高度上(确定声速),根据模型的超重比(模型实际重量与按质量比例尺换算的模型重量之比),得到希望模型发生颤振时的空气密度值,画出该空气密度下速压随马赫数变化的曲线,其与颤振边界曲线相交于一点,该点对应的速压及对应的马赫数(见图 5-24 的●点,该点是在假设模型超重情况下,确定的希望模型发生颤振时的空气密度值,具体做法见后面内容)除以修正的速压比例尺即为原型飞机尺度的颤振临界速度,可以在飞机设计中使用。

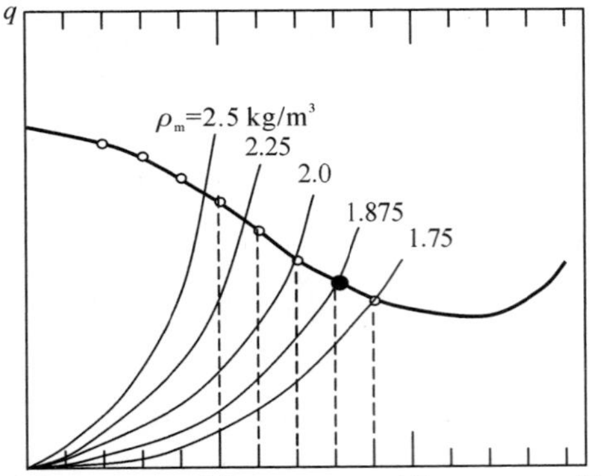

图 5-24　高速风洞颤振试验过程示意图

此处用一个具体的例子来说明“密度修正”方法的具体实施。假设要考察的原型飞机是在 H=5 000 m 高度飞行,该处的空气密度为 $\rho_p = 0.75\ kg/m^3$,设计初期希望在马赫数 Ma=0.8、风洞试验段当地空气密度为 $\rho_m = 1.5\ kg/m^3$ 时模型发生颤振,得到的模型颤振速压为 $(q_F)_m$,故暂取密度比例尺为 $\rho_m/\rho_p = 1.5/0.75 = 2/1$。但是在高速风洞颤振模型制作出来后,往往发现是超重的(现在采用复合材料制作模型,有时也能使模型不超重,视具体模型而定)。例如,假设模型超重 25%(即超重比为 1.25),那么就把密度比例尺乘以超重比,将其修改为 $\rho_m/\rho_p = 2\times1.25 = 2.5$,由于 ρ_p 已经设定为 5 000 m 高空的 0.75 kg/m^3,故希望试验中颤振发生时的 $\rho_m = 2.5\times0.75\ kg/m^3 = 1.875\ kg/m^3$。但一般情况下,颤振发生时,当地气流密度不会刚好是 1.875 kg/m^3。如果试验中实测的气流密度是 $\rho = 2.0\ kg/m^3$,现在就取 $Ma = 0.8$,$\rho = 2.0\ kg/m^3$,用基于偶极子网格法的气动力计算方法和频域颤振求解方法算出一个模型颤振速压$(q_m)_{2.0}$;又取 $Ma = 0.8$,$\rho = 1.875\ kg/m^3$,再算出一个颤振速压$(q_m)_{1.875}$,这两个颤振速压理论计算值的比$(q_m)_{1.875}/(q_m)_{2.0} = f_\rho$就是所谓的"密度修正因子"。然后,把实测出来的模型颤振速压$(q_F)_m$乘以因子f_ρ,就得到密度修正后的颤振速压$(\tilde{q}_F)_m$,把$(\tilde{q}_F)_m$除以修正后的速压比例尺$(K_q)_{修正}$,就是可供原型飞机设计使用的颤振速压值。下面具体介绍$(K_q)_{修正}$的计算方法。

模型加工生产完毕,需通过一系列试验,比如称重试验、地面振动试验等,校核该实物模型与设计目标的符合性。一般情况下模型重量、固有振动频率与设计要求相比较,会出现不同程度的偏离。因此,对大多数设计时使用的比例尺,必须要用工程方法进行修正。速压比例尺的修正公式为

$$(K_q)_{修正} = (K_q)_{设计}\cdot[(K_m)_{设计}/(K_m)_{修正}][(K_\omega)_{设计}/(K_\omega)_{修正}]^2 \tag{5.34}$$

其中,修正的质量比例尺$(K_m)_{修正}$通过模型称重的质量除以原型的目标质量得到,修正的频率比例尺$(K_\omega)_{修正}$为模型地面振动试验得到的主要模态(参与颤振耦合的)频率均值与原型的目标频率均值之比。

高速风洞颤振模型的设计方法有全结构相似法(全真动力学相似模型)和准结构相似法(畸变动力学相似模型)两种。如前所述,全结构相似就是把真实原型结构上的每一个受力构件按选定的几何比例尺逐一缩比下来,即原型结构在某一处有一根梁或肋,则在模型上的对应位置上也布置一根梁或肋,同时蒙皮也按比例尺进行缩比。如果机翼内部有油箱,则对油箱结构也全部模拟,并通过注入燃油或密度相同的液体来模拟燃油分布。全结构相似模型能够精确反映真实结构动力学特性和颤振特性,但相应地也带来了结构设计复杂性和加工的困难性,而且还有造价高、加工周期长等问题。此外,考虑到制造工艺可行性,如果模型的几何比例尺较大,还需要使用大尺寸试验段的风洞(风洞试验段尺寸小,相应地模型的长度比例尺就太小,实际上无法制造全结构相似的缩比模型)。这些问题都限制了全结构相似缩比模型在高速风洞颤振模型设计中的应用。

准结构相似模型(部分相似模型)参照真实结构的布置将部分受力形式相同的结构等效合并后再进行缩比,也可将部分梁肋的承载能力折算到蒙皮上以减少模型中梁肋的数量。内部装载可以用填充适当密度的泡沫塑料的方法来模拟。准结构相似模型既能较好地反映真实结构的动态特性和颤振特性,又能使模型的设计和加工简单易行。可见,高速风洞颤振模型试验比低速风洞颤振模型试验困难得多。汇总其主要原因如下:

(1)高速风洞的试验段尺寸一般比低速风洞试验段尺寸小得多。

(2)模型的静强度问题更加突出,因为它要承受风洞启动时冲击气流的作用,对模型保护系统必须细心设计。

(3)如果是在暂冲式高速风洞中试验,则因气流持续时间非常短暂,必须采用合适的数据采集处理及颤振识别系统。如果条件允许,可以在增压连续式高速风洞中进行模型颤振试验,则试验的响应数据采集要方便得多,但对颤振模型设计的要求是相同的。

5.7 防颤振设计的一般步骤

飞机设计是一个系统工程,也是权衡设计的结果,即飞机设计的各个相关专业要相互协调甚至相互让步,才能保证型号设计工作的推进。颤振分析从本质上说是防止飞机定型服役后发生颤振事故,因此,在飞机设计流程中,颤振分析工作也可以广义地称为防颤振设计。

对于改型设计或改进设计的飞机来说,防颤振设计工作相对比较简单,主要是对改型或改进后飞机的颤振特性进行相应的分析与试验,校核其颤振边界是否仍然满足飞机的飞行包线要求。

对于新设计飞机,防颤振设计工作则相对复杂,其工作流程也几乎与飞机总体设计齐头并进,并与结构设计始终伴随。换句话说,在飞机初步设计阶段,就要开始考虑飞机的颤振问题,这个阶段主要是根据总体气动设计部门确定的气动外形参数和初步估算的飞机结构质量和刚度数据,采用机翼颤振临界速度的工程估算公式或近似计算模型,对飞机的颤振特性进行初步估算。在进入详细设计阶段后,则根据结构设计部门提供的结构数据以及总体气动设计等其他相关部门提供的气动外形和飞机装载等参数,采用有限元方法,建立飞机详细的结构动力学模型,按照飞机结构设计的相关规范、标准或规章(如我国的《军用飞机强度和刚度规范》《民用运输类飞机适航标准》等)进行飞机的颤振特性分析计算与试验验证。这些颤振分析计算工作主要包括全机颤振分析 、操纵面颤振分析、考虑破损-安全的颤振分析、考虑结冰的颤振分析、全机伺服气动弹性稳定性(伺服颤振)分析,以及相应的部件或全机模型风洞颤振试验。在原型机制造出来后,还要进行全机地面共振试验,根据试验结果,对全机结构动力学模型进行修正,用修正后的结构动力学模型,进行再一轮颤振特性分析计算,到原型机首飞阶段,还要进行飞机的飞行颤振试验,最终确定该型飞机的颤振边界。

图 5-25 用流程图形式表明在飞机设计过程中所应进行的防颤振设计工作,即颤振计算分析及颤振试验工作。

该图只是说明一般的情况,以供飞机设计人员参考。具体某一型号飞机设计工作中,颤振计算与试验的内容与时间安排,还将视该型号设计任务的紧迫程度,是否有足够相近的原型机可以借鉴等情况,而使防颤振设计工作有所增减。例如对于带翼吊构型发动机的民用客机,发动机的展向、弦向位置以及吊舱连接刚度都是颤振敏感参数或导致颤振特性突变的因素,因此与此有关的计算,尤其是低速风洞颤振试验,都应及早加以考虑。总之,防颤振设计是一项保证飞机安全的任务,它应该与结构设计的进展齐头并进,结构设计每有一个重大改变,颤振分析(计算与试验)都应该重新启动。力图避免当原型机制造出来后,由于颤振特性不合格而影响飞机的设计定型工作。

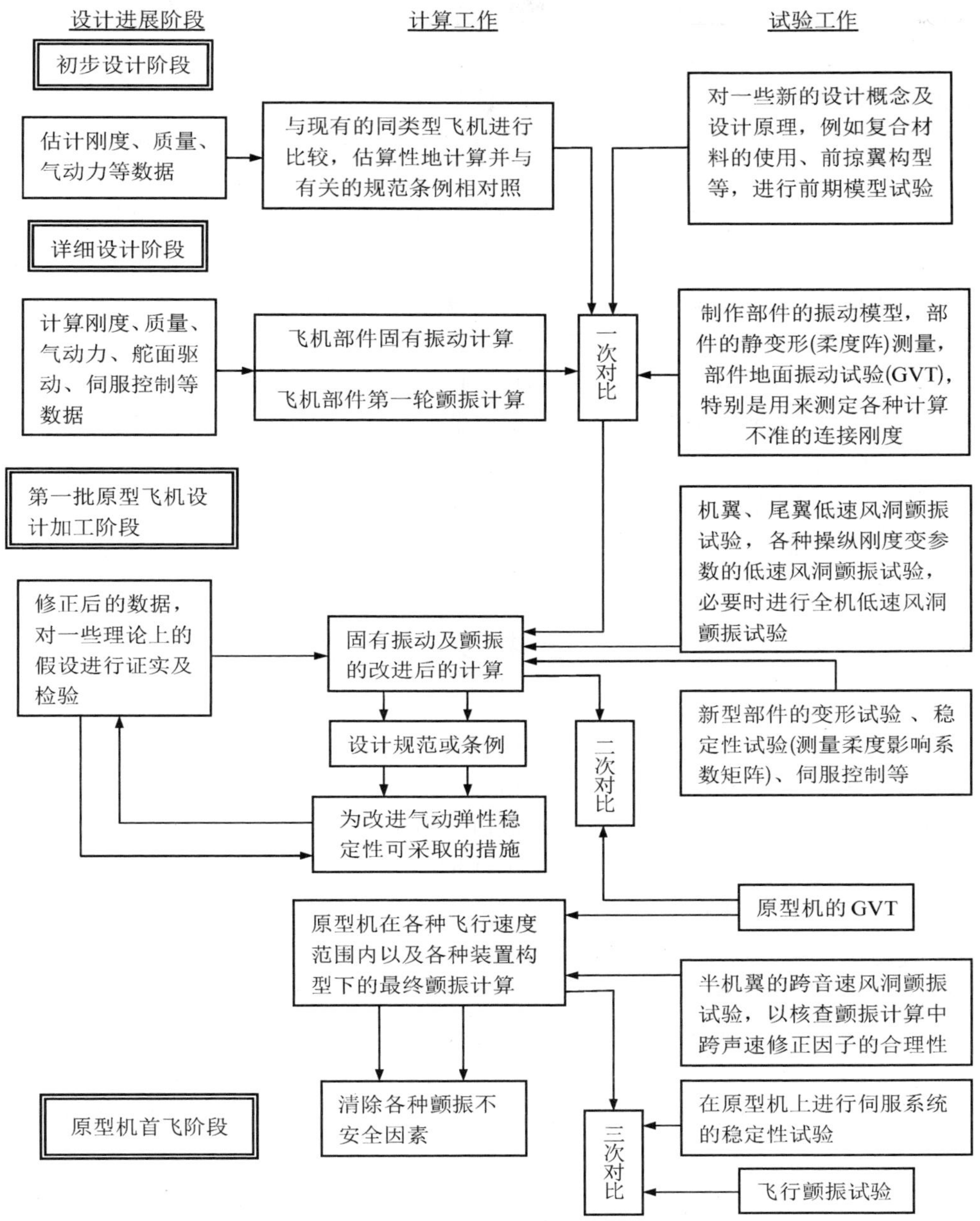

图 5－25　防颤振设计一般步骤

思　考　题

1. 为什么说颤振是一种自激振动？它与强迫振动有什么不同？
2. 颤振与共振的本质区别是什么？
3. 定性解释机翼弯扭耦合颤振产生的机理。

4. 机翼设计中，为什么机翼剖面重心的位置对防颤振设计很重要？改变机翼剖面重心位置，通常采用什么方法？对于操纵面防颤振设计，这个措施也叫什么？

5. 求解颤振行列式的 $V-g$ 法的步骤是什么？

6. 根据颤振模态可以得到参与机翼颤振耦合的模态信息吗？这对防颤振设计有什么指导意义？

7. 操纵面颤振有什么特点？为什么说操纵面颤振问题比机翼颤振问题更复杂？其难点有哪些？

8. 防操纵面颤振的最有效设计措施是什么？操纵面质量平衡设计的原理是什么？

9. 对操纵面进行质量平衡设计时，有什么注意事项？为什么会出现操纵面质量平衡设计失效？质量平衡措施是否可以消除所有的颤振问题？为什么？

10. 解释操纵面质量平衡的概念以及采用质量平衡设计来防止操纵面颤振的机理。

11. 飞机设计中，防颤振设计的一般步骤是什么？

12. 飞机结构强度规范中，对颤振设计做出了哪两方面的余量规定？

13. 飞机颤振分析中，为什么要进行全机地面共振试验？地面共振试验的结果有何用途？

参 考 文 献

[1] PINES S. An elementary Explanation of the Flutter Mechanism[C]// Proceedings of National Specialist Meeting on Dynamics and Aeroelasticity. New York: Institute of the Aeronautical Sciences, 1958: 52 - 58.

[2] BISPLINGHOF R L, ASHLEY H, HALFMAN T L. Aeroelasticity[M]. NewYork: John Wiley Sons, Inc., 1962.

[3] 管德. 飞机气动弹性力学手册[M]. 北京：航空工业出版社，1994.

[4] Borst R G, Strome R W. E - 6 flutter investigation and experience[C]// Proceedings of Astrodynamics Conference. Hilton Head Island, SC: AIAA - 92 - 4601 - CP, 1992: 1301 - 1313.

[5] 谷迎松，杨智春，赵令诚. 飞行器气动弹性力学教程[M]. 西安：西北工业大学出版社，2021.

[6] 李秋彦，李刚，魏洋天，等. 先进战斗机气动弹性设计综述[J]. 航空学报，2020，41(6)：523430.

第六章　飞机的抖振分析方法与防抖振设计

本章主要介绍飞机抖振边界的确定方法，抖振深度、抖振载荷、抖振响应的分析方法，以及飞机防抖振设计的原则与方法。首先对飞机抖振问题的现象和不利影响进行概述，接下来介绍确定飞机抖振边界的风洞实验方法，并对介绍的几种实验方法进行比较，此外给出定量确定抖振深度的两种方法。其次介绍抖振载荷预估方法，主要包括抖振载荷的风洞实验测量法、工程估算方法以及抖振载荷的CFD分析方法。再次对抖振响应计算方法的基本理论、抖振响应计算基本步骤进介绍，给出抖振响应分析算例。最后对飞机防抖振设计原则进行简要介绍，给出从结构动力学设计角度进行防抖振设计的实例。

6.1　概　　述

最早的有文献记载的由飞机抖振引起的空难发生于20世纪30年代。1930年7月21日一架容克13商用飞机在英国的米欧法姆失事坠毁，英国和德国研究人员对这次严重的空难事故进行了研究，对容克商用机的失事原因作了较为确切的解释，即飞机以高速水平飞行时，进入了强烈的上升突风区域，致使攻角急剧增加，在机翼上形成流动分离，而处于机翼尾涡流中的水平尾翼陷入了该分离流中，分离流引起的非定常气动力作用于平尾使其发生强烈振动，即导致平尾发生抖振，造成飞机失事。

飞机抖振的发生与气流分离及其产生的脉动压力载荷有关，比如：随着飞行攻角的增加，较强的逆压梯度会引起飞机表面边界层分离；在跨声速飞行时，激波边界层的相互干扰引起的激波后气流分离；飞机表面的非流线形外形引起气流分离；飞机某些部件处于另外一些部件的尾流中，尾流中涡的破裂分离脉动；等等。这些原因都会导致飞机结构上作用有振荡气动力，从而引起飞机结构的振动，这种振动称为抖振，抖振是一种强迫振动，也是一种随机振动。

飞机进入抖振范围后，会导致飞机操纵品质变坏，飞机可能发生摇摆、上仰、偏航等问题。抖振发生时结构的强烈振动，会使驾驶员及乘员感到颠簸、烦躁和疲劳，影响飞行员对飞机的正常操作控制，严重的甚至会引起事故。飞机抖振造成飞机结构的强烈振动会引起结构的动强度和疲劳寿命等方面的问题，还会影响武器系统的瞄准射击，影响机载电子设备的正常工作。此外，飞机的最小允许速度、安全飞行高度、垂直和水平机动能力都受到抖振特性的限制。为了保证飞行安全，飞机必须保持足够的抖振裕度；运输机的巡航状态的确定，必须保证留有足够的抖振裕度。而对于歼击机，是允许其超过抖振开始边界飞行的。因此，有必要对歼击机进入抖振区后的抖振性能进行预估。

飞机进入抖振区域后的抖振特性可用“抖振深度”来表示。随着飞行速度提高，抖振引起的飞机结构振动强度逐渐加强，形象地说就是好像陷入了抖振区域，而陷入该区域的深浅程度，称为“抖振深度”，用它表示了结构振动的强烈程度。抖振深度可分为三个阶段：轻度抖振，这时能感觉到飞机轻微振动；中等抖振，武器平台出现不稳定，结构振动对飞行员的伤害达到极限；超过中等抖振范围，引起结构破坏，称为严重抖振。若进入中等抖振和严重抖振的速率快，则称为抖振性能差。

由于导致抖振发生的载荷源自发生了流动分离的气流，而分离流流场的脉动压力特性呈现很强的非线性，这给抖振载荷问题的理论计算与分析带来很大困难，因此长期以来人们对飞机抖振问题的研究多是通过风洞试验和飞行试验进行的。抖振风洞试验采用的模型有刚性的、半刚性的（考虑基本的弯曲模态）以及气动弹性模型。刚性模型主要用于抖振机理和抖振载荷实验研究，通过测量刚性模型翼面上测量点的脉动压力数据，处理得到抖振激励特征参数；应用半刚性模型和弹性模型可以通过测量翼根的应变或翼尖的加速度响应得到抖振特征参数，用于进行抖振边界的确定。现行工程使用的抖振预估方法都是经验或半经验的，大都需要以风洞实验数据为基础，风洞实验研究是抖振特性研究的基本方法。而抖振飞行实验由于价格昂贵，周期长，一般只在最后试飞过程中，根据实际情况进行。

6.2 飞机抖振边界的风洞实验方法

抖振的发生与气流分离、激波边界层干扰等因素相关，采用理论方法来分析抖振问题尚有很多困难。因此，风洞实验是确定飞机抖振开始边界（简称“抖振边界”）常用的方法。

利用风洞实验来确定飞机抖振边界有多种方法，可以分为两大类，即非定常参数测量法和定常参数测量法。非定常参数测量法包含有翼根弯矩法、翼尖加速度法、后缘静压系数发散法、脉动压力法和脉动速度法。定常参数测量法包含有升力线拐点法和轴向力拐点法。目前，使用较普遍的有翼根弯矩法、翼尖加速度法和升力线拐点法。

应用这些方法时，均需安装各种类型的传感器，传感器位置的选择非常重要，需要结合流谱观察和实验的经验来选取。

风洞抖振实验对风洞的紊流度有一定的要求。风洞紊流度过大，使传感器接受的环境噪声过大，从而导致测量信号失真，测量误差过大。一般风洞抖振实验要求风洞紊流度参数满足下式要求：

$$\frac{\overline{P}}{q}\sqrt{\varepsilon} < 0.002 \tag{6.1}$$

式中，$\overline{P}$ 为风洞脉动压力；q 为速压；$\varepsilon = \Delta f / f$；$f$ 为中心频率；Δf 为频带宽。

6.2.1 翼根弯矩法

翼根弯矩法是将传感器安装在机翼（梁）根部，用以测量机翼根部因振动引起的弯矩。若机翼没有进入抖振范围，则机翼表面流场基本上没有分离，传感器感受的信号仅是风洞环境噪声引起的结构响应。在这个范围内，传感器感受的弯矩信号，基本上不随攻角变化，若攻角继续增加，在某一攻角条件下，翼面附近的流场开始分离；攻角继续增加，分离加剧，结构振动逐步加强，传感器感受的根部抖振弯矩信号也随之增强。传感器输出的翼根弯矩信号随攻角变化的曲线出现拐折，将翼根弯矩信号随攻角变化曲线上发生拐折所对应的攻角，定义为抖振起始攻角。翼根弯矩随攻角变化的典型曲线如图 6－1 所示。

翼根弯矩随攻角变化曲线在拐折点附近的形状，对于不同情况是很不一样的。因此，规定在拐折范围内，最大斜率线与未发生抖振时的翼根弯矩线的交点所对应的攻角为抖振起始攻角，如图 6－1 所示，图中虚线的交点处的攻角为抖振起始攻角。

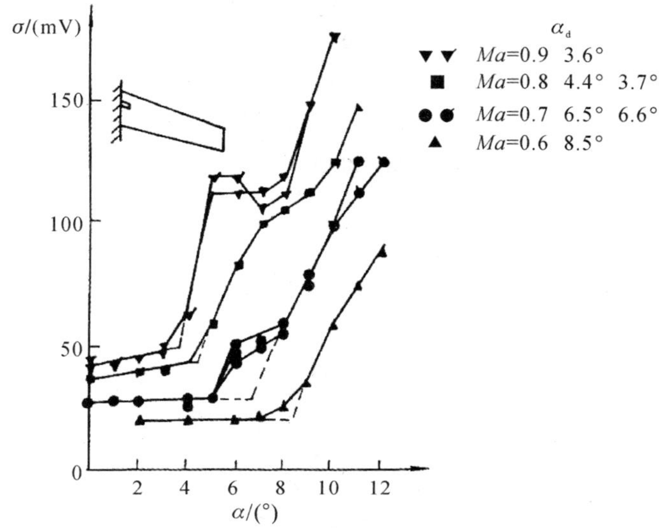

图 6－1　翼根弯矩法测量结果[1]

6.2.2　翼尖加速度法

翼尖加速度法的基本原理类似于翼根弯矩法，但使用的传感器为加速度传感器。将加速度传感器安装在翼尖振幅较大处，测量翼尖处结构振动的加速度。当翼尖加速度和攻角关系曲线发生拐折时，所对应的攻角称为抖振起始攻角。典型的实验曲线如图6－2所示。与图 6－1 类似，虚线交点处的攻角为抖振起始攻角。

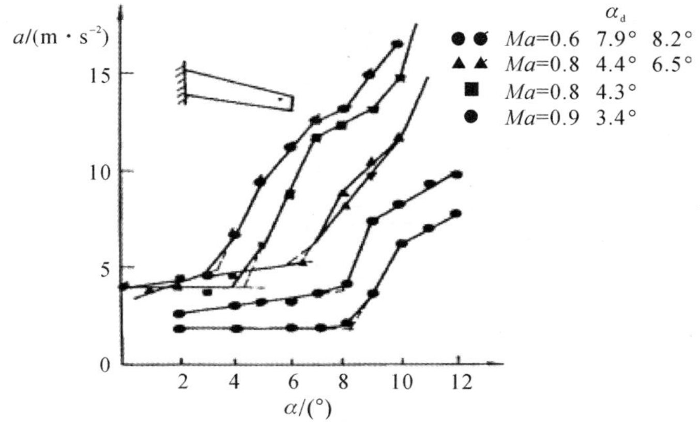

图 6－2　翼尖加速度法测量结果[1]

6.2.3 脉动压力法和脉动速度法

飞机抖振发生时其附近流场有严重分离。因此，测量流场中某些特征点处的气流脉动压力或脉动速度，即可判别抖振是否发生。将传感器安装在飞机表面的某些特定点。若该处气流没有分离，则传感器只接受到风洞噪声引起的信号；若该点处发生分离，则传感器除了接受上述信号以外，还有气流分离引起的压力脉动或速度脉动信号。随攻角增加，分离加剧，脉动压力或脉动速度信号也逐步增强。根据这个原理，从脉动压力或脉动速度随攻角变化的曲线上，可以看出抖振是否发生。典型实验曲线如图 6－3 所示。

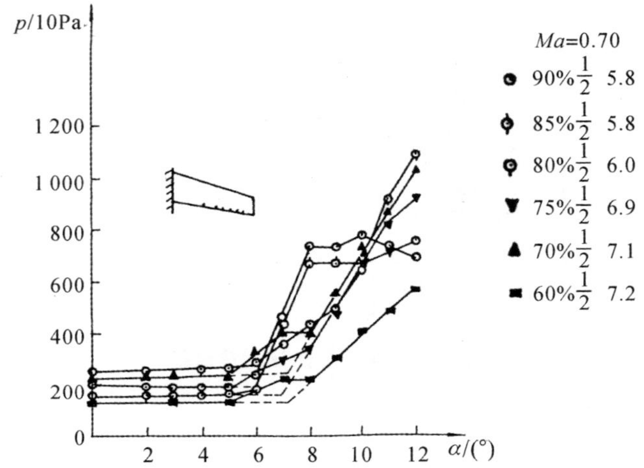

图 6－3 脉动压力法测量结果[1]

6.2.4 升力线拐点法

气流分离前，升力线斜率保持常数，随着攻角增加，翼面上具有一定范围的气流分离后，升力线斜率不能继续保持常数，升力线和攻角关系曲线开始拐折。当升力随攻角变化曲线开始拐折时，所对应的攻角即为抖振起始攻角。典型的实验曲线如图 6－4 所示。

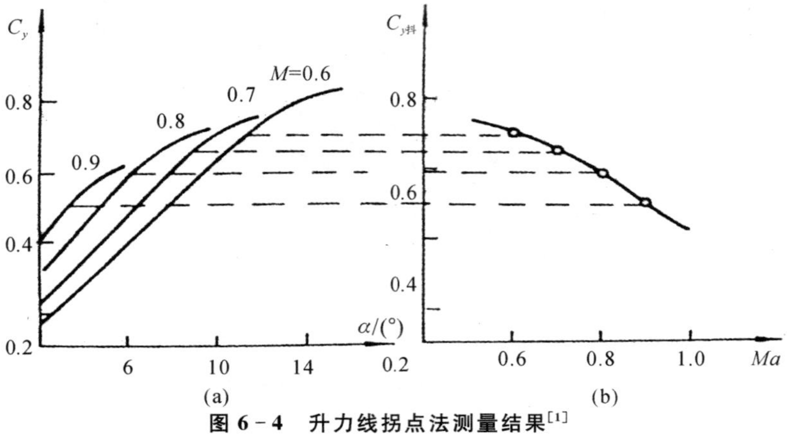

图 6－4 升力线拐点法测量结果[1]

6.2.5　几种实验方法的比较

上面介绍的几种确定抖振边界的风洞实验方法中，翼根弯矩法、翼尖加速度法是最为常用的方法。测量结果比脉动压力法、脉动速度法、后缘压力系数发散法更为接近实际情况。但在风洞流场品质较差、信噪比小，以及激波诱导分离或气泡型分离等情况下，由于信号测量误差较大，测量的抖振起始攻角有可能误差较大。

后缘静压系数发散法、脉动压力法和脉动速度法等间接测量方法的测量精度，与测量点的配置有密切的关系。另外，这些方法对测试设备和测试技术有较高的要求。

升力线拐点法简单易行，在常规的风洞实验时，即可根据升力线曲线得到抖振起始攻角。当风洞气流脉动较大，翼根弯矩法不能得到理想结果时，升力线拐点法仍能得到合理的结果。但用这种方法确定拐点时，因测量误差引起数据跳动，或在气泡型分离情况下，确定抖振起始攻角时容易产生误差，所以需要利用流谱分析，帮助确定抖振起始攻角。

上述各种测量抖振边界的方法，往往只能反映气流分离或结构振动参数的某些方面的变化情况，有一定的片面性。目前，国内往往采用多种方法联合来确定抖振边界。一般以翼根弯矩法和翼尖加速度法作为主要测量手段，以升力线拐点法等其他方法作为辅助测量方法。这样，可以取得较全面反映气流分离和结构振动特性的数据，再进行综合分析，可较准确地确定抖振边界。

6.2.6　实例介绍

风洞实验模型如图 6－5 所示，采用翼根弯矩法、翼尖加速度法、升力线拐点法和后缘压力系数发散法等方法同时进行测量。

在翼根附近最大厚度位置的机翼上、下表面贴上电阻丝应变片，以测量根部弯矩。在机翼85％半展长处翼剖面的最大厚度处，放置加速度传感器以测量翼尖加速度。分别在 50％，70％，80％以及 90％机翼半展长，及当地弦长 95％处开静压孔，以测量后缘压力系数。

实验结果如图 6－6 所示。风洞实验与飞行实验结果的比较如图 6－7 所示。

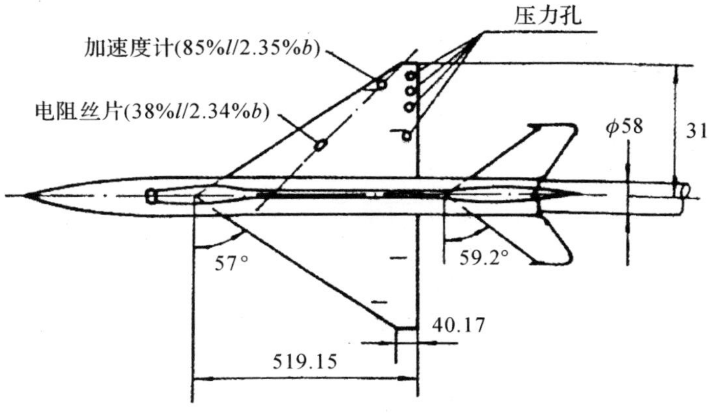

图 6－5　风洞实验模型[1]

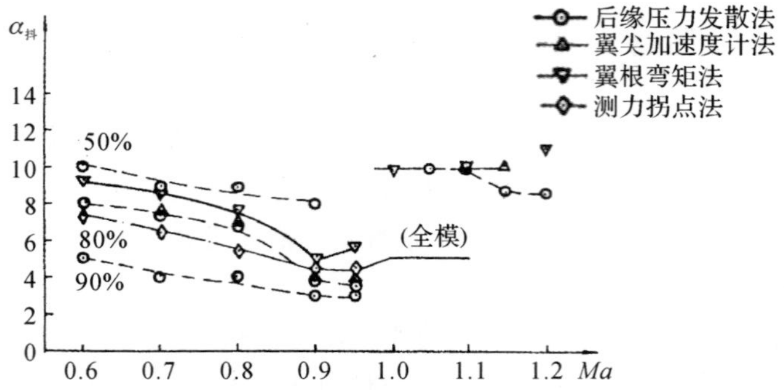

图 6-6 风洞实验结果[1]

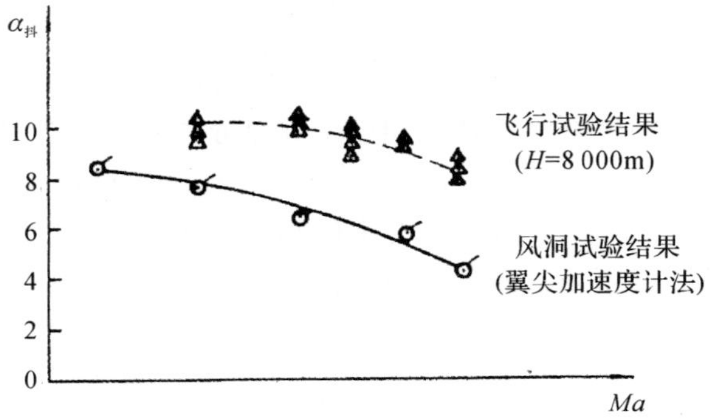

图 6-7 飞行实验与风洞实验结果比较[1]

6.3 飞机抖振深度的确定方法

由于对歼击机战术技术性能要求提高，允许歼击机进入抖振区飞行，因此中等抖振边界成为一项重要的指标。常采用抖振系数法和脉动法向力系数法确定抖振深度。

6.3.1 抖振系数法

Mabey 提出的抖振系数法定义式为

$$C_B(M,\alpha)=\sqrt{n_1F(n_1)}\sqrt{\left(\frac{\sigma}{\sigma_0}\right)^2-1} \tag{6.2}$$

式中，σ 为机翼根部抖振弯矩的均方根值；σ_0 为机翼零攻角（没有气流分离）时，由于风洞气流脉动诱导的翼根弯矩均方根值；$\sqrt{n_1F(n_1)}$ 为机翼第一阶固有频率对应的风洞非定常函数；$\sqrt{n_1F(n_1)}=\frac{\widetilde{P}}{q}\sqrt{\varepsilon}$，$\varepsilon=\Delta f/f$。其中，$\widetilde{P}$ 为风洞实验段脉动压力均方根值；q 为动压；n 为以风洞实验段宽度为参考长度的减缩频率；$F(n)$ 为风洞实验段气流脉动压力系数的功率谱密度；

Δf 为频带宽；f 为频率。

根据式(6.2)给出的抖振系数定义式计算抖振系数，并对照表 6－1 给出的抖振深度定量判据，确定飞机抖振深度。

表 6－1　采用 Mabey 抖振系数的抖振深度定量判据

	C_B			
	抖振开始	轻微抖振	中等抖振	严重抖振
歼击机	0	0.004	0.008	0.016
运输机	0			0.06

6.3.2　脉动法向力系数法

采用机翼法向力的脉动压力的均方根值来判别抖振深度。

脉动压力系数的定义式如下：

$$\widetilde{C}_{\mathrm{Nrms}} = \widetilde{N}_{\mathrm{rms}}/qs \tag{6.3}$$

式中，$\widetilde{C}_{\mathrm{Nrms}}$ 为脉动法向力均方根系数；$\widetilde{N}_{\mathrm{rms}}$ 为脉动法向力均方根；q 为动压；S 为机翼面积。

按照 $\widetilde{C}_{\mathrm{Nrms}}$ 的大小给出抖振深度定量判据，见表 6－2(歼击机)。

表 6－2　采用脉动法向力系数的抖振深度定量判据(歼击机)

	抖振开始	轻微抖振	中等抖振	严重抖振
$\widetilde{C}_{\mathrm{Nrms}}$	0.005	0.010	0.020	0.040

6.4　飞机抖振载荷的预估方法

飞机进入抖振区后，由于气流分离，会发生较强的随机振动。这种振动引起飞机承受额外的载荷，称为抖振载荷。抖振载荷使机翼上的总载荷增加 10％左右，在尾翼上更为严重，可以增加 20％～30％。这对结构的动强度以及疲劳特性均有很大影响，需要认真分析研究。

抖振载荷的预估方法主要有风洞实验直接测量、工程估算和数值计算方法。

6.4.1　风洞实验直接测量法

目前用于抖振载荷测量的风洞实验模型，除了要求与实物几何相似以外，还要模拟实物的第一阶弯曲频率。保持模型的第一阶弯曲减缩频率与实物相等或相近。

在模型根部贴上电阻丝应变片或其他类型的传感器，直接测量抖振引起的弯矩，对应飞行状态和气流条件，即可获得不同状态下翼根的抖振弯矩和剪力。

6.4.2 瞬时最大弯矩的估算

确定抖振载荷的最大瞬时值，了解其出现的概率，对结构强度分析和疲劳寿命评估是非常重要的。抖振载荷的分布规律近似高斯分布，典型的分布如图 6－8 所示。最大瞬时值的均方根用下面公式估算：

$$\acute{\sigma}_{\max} = \eta \sigma_{\max} \tag{6.4}$$

$$\eta = \sqrt{2\ln(\Delta t \cdot f_1)} \tag{6.5}$$

式中，$\acute{\sigma}_{\max}$ 为抖振弯矩最大瞬时值的均方根；$\sigma_{\max}$ 为抖振弯矩的均方根的最大值；η 为瞬时载荷冲击因子；Δt 为飞机机动飞行时间；f_1 为机翼第一阶弯曲频率，Hz。

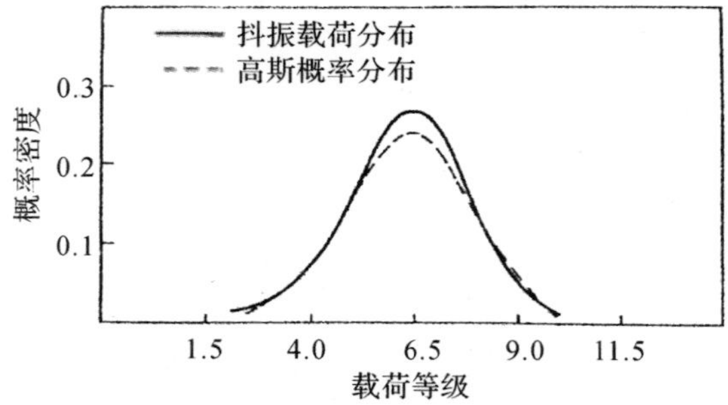

图 6－8 抖振载荷分布规律

6.4.3 抖振载荷的工程估算法

抖振引起的附加载荷可表示为

$$\Delta L = \left[\frac{\omega_1^2 M_1 \bar{c} S}{4} \cdot \frac{1-\mathrm{e}^{-\frac{A}{2}}}{A/2}\right]^{1/2} \sqrt{q} \left[\frac{\overline{C}_N^2}{C_{L\alpha}}\right]^{1/2} \tag{6.6}$$

在 Δt 机动飞行时间内，可能出现的最大抖振载荷的计算公式为

$$\Delta L_{\max} = \left[\frac{\omega_1^2 M_1 \bar{c} S}{4} \cdot \frac{1-\mathrm{e}^{-\frac{A}{2}}}{A/2}\right]^{1/2} \sqrt{q} \left[\frac{\overline{C}_N^2}{C_{L\alpha}}\right]^{1/2} \sqrt{2\ln(\Delta t f)} \tag{6.7}$$

在 Δt 机动飞行时间内，机翼和尾翼的最大失速抖振载荷计算公式如下所示：

机翼最大失速抖振载荷计算公式为

$$\Delta L_{\max} = \left[(65.6 \pm 3.8) - (31.6 \pm 5.4)\mathrm{e}^{\frac{-\dot{\alpha}\bar{c}}{0.004V}}\right]\sqrt{q\ln(f_1 \Delta t)} \tag{6.8}$$

尾翼最大失速抖振载荷计算公式为

$$\Delta L_{\max} = \left[(44.1 \pm 2.9) - (29.2 \pm 4.1)\mathrm{e}^{\frac{-\dot{\alpha}\bar{c}}{0.004V}}\right]\sqrt{q\ln(f_1 \Delta t)} \tag{6.9}$$

式中，ω_1 为第一阶弯曲振动圆频率，rad/s；M_1 为第一阶弯曲振动对应的广义质量，kg；$\bar{c}$ 为翼面平均几何弦长，m；S 为翼面面积，m^2；A 为展弦比；q 为动压，Pa；$\overline{C}_N$ 为法向力脉动压力均方根值；$C_{L\alpha}$ 为翼面升力线斜率；f_1 为第一阶弯曲频率，Hz；Δt 为机动飞行时间，s；$\dot{\alpha}$ 为攻角变化率，rad/s；V 为飞行速度，m/s。

6.4.4 抖振载荷的CFD计算方法

获得垂尾抖振激励载荷(脉动压力)的手段主要有风洞测试和CFD计算。风洞测试即设计制作风洞缩比模型,通过高灵敏度的脉动压力传动器测试气流分离后的非定常脉动压力,并根据缩比规律将测试数据换算到全机模型。CFD计算则有两类模型:一种是不考虑结构弹性的影响,采用湍流的数值模拟方法直接计算翼面的脉动压力分布;另一种则是建立流固耦合模型,考虑两者的耦合作用,在计算脉动压力的同时也可计算得到结构的抖振响应。

目前对湍流的数值模拟分为直接数值模拟(Direct Numerical Simulation, DNS)、大涡数值模拟(Large Eddy Simulation, LES)和雷诺平均法(Reynolds Average Navier-Stokes, RANS)三类。其中DNS直接求解三维N-S方程,可以模拟湍流流场中各种尺度的脉动,但受计算机条件所限,目前不适合做全机模拟。LES将湍流流场中大尺度脉动用数值模拟方法计算,小尺度脉动相对大尺度脉动的作用采用亚格子模型假设。由于实际工程问题往往具有很高的雷诺数和很薄的边界层,边界层内的小涡尺度比边界层厚度小很多。此时采用LES模拟边界层内流动需要巨大的计算机资源。RANS在工程应用中最为广泛,采用湍流模型模拟湍流,能够给出流场的统计平均量。RANS可以有效地模拟边界层流动,但是对短暂旋涡脱落和失速后的流场难以模拟。脱体涡模拟(DES)方法通过结合RANS和LES各自的优点,可以比较快速、有效地模拟工程应用中常见的非定常流动特征和边界层的分离。

对于复杂气动弹性响应问题的精确模拟,则要求在湍流精确数值模拟的同时采用流固耦合方法实现流体控制方程和结构动力学方程之间的耦合求解。流体控制方程与结构动力学方程的耦合求解有两种方法:弱耦合法和强耦合法。弱耦合法首先完成气动分析,将收敛的气动力分布转移到结构模型中,用结构有限元方法计算结构变形,针对变形的机翼重新生成气动网格,再进行气动分析,重复上述过程,直至收敛。而在强耦合法中,气动方程和结构方程式同时求解,即在气动方程迭代期间,间断地用还未收敛的气动力来计算结构变形,再把变形量计入气动力计算的迭代中去,直到收敛。实现耦合求解的相关关键技术包括CFD/CSD耦合的数据交互、动网格技术以及非线性非定常计算的效率等。目前相关关键技术都已经有一些处理方法被提出,但具体到工程应用,技术并不完全成熟,还不能达到取代风洞试验的层次。P. J. Attar运用CFD/CSD耦合求解器研究了不完整三角翼的气弹特性。流场模拟采用了得到验证的Euler有限差分求解器,结构动力学分析采用了商业软件包ANSYS求解器,很好地捕捉了气动与结构中的非线性行为。Kandil,Findlay,Massey,Sheta,Kris,Rizzetta,Morton等人通过数值方法模拟了涡破裂引起的双垂尾抖振问题。计算模型包括简单三角翼-双垂尾模型和F/A-18飞机模型,控制方程包括非定常Euler方程和N-S方程。这些计算深入研究了垂尾抖振的发生机理,计算结果从定性上讲和实验结果符合较好,但无论从载荷强度上还是频率特性上与实验结果都还有一定距离。这主要是因为大迎角下的涡破裂流场非常复杂,采用目前的数值方法还很难精确地对其进行模拟。

本节将以简化的刚性三角翼构型为例,给出一个抖振激励载荷计算的过程描述。大量的文献对比研究表明,N-S方程不仅可以考虑旋涡流动种的黏性效应,而且还能模拟出Euler方程所不能模拟的高次涡(如二次涡、三次涡),这两点优势使得它成为非定常抖振脉动压力计算的有效工具。对于本算例,所采取的计算策略为基于有限体积算法对积分形式的N-S方程采用通量差分分裂格式进行空间离散，并利用 MUSCL 插值来拓展迎风格式的离散精度，再采用 Minmod 通量限制器来改善格式的鲁棒性，接着采用 LUSGS 隐时间推进格式来求解半离散的 N-S 方程，进而基于 LUSGS-τTS 双时间格式，应用 SSTk-ω 湍流模型来封闭 N-S 方程，实现三角翼模型的非定常流动模拟。

首先给出三角翼/垂尾组合外形(见图 6-9)。该尖前缘三角翼的根弦长为 950 mm，前缘后掠角为 70°，单面斜角为 15°，整个模型的厚度为 20 mm。垂尾放置在三角翼下游，其翼根前缘点在三角翼后缘 50%展向位置，距离三角翼后缘 0.16 m。整个垂尾向外倾斜 18°来模拟 F/A-18垂尾的外倾。垂尾的根弦长为 0.12 m，翼稍弦长为 0.06 m，展长为 0.3 m，其翼型为对称的 NACA0012 翼型。

图 6-9　三角翼/垂尾组合外形图(半模)

考虑到计算量及旋涡破裂是引起高性能战斗机垂尾抖振的根本原因，本算例采用半模来模拟旋涡破裂现象，并将其进一步用于抖振载荷计算。针对该半模生成的结构网格如图 6-10 所示。

图 6-10　半模的结构网格

接下来通过求解 N-S 方程，模拟不同迎角条件下的定常流场，并给出这些迎角条件下的垂尾载荷分布(见图 6-11)。从图中可以看出，在迎角 $\alpha=25°$ 条件下，垂尾内表面在翼稍前缘处有个显著的低压区，这个低压区由前缘涡的诱导作用产生。在其他三个迎角条件下，没有观察到在翼稍处有明显的低压区存在。

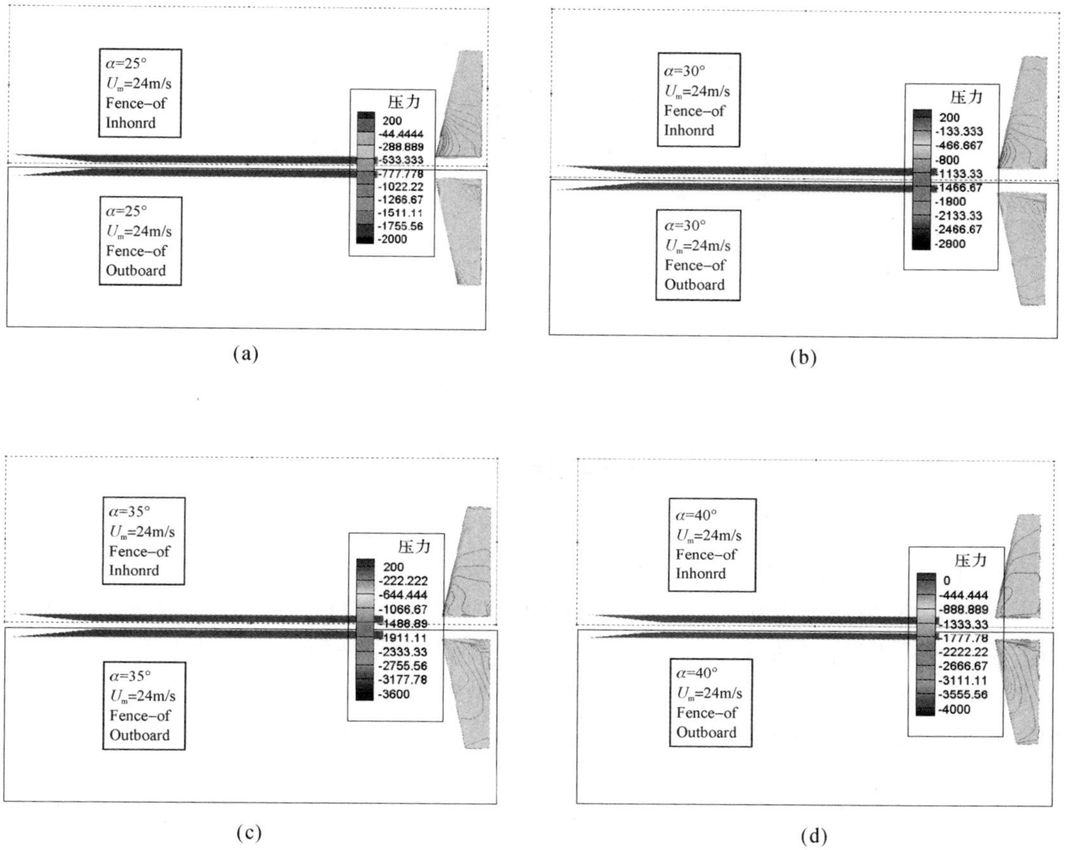

图 6-11　不同迎角条件下的垂尾载荷分布

(a)$\alpha=25°$迎角垂尾表面压力分布；　(b)$\alpha=30°$迎角垂尾表面压力分布；

(c)$\alpha=35°$迎角垂尾表面压力分布；　(d)$\alpha=40°$迎角垂尾表面压力分布

考虑到从这些表面压力分布图中不能看出垂尾周围流场结构变化对垂尾载荷的影响，为此将继续利用 LUSGS-τTS 双时间推进的 N-S 方程来计算并分析 $\alpha=30°$迎角条件下的垂尾非定常载荷。作为算例，这里仅给出基于 $\alpha=30°$迎角条件下的组合外形的模拟结果，并监控了垂尾合力沿着 X、Y、Z 三个方向的分量。如需计算高性能战斗机的垂尾抖振载荷，则需将垂尾划分为多个区域来分别监控，并按照一定的关系将气动力映射到垂尾结构上去。对此这里不再赘述。在本算例中，无量纲时间步长取为 0.001 25。采用双时间推进 N-S 方程计算得到的垂尾合力如图 6-65 所示。从图中可以看出，垂尾合力的振荡范围大约为 5 N。将 CFD 计算得到的时域载荷进行 FFT 变换后可以知道，非定常载荷的峰值频率大约为 14.5 Hz。

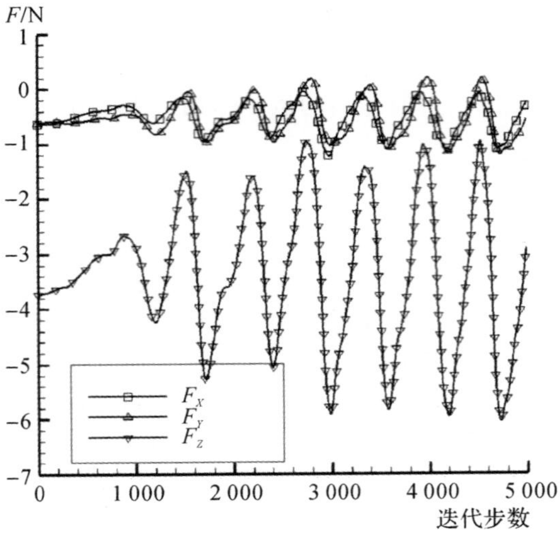

图 6-12　$\alpha=30°$时垂尾合力的时间历程

6.5　飞机抖振响应计算方法

飞机抖振响应计算方法主要分为两类:一类为基于实验测得的脉动压力载荷为输入的抖振响应计算方法,另一类为基于 CFD 计算的脉动压力为输入的抖振响应计算方法。抖振响应计算方法一般采用线性化的偶极子网格法来计算气弹效应带来的附加气动力贡献,计算效率非常高,适合工程应用。第一类方法以刚性风洞模型的抖振脉动压力谱作为输入激励载荷,然后应用基于小扰动理论的频域非定常气动力计算方法来计入翼面振动诱导产生的非定常气动力贡献,再应用随机振动谱响应计算方法来估计结构的抖振响应。这种基于实验测试载荷输入的计算方法是目前国内外工程界普遍采用的方法,其优点在于激励载荷由实验测得,可靠度高,计算模型简捷,计算效率高,便于工程实现。

6.5.1　飞机抖振响应计算基本理论

本节将基于经典的随机振动理论和气弹分析方法,给出工程适用的抖振响应估计方法。该方法要求以事先使用刚性垂尾模型测得翼面上的抖振脉动压力载荷或 CFD 计算得到的脉动压力载荷作为垂尾气弹模型的输入激励,而对由气弹效应所引起的非定常气动力则应用经典的偶极子网格法来计算。将这两部分气动载荷作用在弹性垂尾结构上,应用随机振动响应计算方法,就可以估计出垂尾的抖振响应。这一方法既适用于垂尾抖振响应计算,也适用于飞机其他翼面的抖振响应计算。

1. 抖振响应的计算方程

图 6-13 为一个翼面的几何示意图,$y(x,z,t)$表示垂直翼面方向的位移。$y(x,z,t)$与广义模态坐标之间的变换关系为

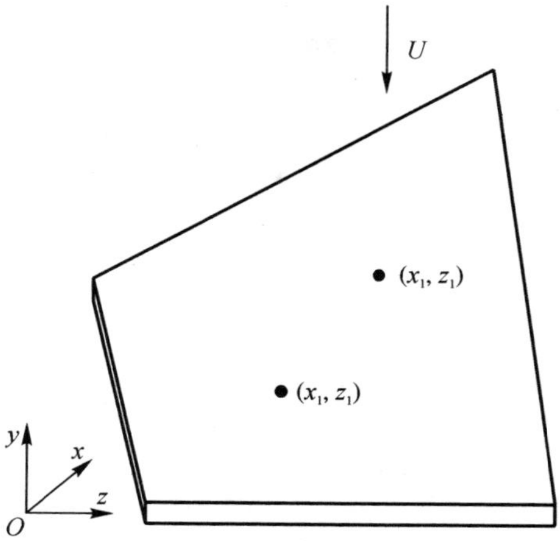

图 6-13 翼面结构示意图

$$y(x,z,t) = \sum_{\alpha=1}^{I} \varphi_\alpha(x,z) q_\alpha(t) \tag{6.10}$$

式中，$\varphi_\alpha(x,z)$ 表示第 α 阶模态形状；I 为选定的模态总阶数；$q_\alpha(t)$ 为广义模态坐标响应。因此，根据动力学分析理论，翼面用第 α 阶模态坐标表示的气动弹性方程可以写为

$$M_\alpha \ddot{q}_\alpha + K_\alpha(1 + ig_\alpha) q_\alpha = l_\alpha(t) \tag{6.11}$$

式中，$l_\alpha(t)$ 为广义模态力；M_α，K_α 分别表示第 α 阶模态质量、模态刚度；g_α 为模态结构阻尼，在简谐运动条件下，结构阻尼可以用黏性阻尼系数 C_α 来等效表示。定义 ω_α 为第 α 阶固有频率，则 $\omega_\alpha^2 = K_\alpha / M_\alpha$，因此方程式(6.10)可以改写为如下形式：

$$\ddot{q}_\alpha + 2\zeta_{s\alpha}\omega_\alpha \dot{q}_\alpha + \omega_\alpha^2 q_\alpha = \frac{1}{M_\alpha} l_\alpha(t) \tag{6.12}$$

其中，等效黏性阻尼比 $\zeta_{s\alpha} = C_\alpha / 2\sqrt{M_\alpha K_\alpha}$。

上述公式中的广义模态力 $l_\alpha(t)$ 由作用在翼面上的两部分动载荷组成：一部分为由第 α 阶翼面振动诱导的广义非定常气动力分量，用 $l_\alpha^{A}(t)$ 表示；另一部分是由直接脉动激励力变换得到的第 α 阶翼面广义抖振激励载荷分量，用 $l_\alpha^{B}(t)$ 表示。对线性系统，$l_\alpha(t)$ 可以表示为两部分载荷的叠加形式，即

$$l_\alpha(t) = l_\alpha^{A}(t) + l_\alpha^{B}(t) \tag{6.13}$$

上述模态广义力可由相应的物理坐标载荷变换得到。设翼面上的物理坐标脉动压力可表示为

$$p(x,z,t) = p^{A}(x,z,t) + p^{B}(x,z,t) \tag{6.14}$$

式中，$p^{A}(x,z,t)$ 表示翼面运动诱导的非定常脉动压力分量；$p^{B}(x,z,t)$ 表示上游分离紊流直接作用在翼面上的抖振激励载荷分量。它们可用刚性模型进行风洞实验测量得到。

广义模态力和物理的时域脉动压力之间的变换关系为。

$$l_\alpha(t) = \iint_{\text{wing surface}} \varphi_\alpha(x,z) p(x,z,t) \mathrm{d}x\mathrm{d}z \tag{6.15}$$

2. 翼面运动所诱导的非定常气动力表征

分别用 $L_\alpha^{A}(\omega)$ 和 $P^{A}(x,z,\omega)$ 表示式(6.13)中广义非常气动力成分 $l_\alpha^{A}(t)$ 和式(6.14)中

$p^{A}(x,z,t)$ 的傅里叶变换形式。则方程式(6.15)的频域形式为：

$$L_{\alpha}^{A}(\omega)=\iint_{\text{wing surface}}\varphi_{\alpha}(x,z)P^{A}(x,z,\omega)\,\mathrm{d}x\mathrm{d}z \tag{6.16}$$

按照势流理论，翼面运动诱导产生的总非定常气动力可以表示为各阶模态运动单独产生的诱导气动力之和，即

$$P^{A}(x,z,\omega)=\sum_{\beta=1}^{I}P_{\beta}^{A}(x,z,\omega)Q_{\beta}(\omega) \tag{6.17}$$

式中，$P_{\beta}^{A}(x,z,\omega)$ 表示第 β 阶单位模态运动的非定常气动力 $P_{\beta}^{A}(x,z,t)$ 的傅里叶变换形式；$Q_{\beta}(\omega)$ 表示第 β 阶模态坐标响应 $Q_{\beta}(t)$ 的傅里叶变换。

时域广义力可以由频域广义气动力反变换得到

$$l_{\alpha}^{A}(t)=\int_{-\infty}^{\infty}L_{\alpha}^{A}(\omega)\mathrm{e}^{\mathrm{i}\omega t}\,\mathrm{d}\omega \tag{6.18}$$

目前已经有多个程序代码可以计算频域气动力 $P_{\beta}^{A}(x,z,\omega)$，例如对于亚声速问题，经常用到偶极子网格法，对超声速问题，可以应用马赫盒技术。但是需要指明的是，应用无黏势流理论进行抖振响应预计，得到的计算结果一般偏于保守。翼面振动诱导产生非定常流动与翼面气流的分离状态是相关的，只是在翼面小幅振动时，这种相互影响的程度较小。以下简要介绍 Nastran 软件已经支持的偶极子网格法来计算运动诱导非定常气动力的过程。

图 6-14 所示为一典型翼面所划分的偶极子网格，单元的弦向边缘与流线方向平行，且所有的翼面边缘线、铰链线、折叠线都处于单元的边界上。对每一个面元设第 k 个面元的下洗速度是 w_k，产生的压力满足以下公式：

$$\frac{w_k(t)}{U}=\frac{1}{Q}\sum_{l=1}^{k}D_{kl}p_{l}^{A}(x,z,t) \tag{6.19}$$

其中，U 为来流速度；Q 为速压；D_{kl} 表示下洗因子，它是翼面几何形状和流动条件的函数，详细表达式可以参考相关文献。$p_{l}^{A}(x,z,t)$ 表示第 l 个面元上的平均压力，假设每个单面元内压力相等。方程式(6.19)中，所有面元参与求和，这是因为每个面元对其他相关联面元都有压力贡献。对于超声速流动，也有类似的计算表达式，可参考 P. C. Chen 与 D. D. Liu 的工作。

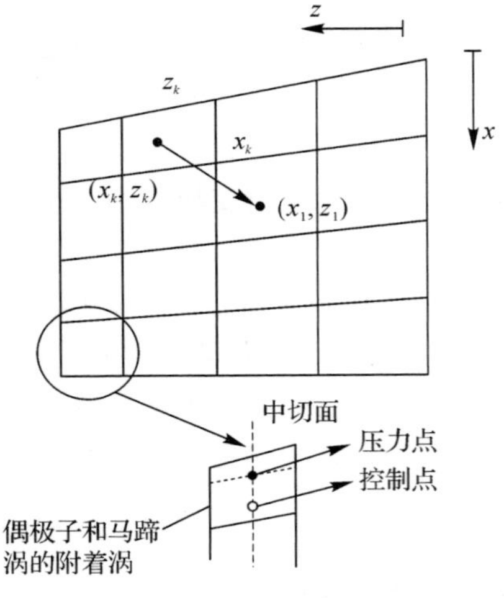

图 6-14　翼面偶极子网格示意图

这里为了进一步简化描述，假设偶极子网格划分与抖振压力测试点的布局一致。$p_l^{\mathrm{A}}(x,z,t)$ 进一步按照式(6.17)分解为各阶模态运动贡献叠加的形式，则方程式(6.19)的傅里叶变换形式可以表示为

$$W_k(\omega)=\sum_{\alpha=1}^{I}W_{k\alpha}(\omega)=\frac{U}{Q}\sum_{l=1}^{K}\sum_{r=1}^{I}D_{kl}\,\overline{P}_{lr}^{\mathrm{A}}(\omega)Q_r(\omega) \tag{6.20}$$

又由方程式(6.10)，法向下洗速度可以表示为振动位移 $y(x,z,t)$ 的导数，即

$$w(x,z,t)=(\frac{\partial}{\partial t}+U\frac{\partial}{\partial x})\sum_{\alpha=1}^{I}\varphi_\alpha(x,z)q_\alpha(t) \tag{6.21}$$

取式(6.21)的傅里叶变换形式，并且与 $W_{k\alpha}(\omega)$ 联立，消除 $Q_r(\omega)$ 可得第 α 阶模态运动的联立方程为

$$(\mathrm{i}\omega\,\overline{\varphi}_\alpha^k+U\frac{\overline{\partial\varphi_\alpha^k}}{\partial x})=\frac{U}{Q}\sum_{l=1}^{K}D_{kl}\,\overline{P}_{l\alpha}^{\mathrm{A}}(\omega) \tag{6.22}$$

对所有的面元，取 $k=1\sim K$，将式(6.22)分别展开，可以得到 K 个以 $\overline{P}_{l\alpha}^{\mathrm{A}}(\omega)$ $(l=1\sim K)$ 为变量的方程，将它们整理写成矩阵方程的形式，可以得到如下矩阵方程：

$$\begin{Bmatrix}\overline{P}_{1\alpha}^{\mathrm{A}}\\ \vdots\\ \overline{P}_{K\alpha}^{\mathrm{A}}\end{Bmatrix}=\begin{bmatrix}D_{11}&\cdots&D_{1K}\\ \vdots&&\vdots\\ D_{11}&\cdots&D_{KK}\end{bmatrix}^{-1}\begin{Bmatrix}\mathrm{i}\omega\,\overline{\phi}_\alpha^1+U\dfrac{\partial\overline{\phi}_\alpha^1}{\partial x}\\ \cdots\\ \mathrm{i}\omega\,\overline{\phi}_\alpha^K+U\dfrac{\partial\overline{\phi}_\alpha^K}{\partial x}\end{Bmatrix} \tag{6.23}$$

求解以上方程组，则可得到各个单元上各阶单位模态运动所诱导产生的非定常气动力，代入式(6.17)则可求得最终的非定常气动力。

3. 刚性模型翼面抖振激励力的计算

如果抖振脉动压力 $p^{\mathrm{B}}(x,z,t)$ 已知，则可用方程式(6.15)计算 $l_\alpha^{\mathrm{B}}(t)$。将脉动压力变换到模态广义坐标后，任意两阶的广义抖振脉动压力的功率谱密度形式为

$$S_{l_\alpha^{\mathrm{B}}l_\beta^{\mathrm{B}}}=\iiiint\varphi_\alpha(x_1,z_1)\varphi_\beta(x_2,z_2)\times S_{p_1^{\mathrm{B}}p_2^{\mathrm{B}}}(x_1,z_1,x_2,z_2,\omega)\times\mathrm{d}x_1\mathrm{d}z_1\mathrm{d}x_2\mathrm{d}z_2 \tag{6.24}$$

式中，$S_{p_1^{\mathrm{B}}p_2^{\mathrm{B}}}(x_1,z_1,x_2,z_2,\omega)$ 为翼面上任意两点之间脉动压力的互功率谱(Cross power Spectral Density, CSD)，CSD 可以由互相关函数作傅里叶变换得到

$$S_{p_1^{\mathrm{B}}p_2^{\mathrm{B}}}(x_1,z_1,x_2,z_2,\omega)=\frac{1}{2\pi}\int_{-\infty}^{\infty}R_{p_1^{\mathrm{B}}p_2^{\mathrm{B}}}(x_1,z_1,x_2,z_2,\tau)\mathrm{e}^{-\mathrm{i}\omega\tau}\mathrm{d}\tau \tag{6.25}$$

$$R_{p_1^{\mathrm{B}}p_2^{\mathrm{B}}}(x_1,z_1,x_2,z_2,\tau)=\lim_{T\to\infty}\frac{1}{2T}\int_{-T}^{T}p_1^{\mathrm{B}}(x_1,z_1,t)p_2^{\mathrm{B}}(x_2,z_2,t+\tau)\mathrm{d}t \tag{6.26}$$

要计算式(6.24)给出的抖振载荷的功率谱密度，理论上需要采集无限长的脉动压力数据，因此在积分时必须引入一些简化处理措施。以图 6-15 所示的典型翼面为例，方程式(6.24)可写成离散形式：

$$S_{l_\alpha^{\mathrm{B}}l_\beta^{\mathrm{B}}}(\omega)=\sum_{k=1}^{K}\sum_{l=1}^{K}(A_k\overline{\varphi}_\alpha^k)(A_l\overline{\varphi}_\beta^l)S_{p_1^{\mathrm{B}}p_2^{\mathrm{B}}}(x_1,z_1,x_2,z_2,\omega) \tag{6.27}$$

式中，A_k 表示第 k 个面元的面积；$\overline{\varphi}_\alpha^k$ 表示第 α 阶模态在第 k 个面元的平均模态形状，其定义为

$$\overline{\varphi}_\alpha^k=\frac{1}{A_k}\int_{A_k}\varphi_\alpha(x,z)\mathrm{d}A_k \tag{6.28}$$

同理也可以计算 $\overline{\varphi}_{\alpha}^{l}$。

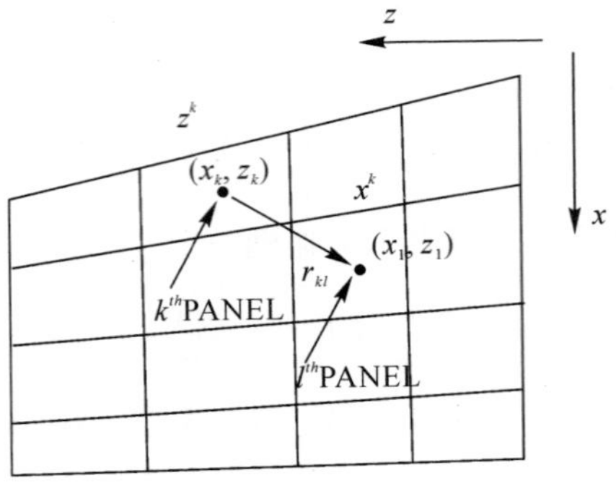

图 6-15 气动网格划分示意图

Lee 等提出了一个近似处理方法来减少对 CSD 计算的测试数据需求量。如图 6-15 所示,假设点 (x_1, z_1),(x_2, z_2) 都落在同一个面元内,并假设其为第 k 个面元,则 $S_{p_1^B p_2^B}(x_1, z_1, x_2, z_2, \omega)$ 可以用 (x_k, z_k) 点的自功率谱密度函数 $S_{p^B}^k$ 代替。如果点 (x_1, z_1),(x_2, z_2) 都处于两个不同的面元内 k, l 内,则有

$$S_{p_1^B p_2^B}(x_1, z_1, x_2, z_2, \omega) = S_{p^B}^k(\omega)e^{-\delta_k r_{kj}} \tag{6.29}$$

式中,δ_k 是由第 k 个面元的中心点 (x_k, z_k) 测得的空间延迟系数;r_{kl} 是第 k 个面元与第 l 个面元几何中心之间的距离。至此方程式(6.27)可重新表示为

$$S_{l_\alpha^B l_\beta^B}(\omega) = \sum_{k=1}^{K} J^k S_{p^B}^k(\omega) \tag{6.30}$$

其中

$$J^k = A_k \overline{\varphi}_\alpha^k \left(A_k \overline{\varphi}_\beta^k + \sum_{l \neq k}^{K} A_l \overline{\varphi}_\beta^k e^{-\delta_k r_{kj}}\right) \tag{6.31}$$

此外,根据紊流边界层的脉动压力测量原理,方程式(6.30)也可以表示为

$$S_{p_1^B p_2^B}(x_1, z_1, x_2, z_2, \omega) = S_{p^B}^k(\omega)e^{-\gamma |x_1 - x_2|} e^{-\eta |z_1 - z_2|} \cos p(x_1 - x_2) \tag{6.32}$$

式中,γ,η 分别表示在 x 方向和 z 方向的空间延迟系数;$p = \omega / U_C$,其中 U_c 为旋涡传递速度。将式(6.32)中余弦项设为 1,其就与式(6.29)一致,也就是说此时脉动压力不存在相位差。如果认为不同面元之间压力的空间相关性为 0,而只是在各自单个面元内压力存在相关性,则对于低频范围内的振动,可以将方程式(6.30)进一步简化为

$$S_{l_\alpha^B l_\beta^B}(\omega) = \sum_{k=1}^{K} \overline{\varphi}_\alpha^k \overline{\varphi}_\beta^k S_{p^B}^k(\omega) A_k^2 \tag{6.33}$$

4. 抖振响应求解

如果只是把翼面运动诱导的非定常气动力效应简单处理为一个等效的气动阻尼系数,那么响应计算就可以用总阻尼比来计算,即用 $\zeta_{T\alpha}$ 取代 $\zeta_{s\alpha}$,则此时系统的频响函数可以定义为

$$H_\alpha(\omega) = \frac{1}{M_\alpha(\omega_\alpha^2 - \omega^2 + i2\zeta_{T\alpha}\omega\omega_\alpha)} \tag{6.34}$$

频域的模态坐标响应为

$$Q_\alpha(\omega) = H_\alpha(\omega) L_\alpha^B(\omega) \tag{6.35}$$

式中,$L_\alpha^B(\omega)$ 是抖振脉动激励载荷 $l_\alpha^B(t)$ 的傅里叶变换。则广义模态坐标响应的功率谱密度

可表示为

$$S_{Q_{\alpha\beta}}(\omega)=\lim_{T\to\infty}\frac{\pi}{T}\left|Q_{\alpha}(\omega)Q_{\beta}^{*}(\omega)\right| \tag{6.36}$$

式中，上标 * 表示共轭复数，由方程式(6.35)则可以得到

$$S_{Q_{\alpha\beta}}(\omega)=H_{\alpha}(\omega)H_{\beta}^{*}(\omega)S_{l_{\alpha}^{B}l_{\beta}^{B}}(\omega) \tag{6.37}$$

因此翼面上任意点的物理坐标响应的功率谱密度可以表示为

$$S_{y}(x,z,\omega)=\sum_{\alpha=1}^{I}\sum_{\beta=1}^{I}\varphi_{\alpha}(x,z)\varphi_{\beta}(x,z)S_{Q_{\alpha\beta}}(\omega) \tag{6.38}$$

将方程式(6.38)展开，可以简化写为

$$\begin{aligned}S_{y}(x,z,\omega)=&\sum_{\alpha=1}^{I}\varphi_{\alpha}^{2}(x,z)\ \left|H_{\alpha}(\omega)\right|^{2}S_{l_{\alpha}^{B}l_{\alpha}^{B}}(\omega)+\\&\sum_{I}\sum_{\beta=1}^{I}\varphi_{\alpha}(x,z)\varphi_{\beta}(x,z)H_{\alpha}(\omega)H_{\beta}^{*}(\omega)S_{l_{\alpha}^{B}l_{\beta}^{B}}(\omega)\end{aligned} \tag{6.39}$$

对位移响应的功率谱密度前乘 ω^4 则可以得到加速度响应的功率谱密度。方程式(6.38)的第一项表示单支模态对响应谱的贡献，第二项表示不同模态之间的相关性对响应的贡献，如果各阶固有频率离得比较远，则该项可以忽略不计。在飞机结构的抖振分析中，一般可以认为以上假设成立，因此翼面上任意点的位移响应的功率谱密度可简化为

$$S_{y}(x,z,\omega)=\sum_{\alpha=1}^{I}\ \left|H_{\alpha}(\omega)\right|^{2}\varphi_{\alpha}^{2}(x,z)S_{l_{\alpha}^{B}l_{\alpha}^{B}}(\omega) \tag{6.40}$$

经常在随机振动响应的计算中用到方程式(6.40)。同理，当 $\alpha=\beta$ 时，方程式(6.37)简化为

$$S_{Q_{\alpha\alpha}}(\omega)=\left|H_{\alpha}(\omega)\right|^{2}S_{l_{\alpha}^{B}l_{\alpha}^{B}}(\omega) \tag{6.41}$$

如果不用等效阻尼的方法来计算翼面运动诱导的气动力，可以用方程式(6.17)～式(6.23)来计算翼面运动诱导的气动力，由于运动诱导气动力的大小与机翼运动响应大小相关，因此此时需要采用图 6-16 所示的可考虑反馈气动力的翼面随机响应计算流程进行计算。计算过程如下：首先计算广义气动力的 PSD，再确定结构的位移或加速度响应的 PSD。与单元振型的定义类似，定义第 k 个面元的第 β 阶平均广义模态压力的傅里叶变换为

$$\overline{P}_{k\beta}^{A}(\omega)=\frac{1}{A_{k}}\int_{A_{k}}P_{\beta}^{A}(x,z,\omega)\mathrm{d}A_{k} \tag{6.42}$$

则在翼面上总体的第 α 阶运动诱导模态广义非定常气动力为

$$L_{\alpha}^{A}(\omega)=\sum_{k=1}^{K}\sum_{r=1}^{I}\overline{\varphi}_{\alpha}^{k}\,\overline{P}_{kr}^{A}(\omega)Q_{r}(\omega)A_{k} \tag{6.43}$$

式(6.43)表示在 K 个面元和 I 阶模态上的叠加。进一步，运动诱导模态广义非定常气动力的功率谱密度可表示为

$$S_{l_{\alpha}^{A}l_{\beta}^{A}}(\omega)=\sum_{k=1}^{K}\sum_{l=1}^{K}\sum_{r=1}^{I}\sum_{s=1}^{I}\overline{\varphi_{\alpha}^{k}}\,\overline{\varphi_{\beta}^{l}}\,\overline{P_{kr}^{A}}(\omega)\,\overline{P_{ls}^{A\ *}}(\omega)A_{k}A_{l}S_{Q_{rs}}(\omega) \tag{6.44}$$

式中，$S_{Q_{rs}}(\omega)$ 是 $Q_r(\omega)$ 和 $Q_s(\omega)$ 的互相关功率谱密度。为了确定 $S_{Q_{rs}}(\omega)$，在方程式(6.34)中用结构阻尼比 $\zeta_{s\alpha}$ 代替总体等效阻尼比 $\zeta_{T\alpha}$ 有

$$H_{\alpha}(\omega)=\frac{1}{M_{\alpha}(\omega_{\alpha}^{2}-\omega^{2}+\mathrm{i}2\zeta_{s\alpha}\omega\omega_{\alpha})} \tag{6.45}$$

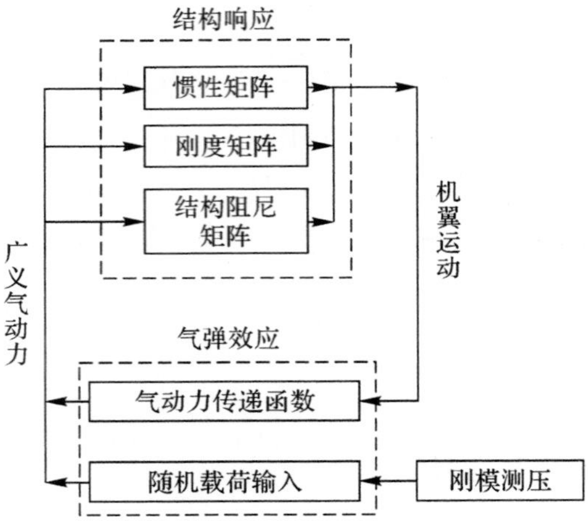

图 6-16　抖振响应计算流程图

对方程式(6.12)作傅里叶变换，再将方程式(6.43)展开后代入，可以获得 $Q_\alpha(\omega)$ 的表达式：

$$C_\alpha(\omega)Q_\alpha(\omega)-H_\alpha(\omega)\sum_{r\neq\alpha}^{I}E_r^\alpha(\omega)Q_r(\omega)=H_\alpha(\omega)L_\alpha^{\mathrm{B}}(\omega) \tag{6.46}$$

其中

$$C_\alpha(\omega)=1-H_\alpha(\omega)E_r^\alpha(\omega) \tag{6.47}$$

$$E_r^\alpha(\omega)=\sum_{k=1}^{K}\overline{\varphi}_\alpha^k\,\overline{P}_{kr}^{\mathrm{A}}(\omega)A_k \tag{6.48}$$

为了计算 $S_{Q_{\alpha\beta}}(\omega)$，取方程式(6.46)的共轭形式，得到第 β 阶模态方程为

$$C_\beta^*(\omega)Q_\beta^*(\omega)-H_\beta^*(\omega)\sum_{s\neq\beta}^{I}E_s^{\beta^*}(\omega)Q_s^*(\omega)=H_\beta^*(\omega)L_\beta^{\mathrm{B}^*}(\omega) \tag{6.49}$$

由方程式(6.46)和式(6.49)可以得

$$\begin{aligned}&C_\alpha(\omega)C_\beta^*(\omega)S_{Q_{\alpha\beta}}(\omega)-H_\alpha(\omega)C_\beta^*(\omega)\sum_{r\neq\alpha}^{I}E_r^\alpha(\omega)S_{Q_{r\beta}}(\omega)-\\&H_\beta^*(\omega)C_\alpha(\omega)\sum_{s\neq\beta}^{I}E_s^{\beta\,*}(\omega)S_{Q_{\alpha s}}(\omega)+H_\alpha(\omega)H_\beta^*(\omega)\sum_{r\neq\alpha}^{I}\sum_{s\neq\beta}^{I}E_r^\alpha(\omega)E_s^{\beta\,*}(\omega)S_{Q_{\alpha s}}(\omega)=\\&H_\alpha(\omega)H_\beta^*(\omega)S_{l_\alpha^B l_\beta^B}(\omega)\end{aligned} \tag{6.50}$$

由方程式(6.10)，$y(x,z,t)$ 的傅里叶变换为

$$Y(\omega)=\sum_{\alpha=1}^{I}Y_\alpha(\omega)=\sum_{\alpha=1}^{I}\varphi_\alpha(x,z)Q_\alpha(\omega) \tag{6.51}$$

由方程式(6.51)，位移响应的 PSD 为

$$S_y(x,z,\omega)=\sum_{\alpha=1}^{I}\sum_{\beta=1}^{I}\varphi_\alpha(x,z)\varphi_\beta(x,z)S_{Q_{\alpha\beta}}(\omega) \tag{6.52}$$

如果将式(6.52)写成平均变量的形式，则为

$$S_y^k(\omega) = \sum_{\alpha=1}^{I}\sum_{\beta=1}^{I} \overline{\varphi}_\alpha^k \overline{\varphi}_\beta^k S_{Q_{\alpha\beta}}(\omega) \tag{6.53}$$

如果 $q_\alpha(t)$,$q_\beta(t)$ 不相关,则当 $\alpha \neq \beta$ 时,$S_{Q_{\alpha\beta}}(\omega) = 0$ 。方程式(6.50)可以进一步简化为

$$\begin{aligned} &S_{Q_{\alpha\alpha}}(\omega)[1 - H_\alpha(\omega)E_r^\alpha(\omega) - H_\alpha^*(\omega)E_r^{\alpha^*}(\omega) + |H_\alpha(\omega)|^2\ |E_\alpha^\alpha(\omega)|^2] + \\ &|H_\alpha(\omega)|^2 \sum_{r\neq\alpha}^{I} |E_r^\alpha(\omega)|^2 S_{Q_{rr}}(\omega) = |H_\alpha(\omega)|^2 S_{l_\alpha^B l_\alpha^B}(\omega) \end{aligned} \tag{6.54}$$

方程式(6.53)也可以进一步简化为

$$S_y^k(\omega) = \sum_{\alpha=1}^{I} (\overline{\varphi}_\alpha^k)^2 S_{Q_{\alpha\alpha}}(\omega) \tag{6.55}$$

至此,只要方程式(6.48)所示的翼面运动诱导脉动压力已知,抖振响应谱就可以计算得到。如前节所述,翼面运动诱导脉动压力可通过求解方程式(6.23)获得,将方程式(6.23)解出的 $\overline{P}_{kr}^A(\omega)$ 代入到方程式(6.48)中,可以得到 $E_r^\alpha(\omega)$,随之 $S_{Q_{\alpha\beta}}(\omega)$ 可由方程式(6.50)求解。如果忽略模态耦合,则可由方程式(6.54)直接计算得到 $S_{Q_{\alpha\alpha}}(\omega)$ 。

方程式(6.10)~式(6.55)给出可自编程序计算抖振响应时的详细理论公式,实现过程比较复杂。考虑到成熟的商业软件 MSC. NASTRAN 已经包含用经过检验的偶极子网格法计算诱导气动力的模块和突风响应计算模块,因此,工程中通常将在综合利用 NASTAN 突风响应求解模块和随机振动响应计算模块的基础上,应用 DMAP 语句进行二次开发,实现抖振响应计算。

6.5.2 抖振响应计算的基本步骤

如上节所述,抖振响应计算包括两个方面的激励力,一是机翼振动所诱导的非定常气动力,二是分离涡直接作用在翼面上的抖振脉动压力。前者的计算可以借用 NASTAN 软件的气弹分析模块进行计算,后者则可以通过刚性模型风洞吹风实验获取,因此进行实际飞机的抖振响应计算时,还要将刚性模型测试得到的抖振脉动压力功率谱密度换算为实际飞机的脉动压力功率谱密度。基于以上分析,按照常规设计流程,可以归纳出如下抖振响应计算的一般过程:

第一步,进行刚性模型吹风实验,采集抖振脉动压力时间历程数据,生成模型的抖振压力功率谱密度,或是采用 CFD 方法计算相应的脉动压力。

抖振压力时间历程数据是由安装在翼面上的脉动压力传感器测量的。实验的总体目标是获得整个翼面上的非定常压力分布。所有测点的表面压力及内外表面压差的时间历程数据都表示成 PSD 和 CSD 的形式。

第二步,检验抖振脉动压力是否符合高斯随机分布。

由于响应计算要用到经典的随机振动响应计算公式,因此计算前必须检验抖振脉动压力时间历程是否具有高斯(正态)随机过程的特征。抖振脉动压力数据偏离均值的分布检验以及误差分布函数都可以指示其高斯分布符合度。国外文献资料表明,垂尾的抖振脉动压力满足高斯随机分布的特征。

第三步,根据相似准则,将缩比模型的脉动压力数据相似变换为实际飞机的脉动压力数据。

根据相关文献，对于脉动压力测试模型，减缩频率为无量纲参量，因此风洞缩比模型和实际飞机之间满足如下的匹配关系：

$$k_m = \frac{\omega_m L_m}{V_m} = \frac{\omega_a L_a}{V_a} = k_a \tag{6.56}$$

式中，k 为减缩频率；ω 为圆频率；L 为参考长度；V 为风洞风速或飞机飞行速度；下标 m 和 a 分别表示模型和飞机。很显然根据以上公式可以实现频率轴或时间轴的变换。

对于幅值轴，Zimmerman 等人推荐用以下公式建立缩比模型和实际飞机的功率谱密度之间的相似换算关系：

$$\frac{P_m(\omega_m)}{\left(\frac{1}{2}\rho_m V_m^2\right)^2}\left(\frac{V_m}{L_m}\right) = \frac{P_a(\omega_a)}{\left(\frac{1}{2}\rho_a V_a^2\right)^2}\left(\frac{V_a}{L_a}\right) \tag{6.57}$$

式中，$P(\omega)$ 为抖振脉动压力的功率谱密度谱；ρ 为大气密度。

第四步，按照前面给出的方法计算抖振响应。

6.5.3 抖振响应计算的程序开发实现与方法

MSC. NASTRAN 软件已经集成了突风响应计算模块，突风响应计算和抖振响应之间有很多相似的地方：①两者都属于强迫响应计算问题；②响应计算过程都需要考虑气弹耦合效应，即计算翼面运动诱导的附加气动力，且计算原理一致。但两者也存在明显的区别，不能直接套用，主要区别在于：①突风响应计算输入的是突风速度谱，突风速度产生的激励气动力需要单独计算气动力影响系数矩阵，而抖振响应计算应用风洞脉动压力数据，只需对其按照气动力的相似比关系换算到全尺寸模型即可；②突风响应计算时，突风场尺度相对飞机尺寸来说大得多，因此突风在翼面弦向的分布可以认为是均匀分布的，突风响应计算问题属于单输入多输出的问题，抖振响应计算中的抖振激励力由飞机上游部件的涡分离产生的，相对而言是一种局部现象，抖振激励紊流场的分布需要考虑，因此它属于多输入多输出问题。

基于以上分析，确定应用 NASTRAN 现有功能二次开发实现抖振响应计算，基本思路如下：应用突风响应计算模块 SOL146 实现运动诱导气动力影响系数矩阵的计算，并屏蔽突风载荷列向量计算的影响，计算得到频响函数响应；再将该频响函数输入随机响应计算模块 SOL111，实现多输入多输出的抖振响应计算。

具体而言，通过对 SOL146 及 SOL111 计算响应功率谱的过程进行细节剖析后可知，SOL146 及 SOL111 在调用 XRANDOM 模块之前，都需要实现计算单位模式载荷谱作用下，用物理坐标表征的位移频率响应解矩阵 $\boldsymbol{H}_{ja}(f)$ 或 $\boldsymbol{H}_{jb}(f)$。然后按照图 6-17 所示流程，将位移频率响应解矩阵 $\boldsymbol{H}_{ja}(f)$ 或 $\boldsymbol{H}_{jb}(f)$ 与输入的激励自功率谱密度或互功率谱密度相乘并叠加，最终得到响应功率谱密度。

因此应用 NASTRAN 进行抖振响应计算的第一步可以调用 SOL 146 模块，用偶极子网格法计算翼面振动所诱导产生的气动力影响系数矩阵，在此过程中突风载荷列向量的处理可以通过将突风速度置为一个非常小的数进行屏蔽。由于 SOL 146 模块一次只能输入一种载荷模式的谱形，因此针对多点输入情况，需要逐点输入频域单位载荷，并逐点求解后输出物理坐标表征的位移频率响应解矩阵。假设有 N 个脉动压力输入点，则需要重复 N 次，计算得到 N 个位移频率响应解矩阵。应用 DMAP 语句将每次计算得到的每一个位移频率响应解矩阵输出，并通过自编的后台程序将 N 个位移频率响应解矩阵按 SOL 111 所需要的格式和次序组集形成一个总体的位移频率响应解矩阵。

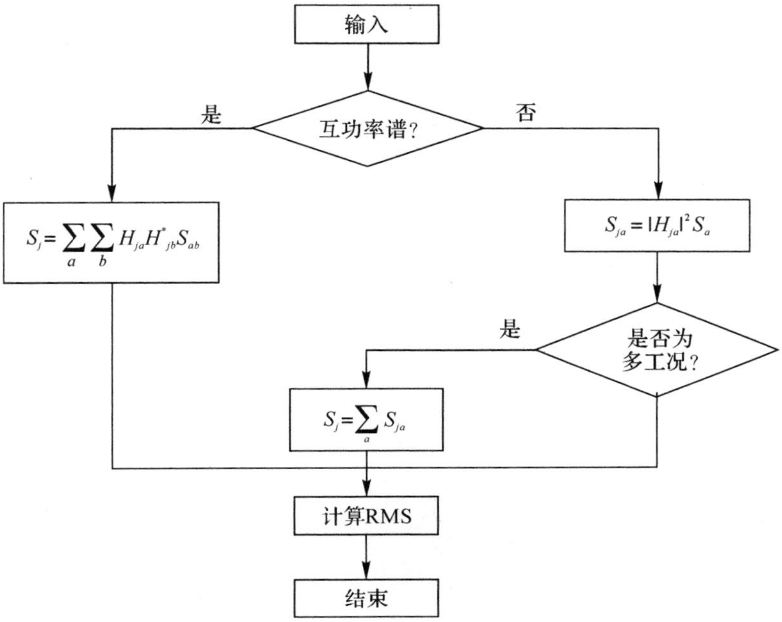

图 6-17　NASTRAN 随机响应计算流程

多点抖振脉动压力谱密度的输入可直接在 SOL 111 求解所需的. bdf 文件中按照 N 个 SUBCASE 定义的模式输入。在 NASTRAN 最后执行 SOL 111 的 XRANDOM 模块之前，再用 DMAP 语句将后台已经组成好的总体位移频率响应解矩阵其导入 SOL 111 中，替代 SOL 111 自己生成的位移解矩阵，相当于实现了频率响应函数的置换。然后继续计算，则可以得到所需要的抖振响应功率谱密度。

6.5.4　抖振响应计算实例

1. 抖振响应计算程序简介

按照以上二次开发思路，西北工业大学航空学院结构动力学与控制研究所应用 VB6.0 二次开发形成了一款专门的抖振响应计算软件。

该软件的程序功能结构示意图如图 6-18 所示，其主要分为脉动压力数据处理模块、频率响应计算处理模块和功率谱响应计算模块。程序要求事先根据 NASTRAN 软件的建模要求，准备建立结构动力学有限元模型所需的. bdf 文件，以及建立满足突风响应分析需要的偶极子网格法相关划分定义卡片文件。程序启动界面如图 6-19 所示，程序的具体执行结构框图如图 6-20 所示，箭头起始段的模块调用了箭头末端的模块。

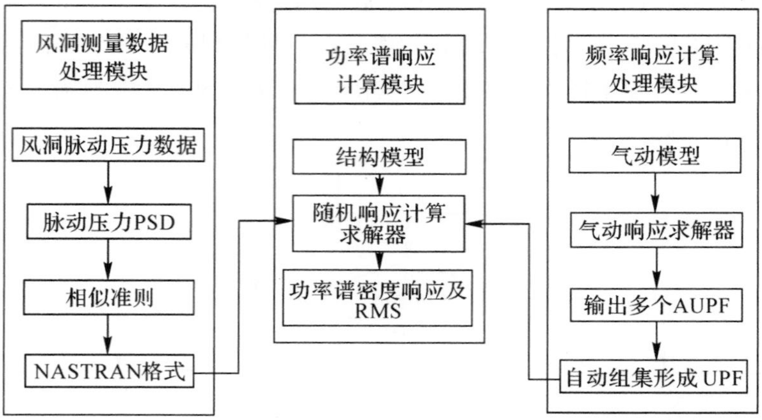

图 6-18　程序功能结构说明

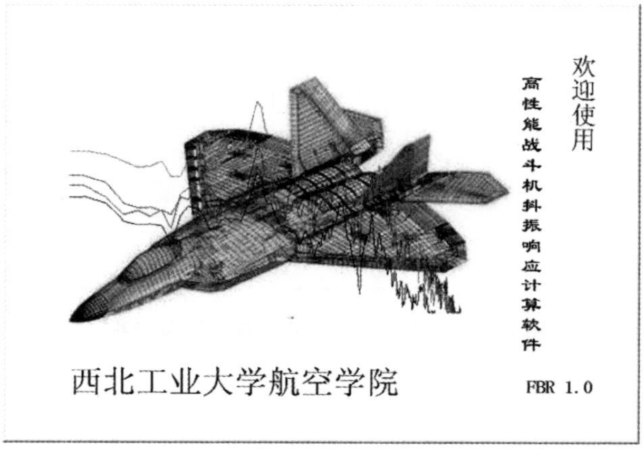

图 6-19　启动界面

(1)功率谱缩放模块。功率谱缩放模块的计算界面如图 6-21 所示,用于将风洞实验数据处理得到的脉动压力功率谱缩放到飞行状态或是用户设定的状态。由窗体 frm 功率谱完成。相似准则参考 6.4.2 节所示公式。

区域(1):设置默认打开的文件夹路径同时也是处理文件的存放路径。

区域(2):选择计算文件。

区域(3):缩放参数设置。

1)模型比例(设定模型与风洞实验模型之比);

2)风洞气流速度(风洞实验状态);

3)风洞气流密度(风洞实验状态);

4)飞行气流速度(用户设定状态);

5)飞行气流密度(用户设定状态)。

飞行状态或是用户设定状态的脉动压力功率谱数据,分别保存在 EXCEL 文件和 NASTRAN 格式文件中。

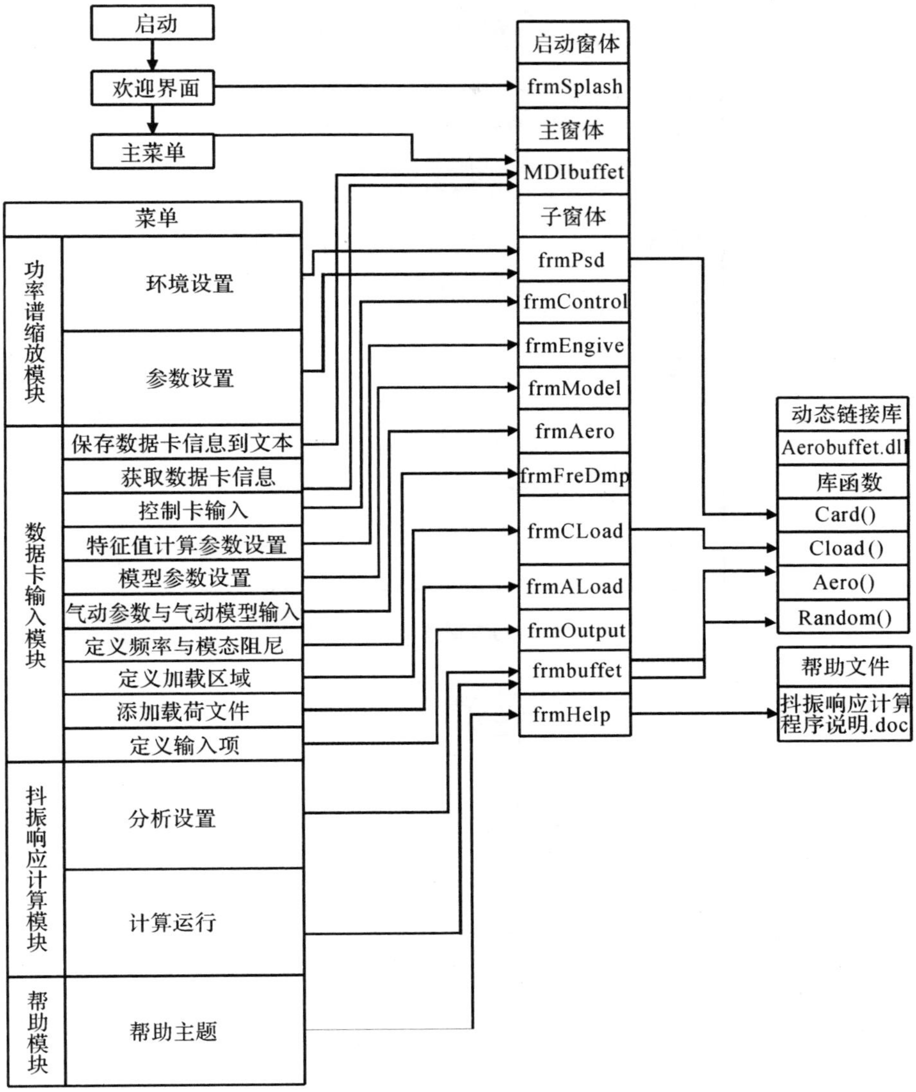

图 6-20　软件结构和执行流程

本程序所有参数由用户直接输入，然后调用编写的 aerobuffet. dll 动态链接库中的 card() 函数完成。该函数负责将脉动压力功率谱缩放并转存为 EXCEL 文件和 NASTRAN 文件。

(2)数据卡输入模块。这一部分给出实现数据卡输入的程序，也就是数据卡输入的各个窗体 frmControl, frmEigen, frmModel, frmAero, frmFreDmp, frmCLoad, frmALoad, frmOutput 的程序说明，用户输入的数据卡信息保存到全局变量中。存放输入数据卡信息的全局变量的位置在 MDIbuffet 窗体中。

NASTRAN 数据卡的输入有两种方式：第一种是在界面输入；第二种是用“获取数据卡信息”命令读入之前用“保存数据卡信息到文本文件”命令生成的数据卡信息文件，如图 6-22 所示。

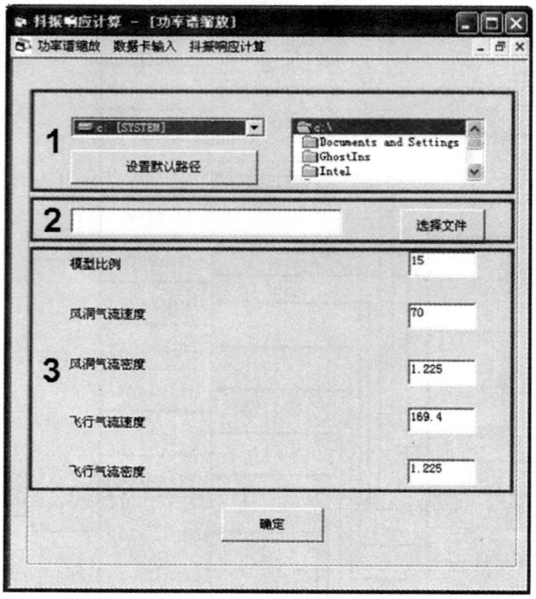

图 6-21 功率谱响应计算界面

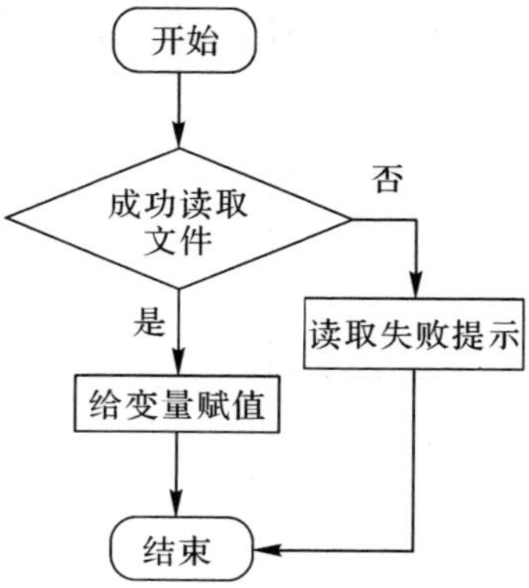

图 6-22 获取数据卡信息

定义载荷区域的文件，可在 PATRAN 中生成，也可通过程序提供的生成加载区域文件功能实现。本程序所有参数由用户直接输入，调用 aerobuffet.dll 动态链接库中的 cload()函数创建载荷文件。

(3)抖振响应计算程序。调用保存数据卡信息的全局变量，编写 NASTRAN 计算文件，添加二次开发命令，调用 NASTRAN 实现抖振响应计算。计算过程只需要设定计算文件的位置和 NASTRAN 求解器的位置，其他所需数据卡已保存在全局变量中。输出项由数据卡中的定义输出项决定，可以输出位移、加速度、应力、应变和内力功率谱等。程序通过调用所编写的 aerobuffet.dll 动态链接库中的 aero()函数提取包含附加气动力影响的频率响应解矩阵，并进行矩阵合并后，输入到 NASTRAN 的 SOL 111 计算流程的相应位置，再通过随机响应求解器计算功率谱响应。计算过程通过调用 API 函数监视 NASTRAN 的运行过程，实现程序计算过程监视。相关的程序界面如图 6－23 所示。

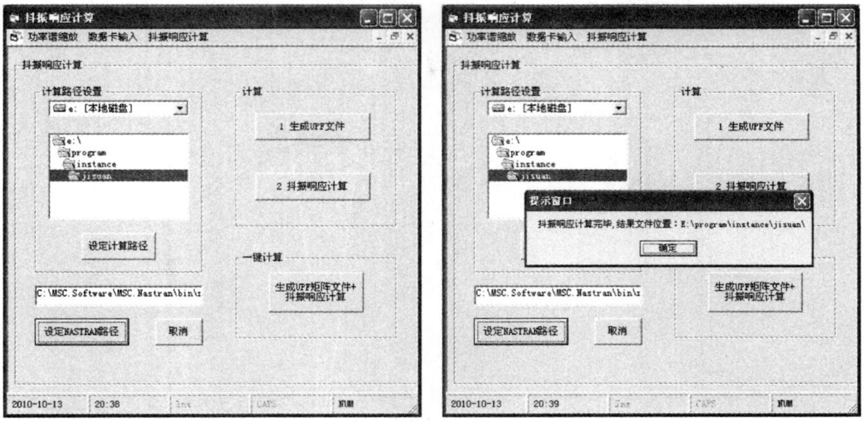

(a)　　(b)

图 6－23　抖振响应计算界面

2. 计算实例

例 6－1　单一激励谱情况的抖振响应计算实例

取 AERO 手册中给定的 BAH 机翼模型算例，如图 6－24 所示，考虑飞行速度 $V=475$ mph。(1 mph＝1 mile per hour，1 mile＝1.609 3 km)。无突风作用，在结点 10 的 z 方向施加一个局部的集中激励力，其激励的自功率谱密度函数如图 6－25 所示，考虑气弹效应，计算结点 10 的响应。

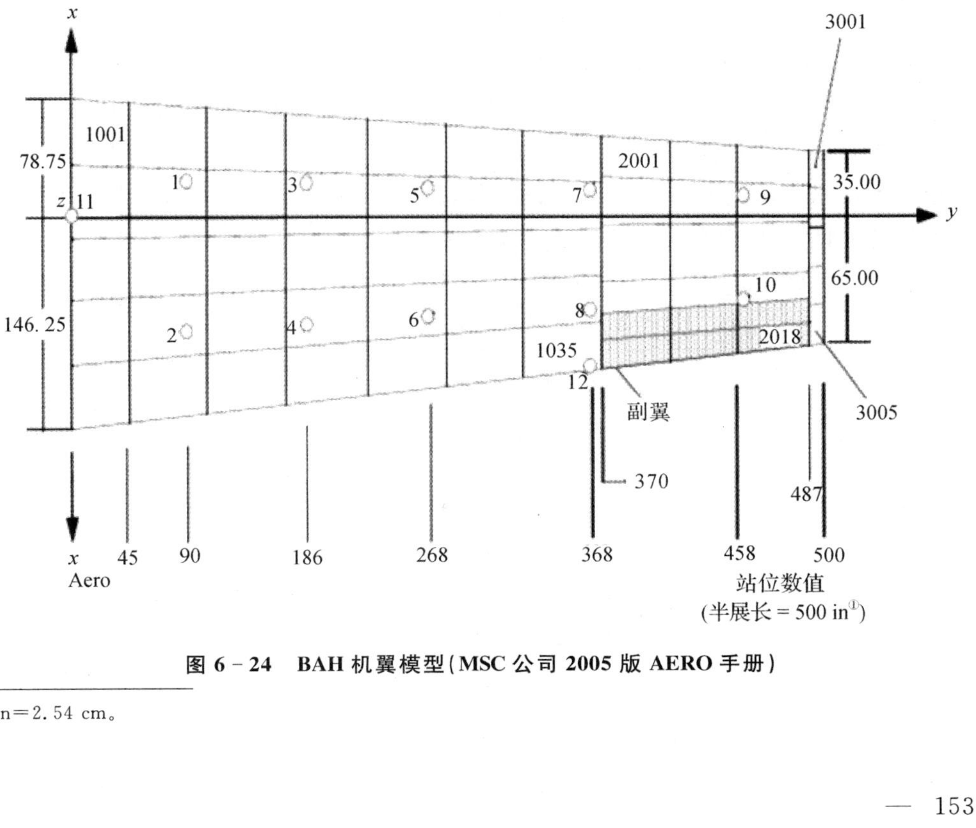

图 6－24　BAH 机翼模型(MSC 公司 2005 版 AERO 手册)

注：①1 in＝2.54 cm。

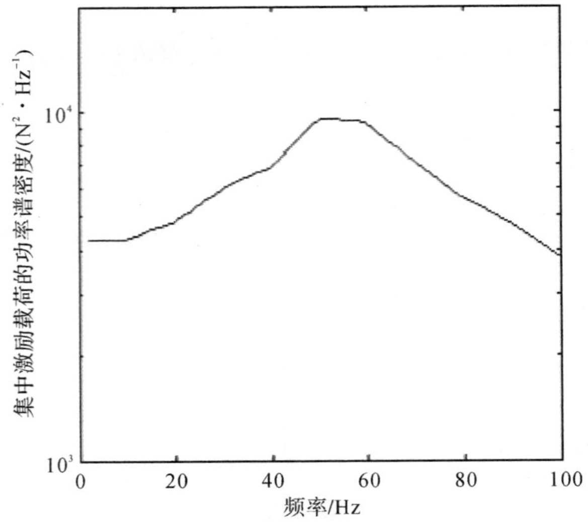

图-25 结点10施加的集中激励载荷的功率谱密度函数

以上问题属于一个单点局部抖振激励下的响应计算问题，根据 SOL 146 模块的计算功能，只要能够成功实现突风载荷的屏蔽，则可以应用 SOL 146 直接计算以上问题的响应。另外，为了验证单点激励下能否在 SOL 111 计算过程实现 UPF 替换，可以提取 SOL 146 计算输出的 AUPF，在计算 SOL 111 时，将 UPF 替换，观察 SOL 111 得到的位移功率谱密度是否与 SOL 146 直接计算得到的位移功率谱密度相同。如果相同，则证明这种替换处理是成功的。

在 SOL 146 中将突风速度置为一个非常小的数"10E-10"(完全置 0，程序无法继续计算)，以消去突风载荷向量的影响，然后施加与 SOL 111 相同的载荷，计算结点 10 的位移响应功率谱密度，列于表 6-3 的第 2 列。提取 SOL 146 中的 AUPF，应用 DMAP 语句将其替换 SOL 111 计算中的 UPF，再继续应用 SOL 111 计算得到结点 10 的位移响应功率谱密度，如表 6-3 的第 3 列所示。对比表 6-3 中两个求解器最终得到的响应谱可见，两者结果完全一致，从而验证了应用 DMAP 完全可以准确地实现 SOL 146 和 SOL 111 中的频率响应函数替换。以上过程也证明了所编程序计算的有效性。

表 6-3 BAH 机翼计算结果对比

频率/Hz	SOL 146 位移功率谱密度/($in^2 \cdot Hz^{-1}$)	SOL 111 位移功率谱密度/($in^2 \cdot Hz^{-1}$)
10.0	4.774 699E−06	4.774 699E−06
12.0	7.186 234E−05	7.186 234E−05
14.0	1.754 003E−04	1.754 003E−04
16.0	4.024 650E−05	4.024 650E−05
18.0	3.951 500E−06	3.951 500E−06

续 表

频率/Hz	SOL 146 位移功率谱密度/($in^2 \cdot Hz^{-1}$)	SOL 111 位移功率谱密度/($in^2 \cdot Hz^{-1}$)
20.0	1.434 419E－04	1.434 419E－04
22.0	2.470 045E－04	2.470 045E－04
24.0	5.249 709E－05	5.249 708E－05
26.0	2.405 040E－05	2.405 040E－05
28.0	1.404 275E－05	1.404 275E－05

另外，从气动弹性响应计算公式可见，只要将广义气动力矩阵和突风速度置零，那么从理论上 SOL 111 与 SOL 146 在相同工况下的频率响应函数矩阵应该相同，同理在相同功率谱输入下，结构的功率谱响应也应该相同。

表 6－4　物理坐标下频响矩阵对比

频率/Hz	SOL 111 UPF		SOL146 AUPF	
	实部	虚部	实部	虚部
10.0	－1.290 8E－04	－1.971 7E－05	－1.290 8E－04	－1.971 7E－05
12.0	1.872 2E－04	－6.718 9E－05	1.872 2E－04	－6.718 9E－05
14.0	1.344 0E－04	－9.346 6E－05	1.344 0E－04	－9.346 6E－05
16.0	－3.007 9E－04	－5.382 4E－05	－3.007 9E－04	－5.382 4E－05
18.0	－8.894 9E－05	－1.473 8E－05	－8.894 9E－05	－1.473 8E－05
20.0	7.476 9E－05	－5.283 4E－05	7.476 9E－05	－5.283 4E－05
22.0	－3.064 8E－04	－8.714 6E－05	－3.064 8E－04	－8.714 6E－05
24.0	－1.352 3E－04	－1.111 9E－05	－1.352 3E－04	－1.111 9E－05
26.0	－9.640 5E－05	－4.128 0E－06	－9.640 5E－05	－4.128 0E－06
28.0	－7.363 7E－05	－2.071 8E－06	－7.363 7E－05	－2.071 8E－06

依然采用上例，将 BAH 机翼分别在 SOL 111 与 SOL 146 下计算，并利用 DMAP 语言将广义气动力矩阵置零，再将突风速度设置为一个非常小的值“10E－10”(NASTRAN 计算文件中的突风速度不能为 0)，取结点 10 的物理坐标下的位移频率响应解做对比。从表 6－4 中可见 SOL 146 与 SOL 111 得到的频率响应一致。这说明在广义气动力矩阵和突风速度置零后，SOL 146 计算流程与不含气动力计算的 SOL 111 计算流程相同。这一点验证了前面提出的突风载荷列向量屏蔽处理方法是有效的，也验证了程序计算的正确性。

例 6－2　多点激励谱输入的抖振响应计算实例

垂尾的结构模型如图 6－26 所示，有限元模型采用 CBAR 单元、CQUAD4 单元和 CTRIA3 单元，底部完全固支。模型前 3 阶的固有频率和固有振型如图 6－27 和表 6－5 所示，取前 3 阶模态参与响应计算，模态阻尼系数设为 0.03。

时域的非定常气动力由 CFD 计算提供，飞行马赫数为 0.25，飞行高度为海平面。垂尾分成 25 个区域，各区域单元所属见表 6－6，区域的压力用其形心的压力表示。时域数据的采样频率为 1 000 Hz，采样时间为 2.192 s。采用快速傅里叶变换将其转为单边功率谱。60 Hz以后的脉动压力的幅值很小，可以不考虑，因此取 1～60 Hz 的功率谱参与随机响应分析。每个区域的脉动压力均方根值(RMS)值由表 6－7 给出。

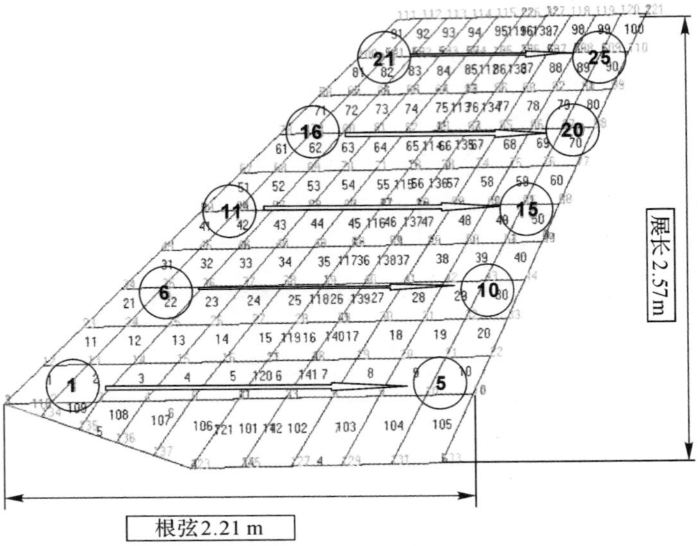

图 6－26　平板垂尾模型

表 6－5　模型的前三阶固有频率

模态序号	频率/Hz	振型
1	12.8	垂尾一弯
2	34.2	垂尾一扭
3	67.14	垂尾二弯

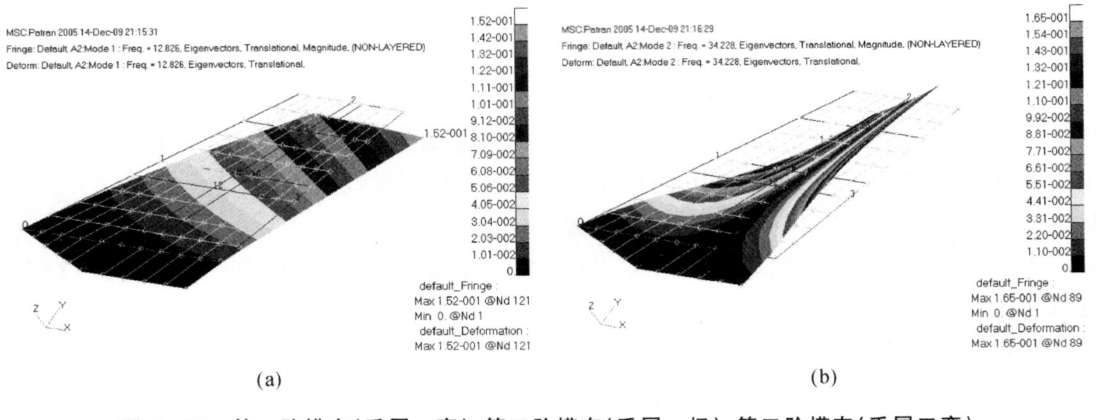

图 6－27　第一阶模态(垂尾一弯)，第二阶模态(垂尾一扭)，第二阶模态(垂尾二弯)

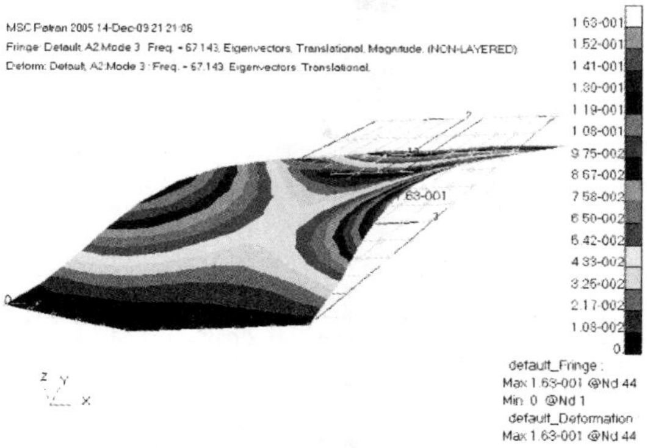

(c)

续图 6-27 第一阶模态(垂尾一弯),第二阶模态(垂尾一扭),第二阶模态(垂尾二弯)

表 6-6 脉动压力点对应分布区域

区域	单元	区域	单元	区域	单元
1	1,2,11,12,110,109	11	41,42,51,52	21	81,82,91,92
2	3,4,13,14,107,108	12	43,44,53,54	22	83,84,93,94
3	5,6,15,16,101,106	13	45,46,55,56	23	85,86,95,96
4	7,8,16,17,102,103	14	47,48,57,58	24	87,88,97,98
5	9,10,19,20,104,105	15	49,50,59,60	25	89,90,99,100
6	21,22,31,32	16	61,62,71,72		
7	23,24,33,34	17	63,64,73,74		
8	25,26,35,36	18	65,66,75,76		
9	27,28,37,38	19	67,68,77,78		
10	29,30,39,40	20	69,70,79,80		

表 6-7 各点的脉动压力的 RMS 值(扣除均值)

区域	RMS/Pa	区域	RMS/Pa	区域	RMS/Pa	区域	RMS/Pa	区域	RMS/Pa
1	23.393 1	6	36.021 7	11	39.983 8	16	16.442 4	21	12.931 6
2	20.941 5	7	44.765 2	12	29.225 8	17	13.259 5	22	7.120 5
3	24.471 6	8	28.784 9	13	37.195 7	18	16.252 9	23	7.235 1
4	30.798	9	29.129 9	14	40.041 2	19	18.251	24	6.318 2
5	51.841 9	10	29.825 7	15	44.228 3	20	19.972 6	25	4.840 1

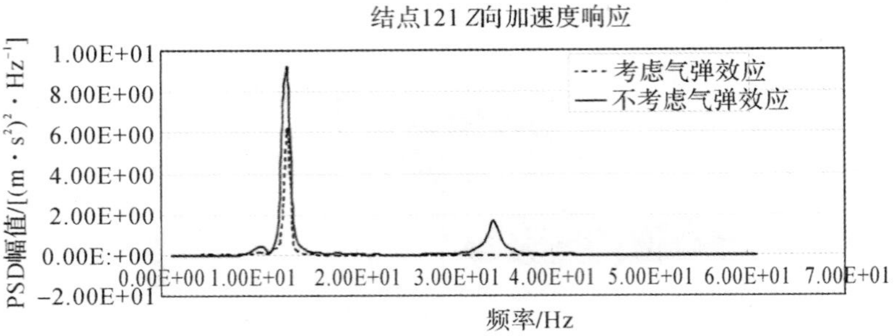

图 6-28　垂尾梢部后缘的加速度响应功频谱密度函数(PSD)

图 6-28 所示为垂尾梢部后缘处 NODE 121 的加速度响应功率谱密度曲线。采用 SOL 111,在不考虑翼面运动诱导附加气动力情况下计算得到的均方根为 3.9 m/s^2。响应主要对应于第一阶弯曲模态和第二阶扭转模态。耦合 SOL 146 求解器后,考虑翼面运动诱导附加气动力情况下得到的均方根为 2.27 m/s^2,相对于前者,在第一阶弯曲模态的响应明显减小,而在第二阶扭转模态,响应基本为 0,说明此时附加气动力主要起到阻尼的作用,而且其对扭转模态的影响要大于对弯曲模态的影响。

6.6　飞机防抖振设计

6.6.1　飞机防抖振改进设计的原则与方法

在飞机设计的初期,应采取预防抖振的措施,这主要从选择最佳气动布局着手。应仔细研究气动布局中各个参数对抖振特性的影响,争取在设计中保证飞机具有良好的抖振特性。当然,对于飞机布局参数的选择,获得良好的抖振性能只是需要考虑的因素之一。由于可能有一些不可预计的因素,设计的新型飞机往往在试飞中还是会发现抖振现象。这时应调查清楚发生抖振的部件,以及引起抖振的原因。适当地修改设计,改善局部流场条件,减少或排除气流分离,从而提高抖振边界,降低抖振强度。

一般而言,改善飞机抖振特性可以从下面几个方面来考虑:

(1)采用前缘缝翼可以改善机翼在较大攻角情况下的气流分离。前缘缝翼的偏转角、前伸量、间隙宽度、缝翼和机翼界面形状等对气流影响较大,应仔细考虑。

(2)机翼适当位置处安装翼刀,可有效控制低速时气流的分离。

(3)襟翼吹气或给前缘吹气,可延缓气流分离。

(4)采用边条翼。

(5)采用前缘锯齿。

(6)采用涡流发生器。

(7)在机身后部往往会引起分离,造成尾翼抖振。改善机身后部外形,或调整机身和尾翼的相对位置，可改善尾翼的抖振特性。

(8)减速板、炸弹舱门的打开会引起气流分离。修改这些部件的外形、调整安装位置可提高尾翼抖振特性。

6.6.2　飞机结构动力学防抖振设计实例

现代战斗机在大迎角和高载荷条件下的飞行和机动能力是其具备战术优势的必要条件。双垂尾抖振是限制现代及新一代战斗机性能的气动弹性问题。上游的机翼、机身尾流或边条涡流在到达垂尾之前已发生紊乱或破裂，这种非常紊乱的气流撞击到垂尾表面，将引起垂尾明显的振动，最终导致垂尾过早的疲劳损伤甚至破坏。双垂尾抖振问题不仅导致飞机结构损伤、出现疲劳破坏、飞机性能降低以及飞行包线受限，而且会增加飞机的检修和维护成本，如美国空军每年用于抖振的检修费用高达数百万美元，因此研究双垂尾抖振的减缓技术意义重大。

对垂尾抖振被动减缓问题的研究较多，方法层出不穷，概括起来大致有以下几种：垂尾结构特性修正，如增加局部刚度改变垂尾模态，但同时增加了结构重量，而且会影响加强区域周围结构强度和疲劳寿命等。另外，还可利用约束阻尼层、阻尼链、调谐质量阻尼器、接触阻尼、固体垫片阻尼等手段增加结构阻尼，从而减缓抖振响应。通过改善机身后部外形，或调整机身和尾翼的相对位置，改善尾翼的抖振特性。

流动(或涡)控制，例如，通过在机翼或 LEX 前缘增加流线方向格栅、机翼翼面或前缘切向吹/吸气，垂尾翼面局域通过气孔吹/吸气等方法来改变分离流路线或将涡破裂的位置推迟在垂尾之后，在特定的飞行条件下这些方法能有效地降低抖振载荷。

1. 刚度修改的防抖振设计

图 6－29 所示为某一垂尾风洞模型的动力学有限元模型，其前缘后掠角为 42°，根弦长为 394.5 mm，展长为 347.8 mm，初始厚度为 2 mm，边缘不削尖。将翼面划分为 16 个区域，即图中标记的 1、2、3、4、5(51 与 52)、6(61 与 62)、7、8、…、15、16 区域，每个区域的元素厚度一样，即翼面共有 16 个可变厚度。将 3 区域所在根弦的一段弦长 75 mm 的部分固支。取垂尾材料为铝，其密度 2 700 kg/m^3，弹性模量 E=68.5 GPa，泊松比为 0.32。

初始厚度下，垂尾的第一阶弯曲和扭转模态频率分别为 13.123 Hz 和 35.132 Hz。改变上述 16 个区域的一个或多个区域的厚度，即改变了垂尾的刚度分布，其各阶模态频率亦会发生变化。但改变厚度的同时，垂尾的质量分布及总质量亦会改变。因此，为了提高刚度改变的效率(即在相同质量增量下取得最大的刚度改变)，可以对各部分厚度的变化进行灵敏度分析。鉴于结构的模态频率是刚度和质量分布的综合反映，灵敏度分析中的响应取为结构的模态频率。又因为双垂尾抖振主要发生在一弯和/或一扭模态频率处，故取垂尾的第一阶弯曲和扭转模态频率(即前二阶模态频率)作为灵敏度分析中的两个响应量。求出灵敏度系数(响应改变量/厚度改变量)后，即可确定对刚度改变效率高的区域。

表 6－8 列出了所求的灵敏度系数值。由垂尾的结构形状及其边界约束情况以及一弯和一扭的模态形状可知，根部约束附近区域的变形较大，其刚度对垂尾的一弯和一扭的贡献比较大，而较远区域的变形小(刚体位移大)，其刚度对垂尾的一弯和一扭的贡献小，因此所求结果是合理的。

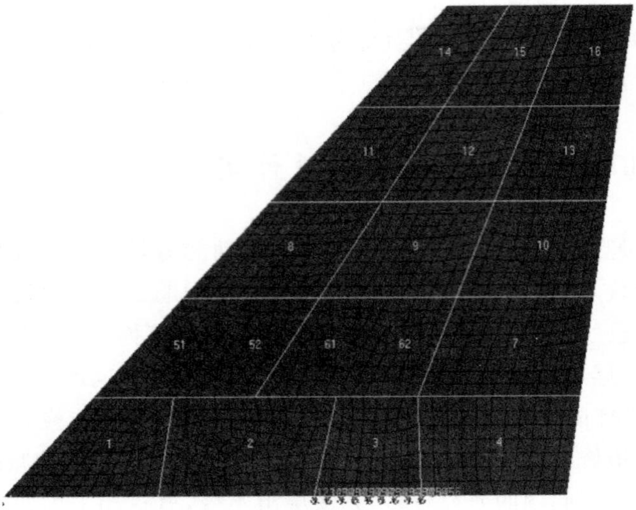

图 6-29 垂尾平面形状及有限元模型

表 6-8 垂尾前二阶模态频率对各区域厚度变化的灵敏度系数 单位:Hz/mm

	区域 1	区域 2	区域 3	区域 4	区域 5	区域 6	区域 7	区域 8
一弯	0.014 61	1.212	3.768	1.889	0.392 9	0.819 1	0.492 2	0.283 7
一扭	−2.191 8	8.074	8.146	2.563	−1.378	2.304	0.979 3	−0.965 2

	区域 9	区域 10	区域 11	区域 12	区域 13	区域 14	区域 15	区域 16
一弯	0.105 8	−0.047 30	−0.125 6	−0.271 0	−0.383 1	−0.460 1	−0.544 6	−0.629 5
一扭	0.531 3	0.198 9	−0.464 1	0.128 9	−0.178 3	−0.145 0	0.003 256	−0.310 7

由表 6-8 可以看出,对垂尾前二阶模态频率改变灵敏度较大的区域集中在区域 1~6,而最大的在区域 3,其对前二阶模态频率的改变同时达到最大,因此,取区域 3 的厚度对垂尾的刚度進行修改,可达到最大的修改效率(由图 6-24 可以看出,区域 3 对垂尾的总质量贡献也是最小的)。将该区域的厚度由 2 mm 变为 4 mm,改变后的垂尾其前二阶模态频率分别为 18.51 Hz 和 46.973 Hz,这二阶频率的相对增量分别为 41%和 34%。

可知,区域 3 厚度的改变,对垂尾前二阶模态频率的改变是显著的。厚度的修改可通过在该区域的一面或两面粘贴同形状的材料来实现。显然,可以选用不同于原结构的材料,并且,所用材料的弹性模量越高、密度越低,则达到的修改效果越好。

2. 垂尾局部刚度修改前后的算例对比

为验证垂尾局部刚度修改对抖振减缓的效果,对风洞试验模型进行了仿真计算。在实际修改时,为了加工方便,取区域 3 附近一规则形状区域进行修改,所用材料与原结构一样。将该区域的厚度由 2 mm 变为 4 mm,改变后的垂尾其前二阶模态频率分别为 21.085 Hz 和 62.653 Hz,这二阶频率的相对增量分别为 57.9%和 75.7%。

可知，区域 3 厚度的改变，对垂尾前二阶模态频率的改变是显著的。

对修改前、后的垂尾表面施加相同的均布脉动压力气动载荷，其功率谱密度曲线如图 6－30 所示。

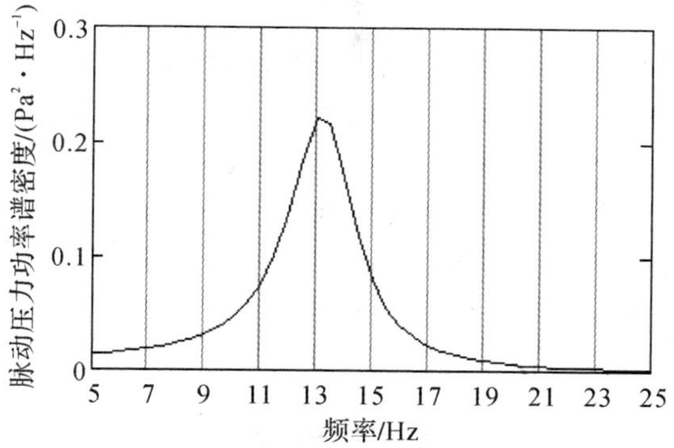

图 6－30 脉动压力功率谱密度曲线

分别对修改前、后的两个垂尾进行功率谱响应分析，图 6－31 为修改前、后垂尾根部处的应力响应功率谱曲线，表 6－9 列出了相应的均方根值。

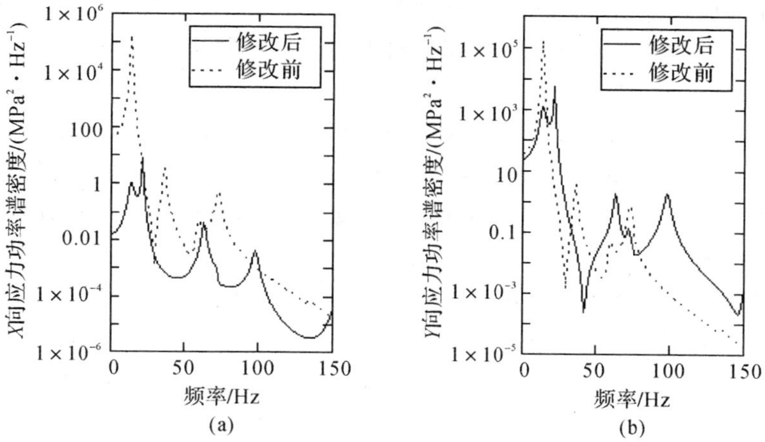

图 6－31 根部 *X* 向和 *Y* 向应力功率谱密度曲线

(a)*X* 向；(b)*Y* 向

表 6－9 刚度修改前后根部应力均方根值(kPa)比较

应力分量	修改前	修改后	降低量/(%)
NORMAL－*X*	471.9	36.7	92.2
NORMAL－*Y*	1 426.3	110.9	

从应力响应的功率谱响应曲线可以看到，在抖振响应的主要频带(即低频带)内，修改后的抖振响应曲线峰值下降了很多，而表 6－9 列出的抖振响应均方根值降低达 92.2%，计算表明，刚度局部修改(加强)对垂尾的抖振响应减缓效果是明显的。

思　考　题

1. 简述飞机抖振发生的原因。抖振的发生会对飞机产生哪些不利影响？
2. 如何确定飞机的抖振边界？
3. 飞机抖振深度的确定方法有哪些？
4. 飞机进入抖振区后产生的抖振载荷如何获得？
5. 简述飞机抖振响应计算方法的基本流程。
6. 飞机防抖振设计有哪些原则和方法可以参考？

参 考 文 献

[1] 姚起杭. 飞机动强度设计指南[M]. 西安：西北工业大学出版社，1997.

[2] 施荣明. 现代战斗机结构动强度设计技术指南[M]. 北京：航空工业出版社，2012.

[3] 吴谦. 抖振响应计算与设计载荷确定方法研究[D]. 西安：西北工业大学，2011.

[4] 陈忠实，余立. 2.4m 风洞飞行器模型抖振边界试验技术研究[J]. 流体力学实验与测量，2004(4)：24－28.

[5] ATTAR P J，GORDNIER R E，VISBAL M R. Numerical simulation of full-span delta wing buffet at high angle of attack[J]. Journal of Aircraft，2004. 45(3)：857－866.

[6] LEE B H K. Vertical tail buffeting of fighter aircraft [J]. Progress in Aerospace Sciences，2000，36：193－279.

[7] LEE B H K. A method of predicting wing response to buffet loads[J]. Journal of Aircraft，1984，21(1)：85－93.

第七章　飞机的突风载荷分析

7.1　大气扰动中的飞行

飞机在不平静的大气中飞行时，突风载荷对飞机的飞行品质、结构强度及乘坐舒适度都有重要的影响。对于运输类飞机、大展弦比长航时无人机（HALE）等这类大展弦比机翼飞机，遭遇突风时所引起的突风载荷，是其结构设计和强度校核工作中所采用的设计载荷，并且突风载荷所引起的结构疲劳问题也不容忽视，因此有必要开展针对此类型飞机的突风载荷计算和突风疲劳载荷谱分析的研究工作。

突风主要是指与飞机飞行方向垂直的风速突然变化，包括竖直平面内的垂直突风和水平面内的侧向突风。显然，根据相对风速的概念，突风会引起飞机迎角和姿态的改变，从而使飞机上产生附加的非定常气动力，进而引起飞机结构的振动响应（即突风响应），那么飞机结构各个部位产生的动态载荷（弯矩、剪力、扭矩）就是所谓的突风载荷。突风激励包含了各种频率成分，它对飞机的作用是一种外激励，并产生附加的气动力和惯性力。飞机在突风激励作用下，其运动过程具有强迫振动的特征。飞机的突风响应分析就是研究弹性飞机各个部位在突风激励下产生的位移、速度、加速度运动响应和飞机结构各个部位的弯矩、剪力、扭矩载荷响应的过程。

轻度突风引起的振动会干扰驾驶员的正常操作和乘坐舒适性，而重度突风引起的振动则会影响飞行任务的完成，甚至危及飞行安全。据美国国家运输安全委员会对1964—1975年这12年间的729次民用飞机飞行事故的统计，其中与突风（大气紊流）有关的飞行事故为183起，占总事故的25％。

突风响应问题是气动弹性动力学研究的两个重要问题之一，在现代飞机的设计过程中占有非常重要的地位。在飞机设计过程中，需要使用的突风响应有两种：一种是飞机各个部位的加速度响应，用于飞机振动环境的评估；另一种是飞机结构各个部位的弯矩、剪力和扭矩等，用于飞机结构强度的评估。一般来说，飞机的飞行载荷主要来源于机动飞行时的机动载荷、遭遇突风时的突风载荷等，对于不做急剧机动飞行的飞机，如运输机和大展弦比机翼无人机，往往是突风载荷大于机动载荷，即应将突风载荷作为其设计载荷。对于这种类型飞机的结构设计，合理地确定其在突风激励下的动响应具有重要的意义，它是飞机结构强度设计的重要依据之一，尤其是民机、大型运输机和大展弦比机翼无人机的设计，必须考虑飞机的突风载荷问题。

目前，对于突风的描述包括离散突风和连续突风（紊流）两类：前者表示确定性的风速变化；后者表示随机性的大气流动变化，其风速剖面是连续和不规则的，它实际上是一个幅值与频率随时间连续变化的随机函数。突风载荷主要影响飞机的乘坐品质及结构疲劳特性。实测表明，大气中占优势的是连续突风，因而研究飞机在连续突风作用下的突风响应问题更符合实际情况。

7.2 突风模型与突风响应分析

通常,可将突风分为两种类型:第一类是离散突风,其中最简单的是锐边突风模型,更复杂一点的是 1－cos 突风模型;第二类是连续大气紊流,即所谓的连续突风模型,这类突风的速度场是一个随机过程。

7.2.1 离散突风模型

离散突风响应分析是把大气扰动理想化为具有一定形状[如斜坡形、阶跃形、(1－cos)形]、一定梯度距离(即波长)以及一定强度的单个孤立突风,单个孤立突风的强度一般用折算当量突风速度来表示。通常在离散突风分析中仅把飞机视为刚体,通过分析它穿过这种理想突风时的沉浮运动,求出由此产生的飞机重心载荷系数。对于速度较低、较刚硬的飞机,长期的飞行记录表明,这种方法是成功的。但是随着飞行速度的增加、飞机尺寸的增大,飞机的动态响应特性有着显著的变化。较大的飞机以及具有相对较薄机翼的现代高速飞机,通常具有容易激起而又衰减较慢的弹性振动,而且某些飞机的最低阶弹性模态的频率接近于其刚体短周期模态的频率。对于这种飞机,弹性模态动态变形产生的动态应力会引起载荷的增加,飞机结构各部位上的应力不能简单地用飞机的重心载荷系数来描述,必须同时考虑飞机结构的许多部位上的应力响应。对于这种飞机,离散突风分析方法已不再适用。

在离散突风概念的基础上也可以考虑动态效应,这就是调谐离散突风分析方法。该方法要求在分析飞机穿过离散突风的运动时,要计入飞机的弹性模态,离散突风的形状与强度保持不变,仅改变突风梯度距离(即波长),使飞机结构各部位上的动态载荷响应达到各自的最大值,并按此最大载荷进行设计。

离散突风分析方法是一种典型的“最坏突风情况”分析方法,必须考虑由最有害突风梯度的离散突风引起的高载荷。

离散突风表现为确定性的风速变化,为确定性突风。最简单的离散突风模型是锐边突风模型,如图 7－1 所示。锐边突风模型可表示为

$$w_{\mathrm{g}}=\begin{cases}w_0\,,t>x/V\\0\,,t<x/V\end{cases}\tag{7.1}$$

式中,w_0 为突风速度幅值,为常量。坐标系 (x,z) 固结于飞行器上,坐标系 (x',z') 固结于大气中。在固结于飞行器的坐标系 (x,z) 中,坐标为 x 的任意一点在固结于大气的坐标系 (x',z') 中的坐标可表示为 $x'=x-Vt$,这里假定在 $t=0$ 时有 $x'=x$ 成立。

更为逼真的突风模型则考虑了突风场的空间尺度。在评价飞行品质和飞控系统设计时,广泛使用 1－cos 突风模型。1－cos 突风模型可表示为

$$w_{\mathrm{g}}=\begin{cases}\dfrac{w_{\mathrm{m}}}{2}\left(1-\cos\dfrac{2\pi x'}{x_{\mathrm{g}}}\right),\quad x/V<t<(x+x_{\mathrm{g}})/V\\0,\quad t<x/V\text{ 或 }t>(x+x_{\mathrm{g}})/V\end{cases}\tag{7.2}$$

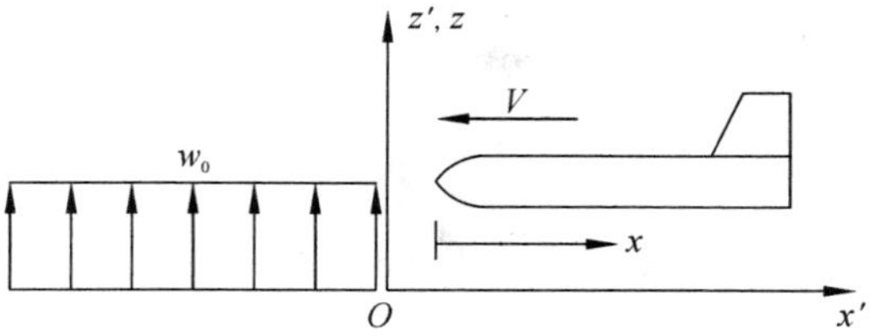

图 7-1 锐边突风

式中，w_m 为突风速度幅值；x_g 为突风尺度，为正的常数。1—cos 突风如图 7-2 所示。

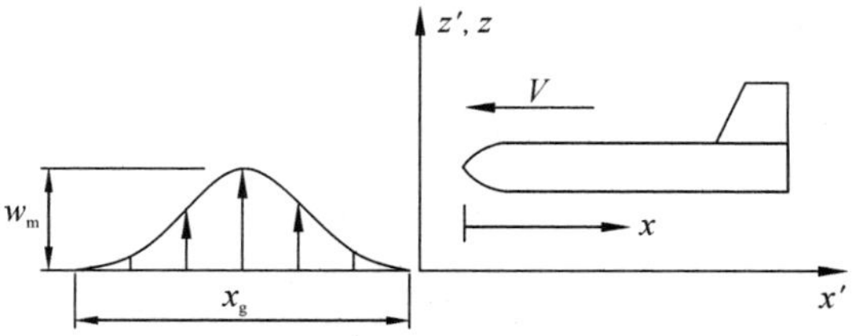

图 7-2 1—cos 突风

7.2.2 连续突风模型

对于连续突风（紊流）模型的研究始于 20 世纪中叶。从 20 世纪 50 年代开始，国外学者对大气紊流现象进行了大量理论和试验研究，并提出了 Von Kármán 突风模型和 Dryden 突风模型这两种著名的连续突风功率谱模型。两种模型的建立方法有较大的差别：Von Kármán 模型首先根据大量的测量和统计数据，建立大气紊流的功率谱密度函数，再推导出相应的相关函数；Dryden 模型则先根据经验建立大气紊流的相关函数，然后推导得到描述大气紊流特性的功率谱密度函数。显然，Von Kármán 模型能更为真实地反映大气紊流特性，Dryden 模型实质上是对前者的近似，特别是在高频端，两种功率谱密度函数的斜率不同，Dryden 模型存在一定的误差。在早期的连续突风问题研究中，由于 Dryden 模型的功率谱密度形式为有理式，较为简单，所以人们常采用 Dryden 大气紊流模型，通过共轭分解生成大气紊流时域模型。然而，在弹性飞行器突风响应问题的研究中，由于飞机结构模态频率通常处于高频范围，Von Kármán 大气紊流模型成为连续突风响应分析的最佳突风模型。

具有时间随机特性的气动激振力是由波长很短的连续大气紊流产生的。一般将紊流看成是平稳、连续、各态历经的随机过程。紊流会使乘员感到不适，甚至还会引发事故。对紊流激励下的气动弹性动力响应问题必须采用统计的方法。大气紊流一般用功率谱密度（PSD）描述。目前，广泛使用的紊流模型（突风速度的功率谱密度）是 Dryden 模型和 Von Kármán 模型。

对于垂直突风，突风速度的 Dryden 自功率谱密度函数（单边谱）为

$$\Phi_G(\omega) = 2\sigma_w^2\tau_g \frac{1+3(\omega\tau_g)^2}{[1+(\omega\tau_g)^2]^2} \tag{7.3}$$

VonKármán 自功率谱密度函数（单边谱）为

$$\Phi_G(\omega) = 2\sigma_w^2\tau_g \frac{1+\frac{8}{3}(1.339\omega\tau_g)^2}{[1+(1.339\omega\tau_g)^2]^{11/6}} \tag{7.4}$$

以上两式中，σ_w 是均方根突风速度；$\tau_g = L_s/V$ ，L_s 是紊流尺度，V 是飞行速度；ω 为圆频率，单位为 rad/s。突风速度的均方值为

$$\sigma_w^2 = \frac{1}{2\pi}\int_0^{\infty} \Phi_G(\omega)\mathrm{d}\omega \tag{7.5}$$

当功率谱密度函数以 $f = \omega/2\pi$ 为自变量时，Dryden 自功率谱密度函数为

$$\Phi_G(f) = 2\sigma_w^2\tau_g \frac{1+3(2\pi f \cdot \tau_g)^2}{[1+(2\pi f \cdot \tau_g)^2]^2} \tag{7.6}$$

Von *Kármán* 自功率谱密度函数为

$$\Phi_G(f) = 2\sigma_w^2\tau_g \frac{1+\frac{8}{3}(1.339 \cdot 2\pi f \cdot \tau_g)^2}{[1+(1.339 \cdot 2\pi f \cdot \tau_g)^2]^{11/6}} \tag{7.7}$$

此时，突风速度的均方值为

$$\sigma_w^2 = \int_0^{\infty} \Phi_G(f)\mathrm{d}f \tag{7.8}$$

图 7-3 给出了 Von *Kármán* 与 Dryden 自功率谱密度函数曲线。

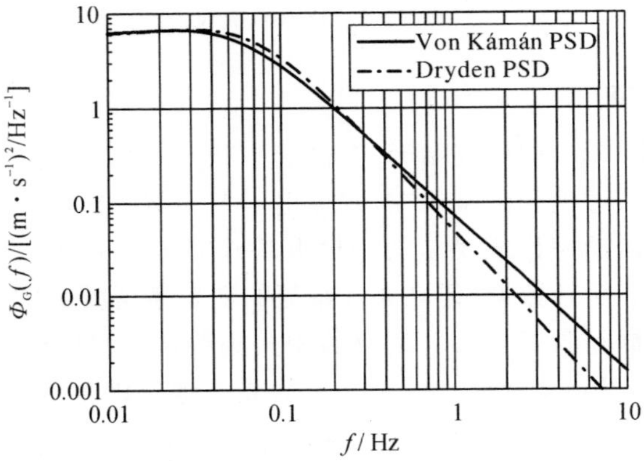

图 7-3　突风速度自功率谱密度函数($\sigma_w = 1.0$ m/s , $\tau_g = 3.0$)

7.2.3　刚性机翼在离散锐边突风作用下的响应

1. 采用准定常气动力的突风响应

如图 7-4 所示，机翼弦长为 $2b$、面积为 S 的刚性机翼进入垂直速度分布为 $w_g(t)$ 的离散突风场中。为简单起见，略去俯仰运动的影响，假定突风沿机翼的展向是均匀分布的。此系统只有一个沉浮自由度，即垂直于航迹的位移 ξ（向上为正）。机翼的质量用 M 表示。由于在稳态飞行条件下，机翼的重力与作用其上的定常气动力相平衡而互相抵消，因此可不考虑重力的作用。

刚性机翼在突风作用下的运动方程为

$$M\ddot{\xi}(t) = Q(\xi,t) \tag{7.9}$$

如果采用准定常气动力计算突风与飞机运动产生的广义气动力。根据准定常片条理论，单位展长机翼上的升力为

$$L(\xi,t)=2\pi\rho_a V^2 b\left[\frac{w_g(t)}{V}-\frac{\dot{\xi}(t)}{V}\right] \tag{7.10}$$

广义气动力为

$$Q(\xi,t)=\int_{-l}^{l}L(\xi,t)\mathrm{d}y=\pi\rho_a VS[w_g(t)-\dot{\xi}(t)] \tag{7.11}$$

记

$$\lambda=\frac{\pi\rho_a VS}{M} \tag{7.12}$$

则

$$\ddot{\xi}(t)=\lambda[w_g(t)-\dot{\xi}(t)] \tag{7.13}$$

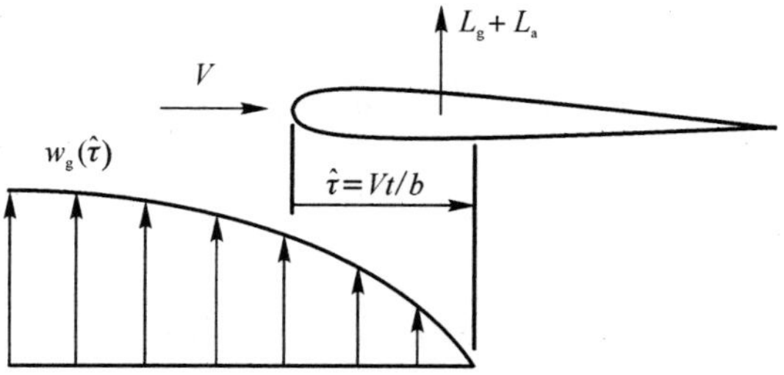

图 7-4　遭遇突风干扰的刚性机翼

式(7.13)可改写成

$$\ddot{\xi}(t)=\lambda w_0 e^{-\lambda t}\ \frac{\mathrm{d}}{\mathrm{d}t}[\dot{\xi}(t)e^{\lambda t}]=\lambda w_g(t)e^{\lambda t} \tag{7.14}$$

注意到初始条件 $\xi(0)=\dot{\xi}(0)=0$，积分两次，得到

$$\dot{\xi}(t)=\lambda e^{-\lambda t}\int_0^t w_g(\tau)e^{\lambda\tau}\mathrm{d}\tau \tag{7.15}$$

$$\xi(t)=\lambda\int_0^t e^{-\lambda\sigma}\mathrm{d}\sigma\int_0^\sigma w_g(\tau)e^{\lambda\tau}\mathrm{d}\tau \tag{7.16}$$

更换积分次序，得到

$$\xi(t)=\lambda\int_0^t w_g(\tau)e^{\lambda\tau}\mathrm{d}\tau\int_\tau^t e^{-\lambda\sigma}\mathrm{d}\sigma=\int_0^t w_g(\tau)(1-e^{-\lambda(t-\tau)})\mathrm{d}\tau \tag{7.17}$$

对陡边突风，$w_g(t)=w_0U_g(t)$，$U_g(t)$ 为阶跃函数，从而

$$\xi(t)=w_0(t)-\frac{w_0}{\lambda}(1-e^{\lambda t})U_g(t) \tag{7.18}$$

(7.19)

当 $t=0$，加速度达到最大，即

$$\ddot{\xi}_{\max}=\lambda w_0=\frac{\pi\rho_a VS}{M}w_0 \tag{7.20}$$

除以重力加速度，得到所谓的“陡边突风公式”，即突风引起的过载因子增量

$$\Delta n=\frac{\xi_{\max}}{g}=\frac{\pi\rho_a VS}{Mg}w_0 \tag{7.21}$$

虽然这个公式很简化，但是在工程中，如果根据它把试验所得的加速度资料折算成所谓的

有效突风速度，就可以估算同类飞机的突风过载因子。这样做的关键是针对每一类飞机如何确定相应的有效突风速度。

2. 采用非定常气动力的突风响应

只考虑机翼的沉浮运动，则机翼的运动方程为

$$M\ddot{\xi} = \int_{-l}^{l} L_{g} \mathrm{d}y + \int_{-l}^{l} L_{a} \mathrm{d}y \tag{7.22}$$

式中，L_g 表示单位展长机翼上受到由突风产生的升力；L_a 表示单位展长机翼上由于机翼沉浮运动产生的非定常气动力；l 为机翼的半展长。

引入无量纲时间变量 $\hat{\tau}$：

$$\hat{\tau} = Vt/b \tag{7.23}$$

则运动方程式(7.22)变为

$$\frac{V^2}{b^2}M\xi'' = \int_{-l}^{l} L_{g} \mathrm{d}y + \int_{-l}^{l} L_{a} \mathrm{d}y \tag{7.24}$$

这里，$(') = \mathrm{d}(\ )/\mathrm{d}\hat{\tau}$。

由突风产生的升力 L_g 可写为

$$L_{g} = 2\pi\rho_{a} Vb\left[w_{g}(0)\varphi_{g}(\hat{\tau}) + \int_{0}^{\hat{\tau}}\left[\frac{\mathrm{d}w_{g}(\sigma)}{\mathrm{d}\sigma}\varphi_{g}(\hat{\tau}) - \sigma\right]\mathrm{d}\sigma\right] \tag{7.25}$$

式中，$\varphi_g(\hat{\tau})$ 是 Küssner 函数。对式(7.25)进行分部积分，得到

$$L_{g} = 2\pi\rho_{a} Vb\int_{0}^{\hat{\tau}}[w_{g}(\sigma)\varphi'_{g}(\hat{\tau}) - \sigma]\mathrm{d}\sigma \tag{7.26}$$

式(7.26)的推导中利用了 $\varphi_g(0) = 0$ 的条件。

机翼沉浮运动产生的气动升力为

$$L_{a} = -2\pi\rho_{a} V^2\int_{0}^{\hat{\tau}}[\xi''\varphi_{w}(\hat{\tau}) - \sigma]\mathrm{d}\sigma \tag{7.27}$$

式中，$\varphi_w(\hat{\tau})$ 是 Wagner 函数。

于是，式(7.24)可重写为

$$\frac{V^2}{b^2}M\xi'' = \pi\rho_{a} V^2 S\left[\int_{0}^{\hat{\tau}}\left[\frac{w_{g}(\sigma)}{V}\varphi'_{g}(\hat{\tau}) - \sigma\right]\mathrm{d}\sigma - \frac{1}{b}\int_{0}^{\hat{\tau}}[\xi''\varphi_{w}(\hat{\tau}) - \sigma]\mathrm{d}\sigma\right] \tag{7.28}$$

3. 突风响应的 Laplace 变换解法

Laplace 变换解法是求解气动弹性突风响应问题的常用方法之一。注意到式(7.28)中的时间变量已经转换为无量纲时间 $\hat{\tau}$，对该式的两端进行 Laplace 变换，得到

$$\frac{V^2}{b^2}M\tilde{p}^2\xi(\tilde{p}) = \pi\rho_{a} V^2 S\left[\frac{w_{g}(\tilde{p})}{V}\tilde{p}\varphi_{g}(\tilde{p}) - \frac{\tilde{p}^2}{b}\xi(\tilde{p})\varphi_{w}(\tilde{p})\right] \tag{7.29}$$

式中，$\tilde{p}$ 为 Laplace 变量。变换中应用了零初始条件 $\xi(0) = \xi'(0) = 0$，以及卷积的 Laplace 变换公式。在 Laplace 域中，可由式(7.29)解出 $\xi(\tilde{p})$：

$$\xi(\tilde{p}) = \frac{b[w_{g}(\tilde{p})/V\varphi_{g}(\tilde{p})]}{\tilde{p}[\mu_{M} + \varphi_{w}(\tilde{p})]} \tag{7.30}$$

式中，质量参数 μ_M 为

$$\mu_{M} = \frac{M}{\pi\rho_{a} Sb} \tag{7.31}$$

Küssner 函数和 Wagner 函数可分别近似为

$$\varphi_g(\hat{\tau}) = 1 - 0.500e^{-0.130\hat{\tau}} - 0.500e^{-\hat{\tau}} \tag{7.32a}$$

$$\varphi_w(\hat{\tau}) = 1 - 0.165e^{-0.0455\hat{\tau}} - 0.335e^{-0.300\hat{\tau}} \tag{7.32b}$$

相应的 Laplace 变换为

$$\varphi_g(\tilde{p}) = \frac{1}{\tilde{p}} - \frac{0.500}{\tilde{p}+0.130} - \frac{0.500}{\tilde{p}+1} \tag{7.33a}$$

$$\varphi_w(\tilde{p}) = \frac{1}{\tilde{p}} - \frac{0.165}{\tilde{p}+0.0455} - \frac{0.335}{\tilde{p}+0.300} \tag{7.33b}$$

于是，将式(7.33)代入到式(7.30)中，整理后得到

$$\xi(\tilde{p}) = \frac{0.565b}{\mu_M}\frac{w_g(\tilde{p})}{V}\frac{\tilde{p}^3+0.575\,6\tilde{p}^2+0.093\,15\tilde{p}+0.003\,141}{\tilde{p}(\tilde{p}+0.13)(\tilde{p}+1)(\tilde{p}^3+c_1\tilde{p}^2+c_2\tilde{p}+c_3)} \tag{7.34}$$

式中

$$\left.\begin{aligned} c_1 &= 0.345\,5+0.5/\mu_M \\ c_2 &= 0.013\,65+0.280\,76/\mu_M \\ c_3 &= 0.013\,65/\mu_M \end{aligned}\right\} \tag{7.35}$$

对于锐边突风，有

$$w_g(\hat{\tau}) = w_0 U_{\text{step}}(\hat{\tau}) \tag{7.36}$$

式中，w_0 为突风速度的幅值；$U_{\text{step}}(\hat{\tau})$ 为单位阶跃函数。式(7.36)的 Laplace 变换为

$$w_g(\tilde{p}) = w_0/\tilde{p} \tag{7.37}$$

注意到 $\ddot{\xi} = (V^2/b^2)\xi''(\hat{\tau})$ 及零初始条件，容易得到刚性机翼在锐边突风载荷作用下沉浮加速度的表达式，即

$$\ddot{\xi}(\hat{\tau}) = \frac{V^2}{b^2}L^{-1}[\tilde{p}^2\xi(\tilde{p})] = \frac{0.565}{\mu_M}\frac{Vw_0}{b}L^{-1}\left[\frac{\overline{M}(\tilde{p})}{\overline{N}(\tilde{p})}\right] \tag{7.38}$$

式中
$$\overline{M}(\tilde{p}) = \tilde{p}^3+0.575\,6\tilde{p}^2+0.093\,15\tilde{p}+0.003\,141$$

$$\overline{N}(\tilde{p}) = (\tilde{p}+0.13)(\tilde{p}+1)(\tilde{p}^3+c_1\tilde{p}^2+c_2\tilde{p}+c_3)$$

对式(7.38)应用 Heaviside 部分分式展开定理，得到

$$\ddot{\xi}(\hat{\tau}) = \frac{0.565}{\mu_M}\frac{Vw_0}{b}(a_1e^{-0.130\hat{\tau}}+a_2e^{-\hat{\tau}}+b_1e^{\gamma_1\hat{\tau}}+b_2e^{\gamma_2\hat{\tau}}+b_3e^{\gamma_3\hat{\tau}}) \tag{7.39}$$

式中，γ_1，γ_2 和 γ_3 是如下三次方程的根：

$$\tilde{p}^3+c_1\tilde{p}^2+c_2\tilde{p}+c_3 = (\tilde{p}-\gamma_1)(\tilde{p}-\gamma_2)(\tilde{p}-\gamma_3) = 0 \tag{7.40}$$

而 a_1，a_2，b_1，b_2 和 b_3 可按下式计算：

$$a_1 = \frac{\overline{M}(-0.130)}{\overline{N}'(-0.130)},\quad a_2 = \frac{\overline{M}(-1)}{\overline{N}'(-1)};\ b_k = \frac{\overline{M}(\gamma_k)}{\overline{N}'(\gamma_k)},\quad k=1,2,3 \tag{7.41}$$

式中

$$\overline{N}'(p_k) = \left[\frac{\mathrm{d}}{\mathrm{d}p}\tilde{N}(\tilde{p})\right]_{\tilde{p}=p_k} \tag{7.42}$$

基于准定常空气动力理论得到的刚性机翼在锐边突风作用下的最大沉浮加速度为

$$\ddot{\xi}_{\max} = \lambda w_0 = \frac{\pi\rho_a VS}{M} w_0 = \frac{w_0 V}{\mu_M b} \tag{7.43}$$

加速度比 a_R 定义为 $\ddot{\xi}$ 与 $\ddot{\xi}_{\max}$ 之比，即

$$a_R = \frac{\ddot{\xi}}{\ddot{\xi}_{\max}} = 0.565(a_1 e^{-0.130\hat{\tau}} + a_2 e^{-\hat{\tau}} + b_1 e^{\gamma_1\hat{\tau}} + b_2 e^{\gamma_2\hat{\tau}} + b_3 e^{\gamma_3\hat{\tau}}) \tag{7.44}$$

对于不同的质量参数 μ_M，机翼加速度比 a_R 的时间历程如图 7-5 所示。可见，在相同的质量参数 μ_M 下，采用非定常气动力模型得到的最大加速度总是小于采用准定常气动力模型得到的最大加速度。

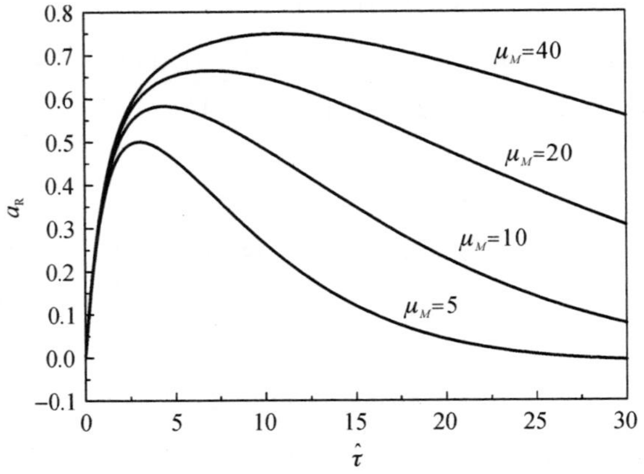

图 7-5　无量纲加速度响应

7.2.4　弹性机翼在离散锐边突风作用下的响应

考虑一个在垂直速度为 $w_g(\hat{\tau})$ 的突风中运动的大展弦比直机翼，假定突风速度沿展向是均匀的。设机翼的挠度为 $w(y,t)$，向上为正。由于机翼穿过离散突风时的变形以弯曲变形为主，因此这里只考虑机翼的弯曲变形 $w(y,t)$。大展弦比直机翼属于一维梁式系统，因此依赖于时间的弯曲位移分布可写为

$$w(y,t) = \sum_{r=1}^{n} \psi_r(y) q_r(t) \tag{7.45}$$

式中，$\psi_r(y)$ 表示机翼的第 r 阶弯曲固有振型；$q_r(t)$ 为第 r 阶模态位移。

模态坐标系下机翼的运动方程可写为

$$M_r \ddot{q}_r + D_r \dot{q}_r + M_r \omega_r^2 q_r = Q_r^g(t) + Q_r^a(t),\ r = 1,2,\cdots,n \tag{7.46}$$

式中

$$M_r = \int_0^l m(y)\psi_r^2(y)\mathrm{d}y,\quad Q_r^g(t) = \int_0^l L_g(y,t)\psi_r(y)\mathrm{d}y,\quad Q_r^a(t) = \int_0^l L_a(y,t)\psi_r(y)\mathrm{d}y$$

其中，$m(y)$ 为单位长度机翼的质量；l 为机翼半展长；ω_r 是第 r 阶弯曲固有频率；$Q_r^g(t)$ 表示由突风产生的第 r 阶模态气动力；$Q_r^a(t)$ 表示由系统运动而产生的第 r 阶模态非定常升力。

引入无量纲时间变量 $\hat{\tau}$ 如下：

$$\hat{\tau} = \frac{Vt}{b_R} \tag{7.47}$$

式中，b_R 表示参考半弦长，则方程式(7.34)可转化为如下的无量纲形式：

$$\frac{V^2}{b_R^2}M_r q''_r(\hat{\tau})+\frac{V}{b_R}D_r q'_r(\hat{\tau})+M_r\omega_r^2 q_r(\hat{\tau})=Q_r^g(\hat{\tau})+Q_r^a(\hat{\tau}),\ r=1,2,\cdots,n \tag{7.48}$$

式中，$(')=\mathrm{d}(\ )/\mathrm{d}\hat{\tau}$ 。

展向位置 y 处的局部半弦长 $b(y)$ 可用参考半弦长表示为 $b(y)=a(y)b_R$ 。根据片条理论，由 $w_g(\hat{\tau})$ 产生的局部气动力在 $w_g(0)=0$ 时可表示为

$$L_g(y,\hat{\tau})=2\pi\rho_a Va(y)b_R\int_0^{\hat{\tau}}\frac{\mathrm{d}w_g(\sigma)}{\mathrm{d}\sigma}\varphi_g(\hat{\tau}-\sigma)\mathrm{d}\sigma \tag{7.49}$$

由机翼沉浮运动产生的非定常气动升力为

$$L_a(y,\hat{\tau})=-2\pi\rho_a V^2 a(y)\int_0^{\hat{\tau}}\Big(\sum_{s=1}^{n}\psi_s(y)q_s''(\sigma)\Big)\varphi_w(\hat{\tau}-\sigma)\mathrm{d}\sigma \tag{7.50}$$

将式(7.49)和式(7.50)代入到式(7.48)中，两边除以 $2\pi\rho_a V^2 b_R^2 l$ ，得到无量纲形式的突风响应运动方程为

$$\begin{aligned}&\mu_r q_r''(\hat{\tau})+\beta_r q_r'(\hat{\tau})+\chi_r q_r(\hat{\tau})-\\&\frac{1}{Vb_R}\int_0^1\int_0^{\hat{\tau}}\psi_r(\tilde{y})a(\tilde{y})\frac{\mathrm{d}w_g(\sigma)}{\mathrm{d}\sigma}\varphi_g(\hat{\tau}-\sigma)\mathrm{d}\tilde{y}\mathrm{d}\sigma+\\&\frac{1}{b_R^2}\int_0^1\int_0^{\hat{\tau}}\psi_r(\tilde{y})a(\tilde{y})\Big[\sum_{s=1}^{n}\psi_s(\tilde{y})q_s''(\sigma)\Big]\varphi_w(\hat{\tau}-\sigma)\mathrm{d}\tilde{y}\mathrm{d}\sigma=0,\ r=1,2,\cdots,n.\end{aligned} \tag{7.51}$$

式中

$$\mu_r=\frac{M_r}{2\pi\rho_a b_R^4 l},\quad \beta_r=\frac{D_r}{2\pi\rho_a Vb_R^3 l},\quad \chi_r=\frac{M_r\omega_r^2}{2\pi\rho_a V^2 b_R^2 l} \tag{7.52}$$

$\tilde{y}=y/l$ ，是无量纲展向坐标。

7.2.5　突风响应和翼根弯矩的计算

考虑等剖面大展弦比机翼情况，即 $b_R=b=\mathrm{const}$ ，并只考虑一阶沉浮弯曲振动。此时式(7.51)变为

$$\begin{aligned}&\mu_1 q''_1(\hat{\tau})+\beta_1 q'_1(\hat{\tau})+\chi_1 q_1(\hat{\tau})-\\&\frac{I_1}{Vb}\int_0^{\hat{\tau}}\frac{\mathrm{d}w_g(\sigma)}{\mathrm{d}\sigma}\varphi_g(\hat{\tau}-\sigma)\mathrm{d}\sigma+\frac{I_2}{b^2}\int_0^{\hat{\tau}}q''_1(\sigma)\varphi_w(\hat{\tau}-\sigma)\mathrm{d}\sigma=0\end{aligned} \tag{7.53}$$

式中

$$I_1=\int_0^1\psi_1(\tilde{y})\mathrm{d}\tilde{y},\quad I_2=\int_0^1\psi_1^2(\tilde{y})\mathrm{d}\tilde{y}$$

$$\mu_1=\frac{M_1}{2\pi\rho_a b^4 l},\quad \beta_1=\frac{D_1}{2\pi\rho_a Vb^3 l},\quad \chi_1=\frac{M_1\omega_1^2}{2\pi\rho_a V^2 b^2 l}$$

仍采用 Laplace 变换法求解上面的积分微分方程。对上式进行 Laplace 变换后得到下列线性代数方程：

$$(\mu_1\tilde{p}^2+\beta_1\tilde{p}+\chi_1)q_1(\tilde{p})-\frac{I_1}{Vb}\tilde{p}w_g(\tilde{p})\varphi_g(\tilde{p})+\frac{I_2}{b^2}\tilde{p}^2 q_1(\tilde{p})\varphi_w(\tilde{p})=0 \tag{7.54}$$

由此解得

$$q_1(\tilde{p})=\frac{I_1}{Vb}\frac{w_g(\tilde{p})\varphi_g(\tilde{p})}{\mu_1\tilde{p}+\beta_1+\frac{\chi_1}{}+\frac{I_2}{b^2}\tilde{p}\varphi_w(\tilde{p})} \tag{7.55}$$

将 $w_g(p)=w_0/\tilde{p}$（锐边突风）及 $\varphi_g(\tilde{p})$ 、$\varphi_w(\tilde{p})$ 的具体表达式代入式(7.55)，整理后得到

$$q_1(\tilde{p})=\frac{I_1}{b}\frac{w_0}{V}\frac{\overline{M}(\tilde{p})}{\overline{N}(\tilde{p})} \tag{7.56}$$

式中

$$\overline{M}(\tilde{p})=0.565\tilde{p}(\tilde{p}^3+0.575\,6\tilde{p}^2+0.093\,15\tilde{p}+0.003\,141)$$

$$\overline{N}(\tilde{p})=\tilde{p}^2(\tilde{p}+0.13)(\tilde{p}+1)\{(\mu_1\tilde{p}^2+\beta_1\tilde{p}+\chi_1)(\tilde{p}+0.045\,5)(\tilde{p}+0.3)+$$
$$(I_2/b^2)\tilde{p}[(\tilde{p}+0.045\,5)(\tilde{p}+0.3)-0.165\tilde{p}(\tilde{p}+0.3)-0.335\tilde{p}(\tilde{p}+0.045\,5)]\}$$

于是，有

$$\ddot{q}_1(\hat{\tau})=\frac{V^2}{b^2}L^{-1}[\tilde{p}^2q_1(\tilde{p})]=\frac{I_1Vw_0}{b^3}L^{-1}\left[\frac{\overline{M}(\tilde{p})}{\overline{N}^*(\tilde{p})}\right] \tag{7.57}$$

式中，$\overline{N}^*(\tilde{p})=\overline{N}(\tilde{p})/\tilde{p}^2$ 。

为了应用 Heaviside 部分分式展开定理，应把 $\overline{N}^*(\tilde{p})$ 变为如下形式：

$$\overline{N}^*(\tilde{p})=\mu_1(\tilde{p}+0.13)(\tilde{p}+1)(\tilde{p}^4+c_1\tilde{p}^3+c_2\tilde{p}^2+c_3\tilde{p}+c_4) \tag{7.58}$$

式中

$$\left.\begin{aligned}
c_1&=0.345\,5+\frac{\beta_1}{\mu_1}+0.5\frac{I_2}{b^2\mu_1}\\
c_2&=0.013\,65+0.345\,5\frac{\beta_1}{\mu_1}+\frac{\chi_1}{\mu_1}+0.280\,76\frac{I_2}{b^2\mu_1}\\
c_3&=0.345\,5\frac{\chi_1}{\mu_1}+0.013\,65\frac{\beta_1}{\mu_1}+0.013\,65\frac{I_2}{b^2\mu_1}\\
c_4&=0.013\,65\frac{\chi_1}{\mu_1}
\end{aligned}\right\} \tag{7.59}$$

利用 Heaviside 部分分式展开定理，由式(7.57)得到

$$\ddot{q}_1(\hat{\tau})=\frac{I_1Vw_0}{b^3}(a_1e^{-0.130\hat{\tau}}+a_2e^{-\hat{\tau}}+b_1e^{\gamma_1\hat{\tau}}+b_2e^{\gamma_2\hat{\tau}}+b_3e^{\gamma_3\hat{\tau}}+b_4e^{\gamma_4\hat{\tau}}) \tag{7.60}$$

式中，γ_1 ，γ_2 ，γ_3 和 γ_4 是如下四次方程的根：

$$\tilde{p}^4+c_1\tilde{p}^3+c_2\tilde{p}^2+c_3\tilde{p}+c_4=(\tilde{p}-\gamma_1)(\tilde{p}-\gamma_2)(\tilde{p}-\gamma_3)(\tilde{p}-\gamma_4)=0 \tag{7.61}$$

而 a_1 ，a_2 ，b_1 ，b_2 ，b_3 和 b_4 可按下式计算：

$$a_1=\frac{\overline{M}(-0.130)}{\overline{N}^{*\prime}(-0.130)},\quad a_2=\frac{\overline{M}(-1)}{\overline{N}^{*\prime}(-1)};\quad b_i=\frac{\overline{M}(\gamma_i)}{\overline{N}^{*\prime}(\gamma_i)},\ i=1,2,3,4 \tag{7.62}$$

求得 $\ddot{q}_1(\hat{\tau})$ 之后，翼尖处的加速度响应 $a_{tip}(\hat{\tau})$ 可表示为

$$a_{tip}=\psi_1(1)\ddot{q}_1(\hat{\tau}) \tag{7.63}$$

机翼翼根处的沉浮弯曲力矩可表示为

$$M_{root}(\hat{\tau})=l^2\int_0^1\left[L_g(\tilde{y},\hat{\tau})+L_a(\tilde{y},\hat{\tau})-\frac{V^2}{b^2}\psi_1(\tilde{y})q_1''(\hat{\tau})m(\tilde{y})\right]\tilde{y}d\tilde{y} \tag{7.64}$$

对式(7.49)进行分部积分，得到突风气动力如下：

$$L_g(\tilde{y},\hat{\tau})=2\pi\rho_aVb\int_0^{\hat{\tau}}w_g(\sigma)\frac{d\varphi_g(\hat{\tau}-\sigma)}{d(\hat{\tau}-\sigma)}d\sigma \tag{7.65}$$

根据式(7.50)，得到由沉浮运动产生的非定常气动力为

$$L_a(\tilde{y},\hat{\tau}) = -2\pi\rho_a V^2 \int_0^{\hat{\tau}} \psi_1(\tilde{y}) q''_1(\sigma)\varphi_w(\hat{\tau}-\sigma)\mathrm{d}\sigma \tag{7.66}$$

为计算方便，将式(7.64)分为如下三个积分的和的形式：

$$M_{root}(\hat{\tau}) = l^2[J_1(\hat{\tau}) + J_2(\hat{\tau}) + J_3(\hat{\tau})] \tag{7.67}$$

第一个积分为

$$J_1(\hat{\tau}) = 2\pi\rho_a Vb\int_0^1\left[\int_0^{\hat{\tau}} w_g(\sigma)\varphi'_g(\hat{\tau}-\sigma)\mathrm{d}\sigma\right]\tilde{y}\mathrm{d}\tilde{y} \tag{7.68}$$

该积分可精确计算，结果为

$$J_1(\hat{\tau}) = \pi\rho_a Vbw_0[1-0.5(\mathrm{e}^{-0.13\hat{\tau}}+\mathrm{e}^{-\hat{\tau}})] \tag{7.69}$$

第二个积分为

$$J_2(\hat{\tau}) = -2\pi\rho_a V^2\int_0^1 \psi_1(\tilde{y})\tilde{y}\mathrm{d}\tilde{y}\int_0^{\hat{\tau}} q''_1(\sigma)\varphi_w(\hat{\tau}-\sigma)\mathrm{d}\sigma \tag{7.70}$$

根据 $q''_1(\hat{\tau}) = (b^2/V^2)\ddot{q}_1(\hat{\tau})$ ，可得

$$J_2(\hat{\tau}) = -2\pi\rho_a b^2\int_0^1 \psi_1(\tilde{y})\tilde{y}\mathrm{d}\tilde{y}\int_0^{\hat{\tau}} \ddot{q}_1(\sigma)\varphi_w(\hat{\tau}-\sigma)\mathrm{d}\sigma \tag{7.71}$$

将式(7.60)及 Wagner 函数的表达式代入式(7.71)，得到

$$J_2(\hat{\tau}) = -\frac{2\pi\rho_a I_1 I_\psi V w_0}{b}(d_0 + d_1\mathrm{e}^{-0.13\hat{\tau}} + d_2\mathrm{e}^{-0.0455\hat{\tau}} + d_3\mathrm{e}^{-0.3\hat{\tau}} + d_4\mathrm{e}^{-\hat{\tau}} + e_1\mathrm{e}^{\gamma_1\hat{\tau}} + e_2\mathrm{e}^{\gamma_2\hat{\tau}} + e_3\mathrm{e}^{\gamma_3\hat{\tau}} + e_4\mathrm{e}^{\gamma_4\hat{\tau}}) \tag{7.72}$$

式中

$$d_0 = 7.6923a_1 + a_2 - \frac{b_1}{\gamma_1} - \frac{b_2}{\gamma_2} - \frac{b_3}{\gamma_3} - \frac{b_4}{\gamma_4}$$

$$d_1 = -7.7102a_1$$

$$d_2 = -1.9527a_1 - 0.1729a_2 + \frac{330b_1}{2000\gamma_1+91} + \frac{330b_2}{2000\gamma_2+91} + \frac{330b_3}{2000\gamma_3+91} + \frac{330b_4}{2000\gamma_4+91}$$

$$d_3 = 1.9706a_1 - 0.4786a_2 + \frac{3.35b_1}{10\gamma_1+3} + \frac{3.35b_2}{10\gamma_2+3} + \frac{3.35b_3}{10\gamma_3+3} + \frac{3.35b_4}{10\gamma_4+3}$$

$$d_4 = -0.3486a_2$$

$$e_i = \frac{b_i}{\gamma_i} - \frac{330b_i}{2000\gamma_i+91} - \frac{3.35b_i}{10\gamma_i+3},\quad i=1,2,3,4$$

$$I_\psi = \int_0^1 \psi_1(\tilde{y})\tilde{y}\mathrm{d}\tilde{y}$$

第三个积分为

$$J_3(\hat{\tau}) = -\ddot{q}_1(\hat{\tau})\int_0^1 \psi_1(\tilde{y})m(\tilde{y})\tilde{y}\mathrm{d}\tilde{y} \tag{7.73}$$

式中，$\ddot{q}_1(\hat{\tau})$ 由式(7.60)给出。

例 7-1　已知一端固支一端自由的大展弦比均匀等剖面直机翼，其弦长为 0.32m，半展长为 3.2m，弯曲刚度 $EI = 1\times10^5\ \mathrm{N\cdot m^2}$，机翼的线密度为 4.0 kg/m。计算此机翼以速度 $V = 70$ m/s 进入锐边突风 $w_g(\hat{\tau}) = w_0 U_{step}(\hat{\tau})$（式中 $w_0 = 20$ m/s）时，机翼翼尖处的加速度响应以及翼根弯矩的时间历程。计算时只考虑一阶沉浮弯曲模态。

取一阶沉浮弯曲振型为

$$\psi_1(\tilde{y}) = \cosh(1.875\tilde{y}) - \cos(1.875\tilde{y}) + \bar{\beta}_1[\sinh(1.875\tilde{y}) - \sin(1.875\tilde{y})] \tag{a}$$

式中

$$\bar{\beta}_1 = -\frac{\sinh(1.875) - \sin(1.875)}{\cosh(1.875) + \cos(1.875)} \tag{b}$$

计算中大气密度取为 $\rho_a = 1.225\ \mathrm{kg/m^3}$，忽略结构阻尼。根据本节给出的公式计算翼尖的加速度响应和翼根的弯矩响应。由图 7-6 可见，机翼进入突风区域后很快就达到了最大加速度，随后便发生衰减运动，振动频率与第一阶弯曲固有频率接近。由于气动力阻尼要重要得多，因此相对而言，结构阻尼的影响是比较小的，因此数值计算中忽略了系统的结构阻尼。计算结果表明，翼尖的最大加速度约为 $40g$。图 7-7 给出了机翼在两种突风速度 $w_0 = 20$ m/s 和 $w_0 = 10$ m/s 下翼根的弯矩响应。可见，由于机翼弹性产生的附加动态弯矩的峰值在 $w_0 = 20$ m/s 时约为 125 00 N·m，在 $w_0 = 10$ m/s 时约为 600 0 N·m。

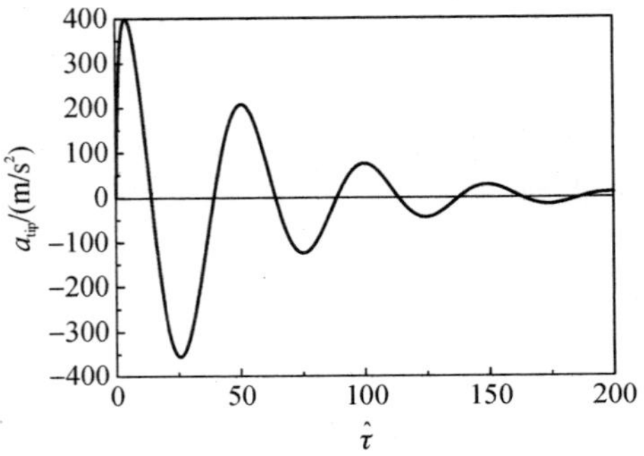

图 7-6 翼尖加速度响应

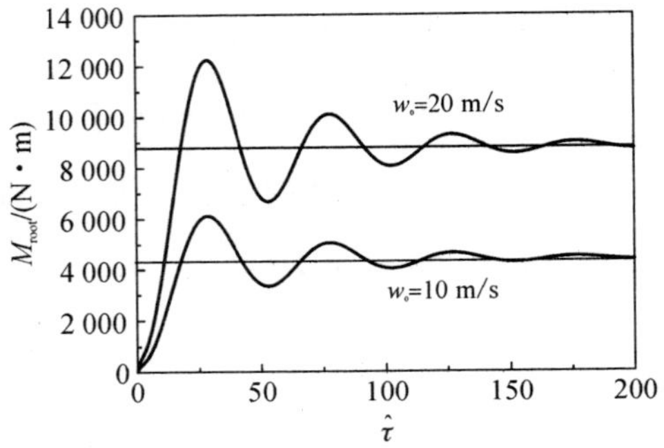

图 7-7 翼根弯矩响应

7.2.6 典型机翼剖面在连续大气紊流作用下的响应

为简单起见，仅考察平移运动。典型剖面的运动方程为

$$m\ddot{h} + d_h\dot{h} + k_h h = -L_a(t) - L_g(t) \tag{7.74}$$

式中，m，d_h 和 k_h 分别为二元机翼的质量、阻尼系数和刚度系数；h 为沉浮位移，向下为正；$L_a(t)$ 表示由于机翼沉浮运动产生的非定常气动升力；$L_g(t)$ 表示由突风产生的气动力。

为求系统的频响函数，令激励和响应均是简谐的，即

$$L_g(t) = \bar{L}_g e^{i\omega t},\ L_a(t) = \bar{L}_a e^{i\omega t},\ h = \bar{h} e^{i\omega t} \tag{7.75}$$

根据二维不可压缩非定常气动力理论，有

$$L_a(t) = \bar{L}_a e^{i\omega t} = \frac{1}{2}\pi\rho_a bS\omega^2 k_a(k)\bar{h}e^{i\omega t} = \frac{1}{2}\pi\rho_a bS\omega^2[k_a^R(k) + ik_a^I(k)]\bar{h}e^{i\omega t} \tag{7.76}$$

式中

$$k_a(k) = k_a^R(k) + ik_a^I(k) = -1 + i2C(k)\frac{1}{k} \tag{7.77}$$

$C(k)$ 为 Theodorsen 函数；$k = \omega b/V$ 为折合频率；b 为机翼半弦长；S 为机翼的投影面积；$i = \sqrt{-1}$。

令机翼受到一个正弦型垂直突风

$$w_g(x,t) = \overline{w}_g e^{i\omega(t-x/V)} \tag{7.78}$$

的激励。其中，x 表示固定于机翼上的坐标系中的流动方向的坐标；ω 表示突风速度的变化频率。由该正弦突风引起的简谐激振力为

$$L_g(t) = \overline{L}_g e^{i\omega t} = q_d S \frac{\overline{w}_g}{V} C_{LW}(k) e^{i\omega t} \tag{7.79}$$

对不可压缩流，气动力系数 $C_{LW}(k)$ 可写为

$$C_{LW}(k) = 2\pi\{C(k)[J_0(k) - iJ_1(k)] + iJ_1(k)\} \tag{7.80}$$

式中，J_0 和 J_1 分别是 0 阶和 1 阶第一类贝塞尔函数。

注意到 $k_h = m\omega_h^2$，并引入如下参数：

$$\mu_g = \frac{2m}{\pi\rho_a bS},\ \gamma_g = \frac{\omega d_h}{m\omega_h^2} \tag{7.81}$$

则容易得到突风速度输入与机翼沉浮响应之间的气动弹性频响函数为

$$H_h(\omega) = \frac{\overline{h}/b}{\overline{w}_g/V} = \frac{-V^2 C_{LW}(k)/\pi b^2\omega_h^2}{\mu_g\left(1-\frac{\omega^2}{\omega_h^2}\right) + \frac{\omega^2}{\omega_h^2}k_a^R + i\left(\mu_g\gamma_g + \frac{\omega^2}{\omega_h^2}k_a^I\right)}. \tag{7.82}$$

现在计算随机大气紊流 w_g 下机翼沉浮响应的统计量。假定突风速度 w_g 的自功率谱密度符合 Dryden 自功率谱密度给出的表达式(7.6)，则根据随机振动理论容易得到动力响应 h 的功率谱密度函数为

$$\Phi_h(\omega) = \frac{2b^2}{V^2}\sigma_w^2\tau_g \frac{1+3(\omega\tau_g)^2}{[1+(\omega\tau_g)^2]^2} \left|\frac{-V^2 C_{LW}(k)/\pi b^2\omega_h^2}{\mu_g\left(1-\frac{\omega^2}{\omega_h^2}\right) + \frac{\omega^2}{\omega_h^2}k_a^R + i\left(\mu_g\gamma_g + \frac{\omega^2}{\omega_h^2}k_a^I\right)}\right|^2 \tag{7.83}$$

于是，机翼沉浮响应 $h(t)$ 的均方值可表示为

$$\overline{h^2(t)} = \frac{1}{2\pi}\int_0^\infty \Phi_h(\omega)\,d\omega \tag{7.84}$$

7.2.7　弹性机翼在连续大气紊流作用下的响应

考虑如图 7－8 所示的连续紊流中的大展弦比弹性机翼。沿机翼弹性轴方向把机翼分成 n_s 个小段(片条)，第 j 个片条的宽度为 ε_j。按照各向同性均匀紊流假设，在每个片条的中心作用着相同的紊流谱 $\Phi_G(\omega) \equiv \Phi_{Gjj}(\omega)$。同样，只考虑机翼的弯曲变形。

模态坐标系下机翼的运动方程可写为

$$M_r\ddot{q}_r + D_r\dot{q}_r + M_r\omega_r^2 q_r = Q_r^g(t) + Q_r^a(t),\ r = 1,2,\cdots,n \tag{7.85}$$

作用于机翼第 j 个片条上的简谐突风 $w_g(y_j,t) = \overline{w}_g e^{i\omega t}$ 引起的第 r 阶模态气动力可写为

$$Q_r^g(t) = 2q_d b(y_j)\varepsilon_j \frac{\overline{w}_g}{V} C_{LW}\langle\frac{b(y_j)}{b_R}k_R\rangle \psi_r(y_j) e^{i\omega t} \tag{7.86}$$

式中，$b(y_j)$ 是坐标为 y_j 第 j 个片条中心处的半弦长；$\psi_r(y_j)$ 表示第 r 阶弯曲振型在点 y_j 处的挠度；$k_R = \omega b_R/V$ 表示参考折合频率；b_R 是参考半弦长。

简谐弯曲振动产生的第 r 阶模态非定常升力可写为

$$Q_r^{a}(t) = -\pi\rho_a b_R^2 \omega^2 \int_0^l \left[a^2(y) k_a \langle \frac{b(y)}{b_R} k_R \rangle \psi_r(y) \sum_{s=1}^{n} \psi_s(y) \bar{q}_s(t) \right] dy \cdot e^{i\omega t} \tag{7.87}$$

式中

$$k_a \langle \frac{b(y)}{b_R} k_R \rangle = k_a^R \langle \frac{b(y)}{b_R} k_R \rangle + i k_a^I \langle \frac{b(y)}{b_R} k_R \rangle =$$

$$-1 + i2C \langle \frac{b(y)}{b_R} k_R \rangle \frac{1}{\frac{b(y)}{b_R} k_R}$$

$$b(y) = a(y) b_R$$

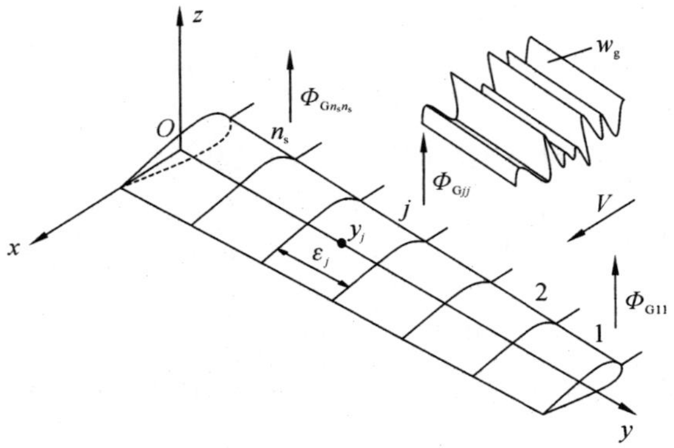

图 7-8　连续紊流中的弹性机翼

将式(7.86)和式(7.87)代入式(7.85)中，并利用 $q_r(t) = \bar{q}_r e^{i\omega t}$ 和 $\omega D_r \rightarrow M_r \omega_r^2 \gamma_r$（$\gamma_r$ 为第 r 阶阻尼损耗角），则得到下列线性代数方程组：

$$[-\omega^2 + (1 + i\gamma_r)\omega_r^2] M_r \bar{q}_r + \omega^2 \sum_{s=1}^{n} L_{rs} \langle \frac{b(y)}{b_R} k_R \rangle \bar{q}_s = K_{wr}(k_R, y_j) \frac{\bar{w}_g}{V},\ r = 1, 2, \cdots, n \tag{7.88}$$

式中

$$L_{rs} \langle \frac{b(y)}{b_R} k_R \rangle = \pi\rho_a b_R^2 \int_0^l \left[a^2(y) k_a \langle \frac{b(y)}{b_R} k_R \rangle \psi_r(y) \psi_s(y) \right] dy \tag{7.89}$$

$$K_{wr}(k_R, y_j) = 2 q_d b(y_j) \varepsilon_j C_{LW} \langle \frac{b(y_j)}{b_R} k_R \rangle \psi_r(y_j) \tag{7.90}$$

求解非齐次方程组(7.88)可得到

$$\frac{\bar{q}_1}{\bar{w}_g/V},\ \frac{\bar{q}_2}{\bar{w}_g/V},\ \cdots,\ \frac{\bar{q}_n}{\bar{w}_g/V} \tag{7.91}$$

再根据方程式(7.45)得到频响函数 $H_{w,k}(\omega)$ 。于是，叠加各片条的贡献得到响应的功率谱

$$\Phi_w(\omega) = \sum_{j}^{n_s} \sum_{k}^{n_s} H_{w,j}(\omega) H_{w,k}^{*}(\omega) \Phi_{Gjk}(\omega) \tag{7.92}$$

式中，$\Phi_w(\omega)$ 为响应的功率谱；$\Phi_{Gjk}(\omega)$ 为第 j 个片条和第 k 个片条处遇到的紊流速度的互谱密度；$H_{w,j}(\omega)$ 是作用于第 j 片条的正弦型单位突风速度所引起的响应；$H_{w,k}^{*}(\omega)$ 是 $H_{w,k}(\omega)$ 的共轭复数函数。

一般来说,特别是对于小型飞机而言,展长相对于紊流尺度来说是小值。因此,可以假定突风在展长范围内完全相关。因此有 $\Phi_{Gjk}(\omega)=\Phi_G(\omega)$,且

$$\Phi_w(\omega)=\Phi_G(\omega)\sum_j^{n_s}\sum_k^{n_s}H_{w,j}(\omega)H_{w,k}^*(\omega)=\Phi_G(\omega)[\sum_j^{n_s}H_{w,j}(\omega)]\cdot[\sum_k^{n_s}H_{w,k}^*(\omega)] \tag{7.93}$$

计算 $H_{w,j}(\omega)$ 用到了式(7.90),其中 ε_j 是第 j 片条的宽度。把式(7.90)中的 $k_{wr}(k_R,y_j)$ 代入式(7.88)和式(7.45),就可得到 $H_{w,j}(\omega)$。采用线性叠加原理,若把 $\sum_j^{n_s}k_{wr}(k_R,y_j)$ 代入式(7.88)和式(7.45),就可以求得 $\sum_j^{n_s}H_{w,j}(\omega)$。于是,在这种情况下可令式(7.78)中的 $\varepsilon_j\to dy$,并沿翼展积分。于是 $\sum_j^{n_s}k_{wr}(k_R,y_j)$ 变为积分形式:

$$K_{wr}(k_R)=2q_d\int_0^l b(y)C_{LW}\langle\frac{b(y)}{b_R}k_R\rangle\psi_r(y)dy \tag{7.94}$$

如果将式(7.94)代入式(7.88)和式(7.45),就可确定 $\sum_j^{n_s}H_{w,j}(\omega)$ 的积分形式,即频响函数 $H_w(\omega)$ 了。确定了 $H_w(\omega)$ 之后,则有 $\Phi_w(\omega)=\Phi_G(\omega)H_w(\omega)H_w^*(\omega)=\Phi_G(\omega)\,|H_w(\omega)|^2$,响应的均方值便可由下式计算:

$$\overline{w^2(y,t)}=\frac{1}{2\pi}\int_0^\infty\Phi_w(\omega)d\omega=\frac{1}{2\pi}\int_0^\infty\Phi_G(\omega)\,|H_w(\omega)|^2d\omega \tag{7.95}$$

例 7-2 已知一端固支一端自由的大展弦比均匀等剖面直机翼,其弦长为 $2b=0.32$ m,半展长为 $l=3.2$ m,弯曲刚度 $EI=1\times10^5\,\mathrm{N\cdot m^2}$,机翼的线密度为 $m=4.0$ kg/m。计算此机翼以速度 $V=70$ m/s 进入各向同性大气紊流中其翼尖处的动力响应的均方值。设高度为 400 m 的地方的紊流尺度为 $L_s=100$ m。设结构损耗角 $\gamma_1=0.03$,计算时只考虑一阶沉浮弯曲模态。

对于本例,有

$$[-\omega^2+(1+i\gamma_1)\omega_1^2]M_1\bar{q}_1+\omega^2L_{11}(k)\bar{q}_1=K_{w1}(k)\frac{\bar{w}_g}{V} \tag{a}$$

由式(7.89)和式(7.90)得

$$L_{11}(k)=\pi\rho_a b^2lk_a(k)I_2,\ K_{w1}(k)=2q_dblC_{LW}(k)I_1 \tag{b}$$

式中

$$I_1=\int_0^1\psi_1(\tilde{y})d\tilde{y},\ I_2=\int_0^1\psi_1^2(\tilde{y})d\tilde{y}$$

将式(b)代入到式(a)中,得到广义坐标 $\bar{q}_1$ 的频响函数为

$$H_{\bar{q}_1}(\omega)=\frac{\bar{q}_1}{\bar{w}_g/V}=\frac{V^2I_1C_{LW}(k)/(\pi bI_2\omega_1^2)}{M_1^*(1-\omega^2/\omega_1^2)+(\omega^2/\omega_1^2)k_a^R(k)+i[M_1^*\gamma_1+(\omega^2/\omega_1^2)k_a^I(k)]} \tag{c}$$

式中

$$M_1^*=\frac{M_1}{\pi\rho_a b^2lI_2} \tag{d}$$

假定突风速度的自功率谱密度符合 Dryden 自功率谱密度,则广义坐标响应 $q_1(t)$ 的方差为

$$\bar{q}_1^2(t)=\frac{1}{2\pi}\int_0^\infty\Phi_{q_1}(\omega)d\omega=\int_0^\infty\frac{1}{V^2}\sigma_w^2\frac{\tau_g}{\pi}\frac{1+3(\omega\tau_g)^2}{[1+(\omega\tau_g)^2]^2}\,|H_{\bar{q}_1}(\omega)|^2d\omega \tag{e}$$

假定突风速度的均方值 $\sigma_w^2 = 0.0025\ V^2$，则根据式(e)可得翼尖处随机响应的均方值为

$$\overline{w}^2(l,t) = \overline{q}_1^2(t)\psi_1^2(y=l) = 1.54\times10^{-3}\,\mathrm{m}^2 \tag{f}$$

翼尖处突风响应的均方根值为

$$\overline{w}(l,t) = 3.9\ \mathrm{cm} \tag{g}$$

7.3 突风载荷分析的规范

我国关于民用飞机突风载荷(突风载荷在军用飞机结构强度规范中也称为“阵风载荷”)分析的规范主要分为两类:民用飞机设计时,执行中国民用航空总局颁布的《运输类飞机适航标准》(CCAR－25部)和《正常类、实用类、特技类和通勤类飞机适航规定》(CCAR－23部)。

7.3.1 CCAR－23部对突风载荷分析的规定

该规定为正常类、实用类、特技类和通勤类飞机型号合格证的适航规定。

(1)突风包线的规定:假定飞机在平飞时遇到对称的垂直突风,由此引起的限制载荷系数必须对应于按下述突风速度确定的情况,如表7－1和图7－9所示。

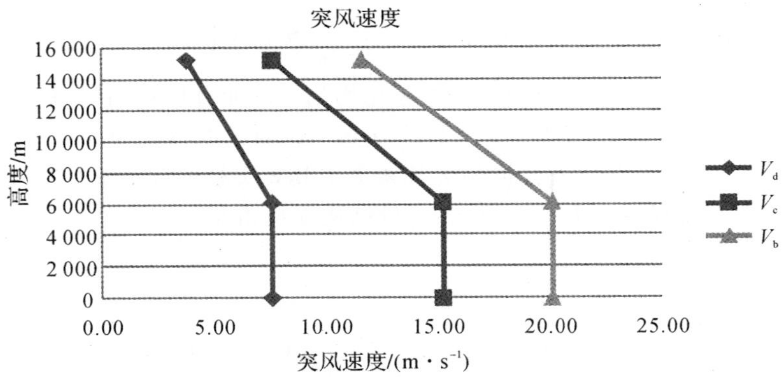

其中:V_c为设计巡航速度;V_d为设计俯冲速度;V_b为对应最大突风强度的设计速度。

图7－9 CCAR－23规定的突风速度

1)高度在海平面与6 100 m(20 000 ft[①])之间时,在速度为V_c时的正(向上)、负(向下)突风速度必须取为15.25 m/s(5 ft/s)。突风速度可线性地从6 100 m(20 000 ft)处的15.25 m/s(50 ft/s)减少到15 200 m(50 000 ft)处的7.60 m/s(25 ft/s);

2)高度在海平面与6 100 m(20 000 ft)之间时,在速度为V_d时的正、负突风速度必须取为7.60 m/s(25 ft/s)。突风速度可线性地从6 100 m(20 000 ft)处的7.60 m/s(25 ft/s)减少到15 200 m(50 000 ft)处的3.80 m/s(12.5 ft/s)。

3)此外,对于通勤类飞机,高度在海平面和6 100 m(20 000 ft)之间,在速度V_b时的正(向上)和负(向下)的强突风速度必须考虑为20.1 m/s(66 ft/s)。突风速度可线性地自6 100 m

① 1 ft=0.304 8 m。

(20 000 ft)时的 20.1 m/s(66 ft/s)减少到 15 200 m(50 000 ft)时的 11.6 m/s(38 ft/s)。

表 7-1　CCAR-23 部规定突风计算工况举例

高度/m	飞行速度为 V_d 时的突风速度/(m·s^{-1})	飞行速度为 V_c 时的突风速度(m·s^{-1})	飞行速度为 V_b 时的突风速度(m·s^{-1})
0	7.60	15.25	20.10
2 000	7.60	15.25	20.10
4 000	7.60	15.25	20.10
6 100	7.60	15.25	20.10
8 000	6.81	13.65	18.33
10 000	5.97	11.97	16.46
12 000	5.14	10.29	14.59
15 000	3.80	7.60	11.60

(2)突风模型：在 CCAR-23 部中，规定突风模型为

$$U=\frac{U_{de}}{2}\left(1-\cos\frac{2\pi s}{25\overline{C}}\right) \tag{7.96}$$

式中：s 为进入突风区的距离；$\overline{C}$ 为机翼的平均几何弦长；U_{de}为按突风包线取得的突风速度。

式(7.96)可转化为以时间为变量的形式，如下：

$$U=\frac{U_{de}}{2}\left[1-\cos\left(\frac{\pi Vt}{H}\right)\right] \tag{7.97}$$

式中，V 为飞机飞行速度；t 为飞行时间；$H=12.5\overline{C}$，为突风梯度，即突风速度从零达到最大值时，飞机飞行的距离，如图 7-10 所示。

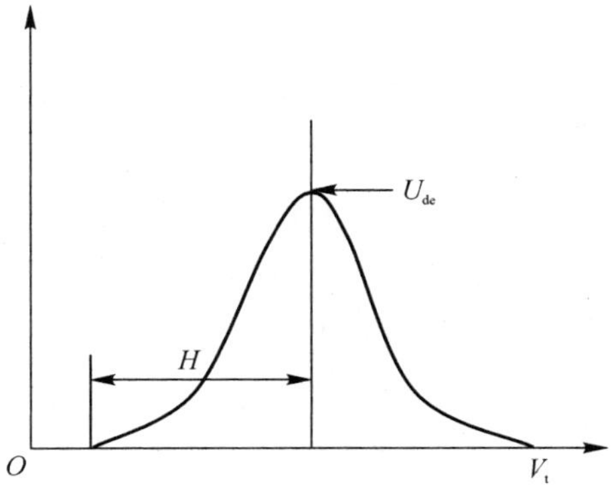

图 7-10　MSC. Nastran 软件中突风模型参数示意图

7.3.2 CCAR－25部对突风载荷分析的规定

CCAR－25部指明，对飞机突风载荷的计算，可以采用离散突风设计准则或连续突风设计准则，其中连续突风设计准则又分为设计包线方法和任务分析方法，如图7.11所示。

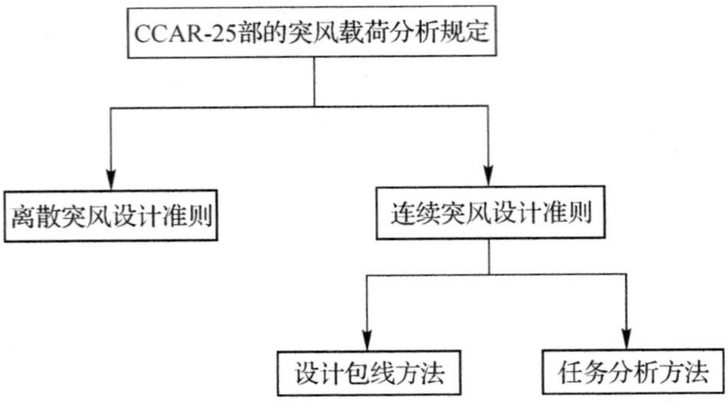

图7.11　CCAR－25部对突风载荷分析的规定

1. 离散突风设计准则

假定飞机在平飞中遇到对称的垂直突风或侧向突风。其限制(设计)突风载荷的确定必须按照下列规定：

(1)必须采用结构动力学分析，气动力模型必须为非定常气动力，结构分析自由度必须包括飞机的刚体运动。

(2)突风模型参考CCAR－23部。

(3)必须在9.1～106.7 m范围内对突风梯度进行足够的分析计算，以最严重的载荷响应作为突风设计载荷。也就是说，针对某一飞行速度、高度和突风速度，必须针对H从9.1～106.7 m的变化开展多次突风计算。与CCAR－23部相比H是个变值。

(4)设计突风速度由下式确定：

$$U_{ds} = U_{ref} F_g \left(\frac{H}{350}\right)^{1/6} \tag{7.98}$$

式中，U_{ref}由第(5)条确定；F_g为飞行剖面缓和系数，由第(6)条确定。公式的输入数据必须为英制单位(ft)，若要采用公制(m)单位，必须将“350”换为“350×0.304 8”。

(5)当以V_c飞行时，海平面上，参考突风速度为17.07 m/s，随着高度增加到4 575m时，参考突风速度线性下降到13.41 m/s，高度继续增加到15 200 m时，参考突风速度线性下降到7.92 m/s。当以V_d飞行时，参考突风速度是V_c时的0.5倍。

(6)飞行剖面缓和系数F_g必须从海平面的值起，线性增加到最大使用高度时的1.0。

$$F_g = 0.5(F_{gz} + F_{gm}) \tag{7.99}$$

式中

$$F_{gz} = 1 - \frac{Z_{mo}}{250\ 000}$$

$$F_{gm} = \sqrt{R_2 \tan(\pi R_1 / 4)}$$

其中，R_1 为最大着陆重量/最大起飞重量；R_2 为最大零燃油重量/最大起飞重量；Z_{mo} 为最大使用高度。

式(7.99)的输入数据为英制单位(ft)，若要采用公制单位(m)，必须将“250 000”换为“250 000×0.304 8”。

2. 连续突风设计准则——包线分析方法

按规定采用如下步骤进行分析：

(1)采用 Von Kármán 突风功率谱密度式(7.4)来描述连续突风，其中 $L_s = 762$ m。

(2)$\overline{A}$ 可以通过载荷响应的均方根值除以突风速度的均方根值来获得，如下式所示：

$$\overline{A} = \frac{\sigma_y}{\sigma_w} \tag{7.100}$$

(3)突风速度的确定：

1)速度为 V_c 时，在 0～9 140 m 高度的区间内，突风速度为 25.9 m/s，然后线性递减，到 24 000 m 高度后，突风速度为 9.15 m/s。中国民用航空局(简称适航局)也认可如下取法：在 0～6 100 m高度的区间内，真实突风速度在 25.9 m/s 与 22.85 m/s 之间，然后线性递减到 24 000 m高度处的 9.15 m/s。

2)速度为 V_b 时，突风速度取飞行速度为 V_c 时的 1.32 倍。

3)速度为 V_d 时，突风速度取飞行速度为 V_c 时的 0.5 倍。

4)速度在 V_b 与 V_c，或 V_d 与 V_c 之间时，突风速度取其线性插值得到的速度。

3. 连续突风设计准则——任务分析方法

进行连续突风响应的任务分析时，应根据任务剖面图、操作程序和有效装载确定速度、高度、总重和重心位置随时间的变化，然后将每一任务剖面图分为若干个任务段，对每一个任务段确定速度、高度、重量等参数平均值。为进行连续突风的载荷响应分析，应首先确定任务段，且应使用参数的平均值或有效值来确定任务段。每一任务段的长度除以所有剖面的总长度，就是该任务段飞行时间占所有任务飞行时间的比例。对于每个任务段中每个主要部件的每个可疑危险点均应确定 A 和 N_0 值。选为每个任务段危险点的载荷或应力，不应以 $N(Y) > 2.0 \times 10^{-5}$ 次/h 的速率超越正或负的使用值。使用载荷的超越次数是载荷水平的函数，应该由下式确定：

$$N(Y) = \sum t N_0 \left[P_1 \exp\left(-\frac{Y - Y_{1g}}{\sigma_1 A} \right) + P_2 \exp\left(-\frac{Y - Y_{1g}}{\sigma_2 A} \right) \right] \tag{7.101}$$

式中，$N(Y)$为使用载荷的超越频率，Hz；N_0 为响应量的特征频率，Hz；A 为均方根载荷增量与均方根突风速度之比；Y 为载荷或应力的净值，单位为 Y 的计量单位；Y_{1g} 为 $1g$ 平飞载荷或应力值，单位为 Y 的计量单位；t 为每任务段占总任务时间的比例；P_1，P_2，σ_1，σ_2 为大气紊流环境参数，P_1，P_2 为无量纲参数，σ_1，σ_2 单位为 m/s。

根据规范，军机在爬升、巡航、下降任务段的大气紊流环境参数如下：

0～300 m，$P_1 = 1$，$P_2 = 0.005$，$\sigma_1 = 0.753$，$\sigma_2 = 1.512$。

300～750 m，$P_1 = 0.42$，$P_2 = 0.003\ 3$，$\sigma_1 = 0.906$，$\sigma_2 = 1.782$。

750～1 500 m，$P_1=0.3$，$P_2=0.002$，$\sigma_1=0.026$，$\sigma_2=2.451$。

1 500～3 000 m，$P_1=0.15$，$P_2=0.000\,95$，$\sigma_1=1.077$，$\sigma_2=2.766$。

3 000～6 000 m，$P_1=0.062$，$P_2=0.000\,28$，$\sigma_1=0.981$，$\sigma_2=3.156$。

6 000～9 000 m，$P_1=0.025$，$P_2=0.000\,11$，$\sigma_1=0.945$，$\sigma_2=3.564$。

突风尺度 L_s 是飞行高度 H 的函数，当高度 H 为 0～300 m 时，$L_s=150$ m；当为 300～750 m 时，$L_s=530$ m；当 H 为 750 m 以上时，$L_s=750$ m。

定义使用载荷增量 $\Delta Y_{sy}=Y_{sy}-Y_{1g}$，按以下条件确定：

令
$$Y_{1g}=0,N(Y_{sy})=2.0\times10^{-5}$$

由此，可确定设计载荷增量为

$$\Delta Y_{sj}=\Delta Y_{sy}\times1.5 \tag{7.102}$$

假定飞机的实际破坏载荷（或应力）等于对应的设计载荷（或应力），即假定飞机严重受载结构部位发生破坏，是由该部位的突风载荷超过其设计强度而引起的。若一架飞机的总飞行时间为 T_0，则平均每架飞机遭遇突风的损失概率为

$$P(T_0)=N(Y_{sj})\cdot T_0 \tag{7.103}$$

式中，$N(Y_{sj})$ 为飞机平均每 1 飞行小时遭遇突风的损失概率。而 $1-P(T_0)$ 则定义为平均每架飞机遭遇突风的生存概率。满足任务分析准则设计的飞机，其平均生存概率通常等于或大于 0.999 5。

7.4 工程中的突风载荷分析

7.4.1 大展弦比无人机算例

以参考文献中的双机身大展弦比无人机（见图 7－12）为例，根据其对称性，建立半模有限元（梁单元）模型，如图 7－13 所示。

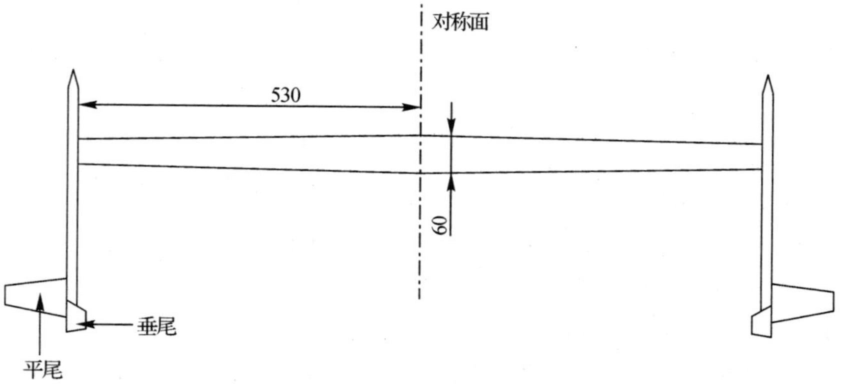

图 7－12 无人机俯视图（单位：in）

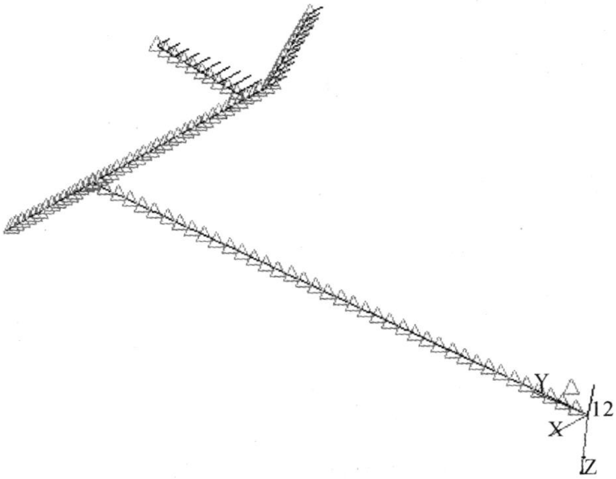

图 7-13　结构有限元模型(半模)

采用偶极子格网法计算非定常气动力，在升力面的气动力模型，如图 7-14 所示。

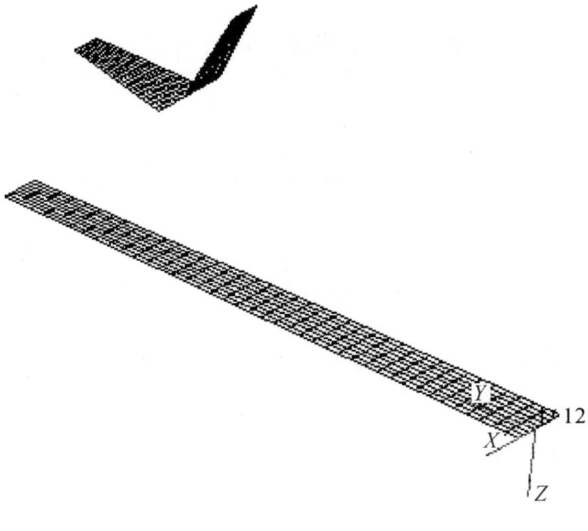

图 7-14　气动力模型(半模)

1. 离散突风载荷分析

离散突风响应计算，工况参数见表 7-2，通过计算可获得重心升力方向的加速度响应(见图 7-15)。

表 7-2　离散突风计算工况

工况	速度/(in·s^{-1})	马赫数	高度/ft	设计突风速度/(in·s^{-1})
1	1 181	0.088	0	602

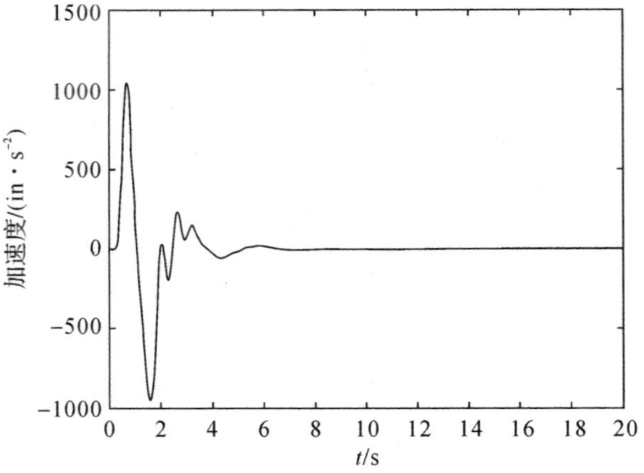

图 7 - 15　重心升力方向加速度(in/s^2)

2. 连续突风载荷分析

根据上面介绍的包线分析方法开展连续突风分析，工况参数见表 7 - 3，可获得重心升力方向的加速度响应(见图 7 - 16)。

表 7 - 3　连续突风计算工况

工况	马赫数	高度/in	设计突风速度/(in · s^{-1})
1	0.09	3 937	1 019.68

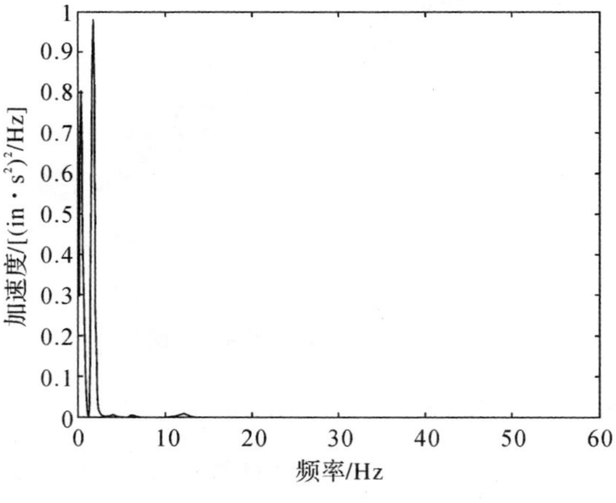

图 7 - 16　重心升力方向加速度

7.4.2　平直机翼算例

一个展长为 5 m 的平直机翼，用截面为回字形的梁单元模拟其机翼结构，分析中忽略机身结构刚度，用刚性梁模拟机身结构，通过多点约束单元将机翼模型连接到机身模型上，根部站位编号为 101(见图 7-17)。

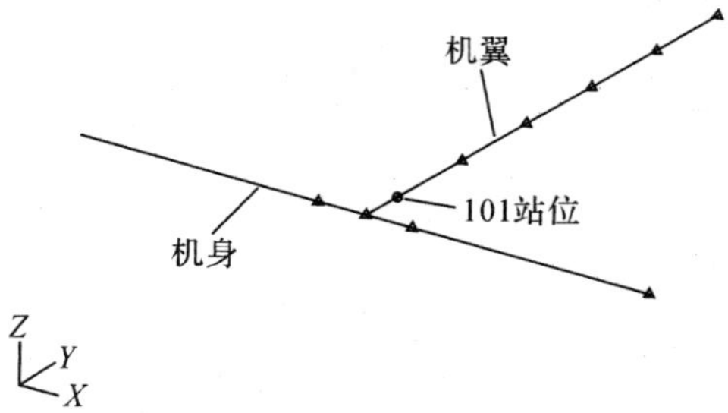

图 7-17　机翼结构有限元模型

模拟机翼结构的梁单元截面如图 7-18 所示,对应的模型参数见表 7-4 所示。

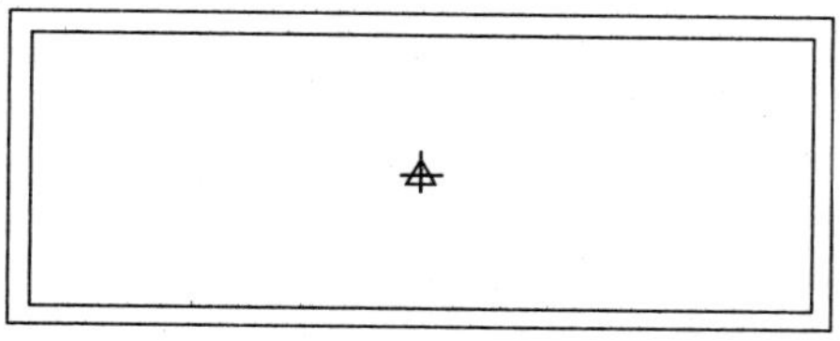

图 7-18　机翼截面形状

表 7-4　机翼模型参数表

	参　数
半展长	5 m
弦长	0.82 m
高度	0.32 m
材料	弹性模量为 70 000 MPa,泊松比为 0.33
截面	回字形,壁厚度 0.02 m

采用偶极子格网法计算非定常气动力,升力面的气动力模型如图 7-19 所示。

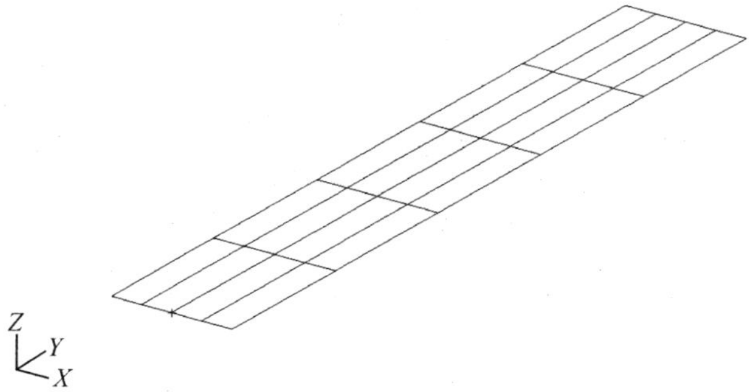

图 7-19　机翼的气动力模型

根据表 7-5 中的数据，定义 1-cos 型离散突风模型，调用突风模块运算后，可得 101 站位处的剪力和弯矩响应，分别如图 7-20 和图 7-21 所示。

表 7-5　飞行和突风参数

变量	值
高度	0 km
马赫数	0.2
突风速度	7.48 m/s
突风场尺寸	10.0 m

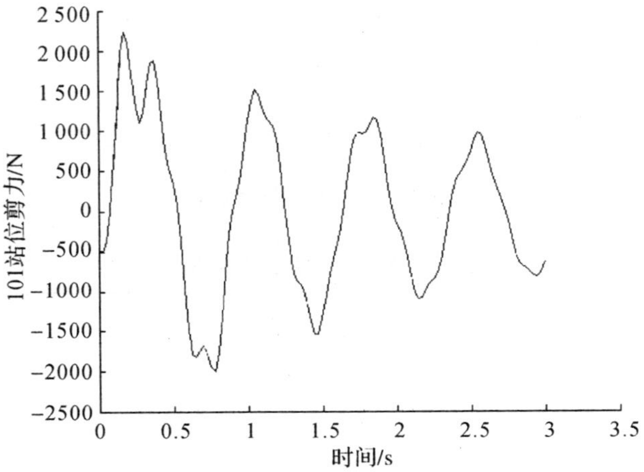

图 7-20　101 站位的剪力响应

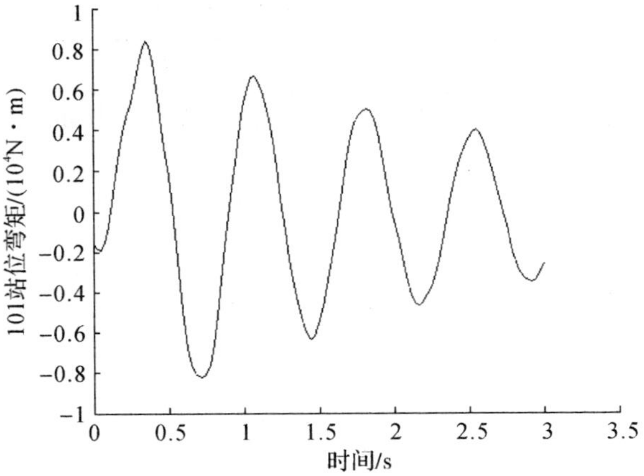

图 7-21　101 站位的弯矩响应

思 考 题

1. 简述离散阵风与连续紊流的区别，并列举典型的离散阵风模型与离散紊流模型。
2. 简述离散阵风载荷分析方法的主要步骤。
3. 简述连续紊流载荷分析方法的主要步骤。
4. 在进行 1－cos 离散阵风分析时，为什么需要针对一系列突风尺度分别进行计算？
5. 在进行突风载荷分析时，通常对突风场采取哪些简化假设？

参考文献

[1] 肖业伦，金长江. 大气扰动中的飞行原理[M]. 北京：国防工业出版社，1993.
[2] 管德. 气动弹性力学手册[M]，北京：航空工业出版社，1994.
[3] 中国民用航空局. 中国民用航空规章第 23 部[M]，北京：中国民用航空局，2005.
[5] 中国民用航空局. 中国民用航空规章第 25 部[M]，北京：中国民用航空局，2005.
[6] NASER A S, POTOTZKY A S, SPAIN C V. Response of the alliance 1 proof-of-concept airplane under gust loads [R]. Hampton Virginia: Lockheed Martin Engineering and Sciences Company, 2001.

第八章　飞机的着陆滑跑载荷分析与设计

本章主要介绍飞机着陆滑跑载荷分析与设计的基本理论和方法流程。首先概述飞机着陆滑跑载荷设计，并分析其在飞机动强度分析中的重要作用；然后详细介绍飞机着陆滑跑载荷分析的时域方法与频域方法。

8.1　概　　述

8.1.1　意义及现状

起落架分析与设计在飞机分析与设计中所处的地位非常重要。飞机在飞行时，起落架不参与承受全机飞行载荷，但在关键的起飞和着陆这两个阶段，飞机的安全性主要依靠起落架的有效工作。因此，起落架设计人员必须以最小的重量和尺寸设计出优质的起落架。在起落架的设计过程中，除起落架的静态受力分析外，其在起飞和着陆阶段的动态性能分析也是非常重要的。然而，这两个阶段情况比较复杂，在各种载荷作用下，起落架的受力以及工作情况都会出现复杂的变化，这就要求对各种情况下起落架的性能进行预测和评估，以保证飞机在起飞和着陆阶段的安全。

由于路面不平度的影响，飞机在跑道上滑行时会引起随机振动。这一问题在 20 世纪 60 年代就已经引起了人们的注意，主要的原因是：①滑行载荷的累积影响在飞机总的疲劳损伤中占有一定的比例，不能忽略；②路面不平度引起的振动对起落架的疲劳寿命起重要作用；③飞机滑行时在机翼及机身上产生的附加气动力在飞机的设计中要尽量减少；④飞机滑行时，飞行员受振动过大将会影响其正常工作；⑤对大型客机必须考虑地面滑跑时，飞机的振动对旅客的影响，应尽量增强旅客的舒适感和安全感。

针对着陆滑跑问题，国外较早就展开研究，方法比较成熟。较早的方法是利用落震模型来展开研究，后来有学者考虑到飞机柔度的影响，用时域、频域两种方法分析了亚声速 707 和超声速 733 飞机的路面激励振动问题。在时域方法中，用直接积分方法求解了包括起落架的非线性力影响在内的飞机运动方程。这种方法只针对某一具体的跑道，以其实测数据为输入数据，能够详细地计算地面不平度对飞机产生的振动影响。在频域方法中，在将路面激励表达为一个平稳的随机过程的基础上，采用统计方法求解，但这种方法所考虑的是弱非线性的影响。

在国内，对于起落架的滑跑动载荷预计的计算研究起步相对较晚，目前已取得了一些研究成果。有学者采用传统的方法，利用二质量模型（弹性支撑质量和非弹性支撑质量）建立支柱式起落架着陆与滑跑运动方程，给出缓冲支柱力和轮胎力等的表达式，然后求解微分方程组，研究单个起落架模型的动态特性。也有学者基于 ADAMS/Aircraft 模块建立小车式起落架着陆动态性能分析模型以及由刚性机身、前起落架缓冲支柱、前起落架机轮、主起落架缓冲支柱和主起落架机轮 5 个子系统构成的全机模型，进行落震、全机着陆与滑跑动力学仿真。有学者研究了飞机结构弹性对起落架缓冲性能的影响，建立了计及飞机结构弹性效应的起落架缓冲系统的动力模型和分析方法，将飞机分解为机体、前起落架和两个主起落架等 4 个子结构，分别建立各个子结构的动力模型，然后利用各子结构连接处位移连续和力平衡条件组成飞机整体结构，通过算例表明飞机结构弹性效应能降低起落架缓冲系统的过载、位移等，尤其对大、中型飞机的主起落架更为明显。

针对飞机着陆滑跑分析与设计，在相关研究的基础之上，已有军用飞机及民用飞机着陆滑跑分析与设计的相关规范或规章，例如针对民用飞机的中国民用航空规章(CCAR - 24 - R3)，针对军用飞机的《军用飞机结构强度规范 第 4 部分：地面载荷》(GJB 67.4A - 2008)以及《军用飞机结构强度规范 第 9 部分：地面试验》(GJB 67.9A—2008)。CCAR - 24 - R3 主要从适航条例方面说明了相关民用飞机起落架缓冲性能试验验证方法，侧重于描述具体的试验验证要求；GJB 67.4A—2008 对军用飞机在着陆滑跑过程中的载荷及其分析与试验要求进行了详细说明；GJB 67.9A—2008 包含对军用飞机落震试验的相关要求。

8.1.2　研究方法

从研究的方法来讲，主要的手段有实测法和理论模拟法。实测法比较准确，但是费用较高，不可能在各种跑道条件下全面进行实测，因此理论模拟的办法具有很大的优势。

理论模拟方法通过建立机体、起落架和跑道的综合动力学模型，利用动力学分析获得飞机振动响应的预测值。目前理论模拟方法有时域分析方法和频域分析方法。时域分析就是给定初值和边界条件求解飞机滑跑动力学微分方程，由于在时域里可以考虑空气弹簧、摩擦、油液阻尼等非线性因素，因此由时域分析求解的结果可获得的信息丰富。频域分析可以归结为按照传递函数和输入激励求解响应问题的方法。由于频响函数表达了一个物理系统输入、输出间的数学关系，它在频率域上描述系统的动态特性，在线性随机振动系统中，无论系统的复杂程度和自由度多少，都可以表示一个简捷的关系，因此关键的问题是把结构参数线性化，以此来求解出系统的频响函数，但频域方法难以考虑着陆滑跑过程中相关非线性因素的影响。

无论是时域分析还是频域分析，主要的任务是建立飞机随机滑行的动力学模型，这其中存在两个关键的问题：机体模型的选取和跑道剖面的简化。早期研究的关心点在飞机质心的动力特性上，即把飞机机体作为一个刚体，在着陆滑跑分析中，将整个飞机简化成一个二质量的体系，建立起类似于落震试验的单个起落架模型。早期的飞机吨位小、结构刚度大，可近似将其视为刚体，但是随着飞机吨位和尺寸的加大以及各种高强度合金的应用，近代飞机柔性越来越大，这种分析方法就显得较为粗糙，而且这种分析方法也不能得到飞机局部的响应。但是这种将起落架简化成二质量系统的方法在一定范围内得到了大家的认可，一直被沿用下来，后来这种分析方法发展为全机分析模型。现在分析飞机滑跑的模型已经考虑了缓冲器作用力的非线性的影响、飞机结构的弹性和气动力的影响、非对称因素的影响、轮胎阻尼的影响以及支柱的弹性变形的影响等，对小车式起落架还考虑了车架的俯仰运动和弹性变形。总之分析的模型越来越逼近于真实模型。这种分析方法在多轮单支柱、多轮多支柱式起落架布局的飞机上已得到了较好的应用。

8.2　时域法

时域分析方法是一种确定性方法，计算分析时直接积分求解包括起落架非线性力影响在内的全机运动方程，但每次计算只对一个确定参数的飞机在一个确定跑道剖面上进行，其相当于一个样本函数。要获得总体的统计值，必须在变动跑道剖面以及飞机参数后进行大量的计算分析。

8.2.1 坐标系的定义及转换

全机微分方程的建立是时域分析法的基础，在建立全机微分方程时，涉及机身、起落架、气动力等元件或参数，要想在统一基准下描述这些量之间的关系，首先需要确定坐标系的定义、飞机运动参数的定义以及各种坐标系之间的转换关系。

1. 坐标系的定义

所定义的坐标系均为右手直角坐标系，共包含三个坐标系，具体如下：

(1)地面坐标系 $O_d-x_dy_dz_d$。

固连于大地，原点 O_d 在机体质心初始位置，O_dx_d 水平指向航向，O_dy_d 垂直向上，如图 8-1 所示。

(2)机体坐标系 $O-x_ty_tz_t$。

固连于飞机，原点 O 在飞机质心，Ox_t 轴平行于机身轴线指向前，Oy_t 轴在飞机对称平面内垂直于 Ox_t 轴指向上，如图 8-1 及图 8-2 所示。

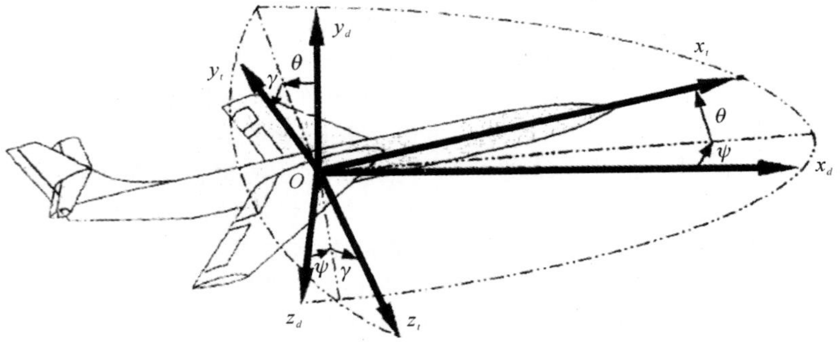

图 8-1 地面坐标系与机体坐标系

(3)气流坐标系 $O-x_qy_qz_q$。

固连于飞机，原点 O 在飞机质心，Ox_q 轴沿飞机速度向量 **V**，Oy_q 轴在飞机对称平面内垂直于 Ox_q 轴指向上，如图 8-2 所示。

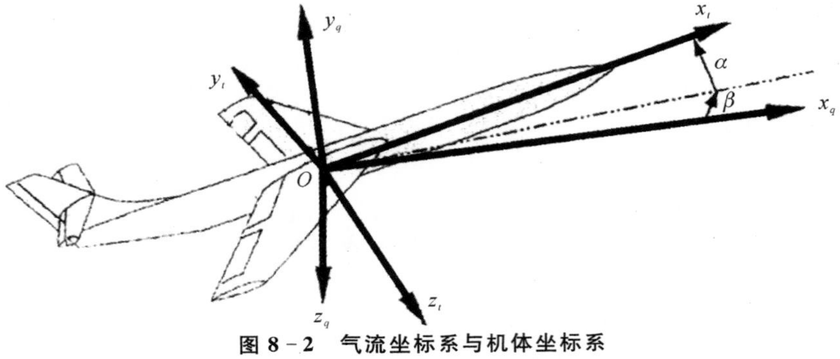

图 8-2 气流坐标系与机体坐标系

2. 飞机运动参数的定义

(1)飞机在空间的位置。用飞机质心 O 在地面坐标系中的坐标(x_o,y_o,z_o)来确定。

(2)飞机在空间的姿态。用以下三个欧拉角来确定:

1)俯仰角 θ:机身轴 Ox_t 与水平面 Ox_dz_d 之夹角,当 Ox_t 向上倾斜时为正。

2)偏航角 ψ:机身轴 Ox_t 在水平面 Ox_dz_d 上的投影与地面轴 Ox_d 之间的角度,按右手法则绕 Oy_d 从轴 Ox_d 转到该投影,则记为正。

3)滚转角(倾斜角)γ:机身对称面 Ox_tz_t 与通过纵轴 Ox_t 的铅垂平面之间的角度,按右手法则绕轴 Ox_t 从铅垂平面转到飞机对称面,则记为正(右机翼向下)。

这三个角度同时也决定了机体坐标系与地面坐标系之间相互的方位关系。

(3)飞机速度向量 **V** 相对于机身的方位。由以下两个角度确定:

1)迎角 α:飞机速度向量 **V** 在机身对称面上的投影线与机体轴 Ox_t 之间的角度,投影线在 Ox_t 的下方为正。

2)侧滑角 β:飞机速度向量 **V** 与飞机对称面之间的角度,速度 **V** 偏向右方为正。

这两个角度决定了气流坐标系与机体坐标系之间相互的方位关系。

3. 坐标系的转换

(1)地面坐标系与机体坐标系之间的转换

地面坐标系 $O_d-x_dy_dz_d$ 转换到机体坐标系 $O-x_ty_tz_t$ 的转换矩阵为

$$\boldsymbol{B}_d^t=\begin{bmatrix}\cos\theta\cos\psi & \sin\theta & -\cos\theta\sin\psi\\ -\cos\gamma\sin\theta\cos\psi+\sin\gamma\sin\psi & \cos\gamma\cos\theta & -\cos\gamma\sin\theta\sin\psi+\sin\gamma\cos\psi\\ \sin\gamma\sin\theta\cos\psi+\cos\gamma Sin\psi & -\sin\gamma\cos\theta & -\sin\gamma\sin\theta\sin\psi+\cos\gamma\cos\psi\end{bmatrix}\tag{8.1}$$

机体坐标系 $O-x_ty_tz_t$ 转换到地面坐标系 $O_d-x_dy_dz_d$ 的转换矩阵为上述转换矩阵 $\boldsymbol{B}_d^t$ 的转置,即

$$\boldsymbol{B}_t^d=\boldsymbol{B}_d^{t\,\mathrm{T}}\tag{8.2}$$

对式(8.1)及式(8.2)求导,可得转换矩阵的导数,即

$$\dot{\boldsymbol{B}}_d^t=-\boldsymbol{\omega}\boldsymbol{B}_d^t\tag{8.3}$$

$$\dot{\boldsymbol{B}}_t^d=\boldsymbol{B}_t^d\boldsymbol{\omega}\tag{8.4}$$

式中

$$\boldsymbol{\omega}=\begin{bmatrix}0 & -\omega_z & \omega_y\\ \omega_z & 0 & -\omega_x\\ -\omega_y & \omega_x & 0\end{bmatrix}\tag{8.5}$$

式中,ω_x,ω_y,ω_z 是机体角速度 $\overline{\boldsymbol{\omega}}=[\omega_x\ \omega_y\ \omega_z]^{\mathrm{T}}$ 在 $O-x_ty_tz_t$ 系中的分量。

确定飞机空间姿态的三个欧拉角 θ,ψ,γ 及其导数与飞机角速度 $\overline{\boldsymbol{\omega}}$ 在机体坐标系上的投影关系方程为

$$\left.\begin{aligned}\dot{\gamma}&=\omega_x-\tan\theta(\omega_y\cos\gamma-\omega_z\sin\gamma)\\ \dot{\psi}&=(\omega_y\cos\gamma-\omega_z\sin\gamma)/\cos\theta\\ \dot{\theta}&=\omega_y\sin\gamma+\omega_z\cos\gamma\end{aligned}\right\}\tag{8.6}$$

(2)气流坐标系与机体坐标系之间的转换。

气流坐标系 $O-x_qy_qz_q$ 转换到机体坐标系 $O-x_ty_tz_t$ 的转换矩阵为

$$\boldsymbol{B}_q^t=\begin{bmatrix}\cos\alpha\cos\beta & \sin\alpha & -\cos\alpha\sin\beta\\ -\sin\alpha\cos\beta & \cos\alpha & \sin\alpha\sin\beta\\ \sin\beta & 0 & \cos\beta\end{bmatrix}\tag{8.7}$$

8.2.2 机体模型

1. 模型假设

在飞机着陆滑跑分析中，除明确规定外，一般均采用对称着陆、滑跑动力学模型，其假设如下：

(1)飞机无偏航、滚转运动：$\psi\equiv0$、$\dot{\psi}\equiv0$、$\gamma\equiv0$、$\dot{\gamma}\equiv0$，则转换矩阵 $\boldsymbol{B}_d^t$ 为

$$\boldsymbol{B}_d^t=\begin{bmatrix}\cos\theta & \sin\theta & 0\\ -\sin\theta & \cos\theta & 0\\ 0 & 0 & 1\end{bmatrix}\tag{8.8}$$

(2)弹簧支撑质量集中在机体质心 O 上，且无侧向平动：$z_o\equiv0$、$\dot{z}_o\equiv0$。

(3)非弹簧支撑质量集中在轮轴中心。

(4)着陆、滑行过程中，左右(主)起落架的运动、受力对称于 x_tOy_t 平面。

(5)重力、气动力作为静载荷在初始条件中考虑，所以机体弹性模态的广义力中只考虑起落架力。

(6)气动力的变化在机体的刚体运动中反映，简化为集中气动力。

(7)起落架弹性运动考虑航向变形的运动 Δ_z、侧向变形的运动 Δ_x。

对于对称着陆和滑跑，上述假设，机体有如下自由度：

(1)在 Ox_dy_d 系中，水平、垂直方向的 2 个刚体平动(x_o，y_o)；

(2)在 $Ox_ty_tz_t$ 坐标系中，绕 Oz_t 轴的 1 个刚体转动(ω_z)；

(3)在广义坐标系中，n 阶机体弹性模态运动。

2. 机体刚体运动方程

机体的刚体运动自由度(x_o，y_o，ω_z)共 3 个，但运动方程的独立变量数目为 4 个(x_o，y_o，ω_z，θ)，所以求解方程时，需再加上 1 个运动学方程。

(1)运动学方程。

由式(8.6)及对称着陆滑跑模型假设，得

$$\dot{\theta}=\omega_z\tag{8.9}$$

(2)刚体平动方程。

机体质心 O 的平动方程在 $O_d-x_dy_d$ 系中建立，即

$$\begin{bmatrix}\ddot{x}_o\\ \ddot{y}_o\end{bmatrix}=\frac{\overline{\boldsymbol{B}}_t^d}{M_s}\left(\begin{bmatrix}P_{ax}^t\\ P_{ay}^t\end{bmatrix}+P_{\mathrm{T}}\begin{bmatrix}\cos\varphi_{\mathrm{T}}\\ \sin\varphi_{\mathrm{T}}\end{bmatrix}+\begin{bmatrix}\sum F_x^t\\ \sum F_y^t\end{bmatrix}\right)+\begin{bmatrix}0\\ -g\end{bmatrix}\tag{8.10}$$

式中，$[P_{ax}^t,P_{ay}^t]^{\mathrm{T}}$ 为 $O-x_ty_tz_t$ 坐标系中的气动力，有

$$\left.\begin{aligned} P_{ax}^{t} &= L_{A}\sin\alpha - D_{A}\cos\alpha \\ P_{ay}^{t} &= L_{A}\cos\alpha + D_{A}\sin\alpha \end{aligned}\right\} \tag{8.11}$$

$$\alpha \approx \theta - \tan^{-1}\left(\frac{\dot{y}_{o}}{\dot{x}_{o}}\right) \tag{8.12}$$

L_A 为气动升力(沿着 Oy_q 方向为正),有

$$L_A = C_y q_A S_W \tag{8.13}$$

D_A 为气动阻力(沿着$-Ox_q$ 方向为正),有

$$D_A = C_x q_A S_W \tag{8.14}$$

C_y 为升力系数;C_x 为阻力系数;S_W 为机翼面积;q_A 为空气动压,有

$$q_A = \frac{1}{2}\rho_A\,(\dot{x}_o + \dot{y}_o)^2 \tag{8.15}$$

ρ_A 为空气密度;$\left[\sum F_x^t, \sum F_y^t\right]^T$ 为 $O-x_t y_t z_t$ 系中各起落架作用于机体上的合力;P_T 为发动机推力;φ_T 为发动机推力矢量与 $x_t O z_t$ 平面的夹角;

$\overline{\boldsymbol{B}}_t^d$ 为从 $O-x_t y_t$ 系到 $O_d-x_d y_d$ 系中的坐标转换矩阵:

$$\overline{\boldsymbol{B}}_t^d = \begin{bmatrix} \cos\theta & -\sin\theta \\ \sin\theta & \cos\theta \end{bmatrix} \tag{8.16}$$

M_S 为起落架弹簧支撑质量(即飞机质量减去起落架非弹簧支撑质量)。

一般滑跑过程中,可假定飞机滑跑速度不变,也就是式(8.10)中的 $\ddot{x}_o \equiv 0$,即认为发动机推力已经被调整到平衡飞机的阻力而使飞机匀速滑跑,此时有

$$P_T = \frac{(P_{ax}^t + \sum F_x^t)\cos\theta - (P_{ay}^t + \sum F_y^t)\sin\theta}{\cos\theta\cos\varphi_T - \sin\theta\sin\varphi_T} \tag{8.17}$$

(3)刚体转动方程。

刚体转动方程在 $Ox_t y_t z_t$ 系中建立,即

$$I_z\dot{\omega}_z = M_A + \sum M_z^t + \sum(x_A^t F_y^t) - \sum(y_A^t F_x^t) + x_T^t P_T\sin\varphi_T - y_T^t P_T\cos\varphi_T \tag{8.18}$$

式中,I_z 为飞机绕 Oz_t 的转动惯量;M_A 为机体俯仰气动力矩(绕 Oz_t 轴),有

$$M_A = m_z q_A S_W b_A + x_a^t P_{ay}^t - y_a^t P_{ax}^t \tag{8.19}$$

m_z 为俯仰气动力系数;b_A 为机翼平均气动弦长;(x_a^t, y_a^t)为气动中心在 $O-x_t y_t z_t$ 系中的坐标;$\sum M_z^t$ 为各起落架作用于机体的合力矩(绕 Oz_t 轴);$\sum(x_A^t F_y^t) - \sum(y_A^t F_a^t)$ 为各起落架作用于机体的力对机体质心的合力矩(绕 Oz_t 轴);$[x_A^t \quad y_A^t \quad z_A^t]^T$ 为在 $O-x_t y_t z_t$ 系中起落架与机体连接点 A 的坐标,有

$$\begin{bmatrix} x_A^t \\ y_A^t \\ z_A^t \end{bmatrix} = \begin{bmatrix} x_{A0}^t \\ y_{A0}^t \\ z_{A0}^t \end{bmatrix} + \sum q_i \overline{\boldsymbol{\Phi}}_{Ai} \tag{8.20}$$

$$\begin{bmatrix} \dot{x}_A^t \\ \dot{y}_A^t \\ \dot{z}_A^t \end{bmatrix} = \sum \dot{q}_i \overline{\boldsymbol{\Phi}}_{Ai} + \boldsymbol{\omega} \begin{bmatrix} x_A^t \\ y_A^y \\ z_A^t \end{bmatrix} \tag{8.21}$$

$\bar{\boldsymbol{\phi}}_{Ai}=[\varphi_{x,Ai}\quad \varphi_{y,Ai}\quad \varphi_{z,Ai}]^{T}$ 为在 $O-x_t y_t z_t$ 系中，机体的第 i 阶模态振型在连接点 A 的 x_t、y_t、z_t 方向上的值组成的向量；

$(x_T^t\ \ y_T^t)$ 为发动机推力矢量 P_T 的作用点在 $Ox_t y_t z_t$ 系中的坐标。

(4) 初始条件。

$$\left.\begin{aligned}&\theta|_{t=0}=\theta_0\\&\omega_z|_{t=0}=0\\&[x_o\quad y_o]^{T}|_{t=0}=[0\quad 0]^{T}\\&[\dot{x}_o\quad \dot{y}_o]^{T}|_{t=0}=[V_L\quad -V_S]^{T}\end{aligned}\right\}\tag{8.22}$$

式中，θ_0 为在 $O-x_t y_t z_t$ 系中，飞机的初始俯仰角；V_L 为在 $O_d-x_d y_d z_d$ 系中，飞机的平飞速度；V_S 为在 $O_d-x_d y_d z_d$ 系中飞机的下沉速度。

3. 机体弹性振动方程

(1)模态坐标系中的机体弹性振动方程。

$$m_i(\ddot{q}_i+2\zeta_i\omega_i\dot{q}_i+\omega_i^2 q_i)=\sum Q_i\tag{8.23}$$

式中，m_i 为第 i 阶模态质量；ζ_i 为第 i 阶模态阻尼；ω_i 为第 i 阶模态频率；$Q_i=\hat{\boldsymbol{\phi}}_i^{T}\boldsymbol{F}^t$，为第 i 阶模态(起落架)力；$\hat{\boldsymbol{\phi}}_i=[\varphi_{x_1,i}\quad \varphi_{y_1,i}\quad \varphi_{z_1,i}\quad \varphi_{rx_1,i}\quad \varphi_{ry_1,i}\quad \varphi_{rz_1,i}\quad \varphi_{x_2,i}\quad \varphi_{y_2,i}\quad \varphi_{z_2,i}\quad \varphi_{rx_2,i}\quad \varphi_{ry_2,i}\quad \varphi_{rz_2,i}\cdots]^{T}$，为在 $O-x_t y_t z_t$ 系中，机体的第 i 阶模态振型在各个起落架连接点上的值组成的向量(每个起落架安装点以沿 x_t、y_t、z_t 方向以及绕 x_t、y_t、z_t 方向排序)；$\boldsymbol{F}^t=[F_{x_1}^t\ F_{y_1}^t\ F_{z_1}^t\ M_{x_1}^t\ M_{y_1}^t\ M_{z_1}^t\ F_{x_2}^t\ F_{y_2}^t\ F_{z_2}^t\ M_{x_2}^t\ M_{y_2}^t\ M_{z_2}^t\cdots]^{T}$ 为在 $O-x_t y_t z_t$ 系中，各个起落架力及力矩组成的向量(每个起落架安装点的力及力矩以沿 x_t，y_t，z_t 方向以及绕 x_t，y_t，z_t 方向排序)。

(2)初始条件。

$$\left.\begin{aligned}&q_i|_{t=0}=0\quad (i=1,2,\cdots,n)\\&\dot{q}_i|_{t=0}=0\quad (i=1,2,\cdots,n)\end{aligned}\right\}\tag{8.24}$$

4. 刚柔耦合模型的位移、速度及加速度

根据刚体运动方程可以求解出机身的刚体运动的位移、速度及加速度的时间历程，根据弹性运动方程可以求解出机体各阶弹性运动的模态坐标的时间历程，进而通过机体的刚体运动与弹性运动的叠加，求得机体各点在 $O_d-x_d y_d z_d$ 坐标系下的位移、速度及加速度。

$$\begin{bmatrix}x\\y\\z\end{bmatrix}=\begin{bmatrix}x_o\\y_o\\z_o\end{bmatrix}+\boldsymbol{B}_t^d\sum q_i\bar{\boldsymbol{\phi}}_i\tag{8.25}$$

$$\begin{bmatrix}\dot{x}\\\dot{y}\\\dot{z}\end{bmatrix}=\begin{bmatrix}\dot{x}_o\\\dot{y}_o\\\dot{z}_o\end{bmatrix}+\boldsymbol{B}_t^d\left(\sum\dot{q}_i\bar{\boldsymbol{\phi}}_i+\boldsymbol{\omega}\sum q_i\bar{\boldsymbol{\phi}}_i\right)\tag{8.26}$$

$$\begin{bmatrix}\ddot{x}\\\ddot{y}\\\ddot{z}\end{bmatrix}=\begin{bmatrix}\ddot{x}_o\\\ddot{y}_o\\\ddot{z}_o\end{bmatrix}+\boldsymbol{B}_t^d\left[\sum\ddot{q}_i\bar{\boldsymbol{\phi}}_i+2\boldsymbol{\omega}\sum\dot{q}_i\bar{\boldsymbol{\phi}}_i+(\dot{\boldsymbol{\omega}}+\boldsymbol{\omega}^2)\sum q_i\bar{\boldsymbol{\phi}}_i\right]\tag{8.27}$$

式中，$\bar{\boldsymbol{\phi}}_i=[\varphi_{x,i}\quad \varphi_{y,i}\quad \varphi_{z,i}]^{T}$ 为在 $O-x_t y_t z_t$ 系中，机体第 i 阶模态振型在当前点的 x_t，y_t，z_t

方向上的值组成的向量。

8.2.3 起落架模型

常见的起落架有支柱式起落架和小车式起落架两种，本节就以这两种起落架为例，介绍起落架模型的建立方法。

1. 支柱式起落架Ⅰ

支柱式起落架Ⅰ的示意图如图 8－3 所示。

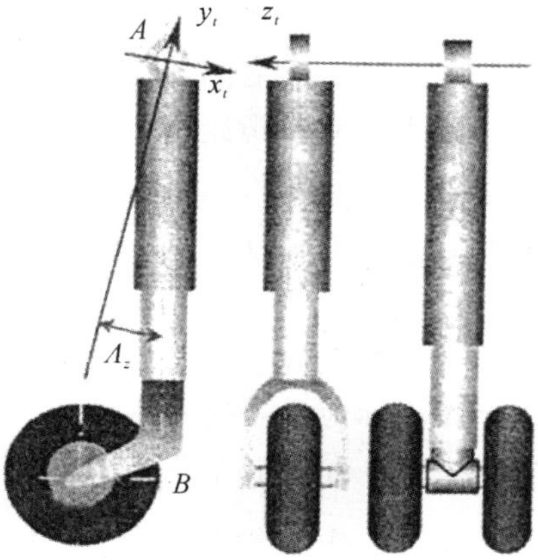

图 8－3　支柱式起落架Ⅰ的示意图

(1)动力学方程及其初始条件。

起落架非弹簧支撑质量的运动自由度有 4 个，在 $O_d-x_dy_dz_d$ 系中的 3 个平动自由度(x_u，y_u，z_u)和绕轮轴的 1 个转动自由度 ω_T，如图 8－4 所示。

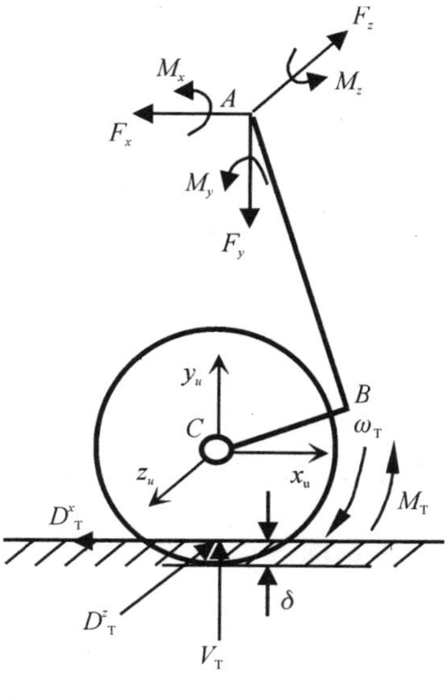

图 8－4　支柱式起落架Ⅰ的动力学模型

根据图 8-4 的受力分析，可知其动力学方程如下：

$$\left.\begin{aligned}\ddot{x}_u &= -(D_T^x + F_x)/M_u \\ \ddot{y}_u &= (V_T - F_y)/M_u - g \\ \ddot{z}_u &= -(D_T^z + F_z)/M_u \\ \dot{\omega}_T &= [D_T^x(R-\delta) - M_T]/I_u\end{aligned}\right\} \tag{8.28}$$

式中，$[F_x\ F_y\ F_z]^T$ 为起落架作用于机体连接点的力在 $O_d - x_d y_d z_d$ 系中的分量，即

$$[F_x\ F_y\ F_z]^T = \boldsymbol{B}_t^d [F_x^t\ F_y^t\ F_z^t]^T \tag{8.29}$$

方程式(8.28)的初始条件可表述为

$$\left.\begin{aligned}&[x_u\ y_u\ z_u]^T\big|_{t=0} = \boldsymbol{B}_t^d\big|_{t=0}[x_{C0}^t\ y_{C0}^t\ z_{C0}^t]^T \\ &\omega_T\big|_{t=0} = \begin{cases}0 & (着陆) \\ V_L/R & (滑跑)\end{cases} \\ &[\dot{x}_u\ \dot{y}_u\ \dot{z}_u]^T\big|_{t=0} = [V_L\ -V_S\ 0]^T\end{aligned}\right\} \tag{8.30}$$

式中，$[x_{C0}^t\ y_{C0}^t\ z_{C0}^t]^T$ 为起落架轮轴中心点 C 在 $O - x_t y_t z_t$ 系中的初始坐标。

(2) 运动学方程。

运动学方程主要描述了各个点的坐标与速度之间的关系。

1)点 C 在 $O - x_t y_t z_t$ 系中的初始坐标为

$$\left.\begin{aligned}x_{C0}^t &= x_{A0}^t + \overline{AB}_0 \sin\Lambda_z - \overline{BC}\cos\Lambda_z \\ y_{C0}^t &= y_{A0}^t - \overline{AB}_0 \cos\Lambda_z - \overline{BC}\sin\Lambda_z \\ z_{C0}^t &= z_{A0}^t\end{aligned}\right\} \tag{8.31}$$

式中，$\overline{AB}_0$ 为缓冲器未发生变形时，A、B 两点之间的距离；$\overline{BC}$为 B、C 两点之间的距离；Λ_z 为缓冲器轴线与 $y_t O z_t$ 之间的夹角，B 点在前为正。

2)点 C 在 $O - x_t y_t z_t$ 系中的坐标及速度为

$$\begin{bmatrix}x_C^t \\ y_C^t \\ z_C^t\end{bmatrix} = \boldsymbol{B}_d^t \begin{bmatrix}x_u - x_o \\ y_u - y_o \\ z_u - z_o\end{bmatrix} \tag{8.32}$$

$$\begin{bmatrix}\dot{x}_C^t \\ \dot{y}_C^t \\ \dot{z}_C^t\end{bmatrix} = \boldsymbol{B}_d^t \begin{bmatrix}\dot{x}_u - \dot{x}_o \\ \dot{y}_u - \dot{y}_o \\ \dot{z}_u - \dot{z}_o\end{bmatrix} - \boldsymbol{\omega} \begin{bmatrix}x_C^t \\ y_C^t \\ z_C^t\end{bmatrix} \tag{8.33}$$

3)缓冲器行程、行程速度分别为

$$\left.\begin{aligned}S &= \overline{AB}_0 - \sqrt{(x_C^t - x_A^t)^2 + (y_C^t - y_A^t)^2 + (z_C^t - z_A^t)^2 - \overline{BC}^2} \\ \dot{S} &= -\frac{(x_C^t - x_A^t)(\dot{x}_C^t - \dot{x}_A^t) + (y_C^t - y_A^t)(\dot{y}_C^t - \dot{y}_A^t) + (z_C^t - z_A^t)(\dot{z}_C^t - \dot{z}_A^t)}{\overline{AB}_0 - S}\end{aligned}\right\} \tag{8.34}$$

4)求解缓冲器支柱的变形角。根据图 8-5 的缓冲器支柱航向变形角的定义及几何关系示意图，可知

$$\left.\begin{aligned}
\Delta_z^b &= \theta_{Az} - \Delta_z^e - \Lambda_z \\
\theta_{Az} &= \tan^{-1}\frac{x_C^t - x_A^t}{y_A^t - y_C^t} + \tan^{-1}\frac{\overline{BC}}{\overline{AB}_0 - S} \\
\Delta_z^e &= \sum_{i=1}^{n}\varphi_{rz,i}q_i
\end{aligned}\right\} \tag{8.35}$$

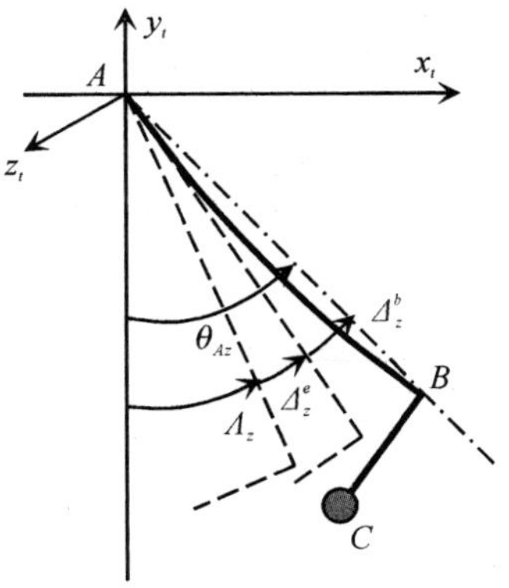

图 8-5　缓冲器支柱航向变形角的定义及几何关系

根据图 8-6 的缓冲器支柱侧向变形角的定义及几何关系示意图，可知

$$\left.\begin{aligned}
\Delta_x^b &= \theta_{Ax} - \Delta_x^e \\
\theta_{Ax} &= \tan^{-1}\frac{z_C^t - z_A^t}{y_A^t - y_C^t} \\
\Delta_x^e &= \sum_{i=1}^{n}\varphi_{rx,i}q_i
\end{aligned}\right\} \tag{8.40}$$

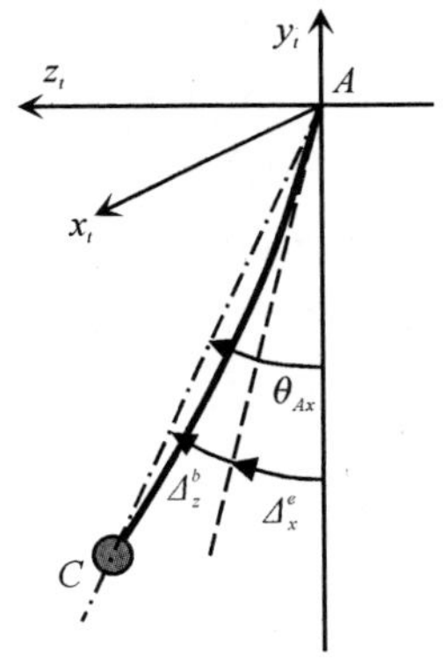

图 8-6　缓冲器支柱航向变形角的定义及几何关系

5）轮胎压缩量为

$$\delta = \begin{cases}\delta_y, & \delta_y > 0 \\ 0, & \delta_y \leqslant 0\end{cases} \tag{8.37}$$

$$\delta_y = y_T - y_u + y_{u0} + R - H_0 \tag{8.42}$$

式中，y_T 为跑道高度（在“跑道模型”中介绍）；y_u，y_{u0} 为非弹簧支撑质量块质心 C 在 $O_d - x_d y_d z_d$

系中的坐标及初始坐标；H_0 为非弹簧支撑质量块质心 C 距地平面的初始高度，如图 8-7 所示。

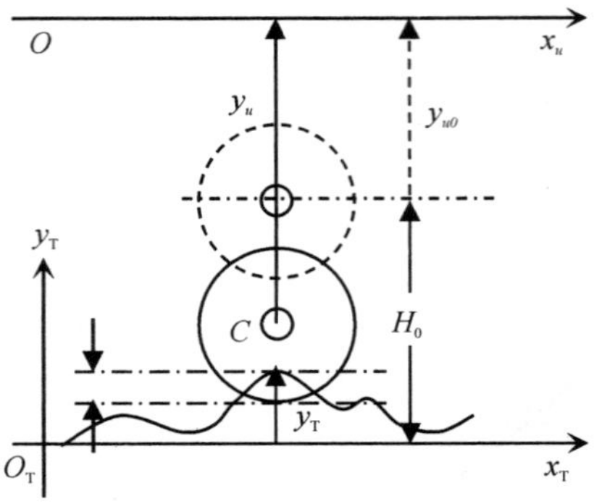

图 8-7 轮胎压缩量

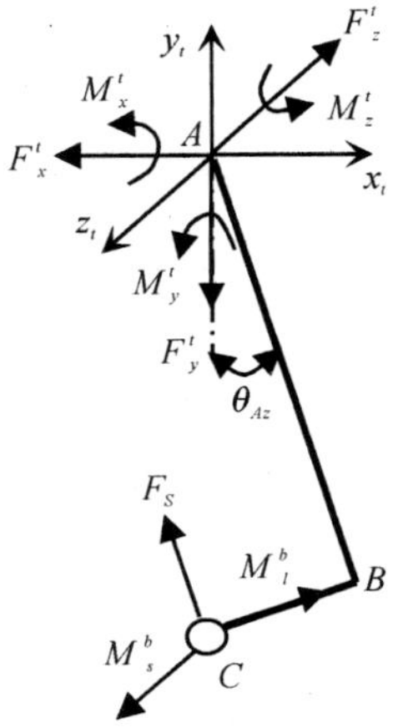

图 8-8 缓冲器支柱受力分析

(3)受力关系方程。

受力关系主要描述了各个载荷之间的关系。

1)缓冲支柱受力关系。

根据图 8-8 的缓冲支柱受力关系，可知

$$\left.\begin{aligned}
F_x^t &= -F_s\sin\theta_{Az} + N_l^b\cos\theta_{Az} \\
F_y^t &= F_s\cos\theta_{Az} + N_l^b\sin\theta_{Az} \\
F_z^t &= N_s^b \\
M_x^t &= -F_y^t(z_C^t - z_A^t) + F_z^t(y_C^t - y_A^t) \\
M_y^t &= -F_z^t(x_C^t - x_A^t) + F_x^t(z_C^t - z_A^t) \\
M_x^t &= -F_x^t(y_C^t - y_A^t) + F_y^t(x_C^t - x_A^t)
\end{aligned}\right\} \tag{8.39}$$

式中，F_s 为缓冲器轴向力(在“缓冲器模型”中介绍)；N_l^b 为缓冲支柱航向弯曲力，有

$$N_l^b = k_l^b(\overline{AB}_0 - S)\Delta_z^b \tag{8.40}$$

k_l^b 为缓冲支柱航向弯曲刚度；N_s^b 为缓冲支柱侧向弯曲力，有

$$N_s^b = k_s^b(\overline{AB}_0 - S)\Delta_x^b \tag{8.41}$$

k_s^b 为缓冲支柱侧向弯曲刚度。

2)机轮受力关系。

轮胎垂直力与轮胎类型及压缩量有关，可由如下两种方式提供。

给定垂直载荷系数 C_1，C_2，C_3 以及修正因子 C_4，J_r，则

$$\left.\begin{aligned}
V_T &= (C_1\widehat{R} + C_2\widehat{R}^2 + C_3\widehat{R}^3)C_4 \\
\widehat{R} &= \delta/J_r
\end{aligned}\right\} \tag{8.42}$$

给定轮胎静压曲线，则

$$V_T = f(\delta) \tag{8.43}$$

轮胎摩擦力包含轮胎航向摩擦力及轮胎侧向摩擦力。

轮胎航向摩擦力为

$$D_{\mathrm{T}}^{x}=\mu_{\mathrm{T}}^{x}V_{\mathrm{T}} \tag{8.44}$$

式中，μ_{T}^{x} 为轮胎与跑道之间的航向滑动摩擦因数；与航向滑动比 S_{T}^{x} 的关系曲线如图 8－9 所示，用公式表示为

$$\mu_{\mathrm{T}}^{x}=\begin{cases}\mu_{\mathrm{T},1}^{x}, & S_{\mathrm{T}}^{x}\leqslant S_{\mathrm{T},1}^{x}\\ \mu_{\mathrm{T},i-1}^{x}+\dfrac{\mu_{\mathrm{T},i}^{x}-\mu_{\mathrm{T},i-1}^{x}}{S_{\mathrm{T},i}^{x}-S_{\mathrm{T},i-1}^{x}}(S_{\mathrm{T}}^{x}-S_{\mathrm{T},i-1}^{x}), & S_{\mathrm{T},i-1}^{x}\leqslant S_{\mathrm{T}}^{x}\leqslant S_{\mathrm{T},i+1}^{x},i=2,\cdots,n-1\\ \mu_{\mathrm{T},n}^{x}, & S_{\mathrm{T}}^{x}\geqslant S_{\mathrm{T},n}^{x}\end{cases} \tag{8.45}$$

式中，航向滑动摩擦因数与航向滑动比的采样点由实际跑道确定，航向滑动比 S_{T}^{x} 由下式确定：

$$S_{\mathrm{T}}^{x}=\frac{\dot{x}_{u}-(R-\delta/3)\omega_{\mathrm{T}}}{\dot{x}_{u}} \tag{8.46}$$

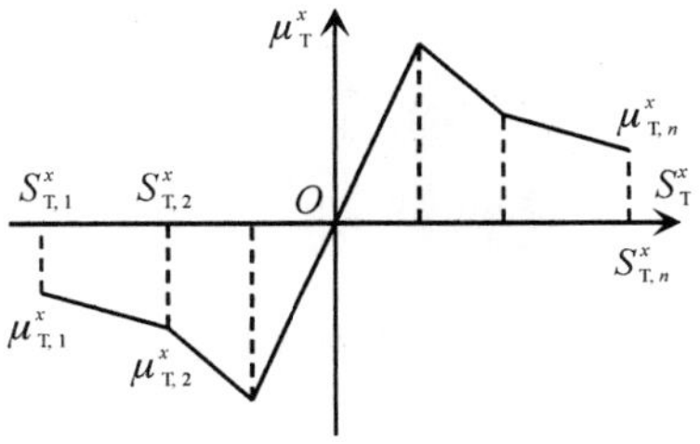

图 8－9　航向滑动摩擦因数与航向滑动比的关系曲线

轮胎侧向摩擦力为

$$D_{\mathrm{T}}^{z}=\mu_{\mathrm{T}}^{z}V_{\mathrm{T}} \tag{8.47}$$

式中，μ_{T}^{z} 是轮胎与跑道之间的侧向滑动摩擦因数，与侧向滑动比 S_{T}^{z} 的关系曲线与图 8－9 相似，用公式表示为

$$\mu_{\mathrm{T}}^{z}=\begin{cases}\mu_{\mathrm{T},1}^{z}, & S_{\mathrm{T}}^{z}\leqslant S_{\mathrm{T},1}^{z}\\ \mu_{\mathrm{T},i-1}^{z}+\dfrac{\mu_{\mathrm{T},i}^{z}-\mu_{\mathrm{T},i-1}^{z}}{S_{\mathrm{T},i}^{z}-S_{\mathrm{T},i-1}^{z}}(S_{\mathrm{T}}^{z}-S_{\mathrm{T},i-1}^{z}), & S_{\mathrm{T},i-1}^{z}\leqslant S_{\mathrm{T}}^{z}\leqslant S_{\mathrm{T},i+1}^{z},i=2,\cdots,n-1\\ \mu_{\mathrm{T},n}^{z}, & S_{\mathrm{T}}^{z}\geqslant S_{\mathrm{T},n}^{z}\end{cases} \tag{8.48}$$

式中，侧向滑动摩擦因数与航向滑动比的采样点由实际跑道确定，侧向滑动比 S_{T}^{z} 由下式确定：

$$S_{\mathrm{T}}^{z}=\frac{\dot{z}_{u}}{\dot{y}_{u}\tan\theta_{Ax}} \tag{8.49}$$

2. 支柱式起落架Ⅱ

支柱式起落架Ⅱ的示意图如图 8－10 所示。

(1)动力学方程及其初始条件。

支柱式起落架Ⅱ的动力学方程与支柱式起落架Ⅰ的完全相同。

(2)运动学方程。

1)点 C 在 $Ox_{t}y_{t}z_{t}$ 系中的初始坐标为

$$\begin{aligned} x_{C0}^{t} &= x_{A0}^{t} + \overline{AB}_0 \sin\Lambda_z \cos A_{x0} \\ y_{C0}^{t} &= y_{A0}^{t} - \overline{AB}_0 \cos\Lambda_z \cos A_{x0} \\ z_{C0}^{t} &= z_{A0}^{t} + \overline{AB}_0 \sin A_{x0} + \overline{BC} \end{aligned} \tag{8.51}$$

式中，$(\Lambda_x, \Lambda_z, A_{x0}, A_{z0})$的定义如图 8－11 所示，其关系为

$$\left.\begin{aligned} \tan A_{x0} &= \tan\Lambda_x \cos\Lambda_z \\ \tan A_{z0} &= \tan\Lambda_z \cos\Lambda_x \end{aligned}\right\} \tag{8.51}$$

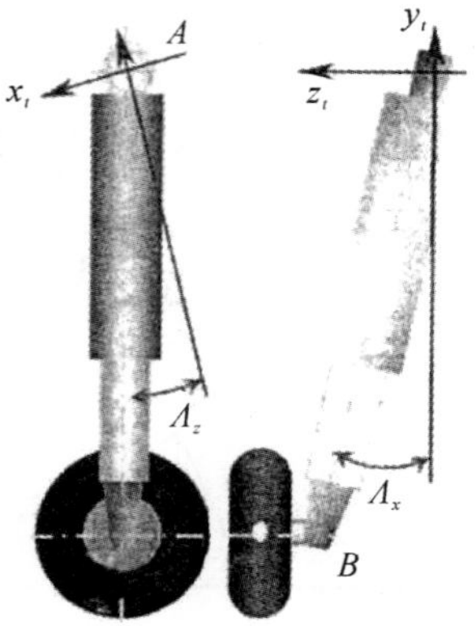

图 8－10　支柱式起落架Ⅱ

2)点 C 在 $O-x_ty_tz_t$ 系中的坐标及速度同支柱式起落架Ⅰ。

3)缓冲器行程、行程速度同支柱式起落架Ⅰ。

4)缓冲器支柱的变形角。根据图 8－12 缓冲器支柱变形角的定义及几何关系示意图，以及支柱式起落架Ⅰ的相关角度公式，可知

$$\left.\begin{aligned} \Delta_x^e &= \sum_{i=1}^{n} \varphi_{x,i} q_i \\ \Delta_z^e &= \sum_{i=1}^{n} \varphi_{z,i} q_i \\ \Delta_x^b &= A_1(\theta_{Ax} - \Lambda_x - \Delta_x^e) + A_2(\theta_{Az} - \Lambda_z - \Delta_z^e) \\ \Delta_z^b &= A_3(\theta_{Ax} - \Lambda_x - \Delta_x^e) + A_4(\theta_{Az} - \Lambda_z - \Delta_z^e) \\ \theta_{Ax} &= \tan^{-1} \frac{z_C^t - z_A^t - \overline{BC}}{y_A^t - y_C^t} \\ \theta_{Az} &= \tan^{-1} \frac{x_C^t - x_A^t}{y_A^t - y_C^t} \end{aligned}\right\} \tag{8.52}$$

式中

$$\left.\begin{aligned} A_1 &= \cos^2 A_x \sec^2\theta_{Ax} \cos\theta_{Az} \\ A_2 &= -\cos^2 A_x \tan\theta_{Ax} \sin\theta_{Az} \\ A_3 &= -\cos^2 A_z \tan\theta_{Az} \sin\theta_{Az} \\ A_4 &= \cos^2 A_z \sec^2\theta_{Az} \cos\theta_{Az} \end{aligned}\right\} \tag{8.53}$$

$$\left.\begin{aligned}\tan A_x &= \tan\theta_{Ax}\cos\theta_{Az}\\ \tan A_z &= \tan\theta_{Az}\cos\theta_{Ax}\end{aligned}\right\}\tag{8.54}$$

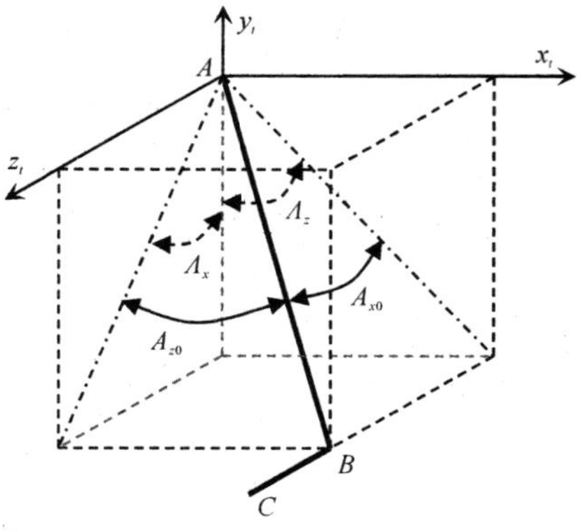

图 8-11　(A_x,A_z,A_{x0},A_{z0})的定义

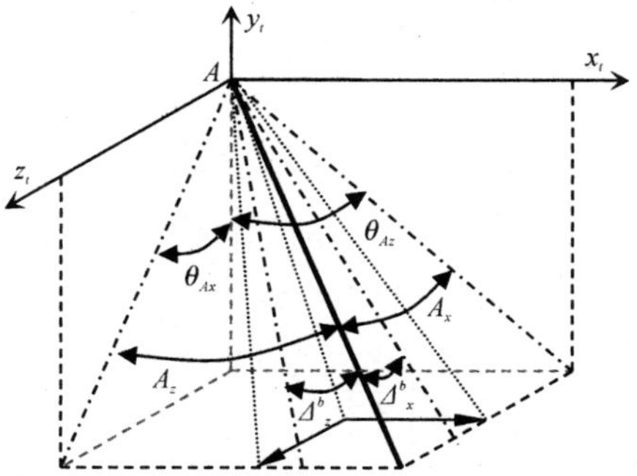

图 8-12　(A_x,A_z,θ_{Ax},θ_{Az},Δ^b_x,Δ^b_z)的定义

5)轮胎压缩量同支柱式起落架Ⅰ。

(3)受力关系方程。

1)缓冲支柱受力关系。根据图 8-13 的缓冲支柱受力关系可知

$$\left.\begin{aligned}F^t_x &= -F_s\cos A_x\sin\theta_{Az} + N^b_l\cos\theta_{Az} - N^b_s\sin A_x\sin\theta_{Az}\\ F^t_y &= F_s\cos A_x\cos\theta_{Az} + N^b_l\sin\theta_{Az} + N^b_s\sin A_x\cos\theta_{Az}\\ F^t_z &= F_s\sin A_x + N^b_s\cos A_x\\ M^t_x &= -F^t_y(z^t_C - z^t_A) + F^t_z(y^t_C - y^t_A)\\ M^t_y &= -F^t_z(x^t_C - x^t_A) + F^t_x(z^t_C - z^t_A)\\ M^t_x &= -F^t_x(y^t_C - y^t_A) + F^t_y(x^t_C - x^t_A)\end{aligned}\right\}\tag{8.55}$$

式中,F_s 为缓冲器轴向力(在“缓冲器模型”中介绍);N^b_l 为缓冲支柱航向弯曲力,同支柱式起落架Ⅰ,见式(8-44);N^b_s 为缓冲支柱侧向弯曲力,同支柱式起落架Ⅰ,见式(8-45)。

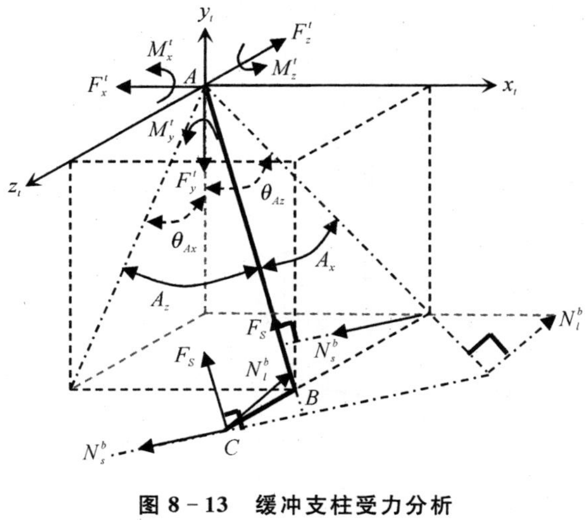

图 8-13　缓冲支柱受力分析

2)机轮受力关系同支柱式起落架Ⅰ。

8.2.4 缓冲器模型

缓冲器是起落架中用于吸收冲击和振动能量的部件。缓冲器的形式有多种，本节仅介绍三种常见的起落架缓冲器，即单腔式缓冲器、双气腔式缓冲器和双油腔式缓冲器，如图 8－14 所示。

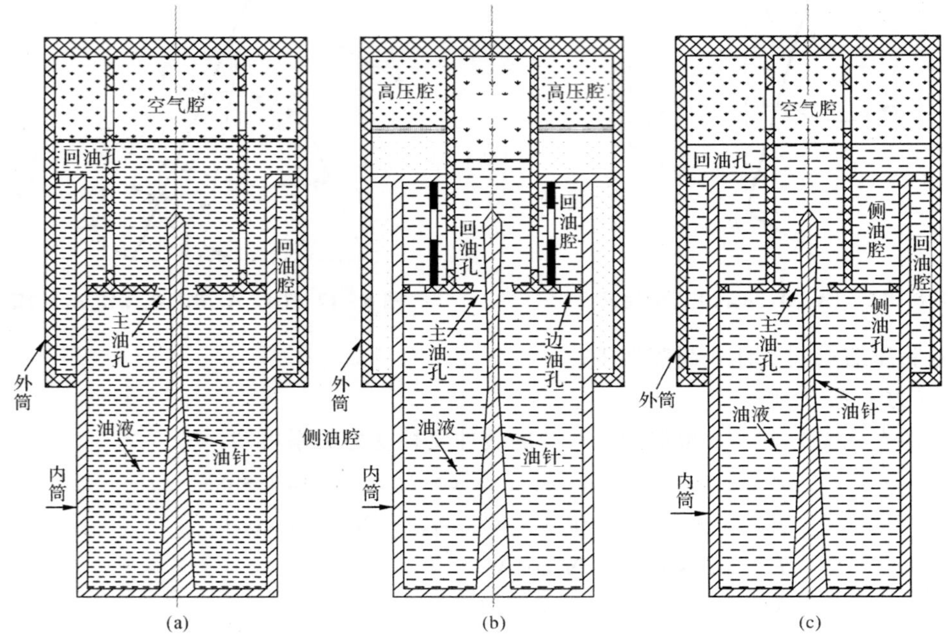

图 8－14 缓冲器模型

(a)单腔式缓冲器；(b)双气腔式缓冲器；(c)双油腔式缓冲器

1. 缓冲器受力分析

各缓冲器受力分析如图 8－15 所示，其轴向力 F_s 可统一表示为

$$F_s = F_l + F_f + F_a + F_h \tag{8.56}$$

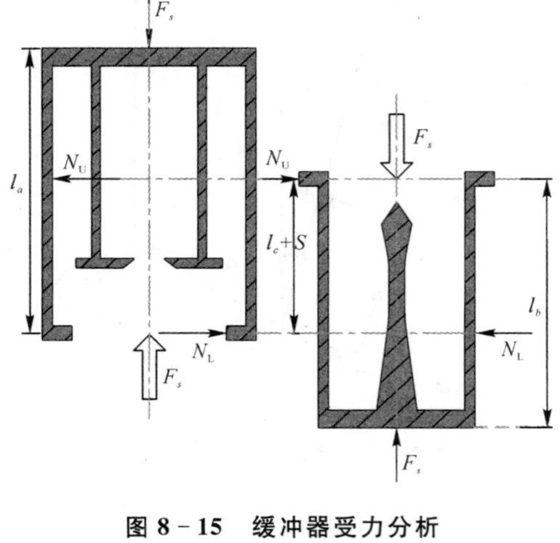

图 8－15 缓冲器受力分析

(1)缓冲器结构限制力 F_l。

$$F_l=\begin{cases}k_{\text{strut}}(S-S_0), & S\leqslant S_0\\ 0, & S_0\leqslant S\leqslant S_{\max}\\ k_{\text{strut}}(S-S_{\max}), & S\geqslant S_{\max}\end{cases}\tag{8.57}$$

式中，k_{strut} 为缓冲器轴向拉压刚度；$S_{\max}$ 为缓冲器最大行程；S_0 为缓冲器初始行程，有

$$S_0=-\frac{(1+K_{\text{m}})A_{\text{a}}(P_{\text{a0}}-P_{\text{atm}})}{k_{\text{strut}}}\tag{8.58}$$

其中，A_{a} 为空气腔有效压气面积(双气腔时为低压腔有效压气面积 A_a^{L})；K_{m} 为缓冲器皮碗摩擦因数；P_{a0} 为空气腔初始压力(双气腔时为低压腔初始压力 P_{a0}^{L})；P_{atm} 为当地大气压力(海平面 $P_{\text{atm}}=1.014\times10^5$ N)。

(2)缓冲器内部摩擦力 F_f。

F_f 由皮碗摩擦力和弯曲摩擦力组成，即

$$F_f=[K_mF_a+\mu_b(N_u+N_l)]\dot{S}/|\dot{S}|\tag{8.59}$$

式中，μ_b 为缓冲器弯曲摩擦因数(在不考虑缓冲器变形时可不考虑该项)；N_u，N_l 为缓冲器弯曲引起的上、下支撑点处的法向力，有

$$\left.\begin{aligned}N_u&=\frac{N_b(l_b-l_c-S)}{l_c+S}\\ N_l&=\frac{N_bl_b}{l_c+S}\end{aligned}\right\}\tag{8.60}$$

l_b，l_c 分别为缓冲器支柱长度和活塞上下支点的初始距离；N_b 为缓冲器承受的总法向力，有

$$N_b=\sqrt{(N_s^b)^2+(N_l^b)^2}\tag{8.61}$$

N_s^b，N_l^b 为缓冲器承受的侧法向、航法向力，见式(8-40)和式(8-41)。

(3)缓冲器空气弹簧力 F_a

通常有两种方式给出缓冲器空气弹簧力 F_a 与缓冲器行程之间的关系，即缓冲器静压曲线或缓冲器结构参数。

1)缓冲器静压曲线为

$$F_a=f(S)\tag{8.62}$$

以此种方式给出的缓冲器弹簧力中已经考虑了缓冲器内部摩擦力，则在计算过程中，不用额外计算缓冲器摩擦力。

2)对不同的缓冲器类型，缓冲器结构参数一般不同，将在后面具体讨论。

(4)缓冲器油液阻尼力 F_h。

通常有两种方式给出缓冲器油液阻尼力 F_h 与缓冲器行程速度之间的关系，即缓冲器阻尼系数或缓冲器结构参数。

1)缓冲器阻尼力为

$$F_h=\begin{cases}c^+\dot{S}^2, & \dot{S}\geqslant0\\ -c^-\dot{S}^2, & \dot{S}\leqslant0\end{cases}\tag{8.63}$$

式中，c^{+} 为缓冲器正行程阻尼系数；c^{-} 为缓冲器负行程阻尼系数。

2)对不同的缓冲器类型，缓冲器结构参数一般不同，将在后面具体讨论。

2. 油孔油针模型

此处主要讨论主油孔油针模型，重点在计算不同类型的主油孔有效过流面积 A_d 和主油腔有效压油面积 A_h。

(1)常油孔。如果主油孔为常油孔，则

$$\left.\begin{aligned} A_d &= A_{d0} \\ A_h &= A_{h0} \end{aligned}\right\} \tag{8.64}$$

式中，A_{d0} 为挡板油空过流面积

$$A_{d0} = \pi D_0^2/4 \tag{8.65}$$

D_0 为挡板油孔直径(见图 8-16)；A_{h0} 为主油腔内横截面积(即活塞内横截面积)。

(2) 变油孔。如果主油孔内装有油针，则

$$\left.\begin{aligned} A_d &= A_{d0} - A_p \\ A_h &= A_{h0} - A_p \end{aligned}\right\} \tag{8.66}$$

式中，A_p 为油针横截面积，油针结构图有图 8-16 和图 8-17 所示的两种，对于不同的类型 A_p 不相同，以下分别讨论。

1)圆形截面。如图 8-16 所示，则

$$A_p = \begin{cases} \dfrac{\pi d_0^2}{4}, & S \leqslant \widehat{S}_0 \\ \dfrac{\pi}{4}\left[d_{i-1} + (d_i - d_{i-1})\dfrac{S - \widehat{S}_{i-1}}{\widehat{S}_i - \widehat{S}_{i-1}}\right]^2, & \widehat{S}_{i-1} \leqslant S \leqslant \widehat{S}_i, i = 1,2,\cdots,n \\ \dfrac{\pi d_n^2}{4}, & S \geqslant \widehat{S}_n \end{cases} \tag{8.67}$$

式中，$\widehat{S}_i$ 为油针第 i 段截面突变处对应的行程($i=0,1,2,\cdots n$)，一般取 $\widehat{S}_0=0$；d_i 为油针第 i 段截面突变处对应的油针截面直径。

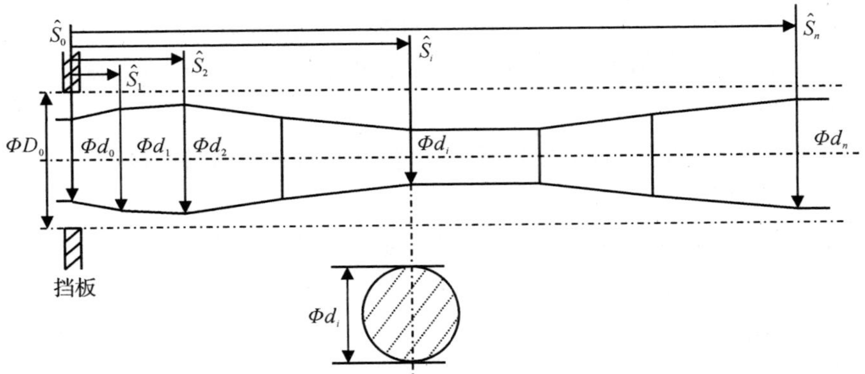

图 8-16 圆形截面油针结构

2)圆角方形截面。如图 8-17 所示,在 $\widehat{S}_0 \leqslant S \leqslant \widehat{S}_1$ 段,对直径 d 线性插值;在 $\widehat{S}_1 \leqslant S \leqslant \widehat{S}_2$ 段,对截面积 A_p 线性插值;当 $S \geqslant \widehat{S}_2$ 时,对截面高度 H 线性插值。有

$$A_p = \begin{cases} \dfrac{\pi d_0^2}{4}, & S \leqslant \widehat{S}_0 \\ \dfrac{\pi}{4}\left[d_0 + (d_1 - d_0)\dfrac{S-\widehat{S}_0}{\widehat{S}_1-\widehat{S}_0}\right]^2, & \widehat{S}_0 \leqslant S \leqslant \widehat{S}_1 \\ A_{p1} + (A_{p2} - A_{p1})\dfrac{S-\widehat{S}_1}{\widehat{S}_2-\widehat{S}_1}, & \widehat{S}_1 \leqslant S \leqslant \widehat{S}_2 \\ \dfrac{d_p^2}{4}\left[\pi - 4\cos^{-1}\left(\dfrac{H}{d_p}\right)\right] + H\sqrt{d_p^2 - H^2}, & \widehat{S}_{i-1} \leqslant S \leqslant \widehat{S}_i, \quad i = 3,\cdots,n \\ \dfrac{d_p^2}{4}\left[\pi - 4\cos^{-1}\left(\dfrac{H_n}{d_p}\right)\right] + H_n\sqrt{d_p^2 - H_n^2}, & S \geqslant \widehat{S}_n \end{cases} \tag{8.68}$$

式中,d_p 为油针毛坯直径;A_{p1},A_{p2} 为 $S=\widehat{S}_1$,$S=\widehat{S}_2$ 时的油针截面面积,有

$$\left.\begin{aligned} A_{p1} &= \frac{\pi d_0^2}{4} \\ A_{p2} &= \frac{d_p^2}{4}\left[\pi - 4\cos^{-1}\left(\frac{H_2}{d_p}\right)\right] + H_2\sqrt{d_p^2 - H_2^2} \end{aligned}\right\} \tag{8.69}$$

H_2 为 $S=\widehat{S}_2$ 时的油针截面高度;H 为 $\widehat{S}_{i-1} \leqslant S \leqslant \widehat{S}_i$,$i=3,\cdots,n$ 时的油针截面高度,有

$$H = H_{i-1} + (H_i - H_{i-1})\frac{S-\widehat{S}_{i-1}}{\widehat{S}_i - \widehat{S}_{i-1}} \tag{8.70}$$

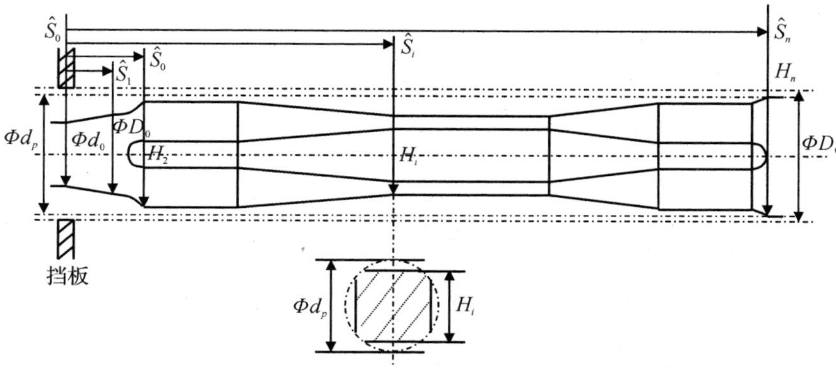

图 8-17　圆角方形截面油针结构

3. 缓冲器模型

(1)单腔式缓冲器。单腔式缓冲器结构如图 8-19(a)所示。

1)空气弹簧力 F_a 为

$$F_a = A_a\left[\frac{P_{a0}}{(1 - A_a S/V_{a0})^\gamma} - P_{\text{atm}}\right] \tag{8.71}$$

式中,V_{a0} 为空气腔初始容积;γ 为空气腔压缩多变指数。

2)油液阻尼力 F_h 为

$$F_h=\begin{cases}\dfrac{\rho_h A_h^3\dot{S}^2}{2\,(C_d^+)^2A_d^2}+\dfrac{\rho_h A_{hL}^3\dot{S}^2}{2\,(C_{dL}^+)^2\,(A_{dL}^+)^2}, & \dot{S}\geqslant 0\\[2ex] -\dfrac{\rho_h A_h^3\dot{S}^2}{2\,(C_d^-)^2A_d^2}-\dfrac{\rho_h A_{hL}^3\dot{S}^2}{2\,(C_{dL}^-)^2\,(A_{dL}^-)^2}, & \dot{S}\leqslant 0\end{cases}\tag{8.72}$$

式中，ρ_h 为油液密度；A_h 为主油腔有效压油面积；A_d 为正、反行程时主油孔有效过流面积；C_d^+，C_d^- 为正、反行程时主油孔流量系数；A_{hL} 为回油腔有效压油面积；A_{dL}^+，A_{dL}^- 为正、反行程时回油孔有效过流面积；C_{dL}^+，C_{dL}^- 为正、反行程时回油孔流量系数。

(2)双气腔式缓冲器。双气腔式缓冲器结构如图 8－14 所示。

1)空气弹簧力 F_a 为

$$F_a=\begin{cases}A_a^L\left[\dfrac{P_{a0}^L}{(1-A_a^LS/V_{a0}^L)^{\gamma_L}}-P_{\text{atm}}\right], S\leqslant S_{LH}\\[2ex] A_a^L\left[\dfrac{P_{a0}^L}{(1-A_a^LS/V_{a0}^L)^{\gamma_L}}-P_{\text{atm}}\right]+\dfrac{k_{\text{strut}}}{1+K_m}(S-S_{LH}), S_{LH}\leqslant S\leqslant S_{LH}+S_{H0}\\[2ex] A_a^L\left[\dfrac{P_{a0}^L}{(1-A_a^LS/V_{a0}^L)^{\gamma_L}}-P_{\text{atm}}\right]+A_a^H\left\{\dfrac{P_{a0}^H}{[1-A_a^H(S-S_{LH}-S_{H0})/V_{a0}^H]^{\gamma_H}}-P_{\text{atm}}\right\}, S\geqslant S_{LH}+S_{H0}\end{cases}\tag{8.73}$$

式中，V_{a0}^L，V_{a0}^H 为低、高压气腔初始容积；γ_L，V_{a0}^H 为低、高压气腔压缩多变指数；A_a^L，V_{a0}^H 为低、高压气腔压有效压气面积；P_{a0}^L，V_{a0}^H 为低、高压气腔压初始压力；S_{LH} 为低压气腔结构最大行程；S_{H0} 为高压气腔初始行程，有

$$S_{H0}=\frac{(1+K_m)A_a^H(P_{a0}^H-P_{\text{atm}})}{k_{\text{strut}}}\tag{8.74}$$

2)油液阻尼力 F_h 同单腔式缓冲器。

(3) 双油腔式缓冲器。双油腔式缓冲器结构如图 8－14(c)所示。

1)空气弹簧力 F_a 同单腔式缓冲器。

2)油液阻尼力 F_h 为

$$F_h=\begin{cases}\dfrac{\rho_h A_{hC}^3\dot{S}^2}{2\,(C_{dC}^+)^2A_{dC}^2}+\dfrac{\rho_h A_{hS}^3\dot{S}^2}{2\,(C_{dS}^+)^2A_{dS}^2}+\dfrac{\rho_h A_{hL}^3\dot{S}^2}{2\,(C_{dL}^+)^2\,(A_{dL}^+)^2}, & \dot{S}\geqslant 0\\[2ex] -\dfrac{\rho_h A_{hC}^3\dot{S}^2}{2\,(C_{dC}^-)^2A_{dC}^2}-\dfrac{\rho_h A_{hS}^3\dot{S}^2}{2\,(C_{dS}^-)^2A_{dS}^2}-\dfrac{\rho_h A_{hL}^3\dot{S}^2}{2\,(C_{dL}^-)^2\,(A_{dL}^-)^2}, & \dot{S}\leqslant 0\end{cases}\tag{8.75}$$

式中，A_{dC} 为正反行程时中心油孔有效过流面积，就是式(8.64)或式(8.65)中求出的 A_d；C_{dC}^+，C_{dC}^- 为正、反行程时中心油孔流量系数；A_{hC} 为主油腔中通过中心油孔的油液有效压油面积，有

$$A_{hC}=A_h-A_{hS}\tag{8.76}$$

A_{hS} 为侧油腔有效压油面积；A_{dS} 为正反行程时侧油孔有效过流面积；C_{dS}^+，C_{dS}^- 为正、反行程时侧油孔流量系数。

8.2.5 时域跑道模型

时域分析所使用的跑道模型为连续跑道模型(实测跑道)，而离散跑道模型可视为一种特殊的连续跑道模型，通过对其沿跑道长度进行采样，可获得跑道模型数据。

跑道坐标系为 $O_T-x_Ty_T$，固定在地面上，坐标轴方向与 $O_d-x_dy_d$ 系相同，坐标原点根据着陆滑跑需求确定，具体如下。

O_Tx_T 轴：将 O_dx_d 轴沿 O_dy_d 负方向（即垂直向下）平移 H_O（H_O 为机体质心到跑道水平面的距离，它数值上等于安装在机身最后的起落架机轮轮心 C 在 $O_dx_dy_d$ 系中的 y 坐标绝对值加上此机轮的半径），以使得飞机着陆时最后的机轮先着地。

O_Ty_T 轴：通常认为跑道的起始点位于飞机重心初始位置（即 $O_dx_dy_d$ 坐标系的原点）正前方 L_R 处，即将 O_dy_d 轴沿 O_dx_d 正方向（即水平向右）平移 L_R；对于以速度 V_L 进行的匀速着陆滑跑，一般可设置飞机重心 $t_R(s)$后进入跑道起始点，即重心到跑道起始点的距离为$L_R=V_Lt_R$。

1. 连续跑道模型（实测跑道）

连续跑道模型通常用是根据在某个典型跑道上，根据某条确定的测试路线，实测得到一系列离散点处的路面相对高度值来建立的。假设跑道离散为 n_T+1 个点，距跑道起始点 $x_{T,i}$ 处的跑道高度为 $y_{T,i}$，则整个跑道上任一点的高度可以表示为

$$y_T=\begin{cases}y_{T,0}, & x_T\leqslant x_{T,0}\\ y_{T,i-1}+(y_{T,i}-y_{T,i-1})\dfrac{x_T-x_{T,i-1}}{x_{T,i}-x_{T,i-1}}, & x_{T,i-1}\leqslant x_T\leqslant x_{T,i},i=1,2,\cdots,n\\ y_{T,n}, & x_T\geqslant y_{T,n}\end{cases}\tag{8.77}$$

式中，x_T 为机轮轮心在跑道坐标系 $O_Tx_Ty_T$ 中的 x 坐标值，则

$$x_T=x_u-L_R\tag{8.78}$$

其中，x_u 为机轮轮心在地面坐标系 $O_dx_dy_d$ 中的 x 坐标值；L_R 为飞机重心初始位置与跑道起始点的水平距离（以跑道起始点在飞机重心前为正）。

目前通用的连续跑道典型模型是根据美国旧金山机场 28R 跑道实测数据建立的连续跑道模型。对某个指定的实际跑道，也可以通过实测建立起相应的连续跑道模型。

2. 1－cos 跑道

用国军标 GJB 67.4—2008 规定的半余弦脉冲表示 1－cos 单、双激跑道不平度（见图 8－18 和图 8－19）。

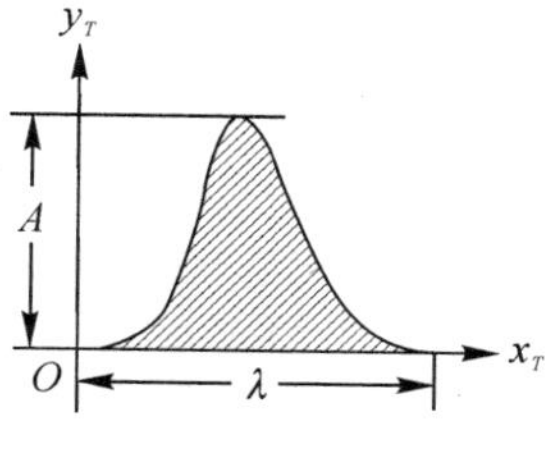

图 8－18　单激跑道

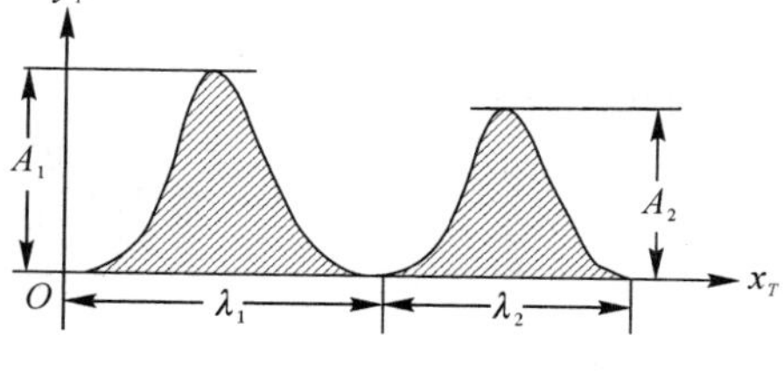

图 8－19　双激跑道

（1）1－cos 单激跑道。

$$y_T=\begin{cases}0, & (x_T\leqslant 0\text{ 或 }x_T\geqslant\lambda)\\ \pm\dfrac{A}{2}\left(1-\cos\dfrac{2\pi x_T}{\lambda}\right), & 0\leqslant x_T\leqslant\lambda\end{cases}\tag{8.79}$$

式中，A 为跑道振幅；λ 为跑道波长；± 中＋表示凸，－表示凹。

（2）1－cos 双激跑道。

$$y_T=\begin{cases}0, & x_T\leqslant 0\\ \pm\frac{A_1}{2}\left(1-\cos\frac{2\pi x_T}{\lambda_1}\right), & 0\leqslant x_T\leqslant\lambda_1\\ \pm\frac{A_2}{2}\left(1-\cos\frac{2\pi(x_T-\lambda_1)}{\lambda_2}\right), & \lambda_1\leqslant x_T\leqslant\lambda_1+\lambda_2\\ 0, & x_T\geqslant\lambda_1+\lambda_2\end{cases}\tag{8.80}$$

式中，A_1 为跑道第一个脉冲的振幅；λ_1 为跑道第一个脉冲的波长；A_2 为跑道第二个脉冲的振幅；λ_2 为跑道第二个脉冲的波长；$\pm$ 中 $+$ 表示凸，$-$ 表示凹。

8.2.6 时域分析流程

飞机滑跑响应问题的时域求解，实质上是在给定的初始条件、边界条件和系统结构有关参数等条件下，求解系统运动的非线性微分方程组。本书采用标准的四阶龙格-库塔法进行求解包含 $N+1$ 个方程的非线性微分方程组。

由第 n 步求解第 $n+1$ 步的公式如下：

$$U_{n+1,i}=U_{n,i}+\frac{h}{6}(K_{0,i}+2K_{1,i}+2K_{2,i}+K_{3,i}),\quad i=0,1,2,\cdots,N\tag{8.81}$$

式中，h 为时间步长；

$$\left.\begin{aligned}K_{0,i}&=f_i(U_{n,0},U_{n,1},\cdots,U_{n,N})\\ K_{1,i}&=f_i\left(U_{n,0}+\frac{h}{2}K_{0,0},U_{n,1}+\frac{h}{2}K_{0,1},\cdots,U_{n,N}+\frac{h}{2}K_{0,N}\right)\\ K_{2,i}&=f_i\left(U_{n,0}+\frac{h}{2}K_{1,0},U_{n,1}+\frac{h}{2}K_{1,1},\cdots,U_{n,N}+\frac{h}{2}K_{1,N}\right)\\ K_{3,i}&=f_i(U_{n,0}+hK_{2,0},U_{n,1}+hK_{2,1},\cdots,U_{n,N}+hK_{2,N})\end{aligned}\right\}\tag{8.82}$$

$$f_i=\frac{\mathrm{d}U_i}{\mathrm{d}t}\tag{8.83}$$

其中，U_0 为时间项，即

$$U_0=t\tag{8.84}$$

$$f_0=1\tag{8.85}$$

（1）机体的状态方程为

$$U_1=x_0,\frac{\mathrm{d}U_1}{\mathrm{d}t}=f_1=\dot{x}_0\tag{8.86a}$$

$$U_2=\dot{x}_0,\quad\frac{\mathrm{d}U_2}{\mathrm{d}t}=f_2=\ddot{x}_0\tag{8.86b}$$

$$U_3=y_0,\quad\frac{\mathrm{d}U_3}{\mathrm{d}t}=f_3=\dot{y}_0\tag{8.86c}$$

$$U_4=\dot{y}_0,\quad\frac{\mathrm{d}U_4}{\mathrm{d}t}=f_4=\ddot{y}_0\tag{8.86d}$$

$$U_5=\theta,\quad\frac{\mathrm{d}U_5}{\mathrm{d}t}=f_5=\omega_z\tag{8.86e}$$

$$U_6=\omega_z,\quad\frac{\mathrm{d}U_6}{\mathrm{d}t}=f_6=\dot{\omega}_z\tag{8.86f}$$

$$U_7 = q_i, \quad \frac{\mathrm{d}U_7}{\mathrm{d}t} = f_7 = \dot{q}_i \tag{8.86g}$$

$$U_{7+n} = \dot{q}_i, \quad \frac{\mathrm{d}U_{7+n}}{\mathrm{d}t} = f_{7+n} = \ddot{q}_i \tag{8.86h}$$

（2）支柱式起落架的状态方程为

$$U_1 = x_u, \quad \frac{\mathrm{d}U_1}{\mathrm{d}t} = f_1 = \dot{x}_u \tag{8.87a}$$

$$U_2 = \dot{x}_u, \quad \frac{\mathrm{d}U_2}{\mathrm{d}t} = f_2 = \ddot{x}_u \tag{8.87b}$$

$$U_3 = y_u, \quad \frac{\mathrm{d}U_3}{\mathrm{d}t} = f_3 = \dot{y}_u \tag{8.87c}$$

$$U_4 = \dot{y}_u, \quad \frac{\mathrm{d}U_4}{\mathrm{d}t} = f_4 = \ddot{y}_u \tag{8.87d}$$

$$U_5 = z_u, \quad \frac{\mathrm{d}U_5}{\mathrm{d}t} = f_5 = \dot{z}_u \tag{8.87e}$$

$$U_6 = \dot{z}_u, \quad \frac{\mathrm{d}U_6}{\mathrm{d}t} = f_6 = \ddot{z}_u \tag{8.87f}$$

$$U_7 = \omega_T, \quad \frac{\mathrm{d}U_7}{\mathrm{d}t} = f_7 = \dot{\omega}_T \tag{8.87g}$$

（3）方程求解流程。整体的求解流程如图 8－20 所示。

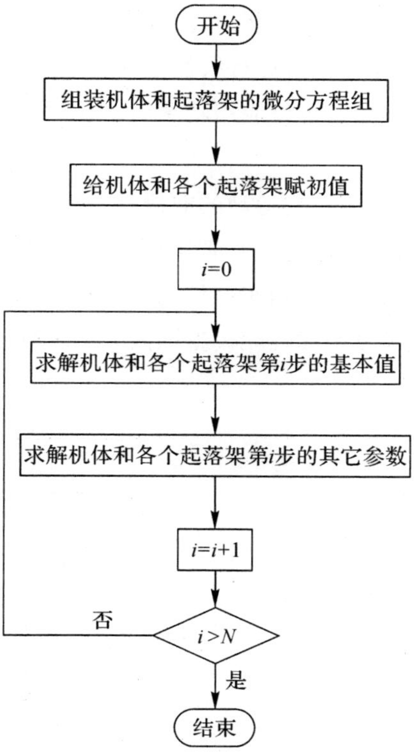

图 8－20　求解流程图

8.3 频 域 法

频域分析法是在将路面激励表达为一个平稳随机过程的基础上，采用统计法求解。但是起落架减震系统的空气弹簧力、油液阻尼力、摩擦力以及运动的耦合等非线性因素都使频域法应用产生困难，因此具体应用时必须对非线性因素进行线性化处理。

频域法通常采用功率谱分析来开展，然而功率谱分析仅适用于对线性平稳随机过程的分析，而飞机在实际的滑跑过程中产生的是非线性非平稳随机振动，因此在采用频域法时需要进行一些假设：

(1)跑道路面不平度沿横向不变；

(2)跑道不平度沿滑行方向为平稳随机函数；

(3)变速滑行过程可以分段等速化；

(4)在等速滑行中，飞机振动平稳点不变，轮胎刚度及减震器刚度阻尼对平衡点可作线性化处理；

(5)对称布置的主起落架合为一个当量起落架。

这样将起落架缓冲支柱内部的空气弹簧力、油液阻尼力、活塞杆与外筒壁之间的皮碗摩擦力、库仑摩擦力及轮胎受力这些非线性力进行线性化处理后，就把原来非线性非平稳随机振动问题简化为线性平稳随机振动问题。可以应用功率谱方法评估、预测飞机在滑行过程中受到地面不平度激励引起的响应。

对于起落架模型，考虑到起落架结构运动的非线性，整个模型主要包括两部分质量：①空气弹簧支撑质量(M)，即飞机起落架外筒以上部分的质量；②非弹簧支撑质量(M_1)，即起落架空气弹簧下部质量，其中包括支柱活塞、刹车部件、轮胎、轮轴以及下扭力臂等的质量。飞机地面滑行过程中起落架分析简化模型与线性化模型如图 8－21 所示。

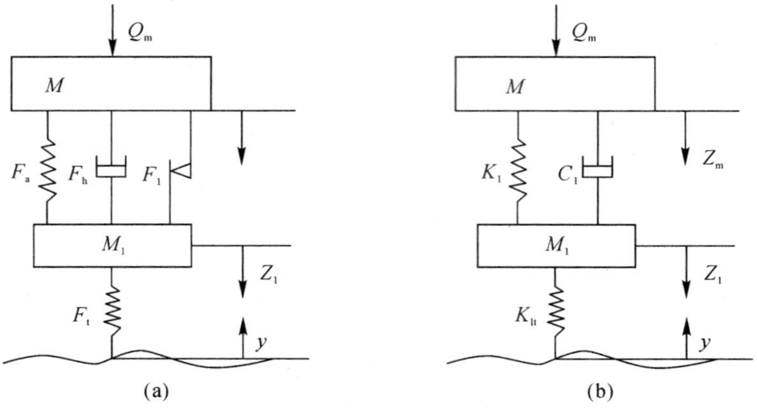

图 8－21 起落架模型

8.3.1 全机频响函数

全机频响函数可以仿照上述时域法的建模过程，并利用线性化处理方法，获得所关心的响应量的频响函数，如：机体重心处相应的位移、速度和加速度频响函数，飞机任意点 A 处响应的位移、速度和加速度频响函数，前、主起落架与机体连接点处位移、速度、加速度和载荷频响函数，起落架缓冲器行程、行程速度的频响函数，起落架轮胎与地面作用力的频响函数，等等。然而，在飞机着陆滑跑响应分析之前，往往已经建立了全机动力学有限元模型，则通常可直接利用全机动力学有限元模型获取关心响应量的频响函数。需要注意的是，在建立频响函数之后，需要将一些非线性项进行线性化。

1. 起落架弹簧刚度系数的线性化

设气体弹簧特性符合气体方程，由于大气的压力相对于空气弹簧力显得很小，可以忽略，所以得到如下简化的空气弹簧力计算公式：

$$F_a = A_a \frac{P_{a0}}{(1 - A_a S/V_0)^n} \tag{8.88}$$

根据假设气体弹簧刚度取平衡状态下的线性化刚度，得

$$k_s = \frac{\partial F_a}{\partial S}\Big|_{S=S_0} = \frac{np_{a0}A_a^2}{V_0}\left(\frac{V_0}{V_0 - A_a S_0}\right)^{n+1} \tag{8.89}$$

式中，S_0 为停机状态时支柱的静压缩量。

气体方程为

$$p_{a0}V_0^n = p_{aS_0}(V_0 - A_a S_0)^n \tag{8.90}$$

式中，p_{aS_0} 表示当 $S=S_0$ 时，气腔内的压力。

将式(8.90)代入式(8.89)可以得到

$$k_s = n\frac{(F_{S_0})^{1+\frac{1}{n}}}{(V_0/A_a)(p_{a_0}A_a)^{\frac{1}{n}}} \tag{8.91}$$

式中，A_a 为缓冲器气体活塞面积；F_{S0} 为停机时作用在一个起落架上的静载荷，其值为

$$F_{S_0} = P_{aS_0}A_a \tag{8.92}$$

多变指数 $n=1.0\sim1.4$，对滑跑来说，飞机压缩接近等温过程，因此，取 $n=1$，则

$$k_s = \frac{F_{S_0}^2}{p_{a_0}V_0} \tag{8.93}$$

2. 起落架缓冲器阻尼力的线性化

对于随机振动，必须考虑随机振动过程中非线性阻尼所消耗的能量，需要寻找一个符合具有功率谱密度的轮胎随机输入和高斯分布的不变的线性当量阻尼系数 C_i。在 T 时间内，线性阻尼所消耗的能量为

$$E_V = C_n\int_0^T \dot{S}^2 dt \tag{8.94}$$

式中，$\dot{S}$ 为缓冲器活塞的相对冲击速度。$\dot{S}$ 的均方根值为

$$\sigma_v^2 = \frac{1}{T}\int_0^T \dot{S}^2 \mathrm{d}t \tag{8.95}$$

因此，在 T 时间内所消耗的能量可表示为

$$E_V = C_n \sigma_v^2 T \tag{8.96}$$

假设对小振幅来说，阻尼系数 C_n 在空气油液柱静平衡状态时保持常数，则在 T 时间内小孔阻尼所消耗的平均能量为

$$E_{\dot{S}|\dot{S}|} = C_n \int_0^T \dot{S}^2 |\dot{S}| \mathrm{d}t \tag{8.97}$$

考虑到

$$\int_{-\infty}^{\infty} \dot{S}^2 |\dot{S}| f(\dot{S}) \mathrm{d}\dot{S} = \frac{1}{T}\int_0^T \dot{S}^2 |\dot{S}| \mathrm{d}t \tag{8.98}$$

式中，$f(\dot{S})$表示高斯概率密度函数，是一个偶函数。$\dot{S}^2|\dot{S}|$也是偶函数，因此

$$\int_{-\infty}^{\infty} \dot{S}^2 |\dot{S}| f(\dot{S}) \mathrm{d}\dot{S} = 2\int_0^{\infty} \dot{S}^3 f(\dot{S}) \mathrm{d}\dot{S} \tag{8.99}$$

对具有零平均值的高斯随机过程来说，如果 σ 表示均方根值，则概率密度函数为

$$f(x) = \frac{1}{\sigma\sqrt{2\pi}}\exp(-x^2/2\sigma^2) \tag{8.100}$$

方程式(8.100)积分得到

$$\int_0^{\infty} \frac{x^3 \exp(-x^2/2\sigma^2)\mathrm{d}x}{\sigma\sqrt{2\pi}} = \sigma^3\sqrt{\frac{2}{\pi}} \tag{8.101}$$

结合方程式(8.98)～式(8.101)，方程式(8.97)成为

$$E_{\dot{S}|\dot{S}|} = 2\sqrt{\frac{2}{\pi}}\sigma_v^3 C_n T \tag{8.102}$$

对于库仑摩擦力 F_f来说，有

$$\frac{E_F}{T} = \frac{F_f}{T}\int_0^T \dot{S}\mathrm{sgn}(\dot{S})\mathrm{d}t = F_f\int_{-\infty}^{\infty} \dot{S} f(\dot{S})\mathrm{sgn}(\dot{S})\mathrm{d}\dot{S} = 2F_f\int_0^{\infty} \dot{S} f(\dot{S})\mathrm{d}\dot{S} \tag{8.103}$$

将方程式(8.100)代入方程式(8.103)，利用积分可以得到下列表达式：

$$E_F = 2\sqrt{\frac{2}{\pi}}\sigma_v F_f T \tag{8.104}$$

式中，F_f是空气油液柱的总摩擦力，根据经验可以得到如下的经验公式。

$$F_f = \mu F_a,\ \mu = 0.08 \sim 0.3 \tag{8.105}$$

在 t 的任意时间内，在随机振动过程中由于非线性阻尼、库仑摩擦力和黏性阻尼所消耗的总能量为

$$E = E_{\dot{S}|\dot{S}|} + E_F = T\left(2\sqrt{\frac{2}{\pi}}\sigma_v^3 C_n + 2\sqrt{\frac{2}{\pi}}\sigma_v F_f\right) \tag{8.106}$$

使方程式(8.96)和方程式(8.106)相等，按空气油液柱冲程速度的均方根值函数求出当量

黏性阻尼系数为

$$C_i = 2\sqrt{\frac{2}{\pi}}(\xi_i\sigma_{v,i} + F_{f,i}/\sigma_{v,i}) \tag{8.107}$$

式中，$\xi_i = \frac{\rho A_h^3}{2C_d^2 A_d^2} + \frac{\rho A_{hs}^3}{2C_{ds}^2 A_{ds}^2}$。

8.3.2　频域跑道模型

为了研究飞机滑跑时的动力特性，必须对跑道路面不平度有一个比较全面的了解。在这方面，许多人已经做了大量的工作。20 世纪 50 年代，美国较早地利用手工业的方式（使用水准仪、钢卷尺和标杆三项器材）进行了机场跑道不平度的测量。用水准仪扫描，每英尺测定一点，一条跑道取两个纵向截面，每小时可以获得 120 个数据。通常，对于大多数飞机，0.5～35 周/s 的频率范围是主要的区域，在着陆速度 250 km/h 之下，对应的波长约为 140～2 m。

研究人员在分析了大量数据的基础上，提出了路面不平度可以作为一个均匀的、各向同性的随机过程的假设，建立了如下的数学模型：

$$\Phi(\Omega) = \begin{cases} \Phi(\Omega_0)\left(\dfrac{\Omega}{\Omega_0}\right)^{-w_1}, & \Omega \leqslant \Omega_0 \\ \Phi(\Omega_0)\left(\dfrac{\Omega}{\Omega_0}\right)^{-w_2}, & \Omega \leqslant \Omega_0 \end{cases} \tag{8.108}$$

式中，Ω 表示单位长度内的波数；$\Phi(\Omega)$为功率谱密度；$\Phi(\Omega_0)$为粗糙系数；$\Omega_0 = 1/2\ \pi$。在大多数情况下，跑道不平度特性的功率谱密度可以相当近似地表示为

$$\Phi(\Omega) = \frac{C}{\Omega^2} \tag{8.109}$$

其中，方程式(8.109)可以写成下列形式：

$$\Phi(\omega) = \frac{\Phi(\Omega)}{V} = CV/\omega^2 \tag{8.110}$$

可以看出，式(8.108)和式(8.109)很相似。在式(8.108)中，若取 $w_1 = w_2 = 2$，则两式完全相同。实测数据范围内的大量数据表明式(8.109)反映了一些跑道的谱特性。从式(8.108)和式(8.109)中可以看出：当 $\Omega \to 0$ 时，$\Phi(\Omega) \to \infty$。这一点虽然不会对实测带来什么妨碍（因为波长很大的波对实测失去意义），但它会给理论研究带来一些困难，也就是说，它可使得

$$R(0) = \int_0^\infty \Phi(\Omega)\,\mathrm{d}\Omega \tag{8.111}$$

无法定义。为了克服这一不足之处，可将式(8.109)改进为

$$\Phi(\Omega) = \frac{C}{\Omega^2 + r^2} \tag{8.112}$$

其中，C 和 r 为常数，r 一般很小。如果飞机以一个稳定的速度 V 滑行，则式(8.112)写成：

$$\Phi(\omega)=\frac{CV}{\omega^2+\beta^2} \tag{8.113}$$

参数 β 决定于路面不平度，即 $\beta=rV$，由此可以得到其自相关函数为

$$R(\tau)=c\mathrm{e}^{-\beta|\tau|} \tag{8.114}$$

现代的测量方法已经大为改观，采用示波仪、记录磁带和其他自动记录装置记录和处理数据，可以大量、迅速地搜集跑道不平度数据。由实测结果拟合功率谱曲线的经验表达式为

$$\Phi(\Omega)=\frac{A}{\Omega^B} \tag{8.115}$$

式中，A、B 为代表跑道特征的系数。Ω 为代表空间频率，且 $\Omega=2\pi/\lambda$，λ 为不平度的波长。如果飞机以等速 V 滑行，此时，$\Omega=\omega/V$，ω 为时间频率。

跑道不平度可以认为是符合正态分布的平稳随机过程。

式(8.115)可写成

$$\lg\Phi(\Omega)=\lg A-B\lg\Omega \tag{8.116}$$

可见，在对数坐标上形成线性关系。GJB 67.4A—2008 提供了三种类型的跑道功率谱曲线(见图 8-22)，这是依据大量实测数据结果拟合的，经验证明这组曲线是可取的。

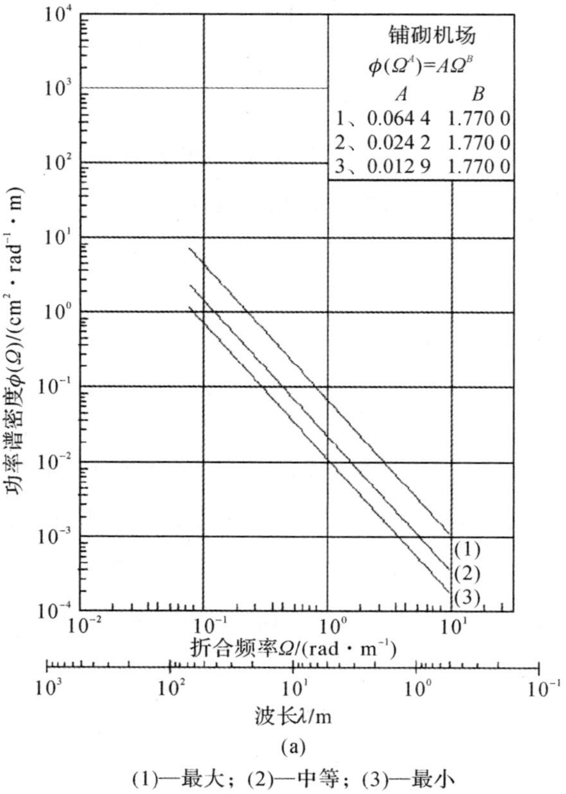

(a)

(1)—最大；(2)—中等；(3)—最小

图 8-22 各种机场跑道功率谱曲线

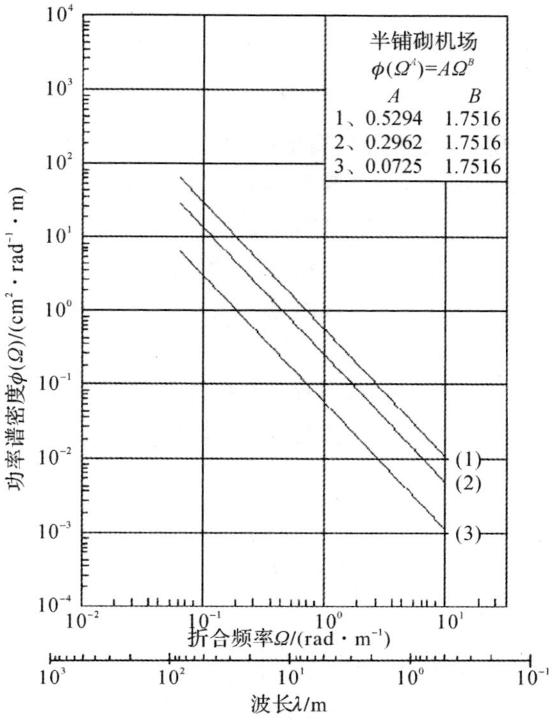

(b)

(1)—最大；(2)—中等；(3)—最小

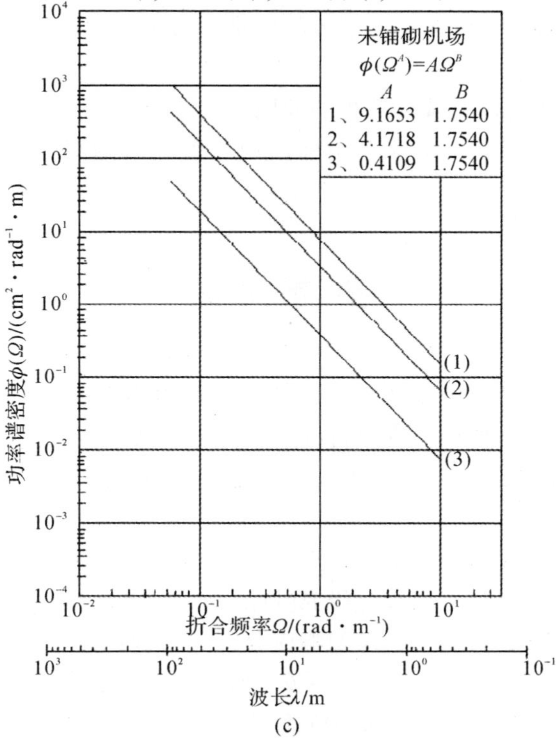

(c)

(1)—最大；(2)—中等；(3)—最小

续图 8-22　各种机场跑道功率谱曲线

8.3.3 频域分析流程

频响函数表达了一个物理系统输入与输出间的数学关系模型，它在频率域上描述系统的动态特性。在线性随机振动系统中，无论系统多么复杂，自由度数目有多少，都可以按照传递函数和输入激励与输出响应的关系，求解出响应。如果激励随机过程是正态分布且系统是线性的，则输出响应过程也是正态分布的。当然，输出响应的概率分布函数也完全能由响应的平均值和均方根值来确定。若系统是线性的，则输入谱与输出谱的关系为

$$S_x(\omega) = |H(\omega)|^2 S_y(\omega) \tag{8.117}$$

式中，$S_y(\omega)$为激励信号的自谱密度函数；$H(\omega)$为系统从激励点到感兴趣的响应点之间的频响函数。若 $H(\omega)$为位移、速度或加速度频响函数，则 $S_x(\omega)$便相应地为位移、速度或加速度响应谱。

思　考　题

1. 简述着陆滑跑载荷分析在飞机设计中的重要作用。

2. 简述着陆滑跑载荷分析的时域方法的主要步骤。

3. 简述着陆滑跑载荷分析的频域方法的主要步骤。

4. 参考对称着陆滑跑机体刚体动力学方程的推导过程，推导非对称着陆的机体刚体动力学方程。

5. 简述着陆载荷分析与滑跑载荷分析的异同。

6. 查阅中国民用航空规章及国家军用标准中与着陆滑跑载荷相关的章节，说明其异同之处。

参 考 文 献

[1] 沈航. 飞机起落架着陆与滑跑性能分析[J]. 应用力学学报，2001,18(SI):198-202.

[2] 晋萍. 飞机起落架动态性能仿真分析[D]. 南京：南京航空航天大学，2003.

[3] 陈旺. 小车式起落架落震及全机着陆动态仿真分析[D]. 南京：南京航空航天大学，2005.

[4] 姜百盈. 大型军用运输机的起落架特点综述[J]. 飞机工程，2003,1:21-26.

[5] 樊海龙. 多轮多支柱飞机地面载荷研究[D]. 南京：南京航空航天大学，2006.

[6] 李思政. 多轮多支柱起落架飞机滑跑响应分析[D]. 西安：西北工业大学，2006.

[7] 姚起杭. 飞机动强度设计指南[M]. 西安：西北工业大学出版社，1997.

[8] 牟让科，胡孟权. 飞机非对称着陆和滑跑载荷分析[J]. 机械科学与技术，2000,19(SI):72-74.

第九章　飞机的声疲劳分析与设计

9.1　概　　述

噪声是一种空间分布的、随时间变化的并具有一定频率分布特性的动态随机压力载荷。当这种压力载荷的值相对较小时，尚不会对人体和结构产生影响，但是随着声压值的持续增加，如当声压级超过 140 dB 时，将会对人耳听力产生完全损害，对结构产生一定的分布应力响应，特别是当噪声的频率分布特性和它所作用结构的动态特性互耦时，结构会发生强烈的应力响应。这种应力长时间内反复作用于结构，在应力集中部位或者其他缺陷部位会萌生裂纹，裂纹会持续扩展直至出现声疲劳破坏。

当前，航空噪声随着飞机飞行速度与载运量的飞跃式提升而日益严重。飞机发动机功率大幅增加，不仅影响了舱内舒适性，也大大增加了飞机结构声疲劳的概率。这些损伤大多表现为各种翼面结构蒙皮产生裂纹、铆钉松动或脱落，以及翼肋和机身环框等内部结构裂纹。早期研究多基于试验，通常选取典型结构件，利用发动机地面开车试验，模拟真实的噪声激励载荷。在理论分析研究中，主要包括喷气噪声的近场特性分析、噪声载荷对飞机结构的激励、飞机结构对噪声载荷的响应特性分析等。典型有影响力的代表作有鲍威尔(Powell)[1]计算线性响应的正则模态方法和迈尔斯(Miles)[2]的单模态方法。随后，航空工业界首先采用相对简单的理论分析模型，并开展大量试验，用试验结果来修正理论模型，并将实际分析中发现的难以通过理论上考虑周全的因素通过修正系数加以考虑，发展了大量设计指南或数据集。这个时期主要的代表：一是美国空军部为主出资研究的设计诺谟图，二是北约组织国为主发展的活页式工程设计数据集计指南等。从 20 世纪 80 年代开始，如复合材料一类的新材料陆续在飞机结构上得到应用。与传统的金属材料相比，这类材料的声疲劳特性有完全不同的许多新特点。另外，飞机结构日趋复杂化，加上计算机技术的迅猛进步，使整体有限元求解技术日益受到青睐，各种环境、载荷因素联合作用在飞机结构上，加大了分析难度。

针对飞机结构在高声压下的结构疲劳破坏现象，本章介绍结构抗声疲劳设计、分析和验证试验技术。内容包括声学基本概念、声疲劳分析的模型建立、声疲劳的基本分析理论和方法、声疲劳分析的流程、声疲劳分析结果的运用、相关试验设计与试验方法。

9.2 声学基本理论与概念

9.2.1 声学的控制方程

声学中的各个变量之间的关系都是非线性的，但是，在小振幅声压下各个量变化都是微小量，那么就可以按照线性关系处理。

在线性声学中，声压 p、质点速度 v 和密度增量 ρ 可看作一一对应并互成比例关系，即：

$$\frac{\rho}{\rho_0}=\frac{v}{c_0}=\frac{p}{\gamma P_0} \tag{9.1}$$

式中，P_0 为静态压强，Pa；$c_0^2=\gamma P_0/\rho_0$ 为小信号声速，m/s；ρ_0 为静态空气密度，$\mathrm{kg/m^3}$。

线性理想流体的三个基本方程如下：

(1)运动方程为

$$\rho_0\frac{\partial V}{\partial t}+\nabla p=0 \tag{9.2}$$

(2)质量守恒方程为

$$\frac{\partial \rho}{\partial t}+\rho_0\nabla V=0 \tag{9.3}$$

(3)物态方程为

$$p=c_0^2\rho \tag{9.4}$$

在式(9.1)和式(9.2)之间消去 ρV，然后利用式(9.4)，可得声压 p 的波动控制方程为

$$\nabla^2 p-\frac{1}{c_0^2}\frac{\partial^2 p}{\partial t^2}=0 \tag{9.5}$$

若只考虑一维声波，那么式(9.5)可化简为

$$\frac{\partial^2 p}{\partial x^2}-\frac{1}{c_0^2}\frac{\partial^2 p}{\partial t^2}=0 \tag{9.6}$$

9.2.2 声波的基本性质

一维波最简单的形式就是平面波，运用分离变量法求解式(9.6)这个二阶线性偏微分方程。设其解的形式如下：

$$p=p(x)\mathrm{e}^{\mathrm{i}\omega t} \tag{9.7}$$

式中，ω 为声源简谐振动的圆频率。严格来讲，式(9.7)中还应该包含一个初始相位角，但是它对稳态声传播性质影响不大，这里为简单起见就将其忽略了。

将式(9.7)代入式(9.6)，即可得到关于与空间有关的 $p(x)$ 的常微分方程：

$$\frac{\mathrm{d}^2 p(x)}{\mathrm{d}x^2}+k^2p(x)=0 \tag{9.8}$$

式中，$k=\dfrac{\omega}{c_0}$ 称为波数。

在无限空间中传播的声波，其声压表达式可写为

$$p(x,t) = A\,\mathrm{e}^{\mathrm{i}(\omega t - kx)} + B\,\mathrm{e}^{\mathrm{i}(\omega t + kx)} \tag{9.9}$$

式中，A 和 B 为两个任意常数，由边界条件决定。式(9.9)右侧第一项表示沿 x 方向正向传播的波，第二项表示沿 x 负向传播的波。因为这里讨论的是无限大空间的波传播问题，因此假设在波的传播路径上没有反射体，即没有反射波，也即式(9.9)中的 $B=0$。

在 $x=0$ 的声源振动时，在毗邻介质中产生了 $p_a\mathrm{e}^{\mathrm{i}\omega t}$ 的声压，因此可知 $A=p_a$。则声场中的声压简化为

$$p(x,t) = p_a\,\mathrm{e}^{\mathrm{i}(\omega t - kx)} \tag{9.10}$$

根据式(9.2)可求得质点速度为

$$v(x,t) = \frac{p_a}{\rho_0 c_0}\mathrm{e}^{\mathrm{i}(\omega t - kx)} = \frac{p(x,t)}{Z_0} \tag{9.11}$$

式中，$Z_0=\rho_0 c_0$ 称为介质的特征阻抗，它是介质的固有属性，与波形无关。

定义声场中某个位置的声压与该位置质点速度的比值为声阻抗率，即 $Z=\dfrac{p}{v}$。声压和质点速度都是复数形式。类似于电学，可将声阻抗率写成如下复数形式：

$$Z = \frac{p}{v} = R + \mathrm{i}X \tag{9.12}$$

式中，R 为声阻；X 为声抗。可以看到，平面波的声阻抗率数值上恰好等于介质的特征阻抗。

从能量的角度描述声波，可用声强的概念，其定义为，单位时间内单位面积的声波传播对前方毗邻媒质所做的功。依据定义，声强 I 的表达可写为

$$I = \frac{1}{T}\int_0^T \mathrm{Re}(p)\mathrm{Re}(v)\,\mathrm{d}t \tag{9.13}$$

式中，T 表示一个时间周期；Re(·)表示取变量的实部。由于速度是矢量，所以声强是具有矢量性的。

在声学中，普遍采用对数标度来度量声压和声强，称之为声压级和声强级，单位为分贝(dB)。

(1)声压级。声压级一般以符号 SPL 表示，其定义为

$$\mathrm{SPL} = 20\lg\frac{p_e}{p_{\mathrm{ref}}}\,(\mathrm{dB}) \tag{9.14}$$

式中，$p_e=\sqrt{\dfrac{1}{T}\displaystyle\int_0^T[\mathrm{Re}(p)]^2\,\mathrm{d}t}$，为声压的有效值；$p_{\mathrm{ref}}$ 为参考声压，一般取 2×10^{-5} Pa，这个数值是正常人耳对 1 kHz 声音刚刚能觉察其存在的声压值。低于这一声压值，人耳就无法察觉声音的存在。显然该可听阈声压的声压级为零分贝。

(2)声强级。声压级一般以符号 SIL 表示，其定义为

$$\mathrm{SIL} = 10\lg\frac{I}{I_{\mathrm{ref}}}\,(\mathrm{dB}) \tag{9.15}$$

式中，I 为待测声强；I_{ref} 为参考声强，一般取 10^{-12} W/m^2。

生活中的常见声源的声压级大小：人耳可听阈(1 000 Hz) 2×10^{-5} Pa (0 dB)；痛阈 20 Pa (120 dB)；微风轻轻吹动树叶 2×10^{-4} Pa (20 dB)；人说话声 0.02～0.03 Pa (60～64 dB)；房间中大声讲话(1 m 处)0.1Pa (74 dB)；交响乐演奏(5～10 m) 0.3 Pa (84 dB)；靠近飞机发动

机几米处数百 Pa(＞130 dB)。声压增加一倍，声压级增加 6 dB。

为了知道声场在某个频域内平均的声学特性，可把全频域划分为一系列的频带，并假定在这些频带内的声学特性基本相同，可由该频带中心频率处的声学特性表示。

1)恒定频率带宽：设 f_0 为某频带的中心频率，f_1 和 f_2 分别为该频带的下限截止频率和上限截止频率。$B=f_2-f_1$ 为频带的带宽。全频域按算术等差级数的间隔划分，即 $f_0=(f_1+f_2)/2$。B 可取 10 Hz 或 50 Hz。某些工程问题中，频率间隔均匀增长。

2)恒定百分比带宽：在更多工程问题中，声学特性不是随频率“均匀”分布的，常要求分析频率带宽在低频时“密”一些，高频时“疏”一些。因此，可把全频域按几何等比级数间隔划分，称之为恒定百分比带宽，其中心频率和带宽定义为

$$f_0=\sqrt{f_1 f_2} \tag{9.16a}$$

$$B=\alpha f_0 \tag{9.16b}$$

其中，α 为比例系数。

3)倍频程：两个相邻的倍频程频带的上、下限截止频率，中心频带和带宽之间均为相差一倍。因此倍频程具有如下关系：

$$f_2=2f_1 \tag{9.17a}$$

$$f_0=\sqrt{2}f_1 \tag{9.17b}$$

$$\alpha=1/\sqrt{2}=0.707 \tag{9.17c}$$

国际标准化组织(ISO)规定在可听声范围内共有十条倍频带，它们的中心频率为：31.6、63、125、250、500、1k、2k、4k、8k、16k。

4)1/3 倍频程：每个倍频程再细分为 3 份，上限与下限频率之比为 1.26∶1。一个倍频带可划分为三个倍频带，相对带宽为 23.6%，即带宽 $B=0.236f_1$。中心频率为：16，20，25，31.6，40，50，63，80，100，125，160，200，250，315，400，500，630，800，1k，1.25k，1.6k，2k，2.5k，3.15k，4k，5k，6.3k，8k，10k，12.5k，16k，20k。

9.3 结构声疲劳模型建立与分析

声疲劳设计的基础是计算结构在声激励下的动响应，本节将介绍飞机设计中常见的板、壳简单理想结构的声响应分析方法和计算公式。声疲劳设计方法都是基于简单板、壳结构的动响应计算为基础，如果相应经验公式无法满足具体复杂结构形式的要求，可以将复杂结构分解简化为简单结构进行设计计算，因此，本节介绍的简单结构的计算方法对于复杂结构及其声环境的初步设计是具有基础指导意义的。

9.3.1 简单结构的声学动响应计算

1. 矩形壁板随机声载荷作用下的响应

本节将介绍板在随机声载作用下位移、速度、加速度及应力响应均方值的估算公式。这些理论计算公式基于以下四个条件假设[3-6]：

(1)声激励载荷是时间和空间的函数；

(2)声激励载荷满足高斯(正态)概率分布，是平稳且各态历经的随机过程；

(3)板位移响应满足线性小挠度理论，因此板的应力响应亦具有高斯(正态)概率分布特性；

(4)板的声激励响应以少数几阶模态响应为主，尤其以单模态基频响应为主。

依据正交模态法，板的横向位移可以表达为正交振型之和，即

$$W(\bar{x},t)=\sum_m W_m(\bar{x})q_m(t) \tag{9.18}$$

式中，$\bar{x}$为板上的某点；第 m 阶模态振型是 $W_m(\bar{x})$；$q_m(t)$为第 m 阶模态广义坐标。

根据随机理论，板的横向位移谱密度表达式可以表示为

$$G_\omega(\overline{X},\omega)=\sum_m\sum_n W_m(\bar{x})W_n(\bar{x})\Omega_{mn}(w) \tag{9.19}$$

式中，$\Omega_{mn}(\omega)=\dfrac{H_m(\omega)H_n^*(\omega)}{M_mM_n}\int_{A_1}\int_{A_2}W_m(\bar{x}_1)W_n(\bar{x}_2)G_p(\bar{x}_1,\bar{x}_2,\omega)\mathrm{d}A(\bar{x}_1)\mathrm{d}A(\bar{x}_2)$；

$$H_m(\omega)=\begin{cases}\dfrac{1}{\omega_m^2-\omega^2+2j\zeta_m\omega_m\omega}(\text{黏性阻尼})\\ \dfrac{1}{\omega_m^2-\omega^2+2j\eta_m\omega_m^2}(\text{滞后阻尼})\end{cases}$$

，$H_m^*(\omega)$与 $H_m(\omega)$互为共轭复数；M_m 为第 m 阶模态广义质量；$G_p(\bar{x}_1,\bar{x}_2,\omega)$为空间中$\bar{x}_1$ 点和$\bar{x}_2$ 点声激励载荷的互谱密度。

在整个频段上对位移谱密度求积分，得均方位移响应表达式为

$$\widetilde{W}(\bar{x},t)=\int_0^\infty G_\omega(\overline{X},\omega)\mathrm{d}\omega=$$

$$\sum_m\sum_n W_m(\bar{x})W_n(\bar{x})\int_0^\infty \omega_{mn}(\omega)\mathrm{d}\omega \tag{9.20a}$$

同理，板的均方速度、均方加速度及均方应力响应可表示为

$$\widetilde{\dot{W}}^2(\bar{x},t)=\sum_m\sum_n W_m(\bar{x})W_n(\bar{x})\int_0^\infty \omega^2\,\Omega_{mn}(\omega)\mathrm{d}\omega \tag{9.20b}$$

$$\widetilde{\ddot{W}}^2(\bar{x},t)=\sum_m\sum_n W_m(\bar{x})W_n(\bar{x})\int_0^\infty \omega^4\,\Omega_{mn}(\omega)\mathrm{d}\omega \tag{9.20c}$$

$$\tilde{\sigma}^2(\bar{x},t)=\sum_m\sum_n L[W_m(\bar{x})]L[W_n(\bar{x})]\int_0^\infty \Omega_{mn}(\omega)\mathrm{d}\omega \tag{9.20d}$$

式中，$\sigma(\bar{x})=L[W_m(\bar{x})]$为$\bar{x}$点处的应力；$L[\cdot]$为描述应力与位移之间关系的线性算子。

式(9.20)中含有模态交叉项，在工程中，略去这些交叉项，虽然会产生5%～10%的误差，但是大大简化了计算过程。则式(9.20)可简化为

$$\widetilde{W}^2(\bar{x},t)=\sum_m W_m^2(\bar{x})\int_0^\infty \Omega_{mm}(\omega)\mathrm{d}\omega \tag{9.21a}$$

$$\widetilde{\dot{W}}^2(\bar{x},t)=\sum_m W_m^2(\bar{x})\int_0^\infty \omega^2\,\Omega_{mm}(\omega)\mathrm{d}\omega \tag{9.21b}$$

$$\widetilde{\ddot{W}}^2(\bar{x},t)=\sum_m W_m^2(\bar{x})\int_0^\infty \omega^4\,\Omega_{mm}(\omega)\mathrm{d}\omega \tag{9.21c}$$

$$\tilde{\sigma}^2(\overline{x},t) = \sum_m L^2[W_m(\overline{x})]\int_0^\infty \Omega_{mm}(\omega)\mathrm{d}\omega \tag{9.21d}$$

假设声激励场在板面是均匀分布的，则式(9.2)中的互谱密度可表达为

$$G_p(\overline{x}_1,\overline{x}_2,\omega) = G_p(\omega)\mathrm{d}(\overline{x}_2 - \overline{x}_1) \tag{9.22}$$

式中，$G_p(\omega)$表示声激励载荷谱密度，且在板面上各点处具有相同的值；$\mathrm{d}(\overline{x}_2-\overline{x}_1)$为窄频带空间相关系数，取$\pm1$之间的值。将式(9.22)代入式(9.19)，并仅考虑$m=n$的情况，则有

$$\Omega_{mm}(\omega) = \frac{G_p(\omega)}{M_m^2}|H_m(\omega)|^2\int_{A_1}\int_{A_2}W_m(\overline{x}_1)W_m(\overline{x}_2)d(\overline{x}_2-\overline{x}_1)\mathrm{d}A(\overline{x}_1)\mathrm{d}A(\overline{x}_2) \tag{9.23}$$

当阻尼$\zeta_r\leqslant 0.05$时，即小阻尼情况下，各阶模态分离较开，共振峰附件频带上谱密度$G_p(\omega)$可近似认为是常数，则可得下述关系式：

$$\int_0^\infty |H_m(\omega)|^2 G_p(\omega)\mathrm{d}\omega = G_p(\omega)\int_0^\infty |H_m(\omega)|^2\mathrm{d}\omega = \frac{\pi G_p(\omega_m)}{4\zeta_m\omega_m^3} \tag{9.24a}$$

$$\int_0^\infty \omega^2|H_m(\omega)|^2 G_p(\omega)\mathrm{d}\omega = G_p(\omega)\int_0^\infty \omega^2|H_m(\omega)|^2\mathrm{d}\omega = \frac{\pi G_p(\omega_m)}{4\zeta_m\omega_m} \tag{9.24b}$$

$$\int_0^\infty \omega^4|H_m(\omega)|^2 G_p(\omega)\mathrm{d}\omega = G_p(\omega)\int_0^\infty \omega 4|H_m(\omega)|^2\mathrm{d}\omega = \frac{\pi\omega_m(1+4\zeta_m^2)}{4\zeta_m}G_p(\omega_m) \tag{9.24c}$$

对于滞后小阻尼，在式(9.24)中取$\zeta_m=\frac{\eta_m}{2}$即可。

将式(9.24)代入均方响应表达式(9.21)，得

$$\widetilde{W}^2(\overline{x},t) = \sum_m \frac{\pi I_{mm}G_p(\omega_m)}{4\zeta_m\omega_m^3 M_m^2}W_m^2(\overline{x}) \tag{9.25a}$$

$$\widetilde{\dot{W}}^2(\overline{x},t) = \sum_m \frac{\pi I_{mm}G_p(\omega_m)}{4\zeta_m\omega_m M_m^2}W_m^2(\overline{x}) \tag{9.25b}$$

$$\widetilde{\ddot{W}}^2(\overline{x},t) = \sum_m \frac{\pi\omega_m(1+4\zeta_m^2)}{4\zeta_m}I_{mm}G_p(\omega_m)W_m^2(\overline{x}) \tag{9.25c}$$

$$\tilde{\sigma}^2(\overline{x},t) = \sum_m \frac{\pi I_{mm}G_p(\omega_m)}{4\zeta_m\omega_m^3 M_m^2}L^2[W_m(\overline{x})] \tag{9.25d}$$

式中，$I_{mm}=\int_{A_1}\int_{A_2}W_m(\overline{x}_1)W_m(\overline{x}_2)\mathrm{d}(\overline{x}_2-\overline{x}_1)\mathrm{d}A(\overline{x}_1)\mathrm{d}A(\overline{x}_2)$。如果假设整个板面上声载荷为同相位的，则有$d(\overline{x}_2-\overline{x}_1)\equiv1.0$，所以式(9.25)中的$I_{mm}$可变为

$$I_{mm} = \left[\int_{A_1}W_r(\overline{x}_1)\mathrm{d}A(\overline{x}_1)\right]^2 \tag{9.26}$$

将静态位移和静态应力的定义引入式(9.25)，则其可表示为

$$\widetilde{W}^2(\overline{x},t) = \sum_m \frac{\pi\omega_m}{4\zeta_m}G_p(\omega_m)W_{\sigma m}^2(\overline{x}) \tag{9.27a}$$

$$\widetilde{\dot{W}}^2(\overline{x},t) = \sum_m \frac{\pi\omega_m^3}{4m}G_p(\omega_m)W_{\sigma m}^2(\overline{x}) \tag{9.27b}$$

$$\widetilde{\ddot{W}}^2(\overline{x},t)=W_{om}^2(\overline{x})\sum_m\frac{\pi\omega_m^5(1+4\zeta_m^2)}{4\zeta_m}G_p(\omega_m)\tag{9.27c}$$

$$\widetilde{\sigma}^2(\overline{x},t)=\sum_m\frac{\pi\omega_m}{4\zeta_m}G_p(\omega_m)\sigma_{om}^2(\overline{x})\tag{9.27d}$$

式中

$$W_{om}^2(\overline{x})=\frac{I_{mm}}{\omega_m^4M_m^2}W_m^2(\overline{x})\tag{9.28}$$

$$\sigma_{om}^2(\overline{x})=\frac{I_{mm}}{\omega_m^4M_m^2}L^2[W_m(\overline{x})]=L^2[W_{om}(\overline{x})]\tag{9.29}$$

分别为单位均匀分布静态压力作用下，位于板上$\overline{x}$位置处的静态位移和静态应力。

由式(9.27)可以看出，若知道了结构无阻尼响应频率ω_m，ω_m附近的声压功率谱密度$G_p(\omega_m)$和结构模态阻尼ζ_m，并计算出静态位移$W_{om}(\overline{x})$和静态应力$\sigma_{om}(\overline{x})$，就可以估算随机声载荷作用下板面上的各种均方响应了。如果采用工程中的赫兹作为频率单位，那么式(9.27)可以重新写成

$$\widetilde{W}^2(\overline{x},t)=\sum_m\frac{\pi f_m}{4\zeta_m}G_p(f_m)W_{om}^2(\overline{x})\tag{9.30a}$$

$$\widetilde{\dot{W}}^2(\overline{x},t)=\sum_m\frac{\pi^3f_m^3}{4\zeta_m}G_p(f_m)W_{om}^2(\overline{x})\tag{9.30b}$$

$$\widetilde{\ddot{W}}^2(\overline{x},t)=\sum_m\frac{4\pi^5f_m^5(1+4\zeta_m^2)}{\zeta_m}G_p(f_m)W_{om}^2(\overline{x})\tag{9.30c}$$

$$\widetilde{\sigma}^2(\overline{x},t)=\sum_m\frac{\pi f_m}{4\zeta_m}G_p(f_m)\sigma_{om}^2(\overline{x})\tag{9.30d}$$

工程应用中一般以宽带声压级来描述，即倍频程带宽或1/3倍频程带宽等，此时需要采用下述近似公式进行转换，即

$$G_p(f_m)=P_0^2\times10^{L/10}=4\times10^{(\frac{L}{10}-10)}\tag{9.31}$$

式中，$L=L_b-10\lg\Delta f$为声压谱级；$P_0=2\times10^{-5}$为参考声压；L_b为带宽声压级；Δf为共振频率f_m的频带宽度。

依据迈尔斯(Miles)单自由度理论，若板响应中单模态响应起主导作用，式(9.30)可以进一步简化为单项，则对于第m阶模态为主的情况，有

$$\widetilde{W}^2(\overline{x},t)=\frac{\pi f_m}{4\zeta_m}G_p(f_m)W_{om}^2(\overline{x}),\ \mathrm{m}^2\tag{9.32a}$$

$$\widetilde{\dot{W}}^2(\overline{x},t)=\frac{\pi^3f_m^3}{4\zeta_m}G_p(f_m)W_{om}^2(\overline{x}),\ \mathrm{m/s}\tag{9.32b}$$

$$\widetilde{\ddot{W}}^2(\overline{x},t)=\frac{4\pi^5f_m^5(1+4\zeta_m^2)}{\zeta_m}G_p(f_m)W_{om}^2(\overline{x}),\ \mathrm{m/s^2}\tag{9.32c}$$

$$\widetilde{\sigma}^2(\overline{x},t)=\frac{\pi f_m}{4\zeta_m}G_p(f_m)\sigma_{om}^2(\overline{x}),\ \mathrm{Pa^2/Hz}\tag{9.32d}$$

2. 开口圆柱壳

相对于平板，由于有曲率的影响，壳结构的动力学响应相对复杂，这里只给出直边中点周

向应力响应的计算公式。若声压谱级在包含平板(长边为 a,短边为 b)和曲板(即弧长为 b,直边长为 a 的开口圆柱壳,见图 9-1)响应模态在内的频率为常数,且泊松比 $\gamma=0.32$,进而可得到开口圆柱壳直边中点周向应力与平板对应点应力的关系为

$$(\tilde{\sigma}_y)_{\text{curve}}=\left\{1+\frac{0.006\,a^2b^2}{h^2R^2\left[\left(\frac{b}{a}\right)^2+\left(\frac{a}{b}\right)^2+0.604\right]}\right\}^{-3/4}\cdot$$

$$\left\{1+\frac{0.453\,b^2}{Rh}\frac{\left(\frac{b}{a}\right)^2+0.034}{\left(\frac{b}{a}\right)^4+9.62\left(\frac{a}{b}\right)^2+1}\right\}(\tilde{\sigma}_y)_{\text{plate}} \tag{9.33}$$

式中,平板均方根应力为

$$(\tilde{\sigma}_y)_{\text{plate}}=\left\{\frac{1.772\,6a^3\sqrt{\frac{E}{\rho}}G_p(f_{11})}{bh^3\varepsilon_{11}\left[3.307\left(\frac{b}{a}\right)^2+3.307\left(\frac{a}{b}\right)^2+2\right]^{3/2}}\right\}^{1/2} \tag{9.34}$$

其中,a,b,h 分别为平板的长、宽和厚度;ρ 为板的密度;E 为弹性模量;ε_{11} 为基频模态阻尼;$G_p(f_{11})$ 为基频 f_{11} 上的声功率谱密度。

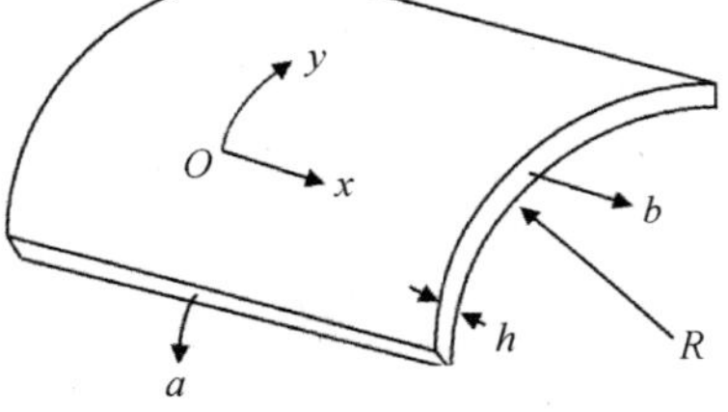

图 9-1 开口圆柱壳几何模型

3. 平板背靠空腔的声学响应

前述仅介绍了板本身在声载荷作用下的响应,实际飞机是由机体壁板与其包围的内部空腔共同组成的,内部空腔对于板的声学响应也十分重要。在平板背靠矩形空腔这一物理问题当中,平板表面的激励力主要由两部分贡献,一个是平板上表面所受到的外部激励力 F_{ext},另一个是平板下表面受到的空腔内部声压在 $z=L_z$ 处对壁面的压力 P。刚性壁面立方体空腔内部压力和壁板结构的响应可分别写成如下形式:

$$D_P\nabla^4w+\rho_Ph_P\ddot{W}+\zeta_P\dot{W}=P(x,y,z=L_z,t)-F_{ext}(x,y,t) \tag{9.35}$$

将式(9.18)和刚性壁面立方体空腔内部压力表达式 $P(x,y,z,t)=\sum_{n=0}^{N}P_n(x,y,z)r_n(t)$ 代入式(9.35),其中 $P_n(x,y,z)=\Psi_{nx}(x)\Phi_{ny}(y)\Gamma_{nz}(z)$[7]。利用平板模态的正交性,并且将式(9.35)的左、右两边在平板的整个面积域进行积分,可以得到

$$\rho_Ph_P\{\ddot{q}_m(t)+2\omega_m\xi_P\dot{q}_m(t)+\omega_m^2q_m(t)\}=$$
$$\sum_{n=0}^{N}\frac{(-1)^{nz}A_{nz}}{\sqrt{L_Z}}\iint\alpha_{mx}(x)\Psi_{nx}(x)\beta_{my}(y)\Phi_{ny}(y)r_n(t)\mathrm{d}x\mathrm{d}y-\iint\alpha_{mx}(x)\beta_{my}(y)F_{\text{ext}}(x,y,t)\mathrm{d}x\mathrm{d}y \tag{9.36}$$

式中，$\Psi_{nx}(x)=\frac{A_{nx}}{\sqrt{L_x}}\cos(\frac{n_x\pi x}{L_x})$；$\Phi_{ny}(y)=\frac{A_{ny}}{\sqrt{L_x}}\cos(\frac{n_y\pi y}{L_y})$；$\Gamma_{nz}(z)=\frac{A_{nz}}{\sqrt{L_y}}\cos(\frac{n_z\pi z}{L_z})$；$L_x$，$L_y$，$L_z$ 分别是立方体空腔的长宽高；系数 A_n 定义如下：

$$A_n=\begin{cases}\sqrt{2}, & n\neq 0\\ 1, & n=0\end{cases} \tag{9.37}$$

然后，考虑立方体空腔的控制方程，空腔的边界条件是在刚性壁面处的法向速度为 0，而在板腔交界处内部空气振速等于平板振速，即

$$\frac{\partial p}{\partial u}=\begin{cases}-\rho_0\ddot{w}, & z=L_z\\ 0, & \text{刚性壁面}\end{cases} \tag{9.38}$$

所以矩形空腔的控制方程可以写为

$$\nabla^2 p-\frac{1}{c_0^2}\ddot{p}-\zeta_{ac}\dot{p}=-\rho_0\ddot{w}(x,y,z=L_z,t) \tag{9.39}$$

将式(9.18)和刚性壁面立方体空腔内部压力表达式代入式(9.39)，利用空腔模态的正交性，并且将式(9.39)的左、右两边在空腔的整个体积域进行积分，可以得到

$$\frac{1}{c_0^2}\{\ddot{r}_n(t)+2\omega_n\xi_a c\,\dot{r}_n(t)+\omega_n^2 r_n(t)\}=$$

$$-\rho_0\sum_{m=0}^{M}\frac{(-1)^{nz}A_{nz}}{\sqrt{L_z}}\iint\alpha_{mx}(x)\Psi_{nx}(x)\beta_{my}(y)\Phi_{ny}(y)\ddot{q}_m(t)\mathrm{d}x\mathrm{d}y \tag{9.40}$$

注意到式(9.36)右边的第一项和式(9.40)的右边项代表了结构振动和空腔内声压的耦合项。联立式(9.36)和式(9.40)，将它们写成矩阵的形式，可以得到

$$\begin{bmatrix}M_{pp} & 0\\ M_{cp} & M_{cc}\end{bmatrix}\begin{bmatrix}\ddot{q}(t)\\ \ddot{r}(t)\end{bmatrix}+\begin{bmatrix}D_{pp} & 0\\ 0 & D_{cc}\end{bmatrix}\begin{bmatrix}\dot{q}(t)\\ \dot{r}(t)\end{bmatrix}+\begin{bmatrix}K_{pp} & K_{pc}\\ 0 & K_{cc}\end{bmatrix}\begin{bmatrix}q(t)\\ r(t)\end{bmatrix}=\begin{bmatrix}P_{\mathrm{ext}}(t)\\ 0\end{bmatrix} \tag{9.41}$$

式中

$$M_{pp}=\mathrm{diag}[\rho_p h_p] \tag{9.42}$$

$$M_{cc}=\mathrm{diag}\left[\frac{1}{c_0^2}\right] \tag{9.43}$$

$$M_{cp}=\rho_0\left[\frac{(-1)^{nz}A_{nz}}{\sqrt{L_z}}\iint\alpha_{mx}(x)\Psi_{nx}(x)\beta_{my}(y)\Phi_{ny}(y)\mathrm{d}x\mathrm{d}y\right] \tag{9.44}$$

$$D_{pp}=\mathrm{diag}[2\rho_p h_p\omega_m\xi_p] \tag{9.45}$$

$$D_{cc}=\mathrm{diag}\left[2\frac{1}{c_0^2}\omega_n\xi_{ac}\right] \tag{9.46}$$

$$K_{pp}=\mathrm{diag}[\omega_m^2\rho_p h_p] \tag{9.47}$$

$$K_{cc}=\mathrm{diag}\left[\omega_n^2\frac{1}{c_0^2}\right] \tag{9.48}$$

$$K_{pc}=-\left[\frac{(-1)^{nz}A_{nz}}{\sqrt{L_z}}\iint\alpha_{mx}(x)\Psi_{nx}(x)\beta_{my}(y)\Phi_{ny}(y)\mathrm{d}x\mathrm{d}y\right] \tag{9.49}$$

$$F_{\mathrm{ext}}(t)=-\left[\iint\alpha_{mx}(x)\beta_{my}(y)f_{\mathrm{ext}}(x,y,z=L_z,t)\mathrm{d}x\mathrm{d}y\right] \tag{9.50}$$

在这些矩阵中，$\boldsymbol{M}$ 是质量矩阵；$\boldsymbol{D}$ 是阻尼矩阵；$\boldsymbol{K}$ 是刚度矩阵；下标 c 和 p 分别代表了平板

和声腔。

通过傅里叶变换，可以将式(9.41)由时域转为频域，转换后可以写成下面的形式：

$$\boldsymbol{Y}(\omega)=\boldsymbol{H}(\omega)\boldsymbol{X}(\omega) \tag{9.51}$$

式中

$$\boldsymbol{Y}(\omega)=\begin{bmatrix}Q(\omega)\\R(\omega)\end{bmatrix} \tag{9.52}$$

$$\boldsymbol{X}(\omega)=\begin{bmatrix}F_{\text{ext}}(\omega)\\0\end{bmatrix} \tag{9.53}$$

$$\boldsymbol{H}(\omega)=\begin{bmatrix}-\omega^2M_{pp}+i\omega D_{pp}+K_{pp} & K_{pc}\\-\omega^2M_{cp} & -\omega^2M_{cc}+i\omega D_{cc}+K_{cc}\end{bmatrix}^{-1} \tag{9.54}$$

矩阵$\boldsymbol{Y}$是系统的响应矩阵；$\boldsymbol{X}$是系统的激励矩阵；$\boldsymbol{H}$是系统的传递矩阵。最后耦合系统的响应为

$$\begin{bmatrix}W(\omega)\\P(\omega)\end{bmatrix}=\begin{bmatrix}\text{diag}[\alpha_{mx}(x)\beta_{my}(y)] & 0\\0 & \text{diag}[\Psi_{nx}(x)\Phi_{ny}(y)\Gamma_{nz}(z)]\end{bmatrix}\begin{bmatrix}Q(\omega)\\R(\omega)\end{bmatrix} \tag{9.55}$$

9.3.2 飞机巡航状态下舱内噪声预测

飞机在巡航阶段，湍流边界层对飞机外壁面的压力脉动是舱内噪声的主要来源。目前能够精确预测湍流流动脉动压力场的模型并不存在，并且数值预测仅限于低雷诺数流动，所以必须依赖基于统计学特性的半实验半经验模型。基于与实验数据拟合的经验模型有很多，这里采用经典的考科斯(Corcos)模型[3-4]，即壁面压力脉动统计模型。

由于湍流边界层脉动压力是一个随机过程，在考科斯(Corcos)湍流边界层脉动压力场模型中，湍流边界层壁面压力通常是统计量，用压力功率谱密度(PSD)来描述。这个模型是建立在平板上的湍流流动，假设流动是完全发展的，并且平板上方的平均压力梯度为零。对于这些条件，湍流可以看作在时间和空间上是均匀的。具体的平稳随机过程的交叉功率谱密度可以表示为参考功率谱密度函数和空间相关函数的乘积，即：

$$S(\xi_x,\xi_y,\omega)=S_{\text{ref}}(\omega)\,\overline{S}(\xi_x,\xi_y,\omega) \tag{9.56}$$

式中，$\xi_x=x-x'$，$\xi_y=y-y'$分别是平板上展向和流向的空间分离参数。

将空间相关函数分离为x向和y向两个方向上的函数$S(\xi_x,0,\omega)$和$S(0,\xi_y,\omega)$，并且考科斯(Corcos)通过实验发现它们可以被写成关于变量$\frac{\omega\xi_x}{U_c}$和$\frac{\omega\xi_y}{U_c}$的函数，因此式(9.56)可以表示为

$$S(\xi_x,\xi_y,\omega)=S_{\text{ref}}(\omega)\,f_1\left(\frac{\omega\xi_x}{U_c}\right)\,f_2\left(\frac{\omega\xi_y}{U_c}\right)\,\mathrm{e}^{\frac{-i\omega\xi_x}{U_c}} \tag{9.57}$$

式中，U_c是湍流边界层内的迁移速度。在实际情况中，函数f_1和f_2经常用指数衰减函数逼近，即

$$S(\xi_x,\xi_y,\omega)=S_{ref}(\omega)\mathrm{e}^{\frac{-\alpha_x\omega|\xi_x|}{U_c}}\mathrm{e}^{\frac{-\alpha_y\omega|\xi_y|}{U_c}}\mathrm{e}^{\frac{-i\omega\xi_x}{U_c}} \tag{9.58}$$

这里α_x和α_y是经验参数，通常$\alpha_x\in[0.1,0.12]$，$\alpha_y\in[0.7,1.2]$，对于飞机边界层来说，通常取$\alpha_x=0.1$，$\alpha_y=0.77$。

由于湍流边界层壁面压力场模型是在功率谱密度域定义的，所以需要把之前得到的板腔耦合模型频域解转换到功率谱密度域进行求解。

自功率谱密度函数定义为

$$S_{xx}(\omega)=\lim_{T\to\infty}\left\{E\left[\frac{1}{T}\mid \boldsymbol{X}_T(\omega)\mid^2\right]\right\} \tag{9.59}$$

$$S_{yy}(\omega)=\lim_{T\to\infty}\left\{E\left[\frac{1}{T}\mid \boldsymbol{Y}_T(\omega)\mid^2\right]\right\} \tag{9.60}$$

式中，定义

$$\boldsymbol{Y}_T(\omega)=\boldsymbol{H}_T(\omega)\boldsymbol{X}_T(\omega) \tag{9.61}$$

写成矩阵的形式，则

$$\mid \boldsymbol{X}_T(\omega)\mid^2=\boldsymbol{X}_T(\omega)^*\boldsymbol{X}_T(\omega)^{\mathrm{T}} \tag{9.62}$$

$$\mid \boldsymbol{Y}_T(\omega)\mid^2=\boldsymbol{Y}_T(\omega)^*\boldsymbol{Y}_T(\omega)^{\mathrm{T}} \tag{9.63}$$

式中，$\boldsymbol{X}_T(\omega)^*$，$\boldsymbol{Y}_T(\omega)^*$ 是共轭矩阵；$\boldsymbol{X}_T(\omega)^{\mathrm{T}}$，$\boldsymbol{Y}_T(\omega)^{\mathrm{T}}$ 是转置矩阵。

将式(9.61)代入式(9.63)，得

$$\begin{aligned}|\boldsymbol{Y}_T(\omega)|^2&=[\boldsymbol{H}_T(\omega)\boldsymbol{X}_T(\omega)]^*[\boldsymbol{H}_T(\omega)\boldsymbol{X}_T(\omega)]^{\mathrm{T}}=\\&\boldsymbol{H}_T(\omega)^*\boldsymbol{X}_T(\omega)^*\boldsymbol{X}_T(\omega)^{\mathrm{T}}\boldsymbol{H}_T(\omega)^{\mathrm{T}}=\\&\boldsymbol{H}_T(\omega)^*|\boldsymbol{X}_T(\omega)|^2\boldsymbol{H}_T(\omega)^{\mathrm{T}}\end{aligned} \tag{9.64}$$

将式(9.64)代入式(9.60)，得

$$\begin{aligned}\boldsymbol{S}_{yy}(\omega)=&\lim_{T\to\infty}\left\{E\left[\frac{1}{T}\boldsymbol{H}_T(\omega)^*\mid \boldsymbol{X}_T(\omega)|^2\boldsymbol{H}_T(\omega)^{\mathrm{T}}\right]\right\}=\\&\boldsymbol{H}_T(\omega)^*\lim_{T\to\infty}\left\{E\left[\frac{1}{T}\mid \boldsymbol{X}_T(\omega)|^2\right]\right\}\boldsymbol{H}_T(\omega)^{\mathrm{T}}=\\&\boldsymbol{H}_T(\omega)^*\boldsymbol{S}_{xx}(\omega)\boldsymbol{H}_T(\omega)^{\mathrm{T}}\end{aligned} \tag{9.65}$$

对应于第四章的推导过程，$\boldsymbol{S}_{xx}(\omega)$是随机激励 $\boldsymbol{X}(\omega)$的功率谱密度矩阵，$\boldsymbol{S}_{yy}(\omega)$是系统响应 $\boldsymbol{Y}(\omega)$的功率谱密度矩阵，$\boldsymbol{H}_T(\omega)^*$，$\boldsymbol{H}_T(\omega)^{\mathrm{T}}$ 分别是系统传递矩阵 $\boldsymbol{H}(\omega)$的共轭矩阵和转置矩阵。

为了便于书写，将式(9.54)写成如下形式：

$$\boldsymbol{H}(\omega)=\begin{bmatrix}A & B\\ C & D\end{bmatrix}^{-1} \tag{9.66}$$

式中

$$A=-\omega^2M_{pp}+i\omega D_{pp}+K_{pp} \tag{9.67}$$

$$B=K_{pc} \tag{9.68}$$

$$C=-\omega^2M_{cp} \tag{9.69}$$

$$D=-\omega^2M_{cc}+i\omega D_{cc}+K_{cc} \tag{9.70}$$

$\boldsymbol{S}_{yy}(\omega)$包含两部分的内容，一部分是平板位移时间函数 q 的功率谱密度 $\boldsymbol{S}_{qq}(\omega)$，另一部分是腔内声压响应时间函数 r 的功率谱密度 $\boldsymbol{S}_{rr}(\omega)$。$\boldsymbol{S}_{xx}(\omega)$也包含两部分的内容，一部分是外界湍流激励的功率谱密度 $\boldsymbol{S}_{\mathrm{tbl}}(\omega)$，另一部分是一个空矩阵。所以式(9.65)可以写成以下的形式：

$$\boldsymbol{S}_{QQ}(\omega)=\boldsymbol{H}_Q^*(\omega)\boldsymbol{S}_{\mathrm{tbl}}(\omega)\boldsymbol{H}_Q^{\mathrm{T}}(\omega) \tag{9.71}$$

$$\boldsymbol{S}_{RR}(\omega)=\boldsymbol{H}_R^*(\omega)\boldsymbol{S}_{\mathrm{tbl}}(\omega)\boldsymbol{H}_R^{\mathrm{T}}(\omega) \tag{9.72}$$

利用分块矩阵求逆公式，因为 $\boldsymbol{A}$ 是 $m\times m$ 矩阵，$\boldsymbol{B}$ 是 $m\times n$ 矩阵，$\boldsymbol{C}$ 是 $n\times m$ 矩阵，$\boldsymbol{D}$ 是 $n\times$

n 可逆矩阵,$\boldsymbol{A}-\boldsymbol{BD}^{-1}\boldsymbol{C}$ 是 $m\times m$ 可逆矩阵,则有

$$\boldsymbol{H}(\omega)=\begin{bmatrix}\boldsymbol{A} & \boldsymbol{B}\\ \boldsymbol{C} & \boldsymbol{D}\end{bmatrix}^{-1}=\begin{bmatrix}(\boldsymbol{A}-\boldsymbol{BD}^{-1}\boldsymbol{C})^{-1} & -(\boldsymbol{A}-\boldsymbol{BD}^{-1}\boldsymbol{C})^{-1}\boldsymbol{BD}^{-1}\\ -\boldsymbol{D}^{-1}\boldsymbol{C}(\boldsymbol{A}-\boldsymbol{BD}^{-1}\boldsymbol{C})^{-1} & \boldsymbol{D}^{-1}+\boldsymbol{D}^{-1}\boldsymbol{C}(\boldsymbol{A}-\boldsymbol{BD}^{-1}\boldsymbol{C})^{-1}\boldsymbol{BD}^{-1}\end{bmatrix} \tag{9.73}$$

所以

$$\boldsymbol{H}_Q(\omega)=(\boldsymbol{A}-\boldsymbol{BD}^{-1}\boldsymbol{C})^{-1} \tag{9.74}$$

$$\boldsymbol{H}_R(\omega)=-\boldsymbol{D}^{-1}\boldsymbol{C}(\boldsymbol{A}-\boldsymbol{BD}^{-1}\boldsymbol{C})^{-1} \tag{9.75}$$

湍流激励的功率谱密度 $S_{\text{tbl}}(\omega)$ 定义如下:

$$S_{\text{tbl}}(\omega)=\iiiint\alpha_{mx}(x)\alpha_{mx'}(x')\beta_{my}(y)\beta_{my'}(y')S(\xi_x,\xi_y,\omega)\mathrm{d}x\mathrm{d}x'\mathrm{d}y\mathrm{d}y' \tag{9.76}$$

最后,得到平板位移和舱内声压的功率谱密度为

$$S_{\text{ww}}(x_1,y_1,x_2,y_2\omega)=\sum_{mx=0}^{Mx^2}\sum_{my=0}^{My^2}\alpha_{mx}(x_1)\alpha_{mx}(x_2)\beta_{my}(y_1)\beta_{my}(y_2)S_{\text{QQ}}(\omega) \tag{9.77}$$

$$S_{\text{pp}}(x_1,y_1,z_1,x_2,y_2,z_2,\omega)=\sum_{nx=0}^{Nx^2}\sum_{ny=0}^{Ny^2}\sum_{nz=0}^{Nz^2}\Psi_{nx}(x_1)\Psi_{nx}(x_2)\Phi_{ny}(y_1)\Phi_{ny}(y_2)\Gamma_{nz}(z_2)\Gamma_{nz}(z_2)S_{\text{RR}}(\omega) \tag{9.78}$$

式(9.77)可以用来计算平板上任意一点位移的功率谱密度,式(9.78)用来计算声腔内任意一点的声压的功率谱密度。如果想要计算任意一点的自功率谱密度,可以将上两式中的 x_2 替换为 x_1。

通过在系统的面积域和体积域上积分,可以得到平板位移和空腔声压总体的功率谱密度,如下式所示:

$$S_{ww}(\omega)=\iint_{y_{pi}}^{y_{pf}}\iint_{x_{pi}}^{x_{pf}}S_{ww}(x_1,y_1,x_2,y_2,\omega)\mathrm{d}x_1\mathrm{d}x_2\mathrm{d}y_1\mathrm{d}y_2 \tag{9.79}$$

$$S_{pp}(\omega)=\iint_{z_{ci}}^{z_{cf}}\iint_{y_{ci}}^{y_{cf}}\iint_{x_{ci}}^{x_{cf}}S_{pp}(x_1,y_1,z_1,x_2,y_2,z_2,\omega)\mathrm{d}x_1\mathrm{d}x_2\mathrm{d}y_1\mathrm{d}y_2\mathrm{d}z_1\mathrm{d}z_2 \tag{9.80}$$

例 9-1 估算一铝制矩形板在湍流边界层激励下矩形空腔内的声压级响应

平板边界为简支,流动模型如图 9-2 所示,具体的材料参数、流动参数和空腔参数见表 9-1~表 9-3。

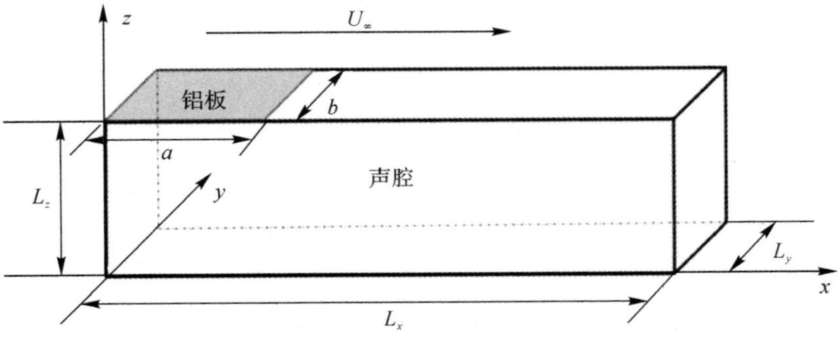

图 9-2 流动模型

表 9-1　铝板相关参数

参数符号	参数名称	数值
$\rho/(\mathrm{kg\cdot m^{-3}})$	密度	2 800
E/Pa	弹性模量	7×10^{10}
ν	泊松比	0.3
ξ	阻尼系数	0.01
h/m	厚度	0.001 8
a/m	长	0.5
b/m	宽	0.5

表 9-2　矩形声腔相关参数

参数符号	参数名称	数值
$\rho/(\mathrm{kg\cdot m^{-3}})$	空气密度	0.55
ξ	阻尼系数	0.05
$c/(\mathrm{m\cdot s^{-1}})$	声速	310
L_x/m	长	2
L_y/m	宽	0.5
L_z/m	高	0.4

表 9-3　外部流动相关参数

参数符号	参数名称	数值
$\rho/(\mathrm{kg\cdot m^{-3}})$	空气密度	0.55
U_1	自由来流速度 1	$0.3c$
U_2	自由来流速度 2	$0.6c$
U_3	自由来流速度 3	$0.85c$
α_x	经验参数	0.1
α_y	经验参数	0.77

计算工况为飞行高度 7.5 km，飞行速度分别为 $Ma=0.3$，$Ma=0.6$ 和 $Ma=0.85$。计算时选取的模态上限频率为 1 200 Hz，共有 48 个平板模态和 144 个空腔模态。舱内总功率谱密度由式(9.80)计算，结果如图 9-3 所示，声压级的参考值为 $4\times10^{-10}\ \mathrm{Pa^2}$。参考功率谱密度在小于 1 000 Hz 的情况下可以认为是一个常数：

$$S_{\text{ref}}(\omega) = 3.84 \times 10^{-5} \frac{(\rho U_{\infty}^{2})^{2}}{4\omega_{\max}} \tag{9.81}$$

其中，$\omega_{\max}$是计算的最大圆频率。

由图 9.3 可以看出，飞行速度对舱内总体噪声大小影响显著。随着飞行马赫数的增加，舱内的整体声压级水平也会增加。从 $Ma=0.3$ 到 $Ma=0.6$，舱内的整体声压级增加了约20 dB，而从 $Ma=0.6$ 到 $Ma=0.85$，舱内的整体声压级却只增加了 10 dB 左右。舱内噪声水平的增加主要是由于湍流边界层的迁移速度随着来流速度的增大而增大，进而增加了湍流边界层的壁面脉动压力水平。

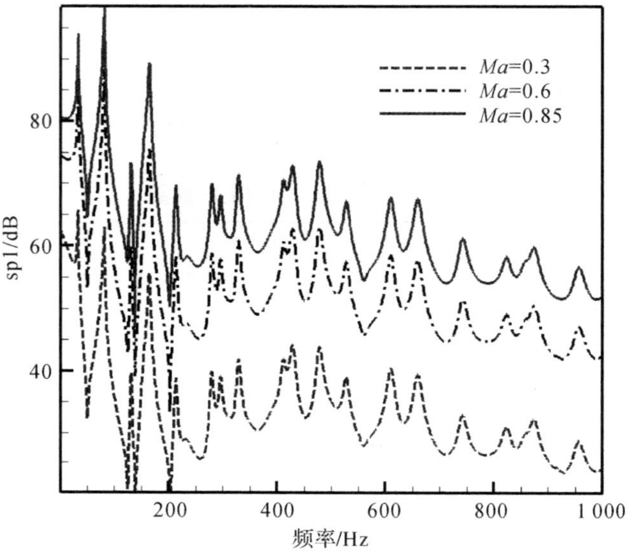

图 9-3　不同马赫数下的舱内声压级响应

9.3.3　声疲劳寿命估算

飞机是一个极其复杂的系统，实际结构不是孤立的板或者壳。飞机结构是多自由度系统，结构的响应通常以低阶振型为主，高阶振型由于阻尼较大而不易显现。因此，由高阶模态产生的应力相对较小，在工程计算中往往只取前几阶模态进行叠加求解，而忽略高阶模态的影响。若假设在单一结构上的声压是均匀分布或者是相同的，应力响应仅取决于基频模态，且在随机载荷激励作用下得到充分响应，估算结构的疲劳寿命就可以利用 $S-N$ 曲线的名义应力法，下面对此作简要的介绍。

Miner 线性累积损伤理论虽然忽略了加载次序及载荷之间的相互作用，然而其形式简单，在实际声疲劳预测工程中被广泛应用。在应力水平 S_i 上的破坏通过比值 n_i/N_i 给出，且累积损伤量为[3]

$$D_M = \sum_i (n_i/N_i) \tag{9.82}$$

式中，n_i 为第 i 级循环应力水平 S_i 下的循环次数；N_i 为循环应力 S_i 下达到破坏的循环次数。当 $D_M=1.0$ 时，发生疲劳破坏。

迈尔斯(Miles)根据单自由度理论,在频域内提出闭合公式法,假定应力 S 是按正弦曲线时间变化的,则应力 S 与循环破坏次数 N 之间的关系为

$$N(S)S^b = c \tag{9.83}$$

式中,常数 b 和 c 为材料常数。

引入折算应力 S_r,该应力将在总循环周期 $\sum_i n_i$ 后产生与载荷谱 (n_i, S_i) 相同的疲劳损伤,则有:

$$S_r = \left[\sum_i (n_i S_i)^{kb} / \sum_i n_i\right]^{1/kb} \tag{9.84}$$

式中,系数 k 取值范围为 1～2。

因为假设声压是均匀分布或者是相同的,则把随机应力折算成了一个等效常幅应力,在时间 T 内,应力幅值在 $(S, S+\mathrm{d}S)$ 内出现的概率次数为

$$n(S) = f_n TP(S)\mathrm{d}S \tag{9.85}$$

式中,f_n 为固有频率;$P(S)$ 为应力峰值的概率密度。

由线性累积损伤理论,期望损伤量为

$$\frac{n(S)}{N(S)} = f_n T \frac{P(S)}{N(S)}\mathrm{d}S \tag{9.86}$$

则总期望损伤为

$$E[D_M(T)] = f_n T \frac{P(S)}{N(S)}\mathrm{d}S \tag{9.87}$$

当 $E[D_M(T)]=1$ 时结构发生破坏,则破坏时间为

$$T = \left[f_n \int_0^\infty \frac{P(S)}{N(S)}\mathrm{d}S\right]^{-1} \tag{9.88}$$

假定应力峰值概率密度函数符合 Rayleigh 分布,且常幅 $S-N$ 曲线在双对数图上具有线性特性,则式(9.88)中的积分项变为

$$\int_0^\infty \frac{P(S)}{N(S)}\mathrm{d}S = 2^{\frac{b}{2}} \cdot \tilde{\sigma}^b \cdot \Gamma\left(1+\frac{b}{2}\right)/c \tag{9.89}$$

式中,$\tilde{\sigma}=\sqrt{\tilde{\sigma^2}}$ 为均方根应力;$\Gamma(x)$ 为伽马函数。将式(9.89)代入式(9.88),即得到闭合形式的疲劳寿命估算公式:

$$T = c\left[2^{bk} f_n \tilde{\sigma}^b \Gamma\left(1+\frac{b}{2}\right)\right]^{-1} \tag{9.90}$$

如前所述,式中 b 和 c 为由双对数常幅正弦 $S-N$ 曲线确定的材料常数。

9.4　声疲劳试验技术

9.4.1　声疲劳试验设备

目前用于飞机结构及机载设备进行声疲劳试验的设备,主要有混响室和行波管(流管)两种。

1. 混响室

混响室是为了进行声学研究或环境声学研究的实验场所，可以测定材料的吸声系数，校准传声器、送话器的扩散声场灵敏度以及声源和机器的声功率频谱，同时还可以对灵敏机件做噪声疲劳试验和产生人工混响等。混响室(见图 9-4)的结构厚实，内表面光滑，界面吸声系数小，使室内绝大部分空间满足扩散声场的条件。一般采用双层墙结构，通常外墙是砖墙抹灰，内墙是混凝土结构。门使用特制隔声门，周围做成准确的碰头缝，敷以呢绒，以保证严密无缝，或在门边框上嵌装橡胶气垫，以便充气密封。有的壁面还设计成圆弧形或半圆柱形，有的在室内悬挂可旋转扩散体，以增加室内的混响效果。混响室的容积一般在 100～500m^3 之间，对于混响时间上限来说，高频率决定于空气中分子的吸收，低频率取决于墙面上的黏滞性吸收。对于不同面积的混响室，用途也有所不同。

图 9-4　英国南安普顿大学高声强混响室

混响室声场的声源功率级由下式确定：

$$L_w = \overline{L}_P + 10\lg(S\alpha + 4mV) - 6.1 \tag{9.91}$$

式中，$\overline{L}_P$ 为混响室声场的平均声压级；V 为混响室体积；α 为混响室壁面的吸声系数；m 为声音在空气中的衰减系数；S 为混响室内壁面总面积；则 $S\alpha$ 为室内总吸收量。

根据室内声场的声压级高低，混响室可分高声强混响室及低声强混响室。一般地，室内声压级低于 140 dB 的称为低声强混响室，高于 150 dB 的称为高声强混响室。有的混响室在内壁面安装上吸声尖壁即构成消声室，可模拟混响、自由两种声场。实际中，飞机结构件声疲劳是由噪声载荷经历数千小时的加载引起的，如果模拟实际的加载时间，一般是不现实的。因此可以采用高于实际噪声的声强载荷开展混响实验，缩短实验周期，仅在数小时内完成声学疲劳实验。

2. 行波管(流管)

行波管(流管)用于模拟行波声场(或半自由场)，适用于在行波场或半自由场条件下进行声疲劳试验。例如飞机壁板结构声疲劳试验、机载设备耐声功能试验与耐声疲劳试验，同时也适于对一些小型试件在材料、工艺、结构形式方面进行抗声疲劳对比性研究试验。

行波管一般由声源、过渡段、试验段及消声排气段等四个部分组成，其结构示意图如图 9－5 所示。试验段的尺寸和形状可根据试件的要求进行设计。

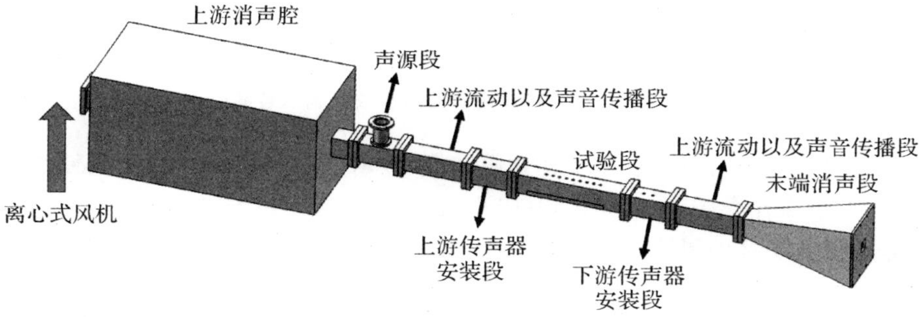

图 9－5　行波管示意图

9.4.2　航空降噪材料

对于飞机噪声的控制方面需要同时考虑结构传播噪声和空气传播噪声两个方面。为了获得更好的噪声抑制和费效比，选择噪声抑制手段时不仅要考虑材料和结构，同时也需要了解噪声产生的途径与机理。目前，通常针对航空噪声的控制可以分为两大类：被动控制系统(passive control)与主动控制系统(active control)。下面以飞机舱内降噪为例，介绍飞机中常用的降噪材料。

1. 被动控制系统

被动控制系统主要被用于当今的飞机机舱噪声抑制方面，这是因为该技术结构一般相对简单，而且价格较低，维护便捷。人耳的听力敏感度范围是 500～5000 Hz，该范围的声压稍有变化，人体就会产生很明显的反应。被动控制系统恰恰对于该频带范围(中高频)的噪声有很好的抑制效果，如图 9－6 所示。飞机上常用的被动控制结构有隔声板(如飞机的装饰板就是一种隔声板)、吸声材料(吸声泡沫、吸声棉等)、阻尼材料(阻尼薄膜等)及减震器等。前两种主要针对空气传播噪声，后两种针对结构传播噪声。

(1)隔声板(装饰板)。传统的飞机装饰板是在很薄的铝合金薄板上进行铸模构建的，而且该板在振动时，其弯曲波长刚好与噪声的波长相当，容易引起共振，产生很大的噪声。随着复合材料技术的发展，装饰板多采用复合材料构造，使得新的装饰板轻质高强。然而，轻质使得其在声传损失质量控制频率段表现不好，因为在质量控制频率段，质量越大，隔声效果越好。

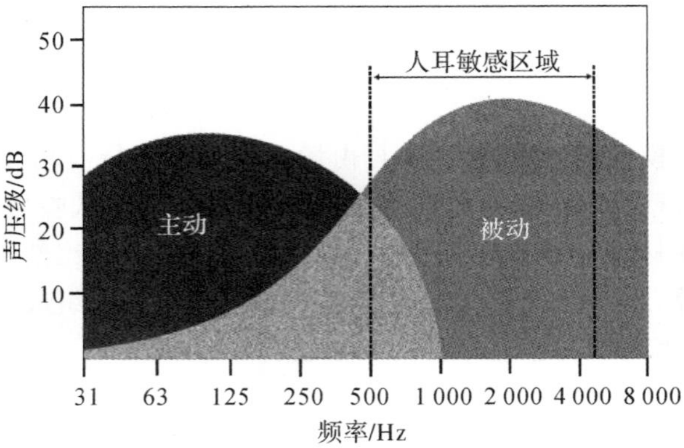

图 9-6　主动控制与被动控制有效范围示意图[8]

(2)吸声材料。吸声材料一般是多孔介质结构,被动地将声能转化成热能耗散掉,以达到吸声的效果。对于多孔介质,在高频段,其吸声机理是:声波通过与微小的孔摩擦产生热,而低频段,主要是通过热交换的形式。因此,一般而言,多孔材料吸声的有效范围是高频段。

目前典型的用于机舱的吸声材料是玻璃纤维棉。玻璃纤维相对较软,很难自己固定形状,因此在飞机安装中,玻璃纤维棉是放在聚合物包中,然后再安装在机舱壁夹层中,如图 9-7 所示。玻璃纤维棉的密度大约是 5.4～24 kg/m^3,玻璃纤维热学和声学特性保持稳定的最高温度大约是 230℃。此外,玻璃纤维具有一定的有毒性。

图 9-7　机舱壁夹层中的吸声玻璃纤维包[9]

聚酰亚胺泡沫(polyimide foam)诞生于 20 世纪 70 年代。由于其防火(见图 9-8)、隔热、轻质等优点,曾经主要被用于太空舱的制造中,但它的价格曾非常高昂。随着制造工艺的发展,近年来它逐步开始用于空客或者波音飞机(见图 9-9)的降噪和隔热中。与常用于飞机机舱吸声材料的玻璃纤维棉相比,聚酰亚胺泡沫具有很多优点:首先,它能在大范围温度(－250～320℃)下依旧展现出很好的物理特性的稳定性,甚至在－217℃下可以任意弯曲;其次,它的密度比较低,密度范围约为 3.2～16 kg/m^3,在航空工业中,较轻的质量意味着更高的燃油经济性、更多的收益;同时,它不像玻璃纤维棉需要放到聚合物包里后才能安装,它可以被加工成各种形状(见图 9－10),为今后的维护提供了便利,可以有效地降低维护时间与成本。

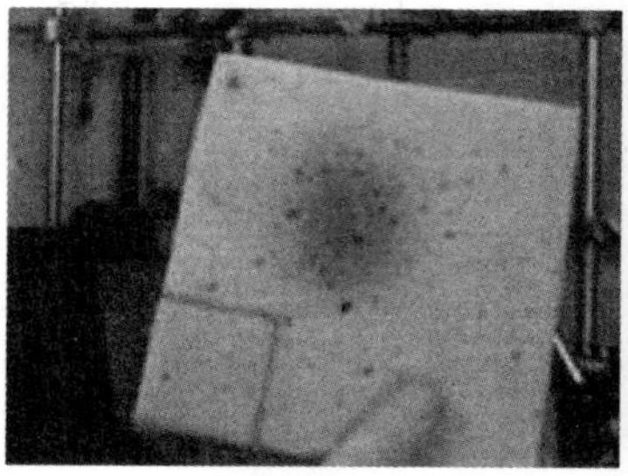

聚酰亚胺泡沫

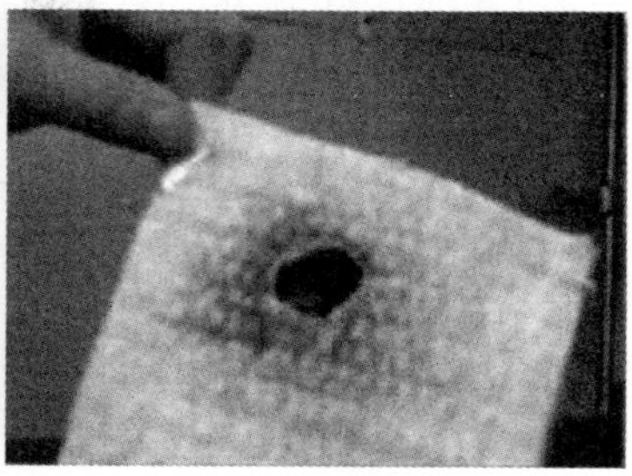

玻璃纤维棉

图 9－8　NASA 对聚酰亚胺泡沫与玻璃纤维棉的耐火测试对比[10]

图 9－9　波音 737 在机舱壁安装的聚酰亚胺泡沫[11]

图 9－10　AC－530 型聚酰亚胺泡沫[12]

(3)阻尼材料。阻尼材料通常是由约束层和阻尼层组成的。如图 9－11 所示,为了减小机体表面的振动,阻尼材料是直接贴附在机体表面的。阻尼材料一般在板振动的基础频率以上有效,覆盖面积在 50%～75%之间就可以达到理想的减振效果。此外阻尼层材料的选取很关键,因为飞机飞行高度差大,导致温度差很巨大,而温度恰恰对阻尼层材料的性能有很大影响。

图 9－11　贴有阻尼层的机体壁板[9]

先进复合材料与金属材料相比，拥有可设计性强、强度高、重量轻、热膨胀系数低等特点。随着加工工艺的发展，复合材料被逐步大面积用于民用飞机的设计中。空客 A380 飞机采用了 22%的碳纤维树脂基复合材料，还采用了 3%的纤维金属层板复合材料；到了 A350 系列，复合材料使用量高达 50%。在波音 787 飞机的设计中，50%的结构采用了复合材料（见图 9－12）。大量复合材料的使用，使得飞机相对于使用金属构造的飞机重量减轻了 15%。然而，复合材料的使用，对声学方面会产生一定的不利。复合材料较高的刚度质量比，使得关键频率（结构弯曲波传播速度与声波传播速度耦合的频率）会在传声损失（sound transmission loss）图线中人耳听力敏感范围内出现一个波谷，同时较轻的质量又会使得声传损失在质量控制频率范围内的值较低，这意味着，相比金属飞机表面，会有更多的噪声进入机舱内部。对于解决这一问题，有效手段之一就是加入合适的阻尼层。图 9－13 是 Smac 公司给空客 A350 复合材料机身粘贴的阻尼板。

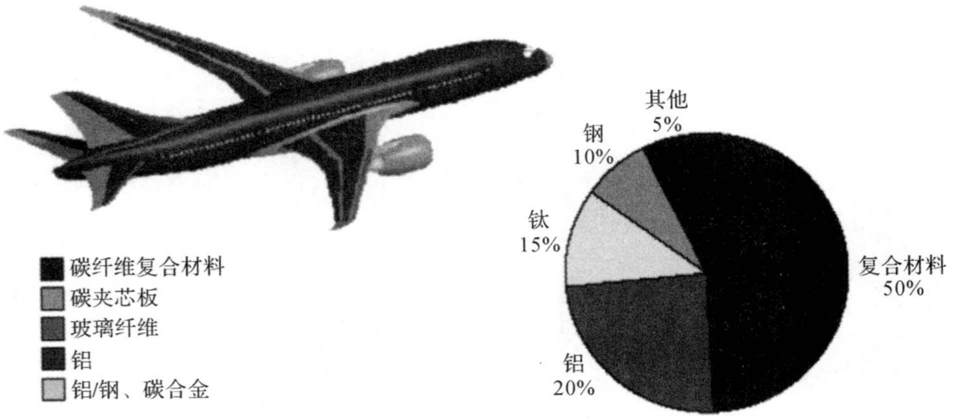

图 9－12　波音 787 飞机复合材料使用情况示意图[13]

图 9－13　空客 A350 客机复合材料机体表面粘贴有 Smac 公司所生产的阻尼板[14]

（4）隔振器。隔振器的工作原理是利用弹性元件控制其所连接的两个结构之间在动态载荷下的相对运动。传递系数通常用来衡量一个隔振器的表现，更小的传递率意味着更好的隔振表现。隔振器的设计标准是隔振器必须对所关心的振动频率范围有效。例如对一架喷气飞机，其飞机发动机旋转产生的低频振动是 125 Hz，这就要求其所设计的隔振器要非常软。

2. 主动控制系统

如图 9－6 所示，主动降噪技术主要用于对低频噪声的控制。它包括传感器和作动器两部分。如果飞机要用主动控制来降低机舱噪声，需要考虑以下几个方面：控制的时效性、控制的准确性、控制的带宽、鲁棒性、复杂程度、体积和价格等。同时与被动降噪技术相比，在飞机机舱如此巨大的空间里，主动降噪要实现整个飞机舱内的降噪几乎是不可能的。因此，主动降噪技术只是用于飞机局部某个区域或某些敏感设备处的降噪。

综上可知，在飞机机舱内噪声控制中主要应用被动噪声控制技术，该方法结构简单，有效频率带宽宽，后期维护方便。对于飞机机舱壁振动与噪声的控制，特别是针对目前复合材料机体壁的振动与噪声，使用高阻尼材料是一种有效的手段。

思　考　题

1. 简述波动方程的适用范围和假设条件，并推导一维波动方程。

2. 试给出声压级和声强级的计算公式，并计算 80dB 的声压级和声强级分别对应的声压和声强。

3. 试问当声压增加为原来声压的 2 倍时，声压级增加多少？

4. 结合公式阐述倍频程和 1/3 倍频程，并计算中心频率 1 000 Hz 对应频带的上下限截止频率及带宽。

5. 试阐述板在随机声载荷作用下的响应计算所采用的条件假设。

6. 试给出声疲劳试验常用的试验设备，并介绍三种航空降噪材料及其降噪机理。

参 考 文 献

[1] POWELL A. On the fatigue failure of structures due to vibrations excited by random pressure fields[J]. The Journal of the Acoustical Society of America, 1958, 30(12): 1130－1135.

[2] MILES J W. On structural fatigue under random loading[J]. Journal of the Aeronautical Sciences, 1954, 21(11): 753－762.

[3] 姚起杭，杨学勤. 飞机声疲劳设计手册[M]. 北京：航空工业出版社，1998.

[4] CORCOS G M. Resolution of pressure in turbulence[J]. Journal of the Acoustical Society of America, 1963, 35(2): 192－199.

[5] EMTSOV B M. Characteristics of the field of turbulent wall pressure fluctuations at large reynolds numbers[J]. Soviet Physics Acoustics, 1982, 28(4): 289－292.

[6] ZHOU J, BHASKAR A, ZHANG X. Sound transmission through double cylindrical shells lined with porous material under turbulent boundary layer excitation[J]. Journal of Sound and Vibration, 2015, 357: 253－268.

[7] 杜功焕，朱哲民，龚秀芬. 声学基础[M]. 3 版. 南京：南京大学出版社，2012.

[8] LANDALUZE J, PORTILLA I, PAGALDAY J M, et al. Application of active noise control to an elevator cabin[J]. Control Engineering Practice, 2003, 11(12): 1423－1431.

[9] GROOTEMAN F P. Transmission loss analyses on fuselage panels[R]. Netherlands:

National Aerospace Laboratory, 2006.

[10] NASA's Real World. Polyimide Foam [EB/OL]. [2010 - 11 - 09]. https://nasaeclips.arc.nasa.gov/video/realworld/real-world-nasa-inventions-polyimide-foam.

[11] EVONIK I. Solimide polyimide foam[EB/OL]. [2020 - 9 - 7]. http://af-ingenierie.fr/produits/polyimide-solimide/.

[12] EVONIK I. Guidance of AC-530 polyimide foam[EB/OL]. [2009 - 9 - 10]. https://www.buckleyind.com/products/view/solimide-ac-530/.

[13] WANHILL R J H. Aerospace materials and material technologies : carbon fibre polymer matrix structural composites [M]. Springer, Singapore : Indian Institute of Metals Series, 2017.

[14] SMAC I. An innovative composite damping solution[J]. JEC Composite Magazine, 2017,110:56 - 57.

第十章　飞机设计中的其他动强度问题

10.1　概　　述

除前述各章的飞机结构动强度设计问题外，进行飞机结构设计时还必须考虑其他动强度问题及其抗振设计方法，主要包括以下内容。

(1)炮击振动问题：在炮击载荷作用区域附近，剧烈的振动会导致航炮支持结构形成的冲击压力脉冲作用在飞机设备上，这会使设备失灵、发生故障甚至损坏。

(2)管路系统振动问题：当管路系统的固有频率与外界干扰频率一致时，会引发管路系统共振，将导致管路系统内的油液的压力脉动，进而引起管路系统的强烈振动，影响管路寿命，严重时会造成管路破坏。

(3)发动机振动引起的动强度问题：由于机翼结构的柔性，翼吊发动机转子的旋转轴会随着飞机机翼的振动发生俯仰和偏航角振动，引起陀螺惯性力矩。如果发动机布局远离机翼根部，这种陀螺惯性力矩会对飞机的气动弹性特性产生一定的影响。

(4)操纵系统振动问题：飞机操纵系统受到的干扰载荷主要来自于舵面所承受的气动力及发动机的振动载荷，其产生的干扰频率如果与操纵系统的固有频率接近，则易于产生谐振，从而影响飞机的操纵性能及安全性。

(5)鸟撞/离散源撞击问题：飞机风挡及窗户的设计需要考虑整个透明件结构系统的抗鸟撞设计，机翼/尾翼前缘受鸟撞后可能产生大变形和穿透，导致其内部管路或电气系统的失效或破坏。对于非包容性发动机的飞机，由于鸟撞、外来物撞击或发动机叶片断裂等因素，飞机结构的剩余强度和刚度不够也会造成重大事故。

根据 CCAR25 - R4 适航条款和 GJB 67A—2008《军用飞机结构强度规范》等要求，处理上述各类动强度问题时，抗振设计的一般方法如下[1]：

(1)各系统及其附件、设备安装结构的材料选择及设计，应采取各种抗振措施以避免发生有害共振和过度的振动，在结构整个使用寿命期内，不发生因冲击、振动、噪声所引起的失效和破坏。

(2)凡失效和破坏危及飞机结构和飞行乘员安全的受振结构系统、附件及设备都应进行振动分析、地面模拟试验、鉴定试验及验证性试飞等，避免发生振动引起的事故。

(3)在振动、冲击等环境下，各系统及其连接件必须充分地紧固并有保险装置，不允许有过大间隙与松动，并避免采用焊接件或几何剖面急剧变化的构件。

(4)承受急剧冲击载荷的系统，应测试冲击引起的动载荷效应和材料在快速加载下的性能变化，应通过计算分析与模拟试验确定其动载放大因子，供设计和试验使用。

(5)与振源直接相连的管路、支架或摇臂、卡箍等，应进行固有振动特性分析和试验，防止发生有害谐振，其自振频率和振源频率应有一定的差值：在频率为200 Hz以上时应相差±5%以上，在200 Hz以下时应相差±5 Hz左右，在20 Hz以下时应相差±3 Hz以上。

(6)地面验证试验：应根据振动环境特性，选择合理的振动强度试验方法。最好用随机振动试验方法进行试验，当无条件进行随机振动试验时，可以采用扫频试验或定频试验。

(7)飞行验证试验：飞行试验前应进行地面发动机开车时的振动与噪声测量。必要时对某些部位应进行振动环境测试，给出飞机的振动环境包线，并对结构、成品、附件经飞行振动试验做出最终鉴定。飞行试验中，对某些振动量值过大的部位必须进行监控。

10.2 飞机炮振动强度设计及分析

歼击机、轰炸机等都装有各种口径的航炮，由航炮射击产生的剧烈振动称为炮击振动。严重的炮击振动会引起结构破裂、设备失灵，因此必须考虑飞机结构抗炮振设计问题[2]。

10.2.1 炮击振动载荷类型及设计规范

1. 航炮发射时的动载荷类型

航炮发射产生的动载荷主要有以下两种类型。

(1)炮口爆炸波。

航炮连发时，炮弹受到高膛压的推动，连续地从炮口高速射出(近千米/每秒的速度)。随着有压炮弹连续离开炮口，连续冲出的高压气体具有明显的规律性，脉冲压力波以空气和结构作为传递介质作用在飞机结构上；这种载荷还具有较高的声压级，如30－Ⅱ炮，在离炮口1.5 m处的声压级可达160 dB。炮口爆炸波对机载设备和结构的作用有以下三方面：

1)由于炮口气体以很高的速度定向喷射出来，其反作用力通过支持结构传递给飞机结构；

2)炮口爆炸波以压力波的方式直接激励结构件，产生很大加速度响应而影响结构动应力；

3)炮口噪声的声压级最大会超过180 dB，对结构和设备亦将有很大的影响。

(2)运动机构的前冲、后座载荷。

航炮作为一种自动机，其炮箱和与之相连的炮管简称为“炮箱”或“炮体”，用Ⅰ表示；相对炮箱运动的基本构件及其带动的机构链，简称为“活动部件”，用Ⅱ表示，如图10－1所示，阴影部分为炮箱Ⅰ，活动部件Ⅱ包括复选滑板组、后退滑板组、联动臂及连杆件等。

若将基本构件所带动的机构链的惯性力和作用力等效折算到基本构件上，则Ⅰ和Ⅱ两部分所受的主要载荷见表10－1。

若将航炮作为一整体，则不考虑表中第2、3、5、7项的内力，作用在整个炮体上的外载荷主要是第1项——膛底压力。图10－2所示为23－2型航炮的膛底压力 $P(t)$ 试验曲线。

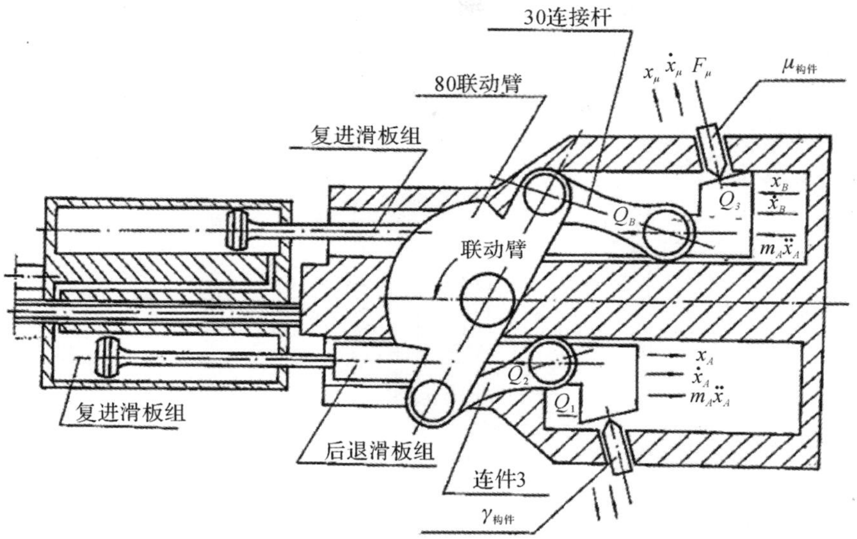

图 10-1　双管 23 航炮机构图

表 10-1　航炮载荷

序号	载荷类型	作用对象
1	膛底压力	Ⅰ
2	瓦斯筒内气体压力	Ⅰ、Ⅱ
3	抽弹壳力	Ⅰ、Ⅱ
4	拔弹壳力	Ⅰ
5	左、右滑板前冲后座到位与炮筒撞击力	Ⅰ、Ⅱ
6	左、右滑板加速运动的相对惯性力	Ⅰ
7	联动臂轴的动约束力	Ⅰ、Ⅱ

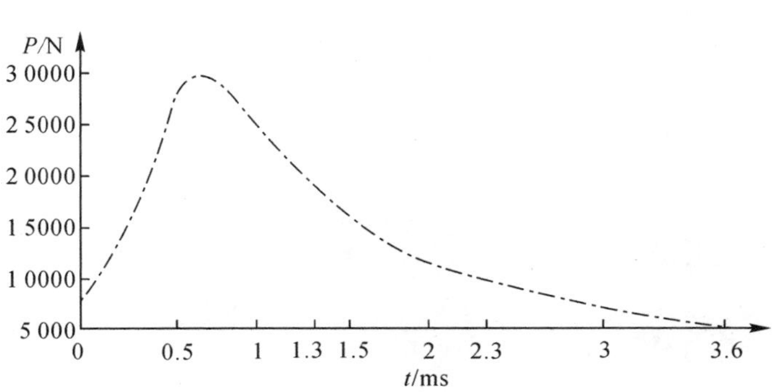

图 10-2　双管 23 炮的膛压曲线

若以炮的整体为研究对象，其外载荷比较简单，据此所求得的并非炮箱 B 点的运动（见图

10－3)，而是整个炮体的质心的运动。由于这两者相差很小，因此可忽略连杆等较小部件的质量，用炮体质心的运动来代替炮箱 B 点的运动。

因此，在膛压载荷作用下，炮对其支持结构作用了前冲和后座的载荷，这种载荷将通过支持结构和炮的连接点(或称主交点 A)传递给炮的支持结构，这种载荷是炮支持结构进行动力学设计的主要动载荷。

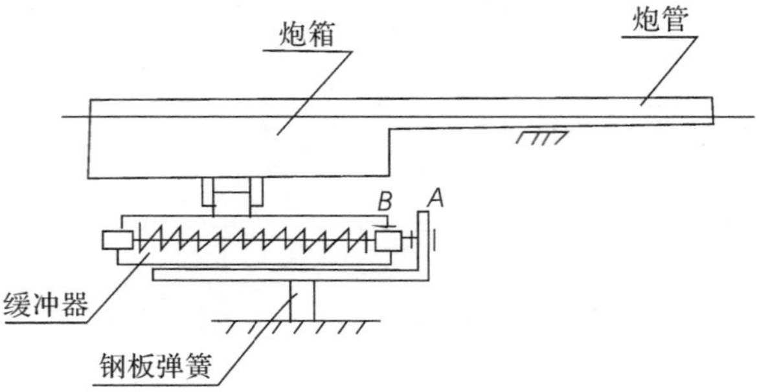

图 10－3　双管 23 炮结构示意图

2. 炮击载荷及其频谱特点

(1)单发时的炮击载荷。单发载荷是典型的瞬态冲击，如图 10－4 所示。

(2)连发时的炮击载荷。连发载荷(见图 10－5)性质比较复杂，既呈现一定的周期性，但又不是周期信号。在炮击周期内可近似看成一个周期信号，信号开头是从无到有、从小到大的起始过渡段，信号末尾是一个有阻尼的衰减振动，可以认为是由连续脉冲组成的准周期性信号。

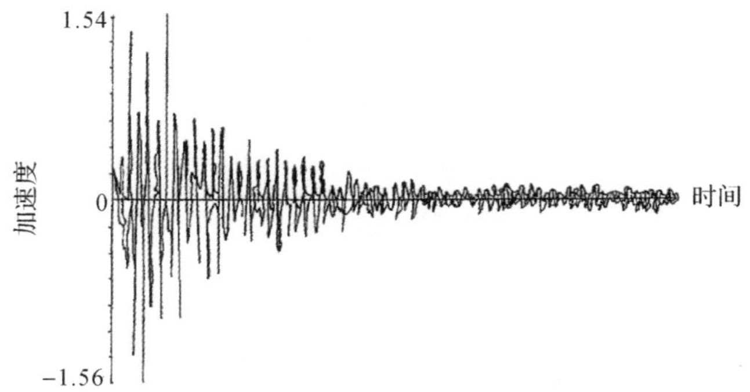

图 10－4　典型的单发炮击加速度响应时间历程图

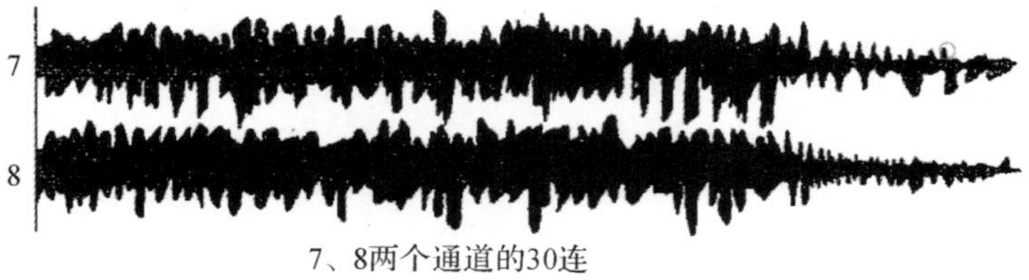

图 10－5　典型的连发炮击加速度响应时间历程图

(3)瞬态剧烈振动。炮击作用时间很短，大致是 0.75～2 s 的作用周期，加速度响应能达几十倍 g 或几百倍 g。

(4)局部振动。对机载设备影响而言，通过炮击实验表明，以炮口和主交点(航炮和飞机支持结构的主要连接点)为圆心，在 5 m 直径范围内有影响，在 2.6 m 范围内影响比较严重。

(5)叠加有明显的窄带随机峰，如图 10－6 所示。

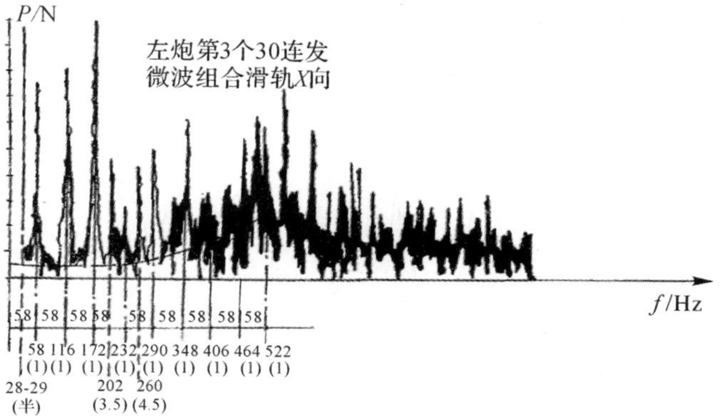

图 10－6　炮击响应特性

存在明显的响应优势频率，主要是强迫激励频率之半频、基频及倍频，如图 10－6 所示。基频是与航炮发射的速率有关的，双管 23 炮的射速是 58Hz 左右，其半频正好是 29Hz，这两个频率都是由载荷特性所决定的。

如图 10－7 所示，在炮弹发射过程中，后座载荷基本上呈现一大一小的规律。从能量守恒的原理出发，前冲能量应等于后座能量。由于是双管炮，在第一发炮弹后座到位后(炮弹已出膛)，就开始前冲，但前冲没到时就紧接着第二发的后座，由于前冲抵消了一部分能量，所以第二发的后座载荷比第一发要小。但又因为总的后座能量和前冲能量相等，且第二发小，第三发就大，以此类推，所以呈现一大一小的规律。

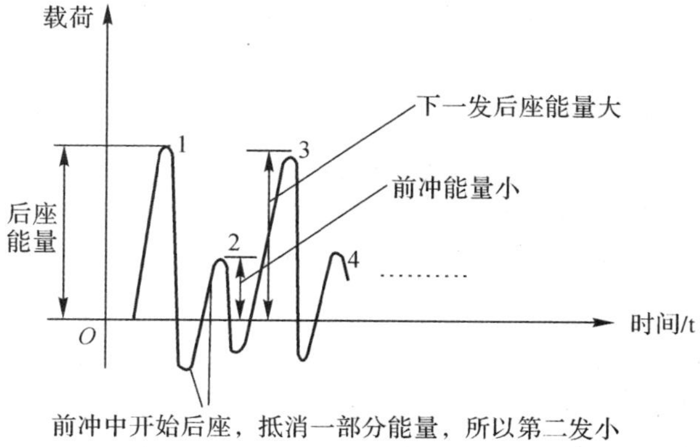

图 10－7　双管炮后座载荷一大一小的规律示意图

(6)同一载荷对不同结构原理的航炮结构的作用不同。有缓冲系统的航炮(如双管 23 炮)，航炮后坐载荷较小；无缓冲系统的航炮(30－Ⅱ)，将产生较大的前冲、后坐载荷，如 30－Ⅱ炮的后坐载荷可达 6 000～8 000 kg(单发载荷)。

双管炮利用参差发射的特点，可以使连发载荷不叠加，如图 10-8 所示。第一发较大，以后有大有小，但一般不会超过第一发的量级。

单管炮如设计得好也可以不叠加；若设计得不好，连发载荷可能叠加到一个相当大的值。如图 10-9 所示的 30-Ⅱ航炮，由于结构支持刚度未得到较好的匹配设计，连发叠加比较严重，第 1 发的载荷为 7 400 kg，而第 9 发则达到了 12 500 kg。

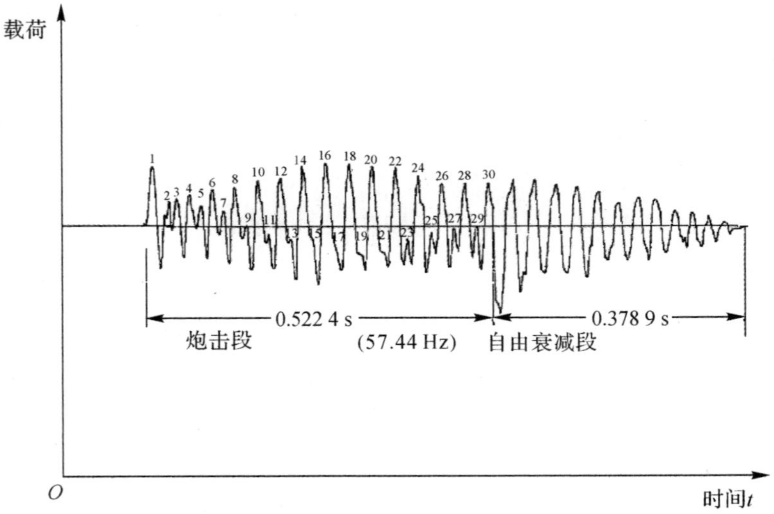

图 10-8　双管 23 炮载荷时间历程图

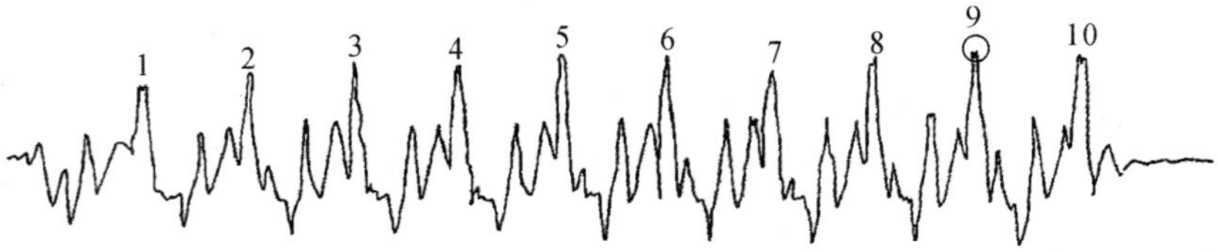

图 10-9　单管 30-Ⅱ炮炮击载荷时间历程图

3. 获得航炮动载荷的常用方法

对支持结构设计用的航炮动载荷，是外加的动载荷；对机械设备设计用的航炮动载荷，是一种试验谱载荷。二者都可以通过实测和理论计算两种方法得到。

(1)实测方法。一般可采用力传感器直接记录下炮振力的时间历程，通过标定得到力的绝对值。

需将力传感器串联安装在受力路线中，并尽量使力传感器受载单一。

压电晶体的力传感器性能比较稳定，受外界影响较小，其测试结果重复性较好。另外，由于力传感器本身固有频率很高，可以基本消除静态标定动态测量的误差。

此外，还可以用应变片，通过事先载荷标定来测得炮振的动载荷。

(2)理论估算方法。对于航炮动载荷理论估算需要考虑以下因素：

1)板簧系统的静刚度；

2)载荷重复次数，即单发或连发；

3)航炮膛压载荷;

4)阻尼系数;

5)航炮载荷时间历程的时间步长;

6)航炮速度。

10.2.2 炮振响应的分析方法

1. 炮舱结构的建模要求

在计算模型简化时可以考虑用单炮作为简化模型,而且前、后影响区不需太大。

选取计算模型时本着以下原则:

(1)在能够达到计算分析目的的情况下,计算模型应力求简化。

(2)在计算前冲、后坐载荷下的结构动响应时,前冲、后坐载荷是已知的外载荷。故在模型简化时,只考虑支持结构,航炮可作为集中质量出现,载荷作用点简化到合力点上。

(3)炮的支持结构一般是典型的梁式结构,只是有一些蒙皮参加了力的传递,因而从飞机整体中取出局部结构,用边界元给一定的刚度来模拟边界支持。

2. 结构炮振响应分析

GJB 150.20—1986《军用设备环境试验方法——飞机炮振试验》中提到,将傅里叶分析方法直接用于炮击信号这类重复瞬变、非高斯分布的随机过程。

图 10-10 为 K8 飞机座舱底板与仪表板实测炮击信号的时间历程。由图 10-10 可知,炮击信号呈现重复性、瞬态、随机、非平稳和非高斯分布特性,从图中选取 1 个脉冲,其时间历程如图 10-11 所示。单个炮击脉冲包括确定与随机两部分,总体上呈现短时、瞬态、高量值和衰减特性。

统计集合分析方法:对收集到的图 10-11 炮击脉冲总体进行分析,得到 K8 飞机座舱底板炮击信号的总均方根值,如图 10-12 所示。炮击信号总均方根值是时变的,很明显基于恒定均值、恒定方差的各态历经宽带随机振动概念是不适用于炮击信号的,采用的谱分析方法也不适用于炮击信号分析,因此 GJB 150.20—1986 给出的基于上述假设的试验谱(见图 10-13)不能准确反映炮击信号的时变特征。

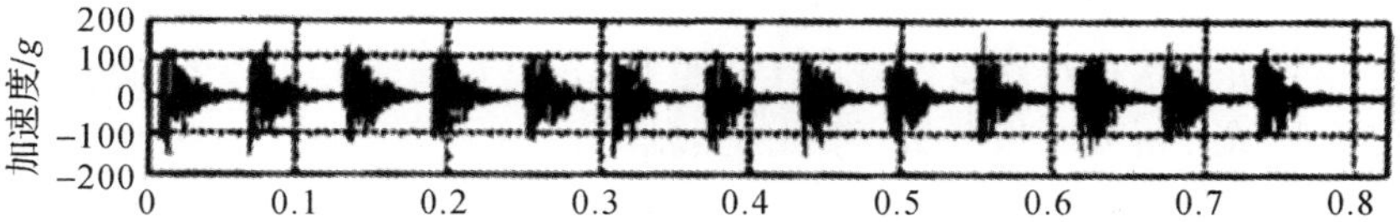

(a)

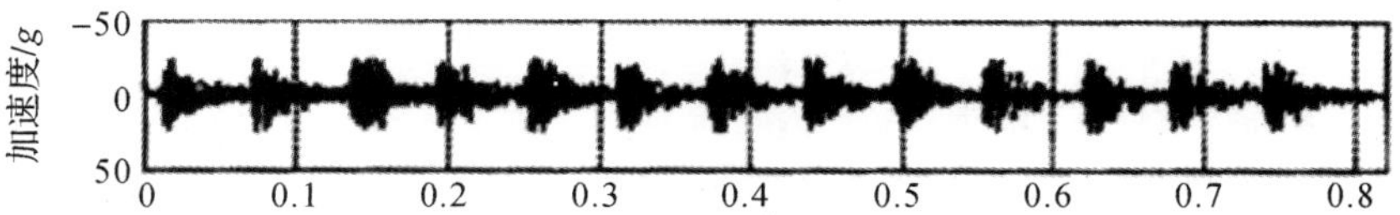

(b)

图 10-10　K8 飞机座舱底板与仪表板炮击响应飞行测量数据

(a)座舱底板炮击响应;(b)仪表板炮击响应

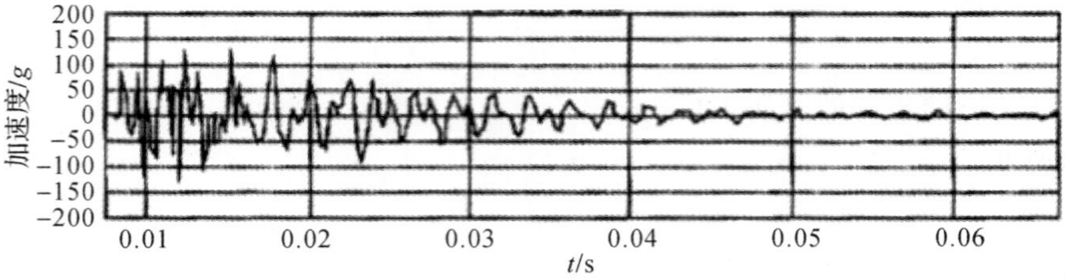

图 10－11　座舱底板炮击信号脉冲时间历程

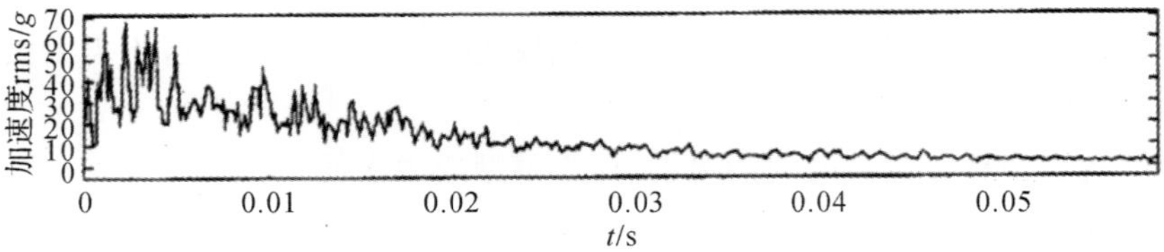

图 10－12　K8 飞机座舱底板炮击信号总均方根值的时变特性

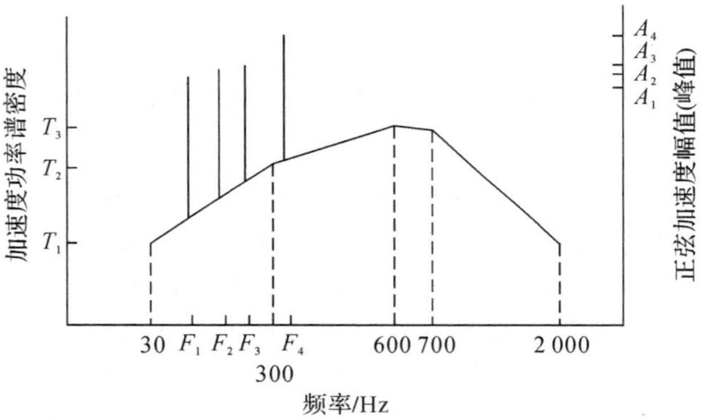

图 10－13　通用振动载荷谱

3. 炮击信号分析的时-频联合分析方法

应用傅里叶分析技术很难获得信号的全貌信息，这是由于傅里叶变换仅适用于确定性信号或稳态信号作频域分析或时域分析，得到的是信号的总体平均特性。而对于此类瞬变随机信号，需要应用时-频分析方法(Joint Time－Frequency Analysis，JTFA)，目前可用的时-频分析方法有很多，例如短时傅里叶变换(STFT)：

$$\mathrm{STFT}(t,\omega)=\int s(\tau)r(\tau-t)\mathrm{e}^{-\mathrm{j}\omega t}\mathrm{d}\tau$$

式中，$s(\tau)$为时域信号；$r(t)$为窗函数。

STFT 能够用时间-频率的二元函数来表示信号的信息，适用于由于炮击引起的随时间瞬态变化的振动响应信号的分析。图 10－14 为对图 10－10 座舱底板炮击信号进行 STFT 得到的炮击信号时-频分布谱图，图 10－15 为对图 10－11 座舱底板炮击信号一个脉冲进行 STFT 得到的炮击信号脉冲的时-频分布谱图。由图 10－14 和图 10－15 可知，信号能量主要集中在约 400 Hz、800 Hz 的两个频率上。在这些频率上，随着时间的增加，炮击信号能量是逐渐衰减的，这与炮击信号单个脉冲短时、瞬态、高量值、衰减是相对应的。因此，使用短时傅里叶变换方法对炮击信号这种瞬态时变信号进行分析是可行的。

但是，短时傅里叶变换方法还存在一些较大的缺陷，如 STFT 分析在时频域上呈现等分辨率的特性，因此短时傅里叶变换（STFT）方法并不是很好的时-频分析方法，还可以应用小波分析等其他更优的时-频分析方法。

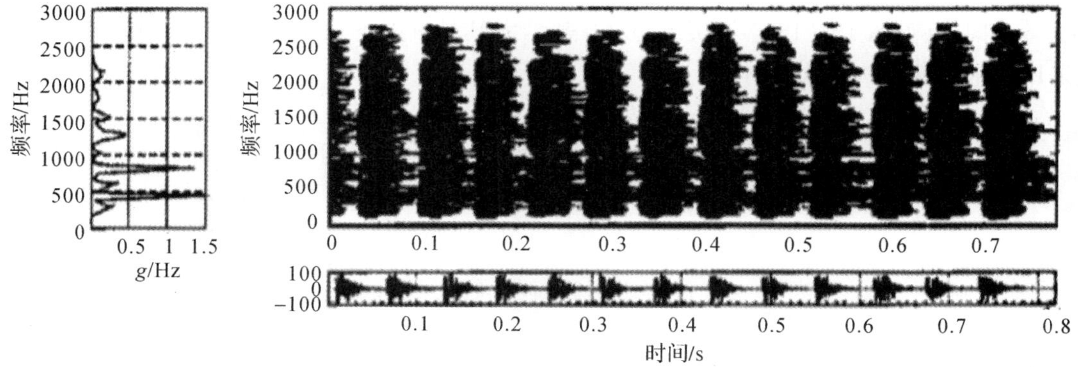

图 10-14　对 K8 飞机座舱底板炮击响应脉冲集进行 STFT 得到的时-频分布谱图

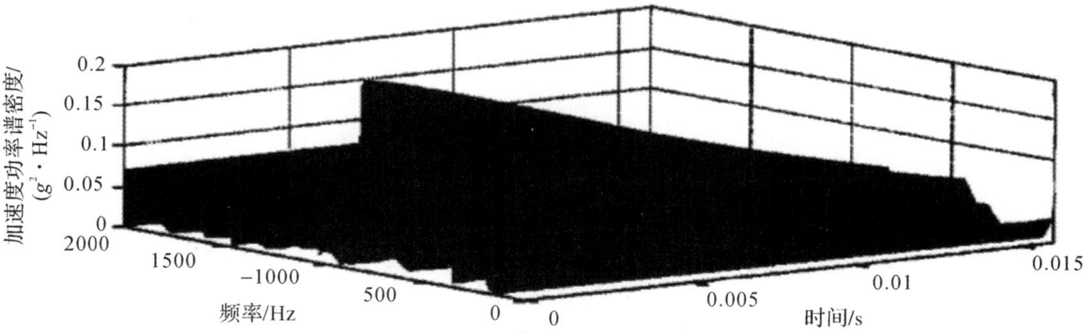

图 10-15　对 K8 飞机座舱底板炮击响应单个脉冲进行 STFT 得到的时-频分布谱图

10.2.3　结构抗炮振设计方法

结构抗炮击设计的任务就是获得最小的结构炮振响应，主要涉及支承结构的设计问题。动载荷是通过主交点传递给飞机支承结构的，因此支承结构设计上需考虑以下设计因素。

1. 结构抗炮振设计应考虑的因素

（1）纵向构件设计。设法找到由炮＋横向构件＋纵向构件组成的系统响应最小所对应的纵向构件的参数。

（2）横向构件设计。横向构件对整个系统的振动特性影响很大，如要将响应控制在某一值（Q_i）以下，则有相应 f_i 的频率，例如在 f_2 和 f_3 之间（见图 10-16），用此指标来调整横向构件的参数。

(3)纵、横向构件的组合设计。纵向构件最佳和横向构件最佳并不等于组合起来仍是最佳,还可求出组合起来的最佳值。

(4)结构最佳频率设计。不同频率的结构对同一持续时间脉冲激励的响应是不同的。两个系统对持续时间 T 和峰值 A 的半正弦冲击脉冲响应如图 10-17 所示,如 f_1 和 f_2 系统,其响应有明显的差别。

(5)结构阻尼设计。不同阻尼特性的结构对同一持续时间为 T、峰值 A 的脉冲激励其响应也是不同的(见图 10-18)。阻尼的影响很大,尤其是其对峰值附近的响应影响更大,应尽量采用大阻尼的结构形式和材料。

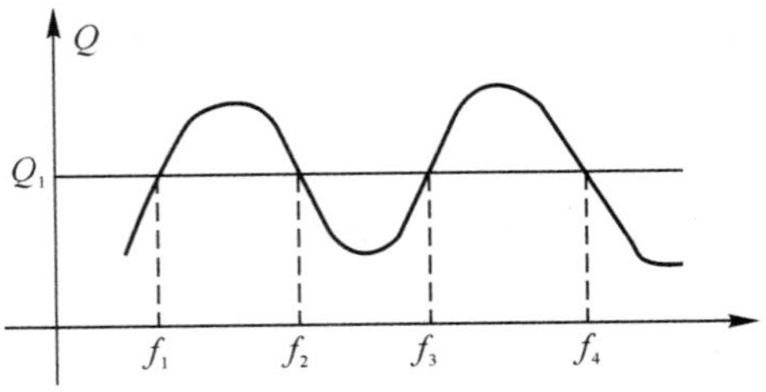

图 10-16　响应控制示意图

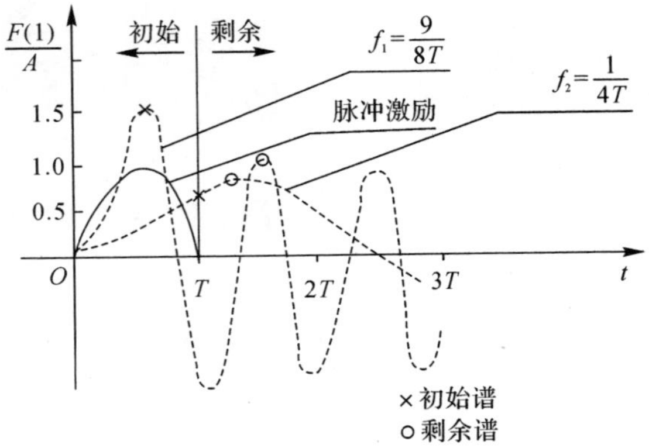

图 10-17　不同频率结构半正弦冲击脉冲响应

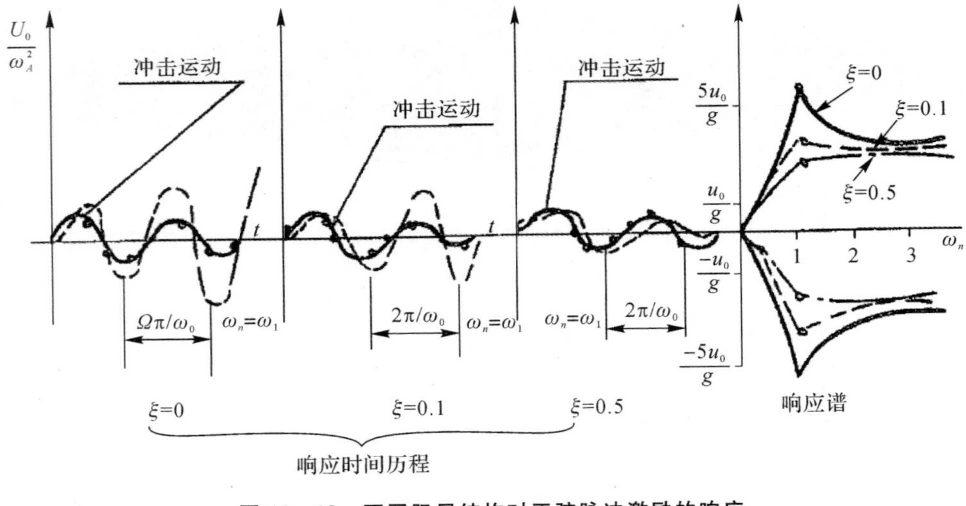

图 10-18　不同阻尼结构对正弦脉冲激励的响应

2. 设计中控制炮振响应的方法

(1)应用残余谱控制响应值。对于任意激励,进行动态和准静态分解后,再对动态部分规范化处理成标准型的输入激励,就可应用相对应的响应谱了。把结构系统的固有特征值调整到最佳位置,使残余谱在最低值的位置,就能使响应叠加值达到最小,实现对响应量值的控制。

下面以全正弦型载荷为例，说明用残余谱来控制响应的过程。

对于半脉宽为 D 的正弦输入激励：

$$F(t)=g_p\sin\frac{\pi t}{D} \tag{10.1}$$

两种形式的残余响应值为

$$\frac{V_R}{g_p}=\frac{1}{fD}\frac{1}{\left(\frac{1}{2fD}\right)^2-1}\sin 2\pi fD \tag{10.2}$$

$$\frac{V_R}{g_p}=\frac{\dfrac{fD2\pi\cos 2\pi fD-\sin 2\pi fD}{(fD)^2}}{\left(\dfrac{1}{2fD}\right)\dfrac{1}{2}\cdot\dfrac{-1}{(fD)^2}} \tag{10.3}$$

当 $2fD=1$ 时，得到 $\frac{V_R}{g_p}=\pi$；当 $2fD=5/2,7/2,9/2,11/2,\cdots$ 时，得到 $\frac{V_R}{g_p}=0.952,0.622,0.467,0.376,\cdots$。由上两式可绘制出残余谱曲线，该曲线的中频段是十分敏感的区段，随着系统固有特性的变化，其残余响应值起伏很大。

(2)残余响应谱谷值的应用。结构系统必须同时考虑强度和刚度要求，若要使其动力响应最低，就要使其响应谱的残余谱落在谷值区，从而实现最佳的结构设计。对于一组结构系统，改变其结构特征值，计算各自的广义频率 $2fD$ 及其对应的残余谱响应值 V_R/g_p，再用程序计算总响应值，就可以求出各种情况下动力放大系数 β 与 V_R/g_p 的关系。

以 30－Ⅱ航炮的一组计算结果来说明残余谱与响应值的关系，计算结果列于表 10－2 中。

当量刚度 $\bar{k}=(2\pi f_1)^2M$ 是以系统的一阶频率表征的，M 取 30－Ⅱ航炮的集中质量，广义频率中 $2fD$ 的脉宽 $2D=0.044\ 4$ s，V_R/g_p 是按式(10.2)和式(10.3)计算出来的，分力Ⅰ，Ⅱ，Ⅲ是支承该炮的三个分支结构所承受的力，最终以合力 ΣP 来表达总的响应力。输入载荷的峰值为 80 000N，β 就是指总响应力相对于该峰值的倍数。

从表 10－2 可见，残余响应值对总响应力的影响是显著的，该值很小，表明每一个正弦载荷都是近于独立作用的，即很少存在载荷的叠加问题，使问题趋于静态化。

残余响应值大，则每一个载荷都是在前一载荷有一定残值的情况下输入进来的，极易引起载荷的叠加。要尽量设计结构的广义频率在残余谱的谷值，就能控制载荷，使其不发生叠加现象。

有效的一阶频率满足残余谱最低的条件是控制炮振响应的首要条件，而二阶频率、三阶频率也应尽力满足这一要求。表 10－2 中给出了前两阶的广义频率及其残余谱值，可见这两个残余谱值对响应总量都有很大的影响。

要使某一结构系统的第一阶频率满足其残余响应最低的条件，有几种方法来实现。但若同时使二阶频率，甚至三阶频率也满足这一条件就比较困难。表 10－2 中的最后一种计算情况是令人满意的，其前两个广义频率都在 $2fD=3$ 附近，即都在残余响应的最低值附近，所以几乎没有载荷叠加现象，近于静力问题，该情况的动力放大系数 β 最接近于 1。

表 10-2　30-Ⅱ航炮动响应计算

情况	当量刚度 $\bar{k}$/(N·cm^{-1})	固有频率 f/Hz	广义频率 $2fD$	残余响应 V_R/g_p	分力/N			合力 ΣP	放大系数 β
					Ⅰ	Ⅱ	Ⅲ		
1	180 44	f_1=32.44 f_2=37.53	1.421 1.666	2.704 1.626	103 200	302 50	103 270	236 72	2.959
2	891 3	f_1=32.44 f_2=37.53	1.012 2.118	3.104 0.440	766 20	137 90	504 60	140 87	1.761
3	5761	f_1=32.44 f_2=37.53	0.814 2.245	2.663 0.773	641 70	918 0	476 10	120 96	1.521
4	231 44	f_1=32.44 f_2=37.53	1.631 2.415	1.801 0.965	628 60	109 30	454 10	119 20	1.490
5	235 36	f_1=32.44 f_2=37.53	1.645 2.127	1.733 0.469	560 80	127 40	485 20	117 34	1.467
6	243 69	f_1=32.44 f_2=37.53	1.674 2.521	1.387 0.938	539 10	143 80	480 30	116 32	1.454
7	520 17	f_1=32.44 f_2=37.53	2.446 2.669	0.967 0.751	410 70	140 90	414 00	965 6	1.207
8	766 47	f_1=32.44 f_2=37.53	2.969 3.159	0.075 0.337	365 30	128 40	371 60	865 3	1.082

(3)制订匹配设计曲线。将表 10-2 的响应计算值按其系统的第一阶固有频率及各分支结构系统的位置绘制成响应曲线图，如图 10-19 所示。随着系统的固有频率的变化，以一阶频率为表征值，其响应峰值多次出现峰值和谷值，把系统的响应值控制在曲线的谷值区域就可保证响应值最小。

某飞机原来配备的 30-Ⅱ航炮的匹配情况如图 10-19 所示。为了使计算的响应值能随着刚度的变化多次出现峰值和谷值，通过扩大计算范围，把系统的一阶频率下延到18.33 Hz，将二阶频率上提到 249 Hz，将全部计算结果列于表 10-3 中。在系统的频率 f=32.44 Hz 和 f=85.10 Hz 两处附近，其响应达到峰值，设计的结构系统必须要躲开这两个频率区。

一般来讲，随着刚度的增加，系统的动响应值会减少，但此匹配曲线在刚度增加到一定值以后，响应值快速上升，而后再下降，这就是多峰值响应曲线的特点。

对于承受动载输入的结构系统，除满足静强度要求外，还必须要满足系统特性所要求的刚度最小响应指标。原 30-Ⅱ航炮结构系统的设计，恰在第一阶频率 f_1=90.36 Hz 的广义刚度上，从图 10-20 可见它正处在响应的峰值区段，其响应值很高，所以原设计导致了主交点处承力结构破坏。即使在地面试验成功时，其响应值仍然很高，还是不匹配的。

综合考虑航炮本身所需的刚度要求，可以按此匹配曲线设计出最佳匹配的结构系统，f_1=66.86 Hz 或 f_1=160 Hz 的结构系统就是本航炮结构系统的理想承力系统，航炮安装在这种支承结构系统上，是完全可靠的。

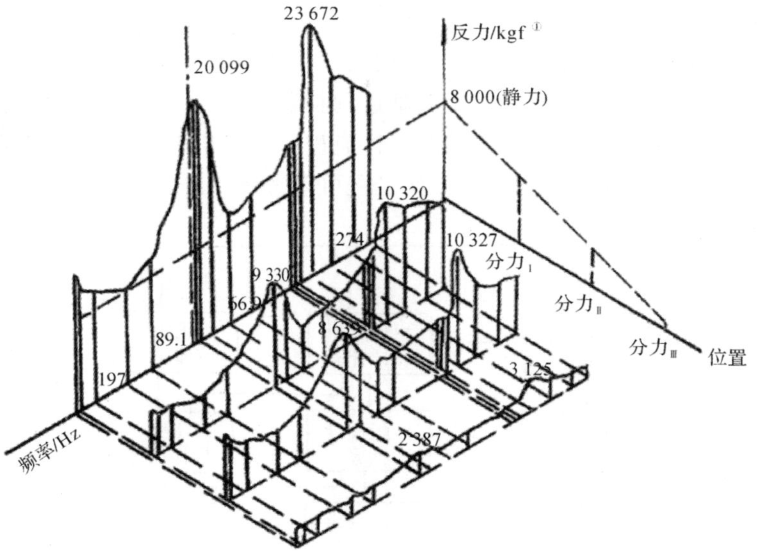

图 10-19 30-Ⅱ航炮支承结构的匹配设计曲线

注:①1 kgf=9.8N。

表 10-3 30-Ⅱ航炮支承结构匹配曲线计算

情况	一阶频率 /Hz	当量刚度 $\bar{k}$ /(N·cm^{-1})	分力Ⅰ/N	分力Ⅱ/N	分力Ⅲ/N	合力 ΣP	放大系数 β
1	18.33	5 761	64 170	9 180	47 610	120 960	1.521
2	22.80	8 913	76 620	13 790	50 460	140 870	1.761
3	27.40	12 870	80 000	23 200	53 130	156 330	1.954
4	32.44	18 040	103 200	30 250	103 270	236 720	2.959
5	36.74	23 140	62 860	10 930	45 410	119 200	1.490
6	37.05	23 540	56 080	12 740	48 520	117 340	1.467
7	37.70	24 370	53 910	14 380	48 030	116 340	1.454
8	55.08	52 020	41 070	14 090	41 400	96 560	1.207
9	66.86	76 650	36 530	12 840	37 160	86 530	1.082
10	76.83	101 210	68 250	16 880	64 230	147 560	1.844
11	85.10	124 170	90 730	23 870	86 390	200 990	2.512
12	130.0	289 760	59 830	13 830	41 230	114 890	1.436
13	160.0	438 940	27 240	10 060	34 920	72 220	0.903
14	197.0	665 420	37 020	12 900	39 080	89 000	1.113
15	213.0	777 890	36 380	13 890	40 470	90 740	1.134
16	249.0	1 063 060	42 250	16 340	58 550	117 140	1.464

3. 匹配设计的工作流程

航炮是一个典型的承受动载荷的部件。在以往飞机设计中，航炮和飞机支持结构是分别设计，最后再进行组装。经验表明这样做很难达到控制炮振响应的目的，因此，航炮及其支持结构应该作为一个整体来研究，航炮研制的工作流程应和飞机设计的工作流程有机地协调，以达到匹配设计的目的。具体的匹配设计工作流程可参考图 10-20。

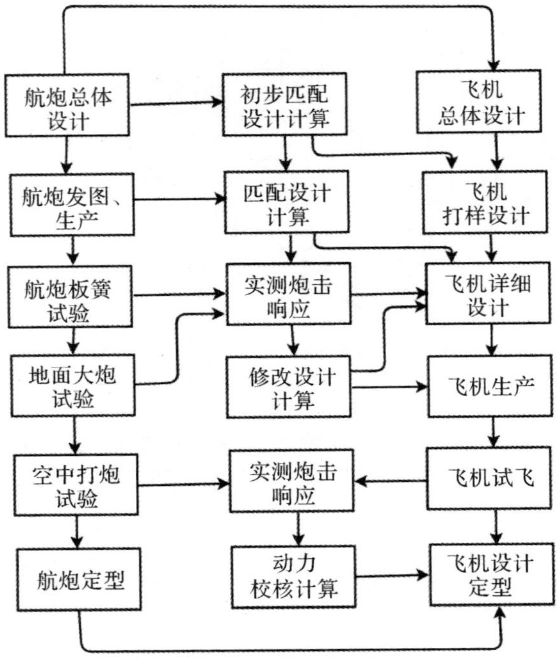

图 10-20　航炮匹配设计工作流程

10.2.4　结构及设备抗炮振设计案例

1. 飞机炮舱设计案例

此处以歼八飞机航炮支持结构的设计为例，介绍在没有试验条件的情况下，以理论计算为主的抗炮击响应设计思路。根据前述要求建立炮舱结构有限元模型，并考虑如下影响因素。

(1)载荷形式的影响。可考虑两种载荷形式：假想的三角波载荷和实测的载荷时间历程。计算这两种载荷形式的炮击响应，以第 29 号梁的弯矩为例，用假想三角波载荷计算为 116 730 N·cm，用实测载荷计算为 82 500 N·cm，二者相差约 41.5%。由此得出一个结论，即炮击响应和外载时间历程所包围的面积有关，而与载荷时间历程的形状关系不大。

(2)固有特性的影响。通过实测和计算证明，炮击动力响应初始谱是主要的。随着激励的消失，结构作有阻尼的自由衰减振动，其振幅是逐渐衰减的，所以炮击响应与结构固有特性有直接关系。

(3)结构参数的影响。结果表明，当当量刚度为 26 500 N/cm 左右时，弯距响应值为极小值，如图 10－21 所示。既可按给定的应力水平选取结构参数，也可按给定的结构参数确定动响应的应力水平。

(4)结构阻尼对炮击响应的影响。结构阻尼对响应峰值附近的影响很大，尤其小阻尼情况下影响更为显著。由图 10－22 可以看出：阻尼系数 ξ 从 0.005 增大到 0.05，响应值将从 195 160 N·cm 降到 109 050 N·cm，即降低到 55.88%。该图在设计中用处很大，不仅可以用不同的阻尼特性来控制响应水平，并可选用不同阻尼的结构材料和结构形式，这也是控制响应水平的途径之一。

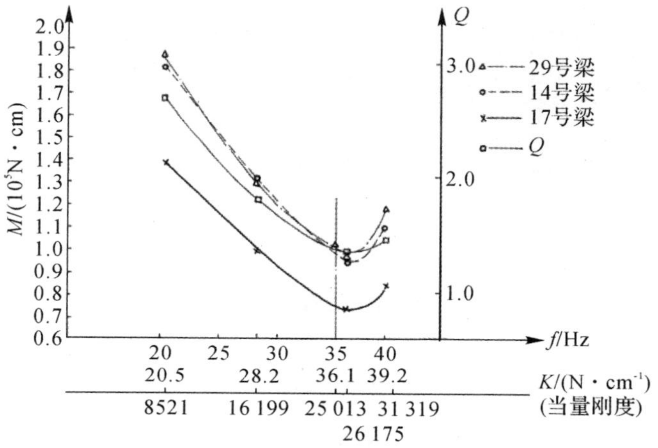

图 10－21　不同结构参数下的响应值

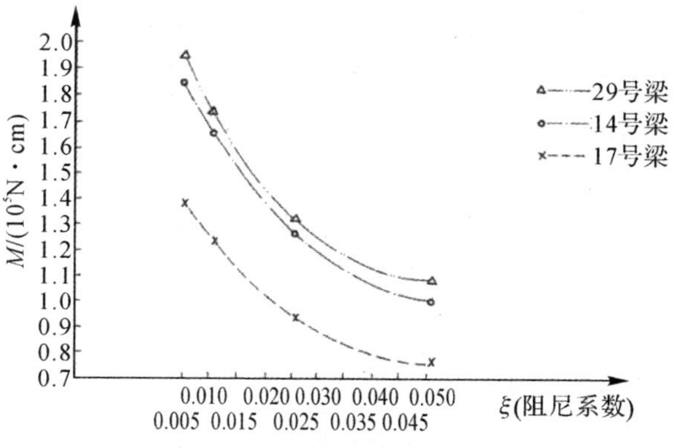

图 10－22　不同阻尼下的响应值

2. 炮振导致整体油箱漏油故障

我国某型主力战机曾多次发生炮舱上部整体油箱铆钉拉脱导致的漏油故障，为此建立了炮舱段结构的有限元模型，如图 10－23 所示，其可用于炮舱结构的静力分析、振动固有特性分析及动响应分析等，并能为炮舱结构优化提供理论依据。

在炮机连接点加载图 10－24 的 30 发连射实测载荷谱，并进行动响应分析。结果发现，在进气道内压及炮击振动作用造成进气道前端顶部应力过大，最大应力发生在进气道蒙皮与加强筋连接部位，最大应力达到 428 MPa，超过了硬铝 2024 的屈服极限，并且由于缺少足够加强筋支撑的蒙皮中心变形达到 10.7 mm，进气道应力云如图 10－23 所示。通过在进气道顶部纵向加强筋两侧各增加一条纵向加强筋，修改后的炮舱结构最大应力比修改前降低了 26.6%，漏油故障成功排除。

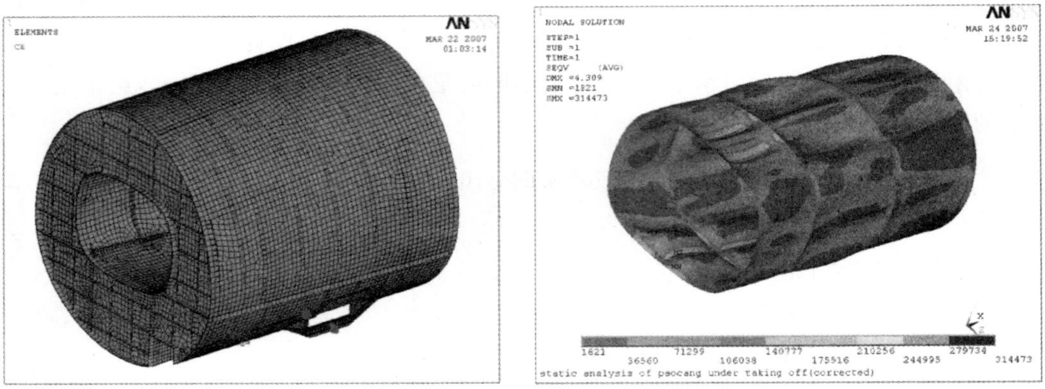

(a)　　　　　　　　　　(b)

图 10－23　炮舱段结构模型及进气道加强

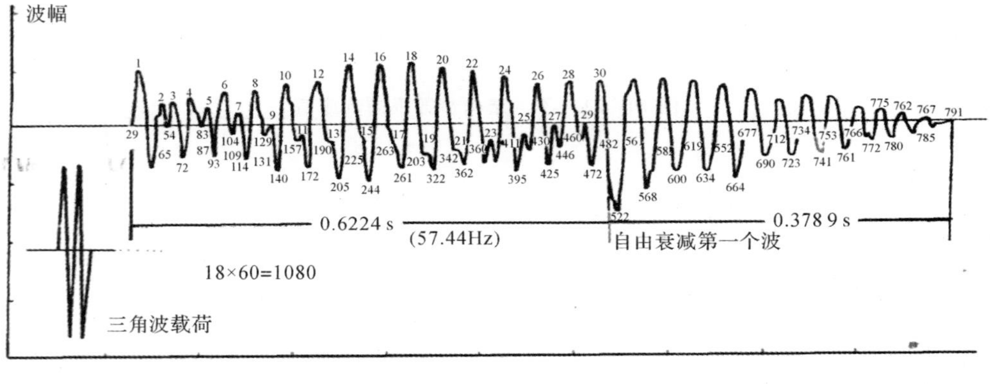

图 10－24　某型飞机航炮 30 发连射实测载荷谱

3. 设备抗炮振设计的一般要求

机载设备抗炮击设计包括设备安装支架的设计及设备本身的设计。设备支架的设计实际上是结构设计的内容。设备支架为中间传递振动的环节，通过对设备支架动力特性的研究，可使设备的炮击振动响应最小。

设备抗炮振设计应考虑的原则如下：

(1)远离振源。飞机上炮击振源有两个：一是炮口爆炸波；二是主交点的机械冲击。在总体布局允许的情况下，应使设备尽可能地远离振源，特别是对炮击振动敏感的设备应尽量远离振源，这是使设备抗炮击振动的有效措施之一。

(2)支架设计。使设备及其支架组成的系统的固有频率避开炮击速率的基频、半频及倍频，这样可使设备经受的炮击响应减小。

(3)远离蒙皮。炮击响应与设备离开蒙皮的垂直距离有关，因为炮口爆炸波对设备的激励大部分能量是通过空气以冲击压力波的形式传递给蒙皮的。

10.2.5　炮击振动环境试验

1. 真实炮击试验

在真实飞机或样机上进行实弹射击，一般采用地面打炮试验的方式。机上设备应处于工作状态，以考核炮击时设备是否具备正常的工作能力。

对设备来说，这种试验可检验其经受较真实的炮击振动环境的能力。对于一般用于炮击试验的航炮，当发射炮弹数目超过规定的数目时就会报废，因此，真实炮击试验成本高昂，一般不用。

2. 模拟炮击试验

成熟的炮击模拟试验是指根据 GJB 150.20—1986《军用设备环境试验方法——飞机炮振试验》中所介绍的方法确定试验载荷谱并进行相关试验的过程。

(1)试验谱的确定。试验谱应根据可用的实测数据来制定，若无实测数据，则可通过经验预估给出试验谱。一般的炮振谱如图 10－13 所示，由宽带随机谱上叠加四个窄带随机峰组成，四个窄带随机峰对应的中心频率是射击频率的基频及其前三阶倍频。

(2)试验技术。详细的试验技术及试验要求和最终检测，参见 GJB 150.20－1986。

图 10－25 是确定性部分较大的炮击脉冲，图 10－26～图 10－28 分别是该脉冲的平均能量谱密度(ESD)估计、时域方差估计(FE)和残余能量谱密度估计。

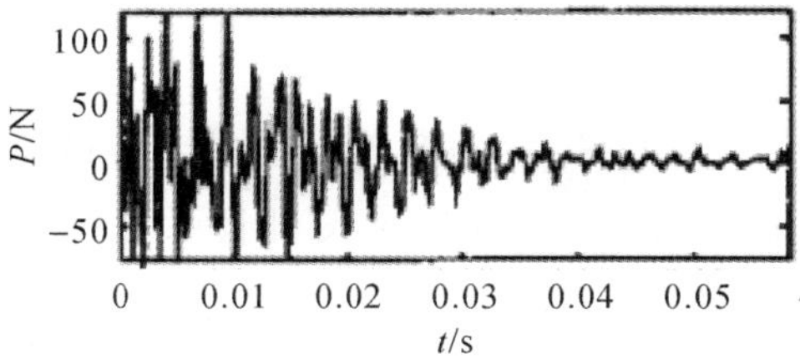

图 10－25　确定性部分较大的炮击脉冲

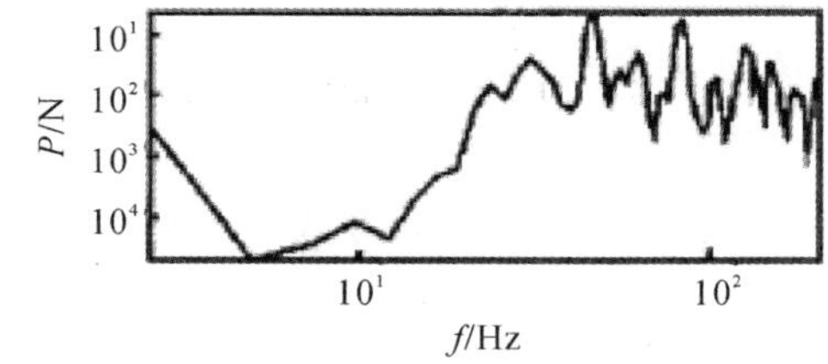

图 10－26　平均能量谱密度(ESD)估计

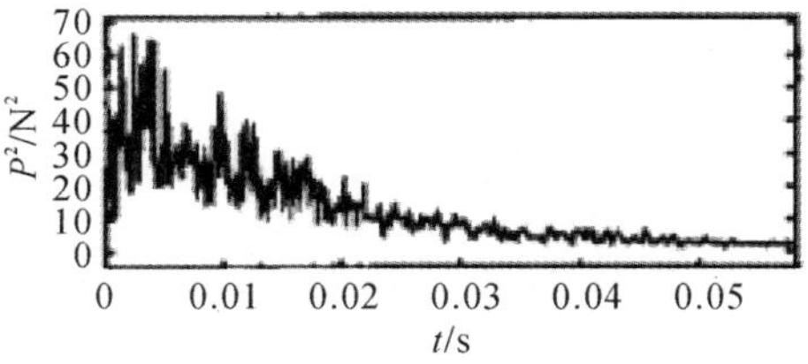

图 10－27　时域方差(FE)估计

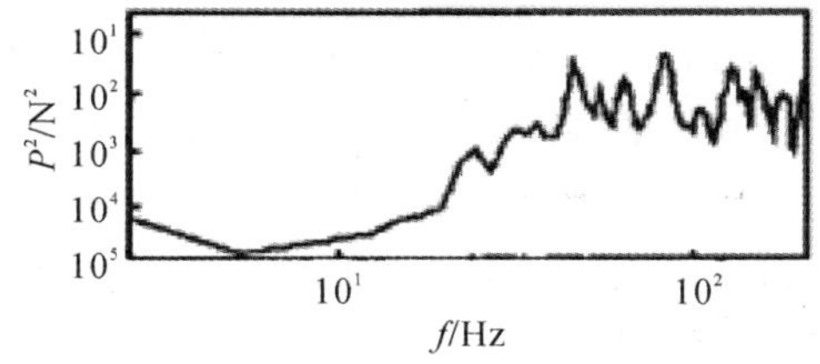

图 10－28　残余能量谱密度(NM)估计

10.3　飞机管路系统结构动强度分析与试验技术

飞机液压/燃油等管路系统是整个飞机的重要组成部分，其设计指标正向着高压力和轻型化方向发展，这使得飞机液压/燃油管路系统所面临的动力学问题更加突出。因此，飞机液压/

燃油管路系统的动力学设计、分析及控制技术也是飞机动强度设计的主要内容之一[7-9]。

10.3.1 飞机管路系统参考标准及主要载荷

1. 参考标准

在我国，现在以 GJB 3054—1997《飞机液压管路系统设计、安装要求》作为指导飞机管路系统设计、安装的参考标准。该标准的主要内容包括以下几项：

(1)导管的选用原则及种类、尺寸、精度的确定；

(2)接头、支承、卡箍的选用原则；

(3)管系载荷的计算和规范；

(4)管路布置及元件连接形式的确定；

(5)管路缺陷的许用准则和维修方式；

(6)污染控制；

(7)实体模型与数据模型的设计和鉴定；

(8)检验、测试和测试程序的规范；

(9)质量保证规定。

对民机设计，还应符合 CCAR－25 部中 25.963/25.965/25.993/25.1015/25.1017/25.1435等适航条款对管路设计及试验的要求。

2. 主要载荷

飞机管系载荷受环境条件影响明显，其中压力、结构变形、振动和温度是最主要的影响因素。其他因素如支承方式、末端紧固特征以及材料特性等，也会对飞机管系载荷产生影响。

(1)压力。

1)静态压力。静态压力为系统稳态工作压力。由于直导管可视为圆柱压力容器，所以静态压力引起的直导管应力可分为轴向应力和周向应力两类。

直导管的轴向应力可按下式计算：

$$\sigma_A = P \cdot d^2/(D^2 - d^2) \approx P \cdot d/(4\delta) \tag{10.4}$$

式中，σ_A 为轴向应力，Pa；P 为液压压力，Pa；d 为导管内径，m；D 为导管外径，m；δ 为导管壁厚，m。

对直导管，可将其分为薄壁管或厚壁管来计算周向应力。

当壁厚 $\delta \leqslant 0.1d$ 时，用薄壁计算法，有

$$\sigma_s = P \cdot d/(2\delta) \tag{10.5}$$

式中，σ_s 为周向应力，Pa。

当壁厚 $\delta > 0.1d$ 时，用厚壁计算法，有

$$\sigma_s = P \cdot (D^2 + d^2)/(D^2 - d^2) \tag{10.6}$$

当导管截面呈椭圆形时，其周向应力建议按下式计算：

$$\sigma_s = P\left(\frac{D^2+d^2}{D^2-d^2}\right)\left(1+2\cdot\frac{a-b}{b}\cdot\frac{D^2+d^2}{D^2-d^2}\right) \tag{10.7}$$

式中，a 为椭圆长轴的长度，m；b 为椭圆短轴的长度，m。

2)动态压力。动态压力有两种，即液压冲击压力和压力脉动，其产生和传播机理不同，对管路的影响也不同。

流速突变、换向阀快速切换及作动筒活塞快速止动等，都会在管路系统内产生冲击压力。冲击压力在导管中以声速传播，当压力传到导管转弯处就会产生一个侧向力，使导管弯曲，并使导管承受弯曲应力，其中 Z 形管和 U 形的导管受影响较大。对于一些固定不良的管路系统，当产生液压冲击时会发生大的导管位移和振动。如图 10－29 所示，应在 A 或 B 处设置管夹，仅在 C 处设置管夹则难以阻止导管运动，衬垫易磨损，导管也易受损。

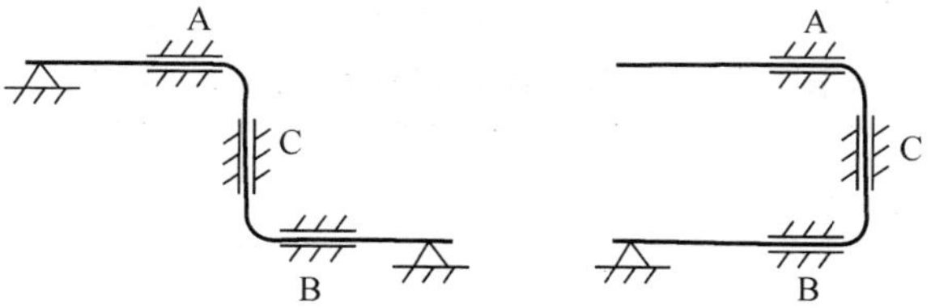

图 10－29　Z 形管和 U 形管

油泵、马达等附件会产生高频压力脉动，过大的压力脉动幅值会使液压容器疲劳破坏，也会使附件的内部元件损坏，但更重要的是会激起导管的强烈振动。一旦引发管路共振，可使导管在几分钟内疲劳断裂，或使导管和附件的安装衬垫磨损，导致安装件损坏。因此，最好的办法是在液压系统模拟器或飞机上验证可接受的压力脉动和应力水平，如果应力水平不能接受则必须设法降低。

(2)结构变形。导管安装或固定在飞机结构上，飞行中或滑行中飞机结构因承受动态载荷而发生结构变形，与结构相连的导管也将发生相应变形，尤其发动机和飞机结构之间的连接导管因承受大载荷会产生较大结构变形。

(3)振动。发动机、内外气流、齿轮箱和其他旋转机械以及液压系统本身都是振源，液压导管振动的强弱取决于振源的特性、距振源的距离以及阻尼特性。当激振频率和导管固有频率重合时会发生共振，虽然充满油液的导管具有相当的阻尼作用，会减弱共振的影响，但若强迫振动过于强烈，导管也会很快破坏。因此，要精心进行导管的布局和固定，使其即使在较强的激振条件下也不致发生共振破坏。

(4)温度。最高、最低温度和温度变化率是温度环境的三个主要特征，管材所能承受的极限应力往往取决于最高温度，而在低温下管材的缺口敏感度有增加的趋势。在温度的三个主要特征中，温度变化率对管路系统的影响最大，它使导管承受热应力，而频繁的热冲击可能导致热疲劳。

(5)复合应力。如不计导管所受的扭转力矩，则导管所受的应力有周向、轴向和径向应力，且这些应力都是主应力。对导管通常可采用最大剪应力准则来设计，即

$$\sigma_1 - \sigma_2 \leqslant \sigma_b \tag{10.8}$$

式中，σ_1 为最大主应力；σ_2 为最小主应力；σ_b 为材料强度极限应力。

10.3.2 管路系统振动的工程计算

1. 单一管路的振动

(1)单一管路的自由振动。对于管内流动液体的单一管路，其自由振动的基本公式为

$$q_t = -(A/\rho)p_x \tag{10.9}$$

$$p_t = -(K_G/A)q_x \tag{10.10}$$

式中，A 为管路截面积；ρ 为液体密度；K_G 为液体的体积弹性系数；p 为管内压力；q 为体积流量。

在开口端和压力一定的大容器处，$p=0$，在闭口端，$q=0$。

长度为 l 的均匀管路内，管路系统的固有频率和振动模态见表 10-4。

表 10-4 单一管路内的固有振动特性

管路和边界条件	频率方程	固有频率/Hz ($n=1,2,3,\cdots$)	模态函数($n=1,2,3,\cdots$)	
			流量 Q_n	压力 $p_n\cdot A/\rho\cdot a$
$p=0,p=0$	$\sin\frac{\omega l}{a}=0$	$\frac{a}{2l}\cdot n$	$\cos\frac{n\pi x}{l}$	$\sin\frac{n\pi x}{l}$
$q=0,p=0$	$\cos\frac{\omega l}{a}=0$	$\frac{a}{4l}\cdot 2n-1$	$\sin\left\{\frac{2}{\pi}2n-1\frac{x}{l}\right\}$	$\cos\left\{\frac{2}{\pi}2n-1\frac{x}{l}\right\}$
$p=0,q=0$	$\cos\frac{\omega l}{a}=0$	$\frac{a}{4l}\cdot 2n-1$	$\cos\left\{\frac{2}{\pi}2n-1\frac{x}{l}\right\}$	$\sin\left\{\frac{2}{\pi}2n-1\frac{x}{l}\right\}$
$q=0,q=0$	$\sin\frac{\omega l}{a}=0$	$\frac{a}{2l}\cdot n$	$\sin\frac{n\pi x}{l}$	$\cos\frac{n\pi x}{l}$

(2)单一管路的强迫振动。长度为 l 的均匀管，其一端连接提供压力和流量的泵，另一端连接使用部件。假设流量 q 是正弦型的，则

$$q = Q_0(1-\cos\omega t) \tag{10.11}$$

边界条件为

$$\left.\begin{aligned} x &= 0, q = Q_0(1-\cos\omega t) \\ x &= l, p = p_0 \end{aligned}\right\} \tag{10.12}$$

此时的解为

$$q = Q_0 - Q_0\frac{\cos[\omega(l-x)/a]}{\cos(\omega l/a)}\sin\omega t \tag{10.13}$$

$$p = p_0 + \frac{\rho a Q_0}{A}\frac{\sin[\omega(l-x)/a]}{\cos(\omega l/a)}\sin\omega t \tag{10.14}$$

当 $\cos(\omega l/a)=0$ 时

$$\omega l/a = (\pi/2)(2n-1) \tag{10.15}$$

2. 复杂管路的振动

(1)传递矩阵与固有频率。

1)单一管路的传递矩阵 $\boldsymbol{M}$。图 10－30 所示的单一管路中,其边界条件为

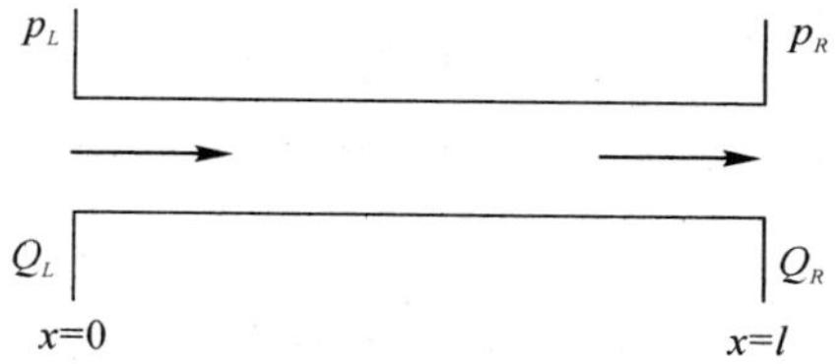

图 10－30　单一管路

$$x=0\qquad \left.\begin{aligned} q &= Q_L\sin(\omega t+\varphi)\\ p &= p_L\cos(\omega t+\varphi)\end{aligned}\right\} \tag{10.16}$$

$$x=l\qquad \left.\begin{aligned} q &= Q_R\sin(\omega t+\varphi)\\ p &= p_R\cos(\omega t+\varphi)\end{aligned}\right\} \tag{10.17}$$

式中,p,Q 为压力与流量的幅值,管路左、右端的幅值关系为

$$\left.\begin{aligned} &[p_R, Q_R]^{\mathrm{T}} = \boldsymbol{M}[p_L, Q_L]^{\mathrm{T}}\\ &\boldsymbol{M}=\begin{bmatrix}\cos(\omega l/a) & -(\rho a/A)\sin(\omega l/a)\\ (A/\rho a)\sin(\omega l/a) & \cos(\omega l/a)\end{bmatrix}\end{aligned}\right\} \tag{10.18}$$

式中,上标 T 表示矩阵转置;$\boldsymbol{M}$ 为单一管路的左端向右端的传递矩阵。

此外,上述关系也可以表示成如下形式

$$\left.\begin{aligned} &[p_L, Q_L]^{\mathrm{T}} = \boldsymbol{M}^{-1}[p_R, Q_R]^{\mathrm{T}}\\ &\boldsymbol{M}^{-1}=\begin{bmatrix}\cos(\omega l/a) & (\rho a/A)\sin(\omega l/a)\\ -(A/\rho a)\sin(\omega l/a) & \cos(\omega l/a)\end{bmatrix}\end{aligned}\right\} \tag{10.19}$$

2)液压容器的传递矩阵 $\boldsymbol{M}_V$。

给出图 10－31 所示容器(容积为 V)的入口、出口关系的传递矩阵 $\boldsymbol{M}_V$:

$$\left.\begin{aligned} &[\boldsymbol{p}_R, Q_R]^{\mathrm{T}} = \boldsymbol{M}_V[\boldsymbol{p}_L, Q_L]^{\mathrm{T}}\\ &\boldsymbol{M}=\begin{bmatrix}1 & 0\\ \omega V/K_G & 1\end{bmatrix}\end{aligned}\right\} \tag{10.20}$$

式中,K_G 为容器的弹性系数。

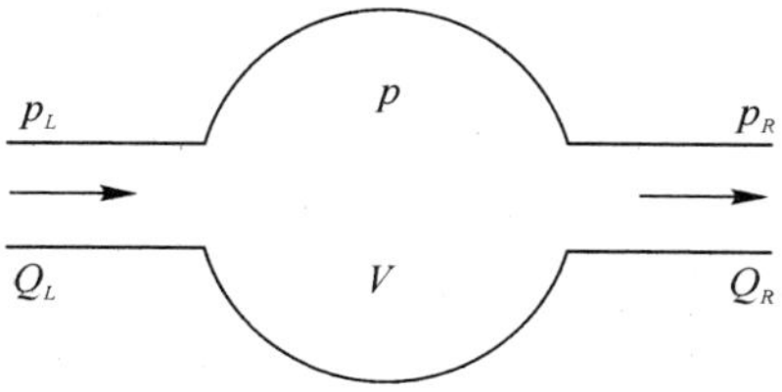

图 10－31　容积部分

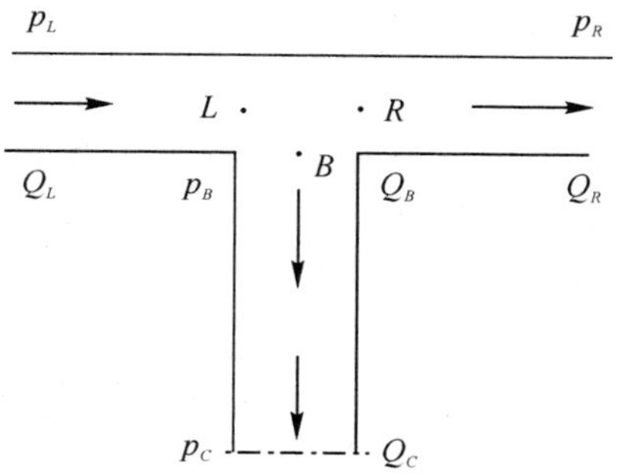

图 10－32　分支管路

3)分支管路的传递矩阵 $\boldsymbol{M}_B$。

由图 10－32 所示，LR 方向为主管，管 BC 为分支管。在分支管 BC 之间存在下列关系

$$\left.\begin{aligned}[p_C, Q_C]^{\mathrm{T}} &= \boldsymbol{M}_C\,[p_B, Q_B]^{\mathrm{T}}\\ \boldsymbol{M}_C &= \begin{bmatrix} A_C & B_C \\ C_C & D_C \end{bmatrix}\end{aligned}\right\} \tag{10.21}$$

分支管 BC 是长度为 l、截面积为 A 的单一管路，其压力和流量幅值之间的关系如下：

$$\left.\begin{aligned}[p_L, Q_L]^{T} &= M^{-1}\,[p_R, Q_R]^{\mathrm{T}}\\ \boldsymbol{M}^{-1} &= \begin{bmatrix} \cos(\omega l/a) & (\rho a/A)\sin(\omega l/a) \\ -(A/\rho a)\sin(\omega l/a) & \cos(\omega l/a) \end{bmatrix}\end{aligned}\right\} \tag{10.22}$$

由式(10.22)得到

$$A_C = D_C = \cos(\omega l/a)$$
$$B_C = -(\rho a/A)\sin(\omega l/a)$$
$$C_C = (A/\rho a)\sin(\omega l/a)$$

图 10－32 中 C 点为开口端，$p_C=0$。令闭口端 $Q_C=0$，由式(10－21)可得

$$p_B = -Z_B Q_B$$

其中

$$Z_B = \begin{cases} B_C/A_C, & C\text{ 为开口端} \\ D_C/C_C, & C\text{ 为闭口端} \end{cases} \tag{10.23}$$

Z_B 为从 B 点到分支管的阻抗。分支点前后的传递矩阵 $\boldsymbol{M}_B$ 为

$$\left.\begin{aligned}[p_R, Q_R]^{\mathrm{T}} &= \boldsymbol{M}_B\,[p_L, Q_L]^{\mathrm{T}}\\ \boldsymbol{M}_B &= \begin{bmatrix} 1 & 0 \\ 1/Z_B & 1 \end{bmatrix}\end{aligned}\right\} \tag{10.24}$$

$\det\boldsymbol{M}_B=1$。

4)并列管路的传递矩阵 $\boldsymbol{M}_P$。图 10－33 所示，管路 1、2 组成并列管路，其长度分别为 l_1，l_2，截面积分别为 A_1，A_2，管路 1、2 分别为单一管路。

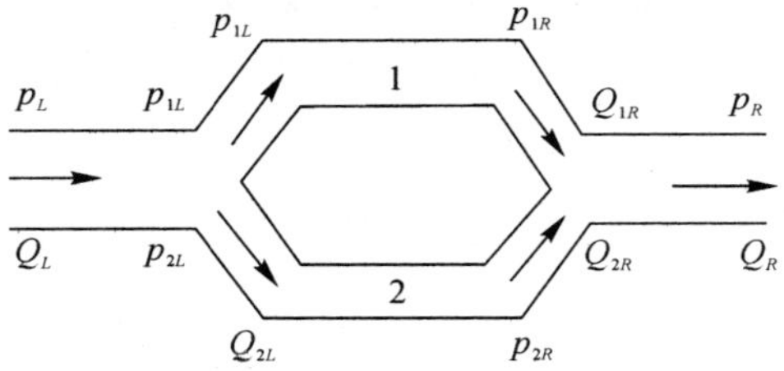

图 10－33 并列管路

并列管路的关系式为

$$\begin{bmatrix} p_{1R} \\ Q_{1R} \end{bmatrix} = \begin{bmatrix} A_1 & B_1 \\ C_1 & D_1 \end{bmatrix} \begin{bmatrix} p_{1L} \\ Q_{1L} \end{bmatrix} \tag{10.25}$$

$$\begin{bmatrix} p_{2R} \\ Q_{2R} \end{bmatrix} = \begin{bmatrix} A_2 & B_2 \\ C_2 & D_2 \end{bmatrix} \begin{bmatrix} p_{2L} \\ Q_{2L} \end{bmatrix} \tag{10.26}$$

单一管路的关系式为

$$\left.\begin{aligned}&A_i = D_i = \cos(\omega l_i/a), \quad i = 1,2\\&B_i = -(\rho a/A_i)\sin(\omega l_i/a), \quad i = 1,2\\&C_i = (A_i/\rho a)\sin(\omega l_i/a), \quad i = 1,2\end{aligned}\right\} \tag{10.27}$$

并列管前、后的传递矩阵 $\boldsymbol{M}_P$ 为

$$\left.\begin{aligned}&[p_R, Q_R]^{\mathrm{T}} = \boldsymbol{M}_P\,[p_L, Q_L]^{\mathrm{T}}\\&\boldsymbol{M}_P = \begin{bmatrix}\dfrac{A_1B_2 + B_1A_2}{B_1 + B_2} & \dfrac{B_1B_2}{B_1 + B_2}\\ C_1 + C_2 - \dfrac{(D_1 - D_2)(A_1 - A_2)}{B_1 + B_2} & \dfrac{D_1B_2 + B_1D_2}{B_1 + B_2}\end{bmatrix}\end{aligned}\right\} \tag{10.28}$$

$\det\boldsymbol{M}_P = 1$。

5)边界条件和频率方程。为了确定复杂管路系统的始点 S 和终点 E,则连接始点的 p_S、Q_S 和终点 p_E、Q_E 的关系的传递矩阵 $\boldsymbol{M}_E$ 可用沿主管路的各管路元的传递矩阵之积给出。始点 S 和终点 E 之间,一般有下列关系

$$\begin{bmatrix}p_E\\Q_E\end{bmatrix} = \begin{bmatrix}A_E & B_E\\C_E & D_E\end{bmatrix}\begin{bmatrix}p_S\\Q_S\end{bmatrix} \tag{10.29}$$

A_E, B_E, C_E, D_E 为给出的各管路诸元和圆频率 ω 的函数,边界条件和频率方程式变为

始点闭,终点开 $A_E = 0$;

始点开,终点开 $B_E = 0$;

始点闭,终点闭 $C_E = 0$;

始点开,终点闭 $D_E = 0$。

(2)管路系统对脉动流激励的响应计算。

1)对单一正弦波输入的响应。含阻尼项的管路内振动的基本公式为

$$\left.\begin{aligned}&q_t = -(A/\rho)p_x - \lambda|q|q/2DA\\&p_t = -(K_G/A)q_x\end{aligned}\right\} \tag{10.30}$$

阻尼项包括管路摩擦、截面变化等。在使用传递矩阵时,以等效的线性阻尼替换非线性阻尼,令

$$q_t = -(A/\rho)p_x - \mu_e q \tag{10.31}$$

在共振点附近,当流速幅值变成很大时,不但要线性化,还要考虑流速幅值大小的描述函数等。

对于图 10-30 所示的单一管路,其左右端关系为

$$\left.\begin{aligned}&[p_R^*, Q_R^*]^{\mathrm{T}} = \dot{\boldsymbol{M}}\,[p_L^*, Q_L^*]^{\mathrm{T}}\\&\dot{\boldsymbol{M}} = \begin{bmatrix}\cosh\gamma l & -w\sinh\gamma l\\ -(1/w)\sinh\gamma l & \cosh\gamma l\end{bmatrix}\end{aligned}\right\} \tag{10.32}$$

式中,$\dot{\boldsymbol{M}}$ 是复数传递矩阵;* 号表示式(10-24)对 t 的拉氏变换,并且其中

$$\left.\begin{aligned}&\gamma = (s/a)\sqrt{1 + \mu_e/s}\\&w = (\rho a/A)\sqrt{1 + \mu_e/s}\end{aligned}\right\} \tag{10.33}$$

式(10.27)均为复数。s 为拉氏变换的参数,令 $s = \mathrm{i}\omega$,则

$$\left.\begin{aligned}\gamma &= \alpha + \mathrm{i}\beta \\ w &= \sigma + \mathrm{i}\nu\end{aligned}\right\} \tag{10.34}$$

其中

$$\left.\begin{aligned}\alpha &= (\omega/a)\sqrt{\left[-1+\sqrt{1+(\mu_e^2/\omega^2)}\right]/2} \\ \beta &= (\omega/a)\sqrt{\left[1+\sqrt{1+(\mu_e^2/\omega^2)}\right]/2} \\ \sigma &= (\rho a/A)\sqrt{\left[1+\sqrt{1+(\mu_e^2/\omega^2)}\right]/2} \\ \nu &= -(\rho a/A)\sqrt{\left[-1+\sqrt{1+(\mu_e^2/\omega^2)}\right]/2}\end{aligned}\right\} \tag{10.35}$$

式中，γ，w 相当于分布常数中的传播常数和阻抗特性。

容积部分的复数传递矩阵 $\dot{\boldsymbol{M}}_v$ 为

$$\dot{\boldsymbol{M}}_v = \begin{bmatrix} 1 & 0 \\ -sV/K_G & 1 \end{bmatrix} \tag{10.36}$$

设输入端的压力和流量用拉氏变换的形式为 p_1^*，Q_1^*，终端的压力和流量为 p_n^*，Q_n^*，则沿主管路，下式成立：

$$\begin{aligned}[p_2^*, Q_2^*]^{\mathrm{T}} &= \dot{\boldsymbol{M}}_1 [p_1^*, Q_1^*]^{\mathrm{T}} \\ [p_3^*, Q_3^*]^{\mathrm{T}} &= \dot{\boldsymbol{M}}_2 [p_2^*, Q_2^*]^{T} \\ &\cdots \\ [p_n^*, Q_n^*]^{\mathrm{T}} &= \dot{\boldsymbol{M}}_{n-1} [p_{n-1}^*, Q_{n-1}^*]^{T}\end{aligned} \tag{10.37}$$

式中，$\dot{\boldsymbol{M}}_i$ 为管路元的传递矩阵，其行列式的值均为 1。

由式(10－37)可得下式：

$$\begin{bmatrix} p_n^* \\ Q_n^* \end{bmatrix} = \begin{bmatrix} \dot{A} & \dot{B} \\ \dot{C} & \dot{D} \end{bmatrix} \begin{bmatrix} p_1 \\ Q_1 \end{bmatrix} \tag{10.38}$$

$\dot{A}$、$\dot{B}$、$\dot{C}$、$\dot{D}$ 由沿主管路的各 $\dot{\boldsymbol{M}}_i$ 之积 $\dot{\boldsymbol{M}}_{n-1}\cdots\dot{\boldsymbol{M}}_2\dot{\boldsymbol{M}}_1$ 确定。终端的边界条件给出为

$$p_n^* = RQ_n^* \tag{10.39}$$

则得

$$p_1^* = -\dot{z}_B Q_1^*, \ \dot{z}_B = (\dot{B} - R\dot{D})/(\dot{A} - R\dot{C})$$

式中，Z_B 为输入到终端的阻抗，亦可视为输入 Q_1^* 和输入压力 p_1^* 之比所给定的传递函数。

2)对于一般输入的响应。对一般脉动流输入的响应，可按照傅里叶级数分解输入波形；对于危险频率，可作为单一正弦波输入进行求解。

2. 飞机液压导管自振频率的工程计算

考虑管内液体重量，并对管内液体压力的特殊性加以修正的导管自振频率估算公式为

$$\omega = k\frac{\pi^2}{l^2}\sqrt{\frac{EJg}{G_{油} + G_{管}}} \tag{10.40}$$

令

$$f = \frac{\omega}{2\pi} = \frac{k}{2\pi}\frac{\pi^2}{l^2}\sqrt{\frac{EJg}{G_{油} + G_{管}}} = kf' \tag{10.41}$$

$$f' = \frac{\pi}{2l^2}\sqrt{\frac{EJg}{G_{油} + G_{管}}} \tag{10.42}$$

式中，k 为管路之间的距离，cm；E 为管材的弹性模量，MPa；J 为导管截面积惯性矩，cm^4；g 为重力加速度，cm/s^2；$G_{油}$ 为液体单位长度重量，N/cm；$G_{管}$ 为导管单位长度重量，N/cm。

当管内有液体流过时，需考虑液体流速和压力对计算结果进行修正，即

$$K = \sqrt{1 - \frac{p}{p_k}} \tag{10.43}$$

$$p = PF + \frac{1}{2}mV^2 \tag{10.44}$$

$$p_k = \pi^2 EJ/L^2 \tag{10.45}$$

式中，K 为考虑液体流速和压力影响的修正系数；P 为管内液体压力，MPa；F 为导管截面面积，cm^2；m 为单位长液体质量，kg/cm；V 为管内液流速度，cm/s。

以某飞机液压导管为例，由以上公式计算其固有频率。该导管原始数据为：$l=20$ cm，$F_{1.5\times1.28}=1.287\ cm^2$，$E=1.96\times10^6$ MPa，$J=0.116\ 7\ cm^4$，$G_{油}+G_{管}=0.100\ 4$ N/cm，$m_{油}=0.001\ 068$ kg/cm，$g=981.1\ cm/s^2$，$P=21.6$MPa。计算步骤如下：

(1)计算导管自振频率

$$f' = \frac{\pi}{2l^2}\sqrt{\frac{EJg}{G_{油} + G_{管}}} = 587.4\ \text{Hz}$$

(2)计算修正系数 K，有

$$K = \sqrt{1 - \frac{p}{p_k}} = \sqrt{1 - \frac{PF + \frac{1}{2}mV^2}{\pi^2 EJ/e^2}}$$

K 值与管内液体流速有关，不同流速对应的 K 值及修正后的自振频率见表 10-5。

表 10-5　经修正的导管自振频率

管内流速 $Q/(L\cdot min)^{-1}$	90	70	60	50	40
修正系数 K	0.825	0.875	0.895	0.912	0.926
导管自振频率 f/Hz	484.5	513.8	525.7	535.7	543.6

(3)液压导管的外界干扰频率分析。

由实测得出，液压导管系统的外界干扰频率为液压泵 YB-20B 的工作频率，即

$$\varphi_{泵} = n_1 Z n_2/60 \tag{10.46}$$

式中，$n_1=4\ 000$ 为液压泵转速；$n_2=9$ 为柱塞泵的柱塞数；Z 为发动机相应的转速百分数。

在发动机地面开车状态下，当发动机开车为 0.85 和 0.9 倍额定转速时，有

$$\varphi_1 = \left(\frac{4\ 000\times0.85\times9}{60}\right)\text{Hz} = 528\ \text{Hz}$$

$$\varphi_2 = \left(\frac{4\ 000\times0.90\times9}{60}\right)\text{Hz} = 540\ \text{Hz}$$

计算结果说明：当发动机转速由 0.85 倍额定转速增至 0.90 倍额定转速时，泵的工作频率在 510～540 Hz 范围内，恰好是在导管系统的固有频率范围内。

有关资料中指出：当系统压力的振动频率 φ（工作频率）与导管自振频率 f 的比值 $\varphi/f=0.5\sim3$ 时最为危险。

10.3.3 管系结构动力学建模和分析技术

根据研究的对象，将液压/燃油管系结构的动力学建模和分析技术分为以下两类：

(1)流固耦合引起的管系结构动力学问题，主要包括管路内液压冲击以及液压脉动两类；

(2)基础环境振动引起的管系结构动力学问题，主要考虑支承结构激励。

由于液压/燃油管系结构的动强度分析在建模和分析上都比较复杂，工程中通常需要借用成熟的商业软件来进行，因此，下面主要结合具有流固耦合分析功能的 MSC. Dytran 软件以及具有环境振动分析功能的 CAEPIPE 软件说明相应的动力学建模及分析技术。

1. MSC. Dytran 工作流程及实例分析

(1)工作流程。MSC. Dytran 是一款用于分析结构及流体非线性动态行为的数值仿真软件。使用该软件进行进行管系结构流固耦合分析时，主要工作如下：

1)建立管系结构有限元网格；

2)建立流体的欧拉网格；

3)定义材料特性；

4)定义欧拉初始条件；

5)定义流固耦合；

6)定义流动边界；

7)定义输出请求；

8)提交运算；

9)进行后处理。

(2)实例分析。以上述建模及分析流程为基础，完成了某型飞机燃油管路系统故障频发位置的一段管路的液压冲击流固耦合分析。分析模型如图 10－34 所示，部分分析结果如图 10－35～图 10－38 所示。

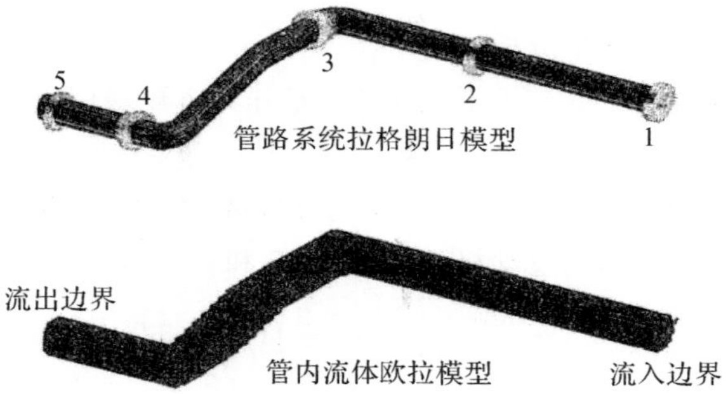

图 10－34 管路液压冲击流固耦合分析模型

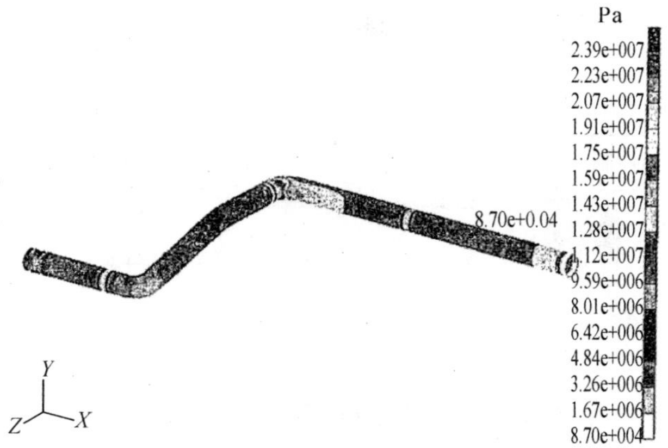

图 10-35　管道应力云图

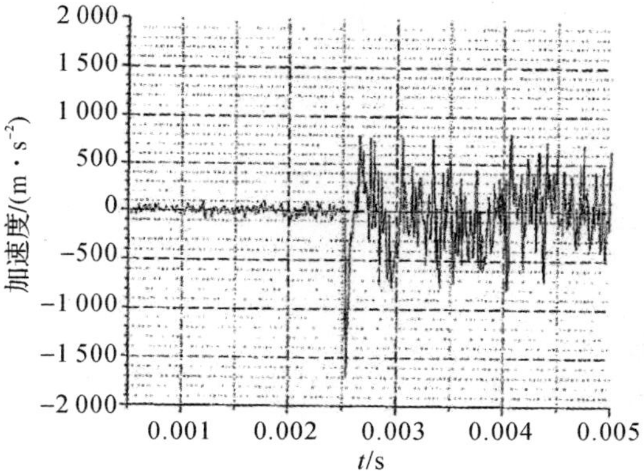

图 10-36　管道出口位置加速度时间历程(2.5 ms 时出口阀关闭)

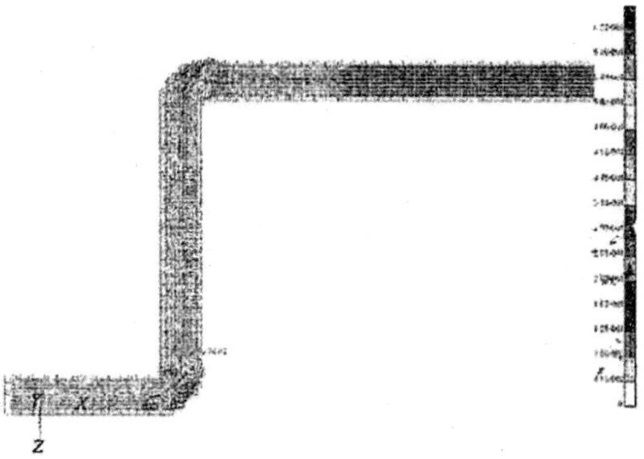

图 10-37　管道内流体流速矢量图

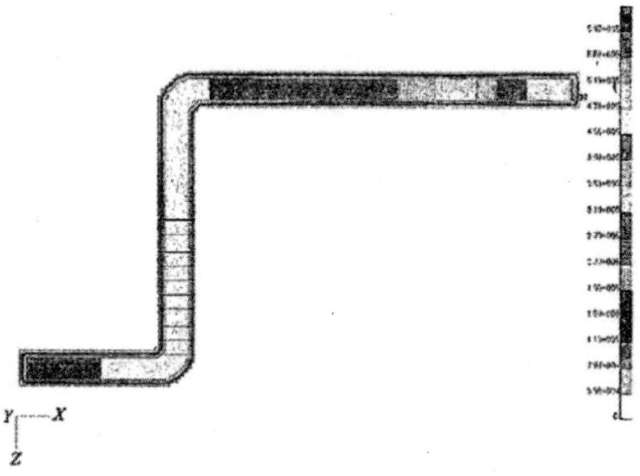

图 10-38　管道内流体压力云图

2. CAEPIPE 实例分析

图 10-39 为某型飞机输油管道系统，该型飞机在外场使用中，A，B 两个部位曾多次出现裂纹并发生漏油事故，需要对该管系结构进行静力与动力分析。

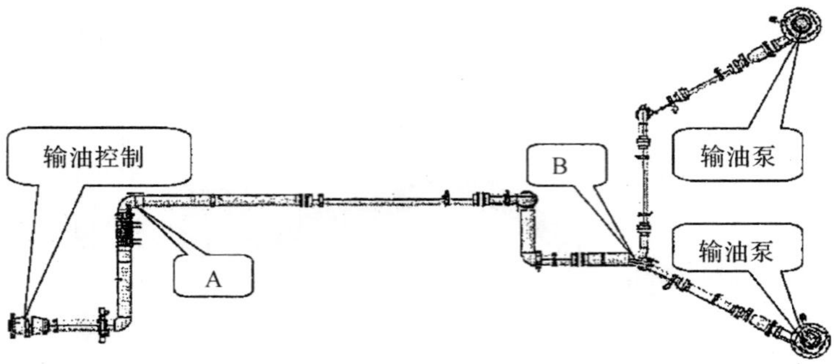

图 10-39　某型飞机输油管道几何模型

(1)静力分析。图 10-40 为应用 CAEPIPE 软件建立的该段输油管路系统的有限元模型,模型中的 3 个自由端固支,各个管接头使用法兰连接,分析模型中没有考虑管内流体的流动,只是计算了一定压力下管系结构的应力分布情况,结果如图 10-41 所示。

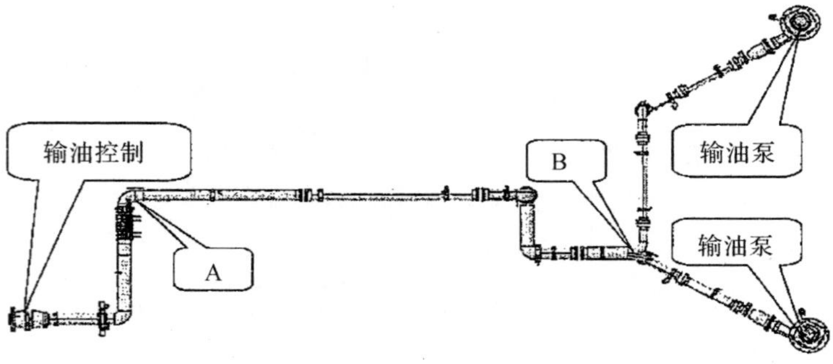

图 10-40　某型飞机前、后组输油管道 *CAEPIPE* 模型

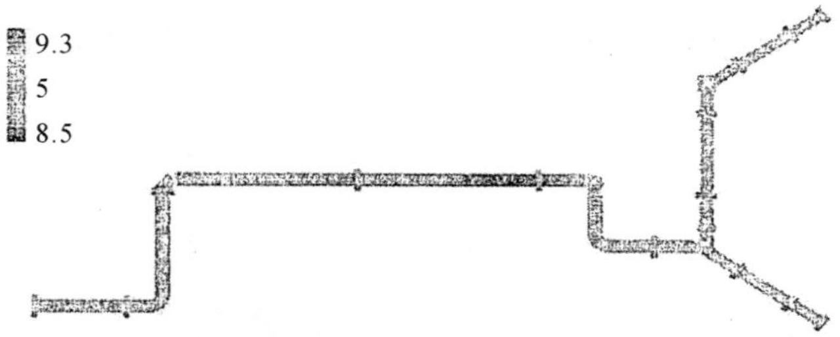

图 10-41　管系结构应力云图

(2)动态分析。为了能够在振动台上研究管系结构的振动控制技术,需要将整个管系结构放置于一套工字钢组成的试验夹具上,这里以此试验仿真分析为例进行动态分析。

管系结构的一阶振型如图 10-42 所示。在分析模型的 Y 向应力时,施加图 10-43 所示的加速度载荷谱,得到管系结构的应力响应云图如图 10-44 所示。

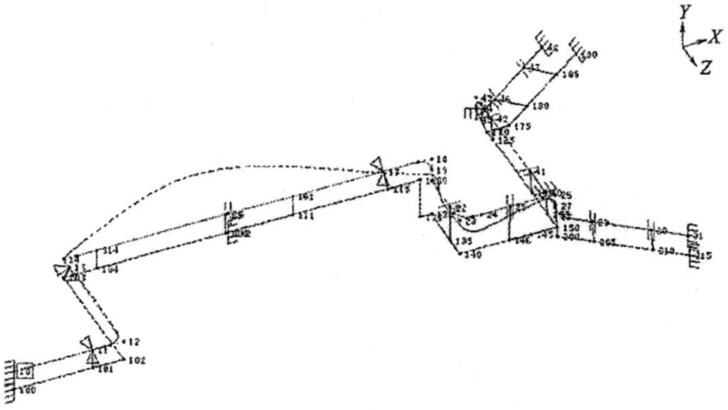

图 10－42　管系结构的一阶振型图

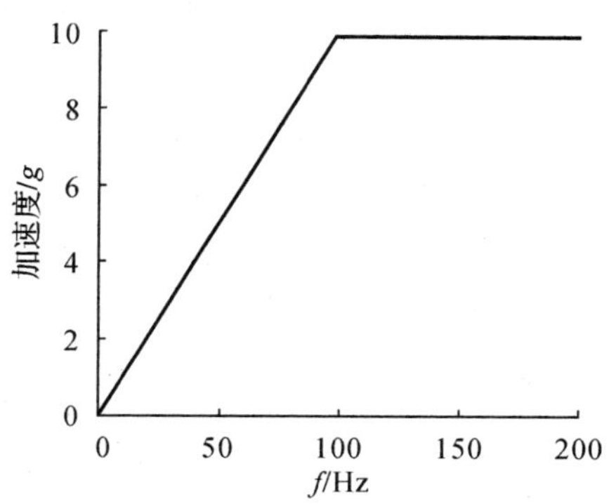

图 10－43　加速度载荷谱

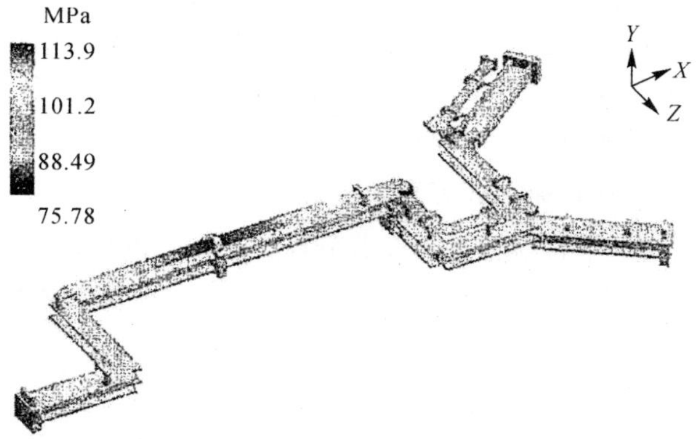

图 10－44　管道系统的动应力云图

10.3.4　管系结构动强度分析

1. 液压/燃油直管结构固有频率计算

当导管内流体的速度较小时，已知管长的直导管的固有频率可按下式计算：

$$f_i = (k_i L)^2/(2\pi L^2)(EI/M)^{1/2} \tag{10.46}$$

式中，f_i 为导管第 i 阶固有频率，Hz；I 为导管横截面的轴惯性矩，m^4；M 为导管内部液体的单位长度质量，kg/m；$k_i L$ 为直导管频率方程的解，不同支撑条件的频率方程是不同的。

对于两端铰支的频率方程：

$$\sin(k_i L) = 0 \tag{10.47}$$

解为

$$k_i L = i\pi,\quad i = 1,2,3,\cdots \tag{10.48}$$

对于两端固支的频率方程

$$\cos(k_i L)\cosh(k_i L) = 0 \tag{10.49}$$

解为

$$k_iL = \pi/2 + i\pi, \quad i = 1,2,3,\cdots \tag{10.50}$$

对于一端固支一端简支的频率方程

$$\tan(k_iL) = \tanh(k_iL) \tag{10.51}$$

数值求解得

$$k_1L = 3.927,\ k_2L = 7.069,\ k_3L = 10.210,\cdots$$

通常情况下，管道固有频率随管内液体流速的增加而降低，前两阶固有频率的精确解为

$$\left(\frac{\omega_j}{\omega_N}\right)^2 = \alpha \pm \left\{\alpha^2 - 4\left[1-\left(\frac{v}{v_c}\right)^2\right]\left[4-\left(\frac{v}{v_c}\right)^2\right]\right\}^{\frac{1}{2}} \tag{10.52}$$

其中

$$\alpha = 8.5 - \left(\frac{v}{v_c}\right)^2\left(2.5 + \frac{128}{9\pi^2}\right)\left(\frac{\rho A}{M}\right) \tag{10.53}$$

$$\omega_N = \frac{\pi^2}{L^2}\left[\frac{EI}{M}\right]^{\frac{1}{2}},v_c = \frac{\pi}{L}\left(\frac{EI}{\rho A}\right)^{\frac{1}{2}},M = m + \rho A$$

式中，ω_N 为管中没有流体流过时的一阶振型的固有频率；v_c 为管道静态失稳的临界流速；M 为单位长度管道中流体的质量；m 为单位长度管道质量；ρ 为管道内流体单位长度密度；A 为管道内流体横截面面积。

2. 管路振动疲劳寿命分析技术

(1)窄带应力振动疲劳分析技术。在液压冲击或压力脉动作用下，管道结构相当于一个调制解调器，通常具有图 10-45 所示特征的加速度响应谱型，这种调制解调作用是在结构共振带宽内各种频率成分共同作用下产生的，其应变响应幅值基本服从图 10-46 的瑞利分布，是一个窄带的随机振动。

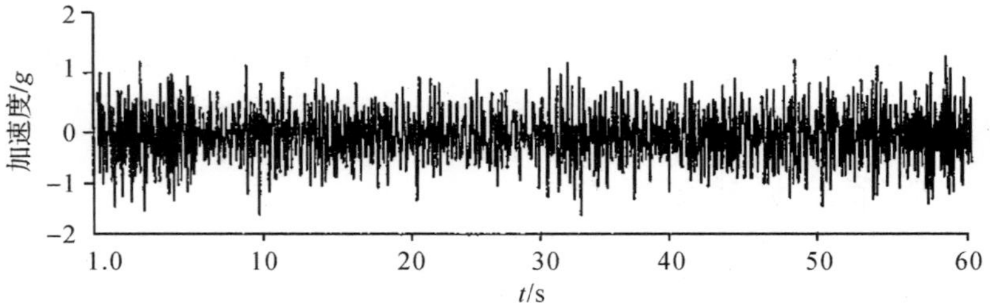

图 10-45 管道在液压冲击或脉动作用下的加速度响应时间历程

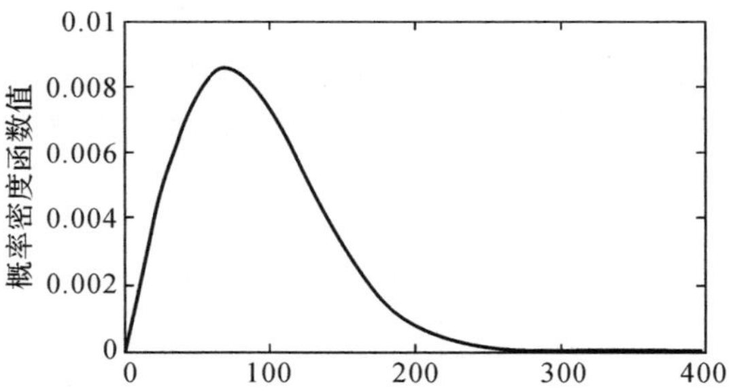

图 10-46 应力概率密度函数

对于窄带过程，应力幅值服从瑞利分布的概率密度函数为 $P_p(S)$，有

$$P_p(S)=\frac{S}{m_0}\exp\left(-\frac{S^2}{2m_0}\right) \tag{10.54}$$

瑞利分布的最大值出现在$\sqrt{m_0}$处。

发生在 T 时间内应力幅值 S 的循环数为

$$n_i = n(S) = v_p T P_p(S) \tag{10.55}$$

式中，v_p 是单位时间内的应力幅值数目的期望值，以应力功率谱密度的矩的形式可表示为

$$v_p=\sqrt{\frac{m_4}{m_2}} \tag{10.56}$$

其中

$$m_k=\int_0^{\infty} f^k G_s(f)\mathrm{d}f \tag{10.57}$$

式中，m_k 为功率谱密度的 k 阶矩；$G_s(f)$为频率 f 对应的单边应力功率谱密度。

根据 Miner 损伤累积理论及 $S-N$ 曲线关系 $S^mN=C$，就可以得到管路的疲劳寿命为

$$T=\frac{1}{v_p}\frac{Cm_0}{\int_0^{+\infty} S^{1+m}\exp[-S^2/(2m_0)]\mathrm{d}S} \tag{10.58}$$

式中，C、m 分别为材料参数，由 $S-N$ 曲线确定。

(2)宽带应力振动疲劳分析技术。由于飞机滑跑和气动力引起的机身振动传递到液压/燃油管系的振动以及远离发动机的液压/燃油管系的振动都是宽带随机振动，管路振动应力响应幅值一般服从 Dirlik 分布，Dirlik 分布应力幅值概率密度函数如下：

$$P(S)=\frac{1}{m_0{}^{1/2}}\left[\frac{G_1}{Q}\mathrm{e}^{-Z/Q}+\frac{G_2 Z}{R^2}\mathrm{e}^{-Z^2/(2R^2)}+G_3 Z\mathrm{e}^{-Z^2/2}\right] \tag{10.59}$$

其中

$$Z=\frac{S}{m_0{}^{1/2}},G_1=\frac{2(x_m-\gamma^2)}{1+\gamma^2},\quad R=\frac{\gamma-x_m-G_1{}^2}{1-\gamma-G_1+G_1{}^2},\quad G_2=\frac{1-\gamma-G_1+G_1{}^2}{1-R},$$

$$G_3=1-G_1-G_2,x_m=\frac{m_1}{m_0}\left(\frac{m_2}{m_4}\right)^{1/2},\quad \gamma=\frac{m_2}{\sqrt{m_0m_4}}$$

根据 Miner 损伤累积理论，式(10.58)及 $S-N$ 曲线关系 $S^mN=C$，就可导出管路的振动疲劳寿命预估公式为

$$T=\frac{C\ (m_0m_2)^{1/2}}{m_4^{1/2}D} \tag{10.60}$$

其中

$$D=\int_0^{\infty} S^m\left[\frac{G_1}{Q}\mathrm{e}^{-Z/Q}+\frac{G_2 Z}{R^2}\mathrm{e}^{-Z^2/(2R^2)}+G_3 Z\mathrm{e}^{-Z^2/2}\right]\mathrm{d}S$$

式中，m_0，m_1，m_2 和 m_4 分别是功率谱的零阶矩、一阶矩、二阶矩和四阶矩。

通常采用限元分析软件来进行飞机管系结构的动力学分析，管系结构的固有频率和响

应计算建议采用 MSC. Nastran 软件，管系结构的振动疲劳分析建议采用 MSC. Fatigue 软件。

10.3.5 管系结构动强度试验技术

1. 基于环境振动的管系结构动强度试验技术

由于飞机的振动环境通常是宽带随机振动，因此管系结构动强度试验通常是在振动台上进行。如果振动环境可以通过飞机平台测量获得，建议优先以实测谱作为输入激励；如果没有实测数据，则可以参考 GJB 150A—2009《军用装备实验室环境测试方法》，根据飞机类型确定飞机的环境振动量级。

对于喷气式飞机，其振动环境可以根据图 10 - 47 来确定。

$$W_0 = W_A + \sum_{j=1}^{n} W_j$$

式中，W_0，W_A，W_j 为暴露的加速度谱密度量值，(g^2/Hz)，W_0 为 W_A 和 W_j 的包络。

气动力诱发的振动为

$$W_A = abcq^2$$

喷气式发动机引起的振动为

$$W_j = (0.48ad\cos^2\theta/R)[D_c\ (V_c/V_r)^3 + D_r\ (V_f/V_r)^3]$$

式中，a 为平台/装备的质量因子，这个因子适合于图 10 - 47 中的 W_0，而不适用于低频部分(15 Hz 到拐点)；b 为振动量值和动压间的比例因子(国际单位 SI)，对于安装在驾驶舱仪表板上的设备 $b=2.96\times10^{-6}$，对于驾驶舱设备和靠近光滑连续的外表面的舱内设备 $b=1.17\times10^{-5}$，对于安装在靠近不连续外表面或靠近后机身、机翼后缘、机翼、尾翼和挂架的舱内设备 $b=6.11\times10^{-5}$。$\sum_{j=1}^{n} W_j$ 为喷气式发动机噪声部分是每个发动机的 W_j 值之和；d 为加力燃烧室因子，$d=1.0$ 为没有或没有使用加力燃烧室，$d=4.0$ 为使用加力燃烧室；R 为装备中心到发动机喷口的矢量距离，m；θ 为 R 矢量与发动机尾喷口矢量的夹角(沿发动机尾喷口中心线向后)，以度(°)为单位，对于 $70°<\theta\leqslant180°$，采用 70°；c 为马赫数修正，$c=1.0$，$0\leqslant M\leqslant0.9$；$c=-4.8M+5.32$，$0.9\leqslant M\leqslant1.0$；$c=0.52$，$M>1.0$；$D_c$ 为核心发动机排气直径，m。D_f 为风扇发动机排气直径，m；V_r 为参考排气速度(=564m/s)；V_c 为核心发动机排气速度(不带加力燃烧室)，m/s；q 为飞行动压，kN/m^2；V_f 为风扇发动机排气速度(不带加力燃烧室)，m/s。

对于螺旋桨飞机，其振动环境频谱是由一个宽带背景叠加一些窄带尖峰组成的。其中宽带背景是由各种不同的振源产生的；而窄带尖峰是由于旋转机械(如发动机、齿轮箱、旋转轴等)引起的低量值振动产生的，它们的频带较窄，主要集中在螺旋桨的通过频率及其谐波频率上，(见图 10 - 48 和表 10 - 7)。图 10 - 48 中 f_1 为桨叶的通过频率，$f_n=nf_1$。

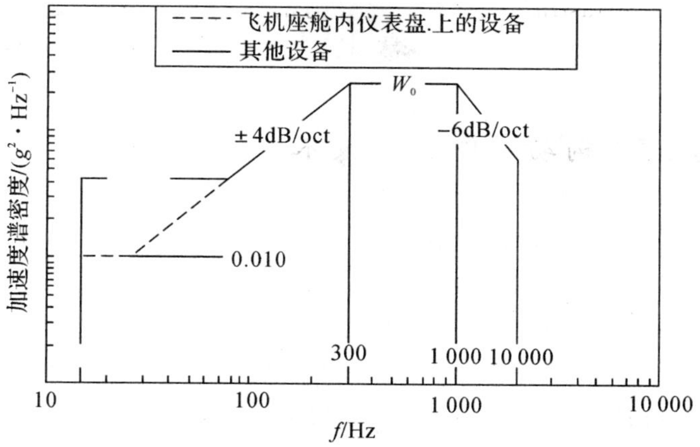

图 10-47 安装在喷气式飞机上管系结构的随机振动耐久试验曲线

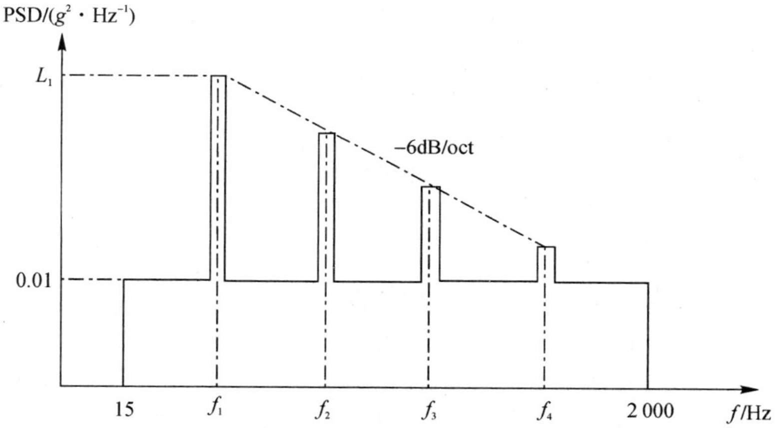

图 10-48 安装在螺旋桨飞机上管系结构的随机振动耐久试验曲线

表 10-6 L_1 的取值

位置	$L_1/(g^2 \cdot Hz^{-1})$
在螺旋桨前的机身或机翼内	0.1
在螺旋桨后的机身或机翼内	0.3
罩体内设备	0.3
在发动机吊舱内	0.6
直接安装在飞机发动机上的设备	1.0

试验夹具设计要求具有足够的刚度，使其基频不落在振动环境带宽范围内。液压/燃油管路和夹具的连接件，如紧固件、支架、卡箍、连接片等，尽可能与飞机实际连接相一致，根据试验结果确定结构细节设计，确保在飞机使用寿命期内不应产生振动破坏。

10.3.6 管系结构振动控制技术

1. 液压/燃油管系结构动强度设计原则

管系结构的振动破坏(包括声振疲劳破坏)常常发生在一些局部结构上,液压/燃油管系结构抗振动设计应按照以下3个设计原则进行。

(1)减轻振源强度的设计原则。

1)选用低振动及低噪声的动力装置,如低振动、噪声的发动机等;

2)对于受到强烈边界层湍流激励的结构部位,可通过开孔等措施降低气动湍流强度;

3)对于空腔噪声和振动,可通过附加扰流装置来降低空腔内的振动和噪声强度;

4)应尽量避免突出物或不规则表面设计。

(2)降低管路振动传递的设计原则。

1)在两种构造结合部位,应采用差异大的构造形式和不同材料的设计,以增加两种结构的阻抗失配,有利于降低或消除弹性波传播。

2)在振动源的主要传播途径上加入“接地点”,即附加动力吸振器以降低对所关心部位的振动传播;

3)降低或消除振动传递的最普遍方法,还是对有关局部结构或特种设备采取减振连接,设计并直接安装减振器。

(3)管路减振安装设计原则。

1)在总体布局允许的情况下,应尽可能地使管路系统远离各种振动载荷源,并根据振动预计结果,设计、布置管路走向,安装支承位置及支承结构形式。

2)管路系统安装设计应能承受由振动、液压脉动以及机械-液压耦合振动所引起的各种动载荷,并确保导管及支承连接件(如紧固件、支架与卡箍等)在飞机使用寿命期内不产生振动破坏。

3)应尽可能地使管路及其支架组成的系统固有频率避开机体结构固有频率以及发动机工作转速与液压泵工作转速等外界主要干扰频率,系统固有频率应尽可能地设计为低于外界干扰频率的1/3或高于外界干扰频率的3倍以上。

4)在导管制造、敷设和装配过程中,应尽可能地减少对导管施加较大的装配应力及校正应力。

5)导管与导管之间,导管与结构和运动部件之间,以及导管与其他系统之间,应有合理、足够的间隙,以保证在最不利的制造公差、最严重的变形条件以及最严重的振动环境条件下不产生相互碰撞和磨损。

6)燃油管路的支承应保证在管内压力作用下或飞机机动飞行时不偏离其安装位置。

7)燃油管路的支承间距设计可参考GJB 1003—1990《飞机燃油系统通用规范》。

8)凡是因振动或变形引起导管两端零件之间产生相对运动的地方,应避免采用刚性连接。另外,在两个刚性支承接头之间应避免安装直导管。

9)管路周围应具有合理、足够的间隙,可参考GJB 3054—1997《飞机液压管路系统设安装要求》。

10)在遇到液压脉动和机械振动相耦合的共振时,可通过改变管系的固有振动特性,达到消除共振的目的。例如,改变导管的支承条件,改变管路的走向或改变导管材料。

2. 液压/燃油管系结构振动控制技术

目前,在工程上常用以下几种振动控制技术:

1)减振:减振是通过减振子系统的各种阻尼措施耗散振动能量,减弱系统的振动;

2)隔振:隔振是通过隔振子系统控制振动能量传递来降低系统的振动;

3)吸振:吸振是通过吸振子系统来转移振动能量,从而控制主系统的振动;

4)缓冲:缓冲是通过缓冲子系统来减缓冲击能量传递,从而控制系统的冲击;

5)阻尼减振:黏弹性阻尼减振是通过黏弹性阻尼结构来耗散振动能量。

(1)液压/燃油管系结构振动主动控制技术。

振动主动控制是根据控制对象的振动进行实时的外加控制,使其振动特性满足预定的要求。具体地说就是:装在控制对象上的传感器感受其振动,传感器的输出信号,经适调、放大后传至控制器,控制器实现所需的控制律,其输出为作动机构作动的指令。作动机构通过附加子系统或直接施加作用于控制对象,这样,构成一个闭环控制系统。

与振动领域中两大类问题——动力响应与动稳定性相对应,存在两类振动主动控制问题。动力响应的主动控制:控制在特定的外扰作用下控制对象的响应以满足预定的要求,直接方法就是以控制对象的响应为目标函数来设计控制律,间接方法是通过控制模态参数(模态频率、模态阻尼、振型等)达到上述目标。动稳定性的主动控制:控制对象中各阶模态的稳定程度,如使原不稳定的模态变成稳定的模态,或使原稳定的模态具有所要求的稳定裕度。

(2)液压/燃油管系结构振动被动控制技术。

1)设计要求。在振动规范中明确规定,液压燃油管路、导管及其和飞机结构相连的连接件,如紧固件、支架、卡箍、连接片等,在飞机使用寿命期内不应产生振动破坏。通过分析、试验方法达到对管路系统的振动被动控制要求。管系结构应满足下列抗振设计要求:

a)在选材、设计、制造等方面,应采取各种抗振措施,以避免有害共振或过度振动;

b)在整个使用寿命期内或可更换构件在规定的更换周期内,应能正常、可靠地工作,应能承受各种振源引起的振动而无疲劳破坏;

c)凡失效或破坏可能危及飞行和飞行员安全的管路系统,应进行振动分析、地面模拟试验、鉴定试验及试飞等,避免发生振动引起的事故;

d)应考虑当管内流体存在较大脉动和较大流速时对系统振动特性的影响,尤其应注意液固耦合引起过度振动时对系统功能乃至飞行安全的影响。

2)分析要求。

振动特性分析:根据 GJB 67A—2008《军用飞机结构强度规范》中的要求,应对管路系统进行振动特性分析,以确定其固有频率是否避开外界干扰频率。

振动应力分析:根据 GJB 67A—2008《军用飞机结构强度规范》中的要求,应进行管路系统振动应力分析,根据分析结果,可对管路系统提出各种振动响应量值控制要求。

在进行管路振动应力分析时,应特别注意以下几方面:

a)由于支承结构的相对运动而产生的低频大位移振动,这种情况大多出现在如隔板或附件等刚性连接处。

b)高频小振幅振动将诱导管路的一部分弯曲应力升高而导致疲劳破坏,这种情况多出现在导管支承处或跨度中间无支承的连接处。

c)应进行不同液体流速下对导管的冲击响应分析。

d)应充分考虑流速突变、换向阀快速切换以及作动筒活塞的快速止动对管路系统产生大冲击压力的影响。冲击压力在导管中的传播会引起管路产生大的位移和振动，尤其U形和Z形导管，当压力传到导管转弯处就产生一个侧向力，使导管承受严重的弯曲应形。

e)油泵、马达等附件会产生高频压力脉动，过大的压力脉动会激起管路系统的强烈振动。在共振情况下，其可使导管在很短时间内疲劳断裂，或使导管和附件的安装衬垫损坏。

f)液压导管的最大脉动压力幅值(峰值)建议不应超出各液压系统额定压力的±10%。

3)试验要求。根据GJB 67A—2008《军用飞机结构强度规范》中的要求，应对管路系统进行以下试验：

a)使用中经常出现振动故障以及受动载荷严重的部位，应进行导管组件振动耐久性试验。

b)应分别在发动机地面开车的额定、最大和加力状态下，进行管路系统脉动压力和脉动应力的测量，以检测管路系统是否存在有害的脉动共振频率。

c)首飞前，应进行全机管路系统的地面综合试验，并对使用中经常出现振动故障以及受动载荷严重的部位进行振动测试，以检测发动机转速、液压泵转速以及液压泵流量和压力的所有组合状态是否会引起管路系统的任何过度振动。

对新研制飞机应进行全机管路系统脉动压力和脉动应力测量(重点监测部位应包括油泵到蓄压器段、高频输入部件附近以及高强迫振动区域)，看其是否存在共振现象，并由此来确定脉动压力和脉动应力水平是否可为飞机接受。

如为不可接受，可采取以下措施改进设计，达到降低脉动应力水平的目的：

a)合理的泵-管系统匹配设计，可起到调整或改变共振频率的作用。

b)改变导管直径、长度，修改油滤安装位置，加装调谐或宽频衰减装置等，有助于改善系统阻抗，降低脉动压力。

c)改变导管的弯曲形状以及安装固定方法，也可起到改善管路系统的机械响应特征和降低脉动应力水平的作用。

(3)管路系统振动抑制的一般原则。

通过典型管路系统的振动试验，研究改变管路系统的液体压力、管路的支承刚度、支座数量以及采用一些辅助的减振措施对改变管路系统的固有频率以及控制其振动响应的影响，可为飞机管道系统的总体布置提供动力学设计指导。

1)管路的固有频率与支承刚度、油压大小关系密切。支承刚度和油压越大，管路的固有频率越大，所以，可以通过调整管路系统的压力来优化管路系统的固有频率和抑制振动响应。

2)管路的振动主要是由管路共振和液压冲击引起的，对管路振动控制和抑制也应着重从这两方面入手。

3)通过改变管路系统的支撑刚度或在管路上增加阻尼环等措施，改变管路的固有频率，避开管路的共振来降低管路的振动响应。

4)随着支座数量的增加，管系结构的频率增大，其最大应力减小，但是，变化不是很明显，且应力最大值出现在管系结构的相同部位。三座型与四座型之间的响应在低频段变化不是很明显。两座型的响应最大，三座型最小，四座型居中，所以，可以通过调整管路系统上支座的数量来寻找一种最优的管路支座布置以达到对管路振动进行控制的目的。

5)管路的应变主要由 3 部分引起，即液体静压力、管路的振动、液压冲击，而这 3 部分以液压冲击引起的应变最大。

10.4　发动机振动引起的动强度问题

飞机上的各种动力装置是引起飞机结构振动的重要振源，尤以航空发动机的转子系统振动影响最大，其振动问题按机械振动的性质可以分为三类：

(1)强迫振动问题，如由旋转叶盘质量不平衡及齿轮传动系统引起的强迫振动；

(2)自激振动问题，如支承轴承的半速涡动和油膜振荡，及转静子碰摩引起的振动；

(3)非定常强迫振动，如转子轴不均匀热变形引发自激振动及气流激励的叶片振动。

其中影响最大的还是由于质量不平衡引起的强迫振动和油膜流体力学引起的油膜自激振动，发动机振动不仅引发 90%以上的发动机结构强度故障，也给飞机结构动强度设计带来新的麻烦。

CCAR－25 部的 25.371 条款(陀螺力矩)要求发动机支撑结构的设计，不仅需要考虑发动机以最大连续转速工作下所产生的陀螺载荷，还需要考虑发动机架叠加不同工况的飞行载荷。25.875 条款(螺旋桨附近区域的加强)要求附近结构强度和刚度必须足以承受螺旋桨诱导振动和螺旋桨抛冰冲击。25.901 条款(发动机安装)要求，发动机安装架必须按照破损-安全原则设计，局部结构损坏时其余结构仍能承受载荷，即使发生毁机事故，发动机架仍然能够承受作用在发动机上的惯性力。

10.4.1　航空发动机振动源特点、隔振安装要求及对飞机结构的影响

动力装置振动主要有两个方面：一是发动机本身的工作所引起的振动，并通过连接轴或空气传递给结构；其二是发动机的进、排气过程中所产生的振动。活塞式发动机主要引起第一方面的振动，对涡轮及涡轮喷气发动机则需要考虑第二方面的振动。

对发动机振动的总体要求为：必须使发动机在整个工作范围内，既不会由于振动而引起发动机任何零部件产生过大应力而失效，也不会将过大的振动传递给飞机结构。由于动力装置结构及载荷的复杂性，理论上给出动力装置准确的动力特性非常困难，因此对各型发动机规定需要做振动测试以确定其振动特性。

为了能够把发动机传递到机体上的振动控制在允许范围内，设计时应采用发动机隔振安装技术。发动机隔振安装的技术要求如下[3,5]：

(1)对涡轮螺旋桨发动机，发动机隔振安装系统的固有频率应当小于螺旋桨在额定功率上转速的 70%。对涡轮喷气和涡轮风扇发动机，由振动激励力所能激起的安装系统固有频率和振型，应满足发动机安装的设计要求。

(2)发动机隔振安装系统的固有频率，不能与飞机结构的各阶固有频率相耦合。

(3)发动机的最大位移振幅，不得大于其附件、导管、电缆与其周围结构之间的间隙。

(4)隔振系统应有限制其最大位移振幅的止动器，并应避免隔振器常处于止动状态工作。当隔振器失效时，应有安全装置使其仍能保持发动机正常工作。

(5)隔振系统应有适当的阻尼，使发动机起动和停车时通过瞬态共振(对应发动机转子系统的低阶临界转速)的响应不致过大。

(6)隔振系统必须有足够的强度，使其能承受和传递由发动机(螺旋桨)产生的推力，以及发动机在各种飞行过载下所产生的力和力矩。

(7)隔振系统的有效工作时间应大于发动机的工作寿命。

(8)隔振系统的布置和安装应便于发动机安装和拆卸。

(9)隔振系统应适应发动机工作区的环境条件。

(10)发动机振动会对飞机结构造成影响。发动机转子的旋转轴会随着飞机机翼的振动发生俯仰和偏航角振动，将引起一种陀螺惯性力矩。如果发动机布局不是靠近机翼根部，则这种陀螺惯性矩势必会对飞机的气动弹性特性产生一定影响。

10.4.2 发动机隔振安装力学模型设计

发动机在飞机上的安装形式有很多种，主要有翼吊式、尾吊式、机头牵引式和机身内支托式等。典型的结构安装示意图如图 10-49 和图 10-50 所示。

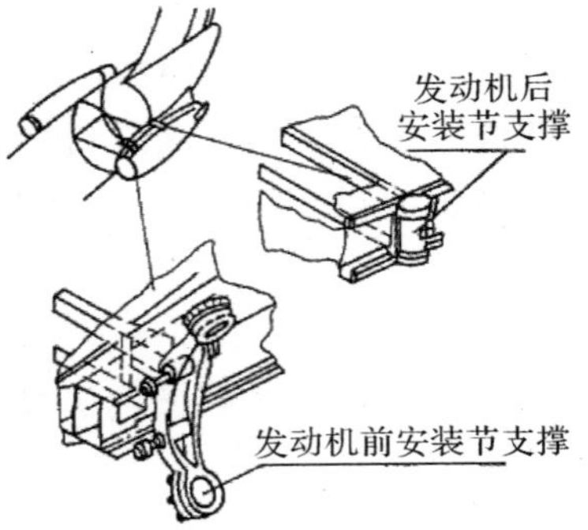

图 10-49 尾吊式结构示意图

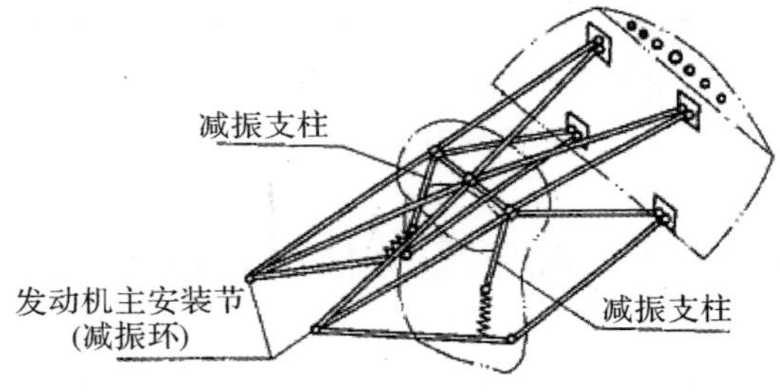

图 10-50 发动机架结构示意图

发动机隔振安装的力学模型应是发动机、隔振器与飞机安装处的综合系统，一般情况下，发动机的结构刚度较隔振器刚度或飞机结构刚度大 10 倍以上，而隔振器的质量和各工作状态下的惯量与发动机惯量相比小得多，因此力学模型设计可做如下简化：

(1)将发动机作为刚体；

(2)隔振器的惯量可忽略不计；

(3)隔振器的尺寸远小于发动机安装节间跨度，可作为提供集中力的点支承。

图 10-51 为最简单的发动机隔振安装力学模型，其中 m_0 为发动机刚体质量，M，K，C 为隔振器的质量、刚度和阻尼，M_1，K_1，C_1 为发动机安装处机体的质量、刚度和阻尼，隔振器的数量根据结构布置和计算总刚度确定，隔振器的质量、刚度和阻尼根据系统响应计算确定。

(1)空间参考坐标系。飞机所在的局部空间作为惯性系，将发动机静平衡时的质心作为原点，将静平衡时的惯性主轴作为正方向，建立一右手系 $O-x_1x_2x_3$，称其为空间参考坐标系。

(2)发动机的物理坐标。发动机作为刚体有6个自由度,其位移列矢为

$$\boldsymbol{X}_A=[x_1^{(K)},x_2^{(K)},x_3^{(K)},\theta_1,\theta_2,\theta_3]^{\mathrm{T}}$$

式中,$x_1^{(K)},x_2^{(K)},x_3^{(K)}$ 是发动机质心在 $O-x_1x_2x_3$ 的系中的坐标;$\theta_1,\theta_2,\theta_3$ 为发动机绕 Ox_1,Ox_2,Ox_3 的角位移。

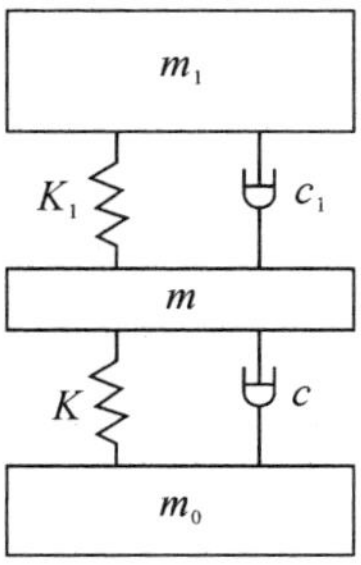

图 10-51　发动机隔振安装力学模型

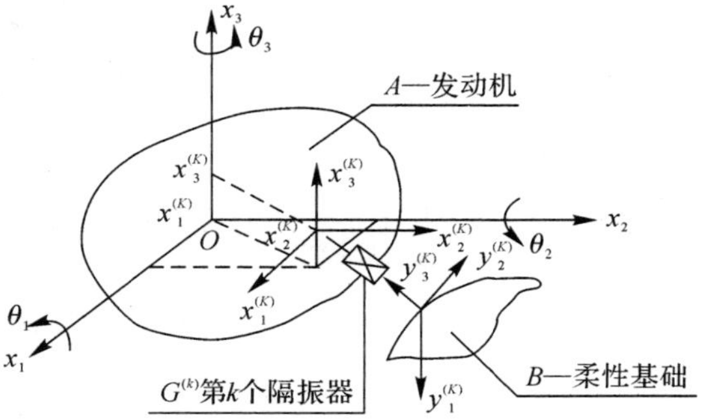

图 10-52　力学模型的物理坐标

(3)柔性机体的物理坐标。柔性机体有无限多个自由度,其离散化模型的物理坐标为

$$\boldsymbol{Y}_B=[y_1^{(1)}\ y_2^{(1)}\ y_3^{(1)}\ \cdots\ y_1^{(N)}\ y_2^{(N)}\ y_3^{(N)}\ \cdots]^{\mathrm{T}}$$

其中,前 $3N$ 个坐标依次与第1至第 N 个隔振器的主轴相重合,且将原点取作基础的静平衡位置。因此,发动机悬挂点的物理坐标如图 10-52 所示,图中发动机第 k 个悬挂点静平衡时在 $O-x_1x_2x_3$ 系中的坐标为($x_1^{(K)},x_2^{(K)},x_3^{(K)}$),该悬挂点运动时的物理坐标为 $O-x_1x_2x_3$ 系中的位移列矢为

$$\boldsymbol{X}^{(K)}=[x_1^{(K)}\ x_2^{(K)}\ x_3^{(K)}]^{\mathrm{T}}$$

原点取在($x_1^{(K)},x_2^{(K)},x_3^{(K)}$)。

目前国内外飞机发动机安装系统的减振隔振结构,均是基于安装结构振动传递路径分析结果来进行设计的。比如,为了分析涡桨飞机发动机安装结构的振动传递,首先应建立其动力学模型,然后利用有限元理论对螺旋桨振动传递规律进行计算。在振动传递计算中,先计算各支承、承力机匣的刚度和阻尼的等效刚度与阻尼,再计算从功率输出机匣安装边到螺旋桨桨毂的振动传递系数,最后根据振动传递特性来进行隔振安装的设计。

目前典型的发动机安装力学模型如下:

(1)螺旋桨发动机的传力结构与动力学模型。如图 10-53 所示,功率输出轴是发动机部件,也是减速器输出轴,其输入端是星型减速齿轮的输出端,再前端是自由涡轮,将它们的影响归并折合为支承刚度与折合阻尼。螺旋桨的载荷先传到发动机减速器的功率输出轴,再通过功率输出轴的轴承传到螺旋桨转子支承的前/后承力机匣,最后通过动力装置的承力机匣传到发动机承力圈及飞机机翼的结构部件上。

要对其振动传递路径进行分析,可采用锤击法进行螺旋桨振动传递试验研究,得到由螺旋桨到功率输出机匣的振动传递率,应用该振动传递率对功率输出机匣测量振动进行修正,并将其结果用于螺旋桨叶片振动应力计算。

为了分析螺旋桨发动机的振动传递特性,可建立其动力学模型,如图 10-54 所示[4]。

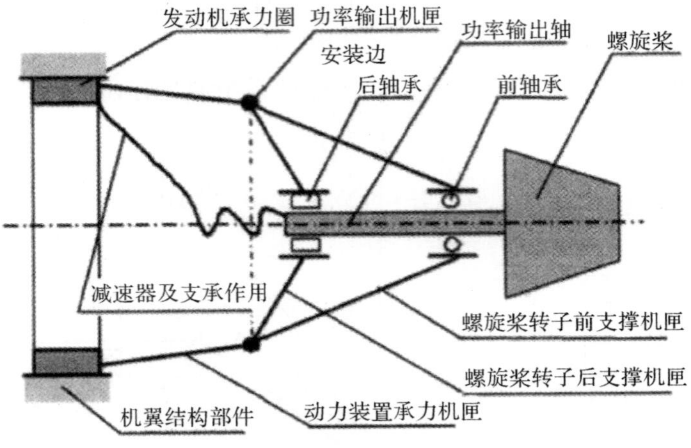

图 10-53　螺旋桨发动机传力结构模型

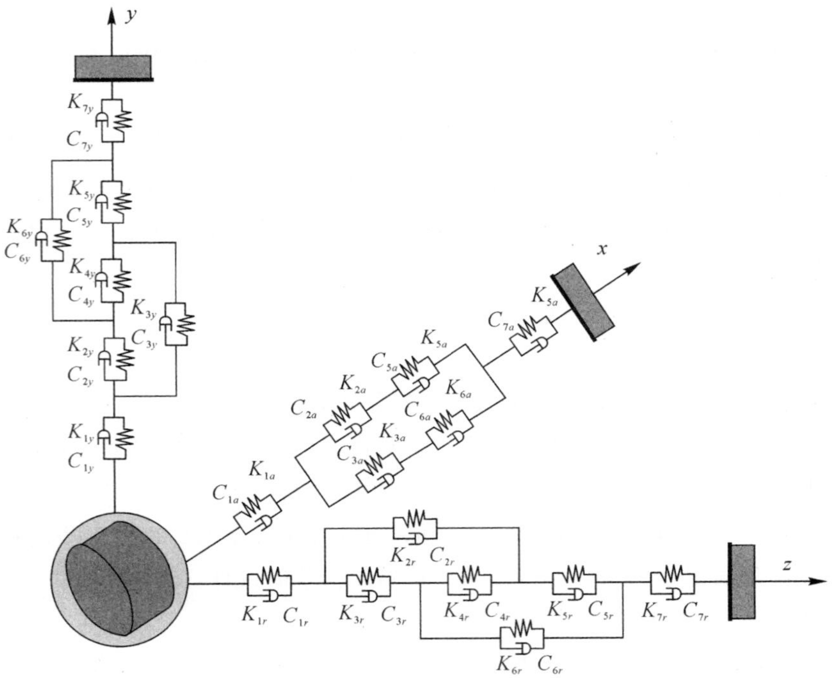

图 10-54　螺旋桨动力学简化模型

图 10-55 为某运输机螺桨发动机的挂架结构的拓扑优化设计模型，在满足静力学、动力学特性及适航要求的情况下，达到了结构重量最小的目标。

(2)发动机硬连接及隔振安装系统的理论分析模型。如图 10-56 和图 10-57 所示，引入安装系统隔振性能比的概念，发展了单一隔振器安装系统和多维复合隔振器安装系统，其多维隔振模型及验证实验结构模型分别如图 10-58 和图 10-59 所示。

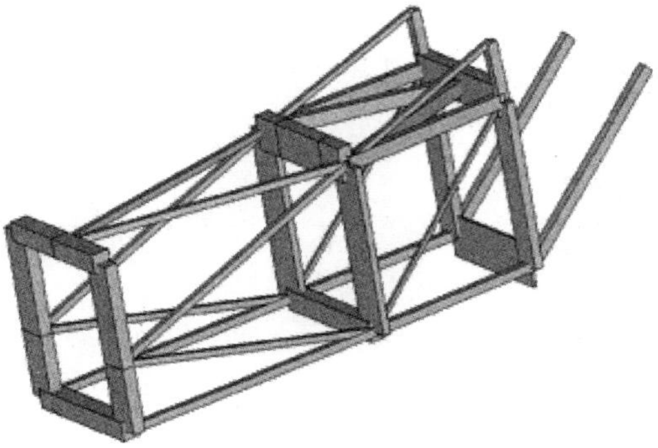

图 10－55　螺桨发动机的挂架结构优化设计

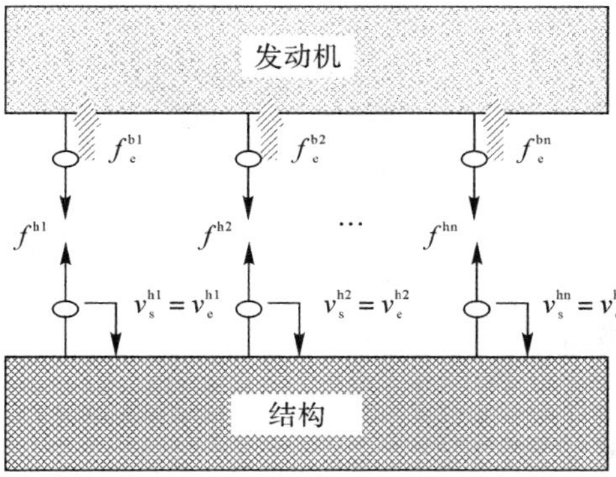

图 10－56　硬连接系统

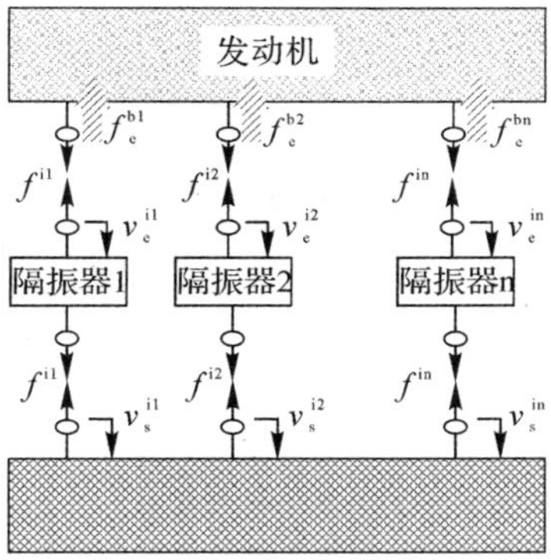

图 10－57　多维隔振安装系统

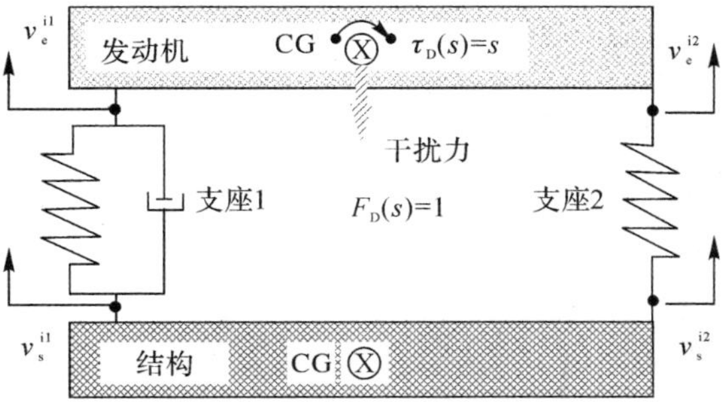

图 10－58　多维隔振分析模型

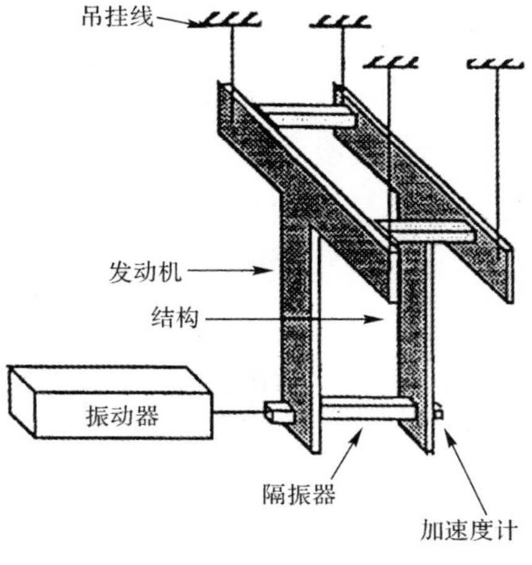

图 10－59　多维隔振有效性验证实验

(3)翼吊发动机隔振安装设计模型。在 A320 和 B737 等系列飞机上，把发动机隔振安装设计的核心技术——刚度和阻尼设计融入发动机安装节设计之中，安装节既能固定发动机、承传各类载荷，又可控制振动载荷的传递。典型翼吊发动机安装系统结构如图 10－60～图 10－62 所示。

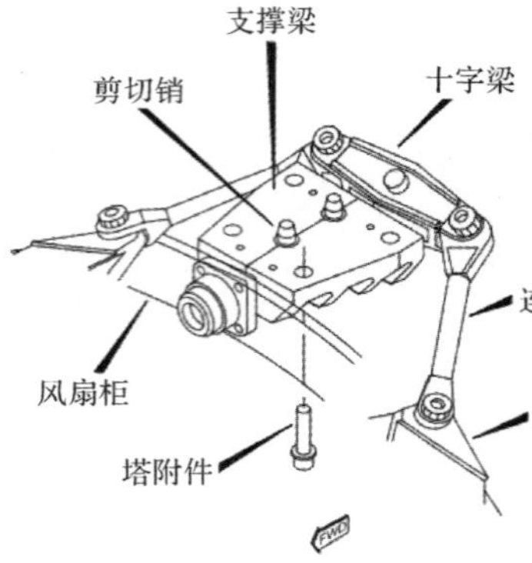

图 10-60　A320 的发动机前安装点

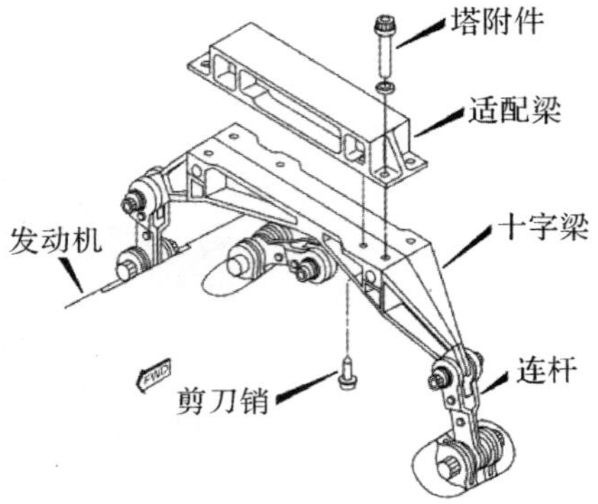

图 10-61　A320 的发动机后安装点

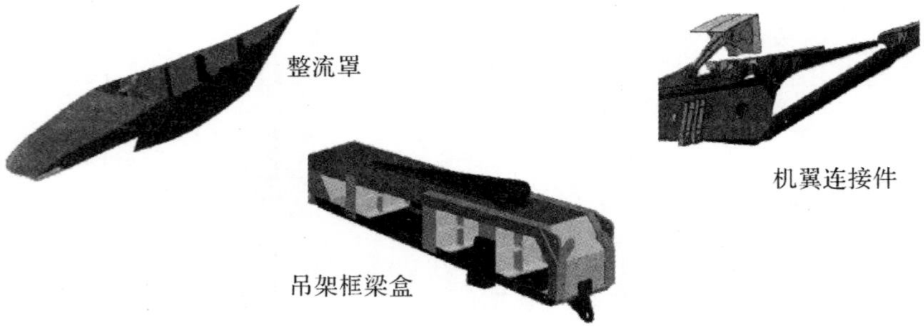

图 10-62　类似 B787 吊架结构

(4)研究翼吊式发动机振动向飞机结构传递的“吊架-机翼-机身”动力学模型。图 10-63 为完整的发动机安装结构动力学有限元模型,通过传递路径分析可获得振动载荷从发动机传递到机翼、机身的主传力路径,并可进行隔振器的安装位置和数量的优化设计;可基于发动机的实测振动载荷谱,分析发动机振动通过机翼向机身结构传递的载荷特性,并通过仿真辨识出发动机振动传递的主路径,为动力装置隔振安装设计提供指导[11-12]。

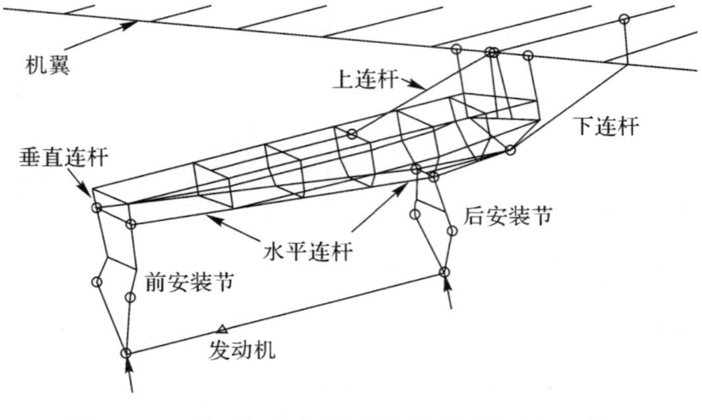

图 10-63　发动机安装节-吊架-机翼动力有限元模型

此外,近年来研发了一种新型的 ER 发动机液压安装系统,其机械模型及动力学模型分别如图 10 - 64 和图 10 - 65 所示。经过试验得出结论：安装系统在高频低振幅情况下具有低刚度和低阻尼值，而在低频大振幅情况下具有大阻尼、高刚度特性，隔振性能受电场强度和环形阻尼孔的影响较大。

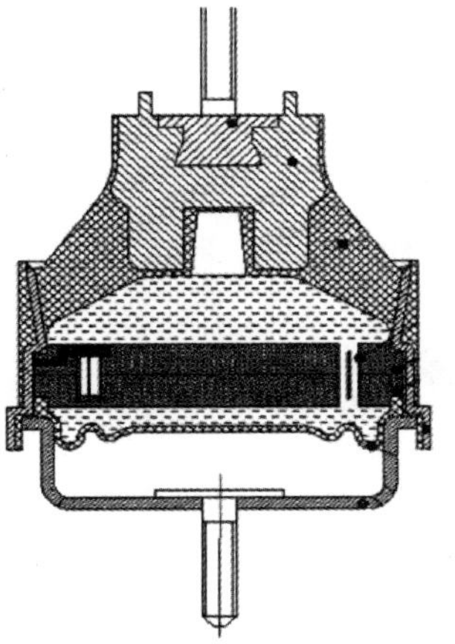

图 10 - 64　ER 发动机液压安装系统

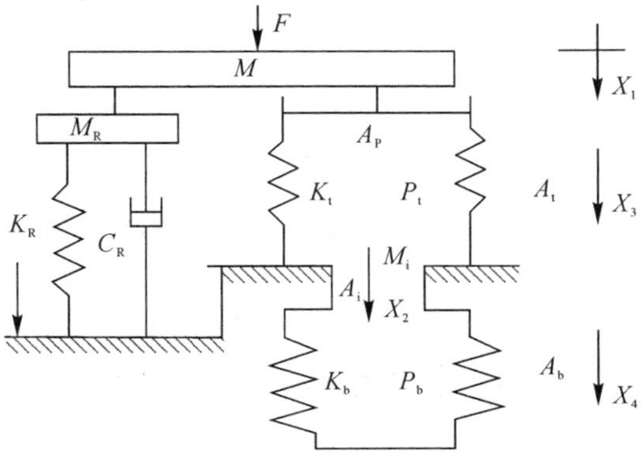

图 10 - 65　ER 发动机液压安装系统振动力学模型

10.4.3　发动机振动传递路径分析案例[11]

基于发动机安装节-吊架-机翼结构理论分析及有限元模型（见图 10 - 63），利用有限元方法进行了模态验证并分析了安装结构的隔振特性。以影响飞机振动舒适性的巡航工况为例，通过结构动响应分析确定了发动机振动载荷传递的主路径。

各杆传力在整个频率段内表现出一致规律。吊架上下连杆传递力最大，垂直连杆传递力大于水平连杆。在低频段发动机后安装节及上连杆为主要传力件，在中高频段（270 Hz 以上）后安装节及左、右连杆为主要传力件。

提取巡航状态 N1（发动机低压转子转频）和 N2（发动机高压转子转频）下主要连杆上的振动响应方均根，利用传力路径分析方法总结巡航状态下发动机安装结构 N1 和 N2 时的振动传递主路径，结果如图 10 - 66 和图 10 - 67 所示。

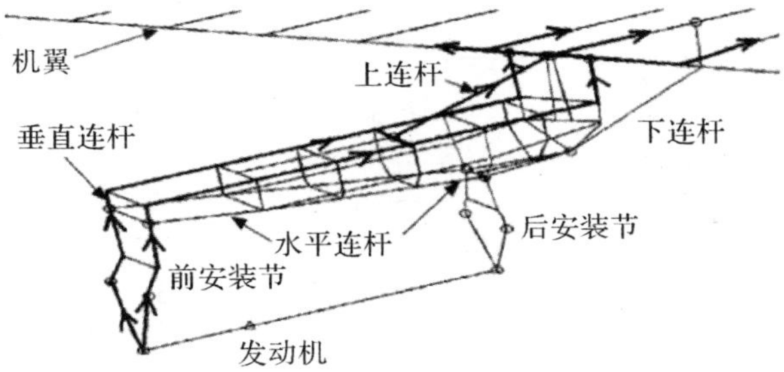

图 10 - 66　巡航状态 N1 下振动传递主路径

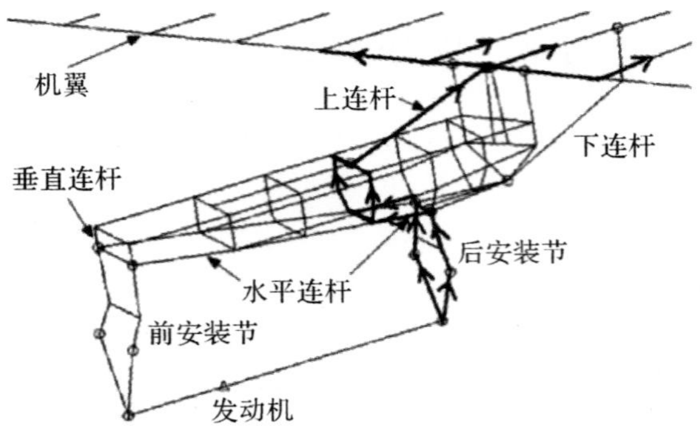

图 10-67 巡航状态 N2 下振动传递路径

10.4.4 发动机振动引起的陀螺力矩

大型飞机通常采用翼吊式发动机布局，由于机翼结构（包括发动机吊架）的柔性，发动机转子旋转轴会随着飞机机翼的振动发生俯仰和偏航角振动，这种旋转体轴线的角运动将引起一种陀螺惯性力矩。如果发动机距机翼根部较远，则该陀螺力矩将会对飞机的气动弹性特性产生影响。因此，对于大型飞机来说，发动机的陀螺效应也是飞机动响应和颤振分析中必须考虑的因素之一。

CCAR-25-R4 中 25.371（陀螺载荷）适航条例明确规定，发动机或辅助动力装置的支撑结构必须按考虑陀螺效应的飞机机动和阵风，并根据飞机着陆等载荷情况进行设计，且发动机或辅助动力装置处于与该情况相对应的最大转速。阵风载荷对于民用飞机而言是十分重要的，因此，必须在计算飞机阵风响应时考虑发动机陀螺效应的影响，即应当在飞机阵风响应动力学方程中将发动机陀螺惯性力矩表达式直接引入。再根据考虑发动机陀螺效应的飞机阵风响应，来计算飞机各部位的阵风载荷。图 10-68 为一对发动机的俯视图及所采用的坐标系。

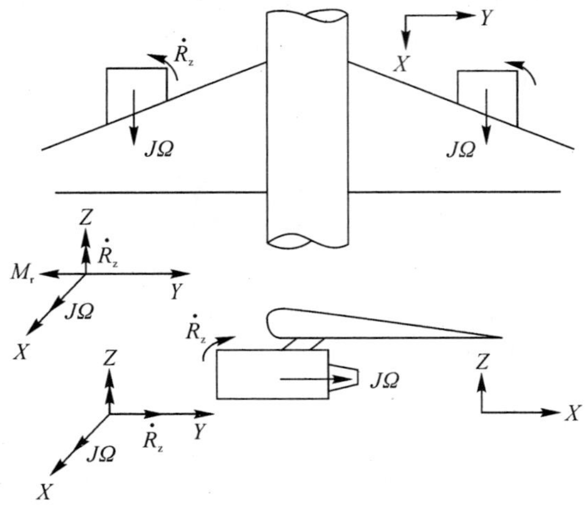

图 10-68 翼吊式发动机的陀螺力矩

发动机陀螺力矩计算方法如下：

$$M_Y = J\Omega \times \dot{R}_Z$$
$$M_Z = J\Omega \times \dot{R}_Y \qquad (10.61)$$

写成矩阵形式，即

$$\boldsymbol{M}_g = \boldsymbol{H}\boldsymbol{x}_g \qquad (10.62)$$

式中，$\boldsymbol{M}_g$、$\boldsymbol{x}_g$ 别为陀螺力矩矢量和转轴角位移矢量，左、右发动机用上标 l、r 表示。

$$\boldsymbol{M}_g = [M_Y^l, M_Z^l, M_Y^r, M_Z^r]^{\mathrm{T}} \qquad (10.63)$$

$$\boldsymbol{x}_g = [R_Y^l, R_Z^l, R_Y^r, R_Z^r]^{\mathrm{T}} \qquad (10.64)$$

而 $\boldsymbol{H}$ 为发动机转子的陀螺动量矩阵，其形式为

$$\boldsymbol{H} = \begin{pmatrix} & -J^l\Omega & & \\ J^l\Omega & & & \\ & & & -J^r\Omega \\ & & J^r\Omega & \end{pmatrix} \qquad (10.65)$$

在响应分析中，一般假设飞机结构真实位移 x 为结构前若干阶自然振动模态或部件模态矢量（某种模态综合法要求的）线性组合，即

$$\boldsymbol{x} = \boldsymbol{\varphi}\boldsymbol{q} \qquad (10.66)$$

式中，$\boldsymbol{\varphi}$ 为已知的自然振动模态或部件模态的矢量集；$\boldsymbol{q}$ 为广义坐标。

通过直接选取法或插值法可以由已知的模态矢量集 $\boldsymbol{\varphi}$ 求出与发动机模态对应的模态矢量集 $\boldsymbol{\varphi}_g$，即 $\boldsymbol{x}_g$ 可以表示为

$$\boldsymbol{x}_g = \boldsymbol{\varphi}_g\boldsymbol{q} \qquad (10.67)$$

10.4.5　发动机安装系统结构设计及步骤[5]

根据发动机在机上安装处的刚度比，确定安装系统的模型。为了使安装技术要求得到满足，选择合理的隔振方案，按设计步骤完成性能和结构设计。一般要分为以下几个步骤：

(1)分析发动机和飞机的数据，如发动机的型号和外形尺寸、重量、惯性矩、推力、转速、发动机振动的主要激励频率、工作环境条件和飞机结构模态数据。如果是翼吊式安装，应提供机身前 6 阶模态数据；如果是尾吊式安装，则应提供后机身、平尾、垂尾的模态数据等。

(2)确定发动机隔振安装的技术要求。

(3)根据飞机的总体布局，选择合适的发动机隔振安装系统、安装位置和支承形式。

(4)初步选定隔振器的原理和形式。

(5)进行隔振系统的动响应预估。

(6)进行隔振器物理参数的优化设计。

(7)进行隔振器结构设计。

(8)验算发动机在隔振系统上的 6 个刚体运动频率是否满足发动机隔振安装频率要求，验算隔振器强度和安装节处连接强度能否满足传递发动机产生的力和力矩。

(9)生产、安装、调试隔振系统。

(10)进行地面开车试验。

(11)分析、改进直至地面试验满足要求。

(12)试飞调试鉴定。

10.5 操纵系统振动

在飞机设计中，对操纵系统的要求非常高，需要其既能灵活操纵以保证飞机的安全可靠性及飞行性能，又要满足强度及刚度要求，即决不允许发生有害振动。因此，操纵系统除进行静强度计算外，还要进行频率储备分析，即进行固有频率分析和干扰频率分析。

10.5.1 操纵系统的固有频率

飞机操纵系统一般由拉杆、摇臂组成，拉杆两端用铰链连接或安装在导轮上。

对于两端用铰链连接的拉杆，当没有轴向力作用时，其固有频率的工程计算式为[6]

$$f=\frac{942}{l^2}\sqrt{EJ/m} \tag{10.68}$$

或为

$$f=30\pi\times\frac{n^2}{l^2}\sqrt{\frac{EJ}{\rho A}} \tag{10.69}$$

安装在导轮上的拉杆，其固有频率计算式为

$$f=9.55\,\frac{k}{l^2}\sqrt{EJ/m} \tag{10.70}$$

式中，f 为拉杆固有频率，Hz；k 为系数；EJ 为拉杆的弯曲刚度，$\mathrm{N\cdot cm^2}$；m 为拉杆的单位长度质量，kg/cm；l 为拉杆的长度，cm。

10.5.2 操纵系统外界干扰频率分析

对于飞机操纵系统，其外界干扰载荷为舵面所承受的气动载荷以及发动机的振动载荷。因此，操纵系统的外界干扰频率应与舵面上扰动气动力的频率和飞机发动机的工作频率有关。

一般可采用下述方法对此类干扰频率进行分析：

(1)理论计算与分析；

(2)实际飞行测试；

(3)统计原型机种的数据，进行统计分析。

10.5.3 操纵系统频率储备分析

在对固有频率与外界干扰频率分析的基础上，比较可知其频率储备情况。例如，当操纵拉杆的外界干扰频率为发动机工作频率时，拉杆频率应满足 $f>n+5$ 或 $f<n-5$，其中 n 为发动机的工作频率。

经过分析计算，当频率储备很低时，很容易产生谐振。为了能使操纵拉杆的固有频率避开外界干扰频率，最有效的措施是改变操纵系统的 E，J，即刚度 K、质量 M 及其支持状态，如增加卡箍约束等。

10.5.4　操纵系统动强度分析

1. 全操纵系统有限元模型的建立

操纵系统为典型的杆系结构，即从操纵手柄开始，由单摇臂、复合摇臂及助力器等将各操纵杆连接在一起，直到舵面（平尾、方向舵或襟、副翼等）形成一个完整的系统。

在操纵系统有限元模型的建立过程中，对于操纵拉杆应考虑其弯曲刚度效应，可用空间梁单元来模拟各操纵拉杆；对于单摇臂既可以用梁单元来模拟，也可以用三维体元来模拟；对于复合摇臂最好用三维体元来模拟。

操纵系统中的助力器是一个比较复杂的元件，它的外层是金属结构，但内部又充满具有弹性的液压油，很难用某种特定单元来模拟，只能用当量的弹性模量 E 及具有剖面特性的梁单元来模拟。

2. 操纵系统动特性分析

需要注意以下几方面：

(1)边界条件处理。进行边界条件处理时，应当尽可能模拟其真实情况，例如将摇臂的支点简化为铰支，即约束三个线位移，同时释放其三个角位移。在飞机背鳍上的导轮支点处约束 Y、Z 方向的线位移，而对纵向 X 方向的线位移及绕三个方向的角位移进行释放。

(2)计算状态。因为操纵系统工作时根据操纵舵面的要求处于随动状态，一般情况下计算操纵系统的中立位置状态和其极限位置状态，也可以根据需要计算某个随动位置状态。

(3)计算方法。根据有限元模型大小，计算方法可采用子空间迭代法、行列式搜索法等。由于大型商用软件的普及，计算整个系统响应时可取前 40 阶或更高阶的模态。

3. 操纵系统动响应分析

需要注意以下几方面：

(1)确定动载荷。外载出现的原因很多，可由起飞、着陆、急速的机动动作、阵风、爆炸、投放外挂、航炮射击及发动机干扰等产生。如果上述各种载荷中有频率与操纵系统固有频率相近或吻合，将产生很大的动响应，此时必须将引起较大响应的动载荷确定下来。

外界激励动载主要有两种：操纵舵面上的干扰气动力和发动机的激励。如果有特殊需要，还需要确定舵面阻尼振动的惯性力，以及地面暴风产生的气动载荷。

振动载荷形式有以下几种：时间历程、频谱、随机谱、冲击谱等。操纵系统动载荷可以通过实际飞行测量、理论计算分析或统计原型机种的数据给出。

(2)计算方法。

1)阻尼处理：阻尼因素对结构系统的动响应影响很大，一般不能忽略。一般描述阻尼的机制为与速度有关的黏性阻尼，或与构件内部摩擦有关的结构阻尼。为了简化计算，通常可将阻尼矩阵 $\boldsymbol{C}$ 假设为与 $\boldsymbol{M}$ 成比例，即 $\boldsymbol{C}=2\beta\boldsymbol{M}$；或与刚度 $\boldsymbol{K}$ 成比例，即 $\boldsymbol{C}=2\gamma\boldsymbol{K}$；在大多数实际应用中，更多地表达为与临界阻尼 $\boldsymbol{C}_{Lj}$ 成比例，即 $\boldsymbol{C}=2\gamma\boldsymbol{C}_{Lj}$。

2)模态阶数:在操纵系统动响应计算中,主要确定动应力响应及加速度响应,通常不计刚体模态,只考虑对响应贡献较大的前几阶弹性模态。至于应用模态的准确数目,无法在此做出推荐,但所含的模态要在给定的载荷下对响应确实是有贡献的。

3)操纵系统动响应计算方法如下:

a)将强迫振动位移带来的激励换算成外力输入的形式,求出的是位移响应。

b)利用脉冲响应函数 $h(t)$求解振动响应,称为脉冲响应法。

c)利用频率响应函数 $H(w)$求解振动响应,称为频率响应法。

d)应用传递函数 $G(S)$或拉氏变换来求解振动响应,称为拉氏变换法。

e)在随机载荷激励下,频域采用单输入、单输出或多输入、多输出方法进行响应计算,或者采用卷积积分法确定操纵系统的频域响应,用傅里叶逆变换求时域响应等。

(3)计算程序。目前在进行动响应计算工作中,有很多专用及通用程序可以使用。我国已广泛使用的大型通用分析程序有 SAP 系列程序、NASTRAN 程序、ADINA 程序、ANSYS 程序、VEP 及 SMAP 系列程序等。

10.5.5 操纵系统动强度分析案例[3]

(1)动特性计算。整个操纵系统计算模型如图 10-69 所示,计算模型包含 54 个节点、3 种材料特性及 53 种剖面特性、54 个梁单元等。先求其前 40 阶的固有特性。

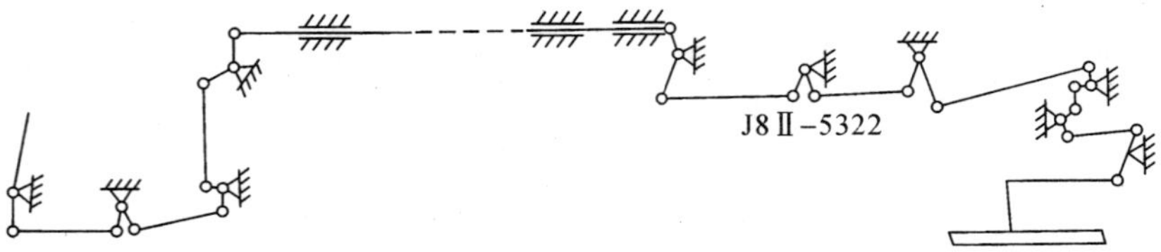

图 10-69 某歼击机操纵系统模型

计算步骤如下:

1)有限元模型简化。根据操纵系统结构特点,将操纵系统简化为梁单元、杆单元及三维实体单元等。整个操纵系统安装在飞机的背鳍上,并有多个支座及摇臂支撑操纵拉杆,在边界处理时,根据支座的安装情况将其某个方向的位移约束,并将全部的角位移放松。

2)输入数据准备。按程序要求,输入材料参数、单元的剖面特性、单元信息等数据。

3)有限元模型修改。利用前处理功能,在屏幕上修改整个操纵系统模型,直至满意为止。

4)计算结果检查。全部计算结束后,为保证计算结果的可靠性,需要确保没有漏根。

5)计算结果输出。利用后处理功能,显示出整个操纵系统各阶模态的振动情况,输出各阶模态的圆频率、频率、周期及相对误差等结果。

(2)细节分析。在全操纵系统动特性计算中,发现其中一个操纵拉杆比较薄弱,频率较低,据分析有可能与外界干扰频率耦合,因此对此操纵杆(5322)单独进行细节分析。在有限元模型中取 12 个节点、12 个单元,计算步骤与全操纵系统计算相同。对模型进行总特性分析,结果如下:

1)各阶模态除了全系统的总体模态外,在每个模态中还有明显的局部模态出现。

2)前 3 阶频率在 10 Hz 以下。$f_1=2.57$Hz,$f_2=5.11$ Hz,分别为后段和前段的振动模态,并且是最低的响应模态。

3)第 3～11 阶频率反映了各区段的模态,其中操纵系统的手柄部位有很明显的位移。

4)第 12 阶以上为大于 100 Hz 的高阶模态,将逐步出现局部振动频率。

对操纵杆(5322)单独进行模态分析,得到其第一阶频率为 202. 49 Hz,比较靠近发动机的主频率,即操纵系统的频率储备较低,为了避免谐振应该改变此拉杆的刚度。

10.5.6　操纵系统的振动试验

操纵系统的振动试验分为动特性试验、动响应试验、耐振强度试验和功能试验等。

(1)动特性试验。通过实测的方式获得操纵系统的振动频率及振动模态,在飞机和发动机频带内检查操纵系统是否存在谐振。测试时,全机在气囊和空气弹簧支持下处于待飞状态,调整驾驶杆位置使系统处于工作状态,打开背鳍与纵向操纵系统及发动机口盖。激振分为对称与反对称两种形式。实测在 10～2 000 Hz 下纵向操纵、垂向操纵及侧向操纵系统的谐振频率和各阶模态阻尼。

(2)动响应实测。在地面发动机开车状态及空中各种飞行状态下,实测全操纵系统或各操纵杆上的振动加速度响应及振动应力响应。

(3)耐振强度试验及功能试验。对于全操纵系统,当有特殊要求时才进行这两项试验。

10.6　抗鸟撞设计

10.6.1　概述

现代飞机由于飞行速度高、飞行任务范围大,其风挡及透明件系统的设计、机翼/尾翼前缘的设计等都必须考虑结构耐鸟撞生存力问题。机翼/尾翼前缘盒段在受鸟撞后可能产生大的凹陷变形或被穿透,如果有操纵系统、除冰系统管路或电气系统管线通过,很可能会导致系统失效或破坏,影响飞机飞行安全。即使前缘没有上述系统管线通过,严重的鸟撞可能会在穿透前缘后撞坏前梁腹板,使其结构强度和刚度降低,进而出现事故。

鸟撞和离散源硬撞击都可以归结为飞机结构耐高速瞬态撞击的动力学设计问题,一般认为,作用时间 $\Delta t<0.01$ s 的时间历程载荷情况为高速瞬态撞击问题。

CCAR－25《运输类飞机适航标准》、GJB 67. 3—2008《军用飞机强度和刚度规范》及各国的民机适航条例和军机规范中对飞机结构耐鸟撞击都有明确的设计要求,尤其 CCAR－25. 631 条款(鸟撞损伤)、CCAR－25. 775 条款(风挡与窗户)对抗鸟撞设计及试验技术给出了详细说明。

10.6.2 风挡/透明件抗鸟撞设计[1]

座舱风挡及透明件结构系统耐鸟撞设计，不仅是单一元件的强度和刚度设计问题，更是整个结构系统的最佳刚度匹配设计问题，目标是以最小的结构重量得到满足设计要求的耐鸟撞设计。

(1)风挡透明件。它能阻止穿透，防止超大变形，吸收撞击动能，并将鸟撞载荷分散到其支持结构上。

(2)透明件边框及局部支持结构。这是机体与透明件的界面，是将鸟撞载荷传递到机体结构的高应力集中区，其细节设计的强度和刚度，对透明件结构系统的动响应及承受鸟撞的能力有很大影响。

(3)加强结构。用来传递、分散界面间的载荷，保证风挡结构系统的完整性。

(4)飞机机体支持结构。用于固定安装风挡透明件系统，其刚度特性要与风挡透明件边框的刚度相匹配。

1. 风挡/透明件抗鸟撞设计要点

为了获得耐鸟撞性能和综合性能好的风挡透明件，目前常采用层合玻璃板，其拱形框、边框或弧框的细节设计对于整体的耐鸟撞能力有重要影响。边框出现破坏的部位一般都对应于高应力-应变区，因此，应特别注意支持拱和边框边角处的细节设计。设计要点如下：

(1)设计时应使支撑拱凸缘的强度当量地等于透明件边框的强度；

(2)支撑拱凸缘刚度必要的增加应使拱局部或整体刚度的增加为最小；

(3)设计应使沿拱的长度方向拱中央梁到边框具有相当的耐鸟撞能力；

(4)支撑拱按柔性构件设计会承受很大的应力和应变，往往成为导致破坏的薄弱环节；

(5)紧固件连接难免产生应力集中，故透明件采用紧固件安装时应特别注意。可以采用将透明件安装在槽形框架内并用聚氨酯胶黏剂/密封剂固定的方法，F-4 和 F-15 飞机透明件系统耐鸟撞性能的改善就是应用了这类方法。

2. 风挡/透明件抗鸟撞分析方法

(1)相关软件程序。风挡鸟撞问题是透明件结构系统在与变形耦合的软体冲击载荷作用下的结构大变形、大应变的非线性冲击动力学问题。

鸟撞分析程序中较为成功的 MAGNA 程序已被美国等国家广泛应用，它的结果甚至可以替代部分全尺寸鸟撞试验的结果。一些飞机设计单位在进行鸟撞分析时，使用 NASTRAN 程序、ADINA 程序或我国自行研制的 VEP 程序或 RBINA 程序。VEP 程序系统中具有专门用于鸟撞分析的模块流程，BINA(RBINA)程序是专门为鸟撞分析研制开发的。近年来，高速瞬态动力学分析软件 MSC. Dytran 系统已广泛应用于风挡的鸟撞分析研究。这里对 VEP 程序的鸟撞分析功能及 RBINA 程序的主要特点做简要介绍。

1)VEP 程序鸟撞分析功能的主要特点有：

a)可进行材料非线性和几何非线性分析；

b)有壳元、体元、膜元、多种截面梁元等多种元素可供选用；

c)可以考虑载荷-变形耦合效应；

d)有五种冲击载荷模式可供选择。

VEP 程序早期已应用于运十二飞机、歼八飞机和歼十飞机的风挡透明件系统鸟撞分析，获得了较满意的结果。

2)RBINA 程序的主要特点有：

a)可进行材料非线性和几何非线性分析；

b)有壳元和梁元可供选用；

c)有多种载荷模型；

d)考虑了在高速瞬态冲击下材料应变速率对动响应的影响。

RBINA 程序已应用于教八和歼十飞机风挡鸟撞分析。

VEP 程序和 RBINA 程序都能较准确地指出破坏部位。需要指出的是，VEP 和 RBINA 程序对于鸟的处理还是理想化近似的，即把鸟作为不可压缩的理想流体。近年来研究表明，更为科学合理的处理方法是把鸟作为一个弹性软体，给出它的弹性特性，并划分有限单元，将其与受撞结构一起进行分析，这样能够更真实地描述鸟撞问题的变形加载耦合过程。目前国外先进的高速瞬态动力学分析程序都具备这种功能。

(2)几种风挡鸟撞载荷处理技术。国内外研究者对透明件鸟撞载荷测试结果表明，鸟撞载荷的时间历程如图 10－70 所示。

鸟撞平均冲力为

$$F_a = \frac{mv\sin\theta}{T} \tag{10.71}$$

式中，F_a 为平均冲力；m 为鸟的质量；v 为鸟撞速度；θ 为速度与风挡受撞点切线夹角；T 为鸟撞持续时间。

鸟撞理论周期为

$$T = \frac{l + d/\tan\theta}{v} = \frac{l_e}{v} \tag{10.72}$$

式中，l 为鸟的长度；d 为鸟的平均直径；l_e 为有效长度。

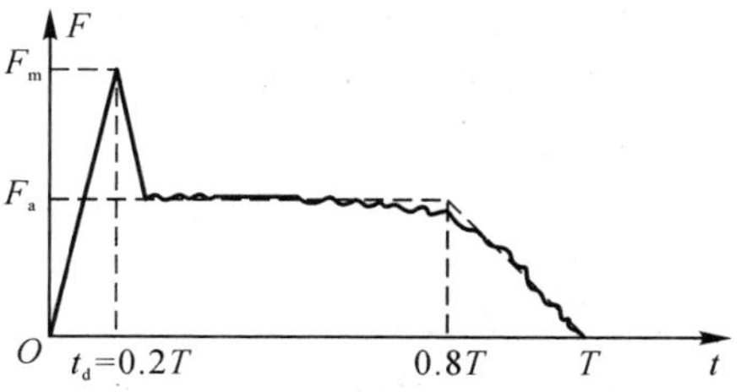

图 10－70　鸟撞载荷时间历程

下面介绍几种鸟撞载荷历程的近似处理方法。

1)三角形载荷模型。如图 10－71 所示，这种模型不考虑鸟撞载荷的稳定撞击过程，把整个鸟撞过程简化为一个加载卸载过程，鸟撞载荷由下式计算：

$$F(t) = \begin{cases} 10F_a \dfrac{t}{T}, & 0 \leqslant t \leqslant 0.2T \\ \dfrac{5}{2}F_a(1 - \dfrac{t}{T}), & 0.2T \leqslant t \leqslant T \end{cases} \tag{10.73}$$

2)准真实载荷模型。如图 10-72 所示,这种模型较详细地模拟了鸟撞载荷作用的全过程,其原则是载荷曲线下的面积等于总冲量 $F_a T$。其鸟撞载荷公式如下:

$$F(t)=\begin{cases}5F_m\dfrac{t}{T}, & 0\leqslant t\leqslant 0.2T\\ \left[\dfrac{t-kT}{(0.2-k)T}\right]F_m+\left[\dfrac{0.2T-t}{(0.2-k)T}\right]F_a, & 0.2T\leqslant t\leqslant kT\\ F_a, & kT\leqslant t\leqslant 0.8T\\ 5F_a\left(1-\dfrac{t}{T}\right), & 0.8T\leqslant t\leqslant T\end{cases} \tag{10.74}$$

式中,系数 k 可根据鸟撞载荷试验曲线确定。一般在没有试验数据时,可以近似地取 $k=0.4$。

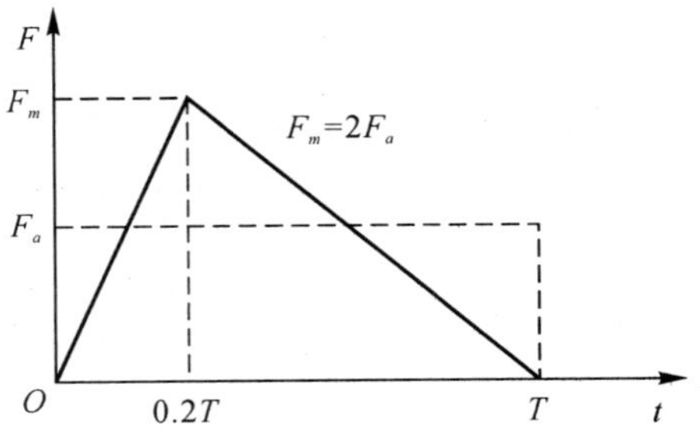

图 10-71　三角形载荷历程模型

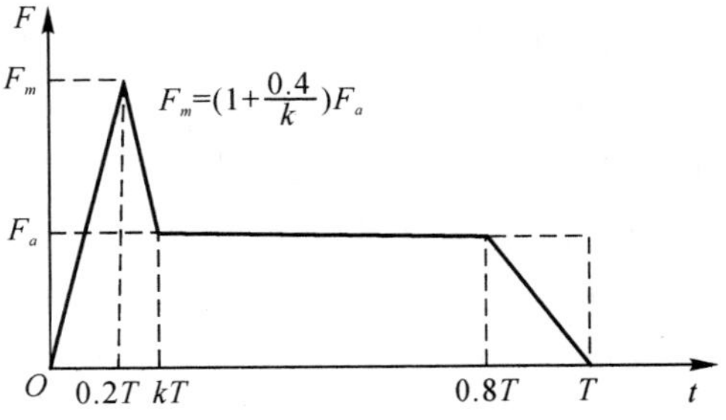

图 10-72　准真实载荷历程模型

3)一种耦合鸟撞载荷模型处理方法。前面两种载荷模型是在受撞物(靶)刚度较大的情况下得到的。然而,当靶的刚度较小,受撞后会产生较大变形时,就必须考虑变形-载荷耦合效应。如图 10-73 所示,假设受撞后有撞击点 P,其法向变形速度为 $V_P(t)$,受撞表面的切线角为 $\theta(t)$。

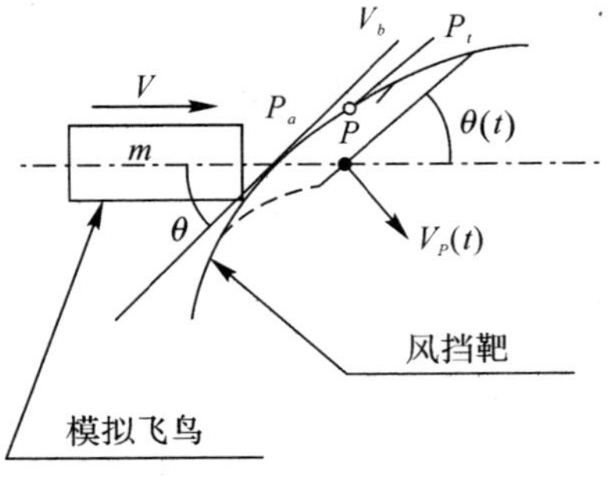

图 10-73　柔性靶鸟撞示意图

当靶刚度较大时,鸟撞后传给靶的动量为其最小线性冲量 $mV\sin\theta$。若靶较柔软,靶面将把整个鸟兜住,这时传给靶的冲量最大,等于 mV。作为近似,取在整个鸟撞过程中的平均力 F_a 与冲量 I 有如下关系:

$$I=F_a\cdot T=\frac{mV+mV\sin\theta}{2} \tag{10.75}$$

这样,鸟撞的平均力 F_a 为

$$F_a=\frac{1}{2T}mV(1+\sin\theta)=\frac{1}{2T}mVk_\theta \tag{10.76}$$

其中，$k_\theta=(1+\sin\theta)$，由 θ 值确定。若考虑撞击过程中撞击点的法向变形速度为 $V_P(t)$，则可得

$$F_a=\frac{1}{2T}m[V-V_P(t)]\cdot k_\theta \tag{10.77}$$

这样，通过对前面介绍的三角模型和准真实模型的修正，就能够得到相应的考虑耦合效应的载荷模型。

a)对三角载荷模型的修正。一般地，设峰值载荷出现的时间为 k_PT，则有

$$F(t)=\begin{cases}\dfrac{2}{k_P}F_a\cdot\dfrac{t}{T}, & 0\leqslant t\leqslant k_PT\\[2mm] \dfrac{2}{1-k_P}F_a\cdot\left(1-\dfrac{t}{T}\right), & k_PT\leqslant t\leqslant T\end{cases} \tag{10.78}$$

将式(10－77)式代入式(10－78)得

$$F(t)=\begin{cases}\dfrac{1}{k_PT}m[V-V_P(t)]\cdot\dfrac{t}{T}k_\theta, & 0\leqslant t\leqslant k_PT\\[2mm] \dfrac{1}{(1-k_P)T}m[V-V_P(t)](1-\dfrac{t}{T})k_\theta, & k_PT\leqslant t\leqslant T\end{cases} \tag{10.79}$$

b)对准真实载荷模型的修正。参见图 10－72，设峰值载荷对应时间为 k_PT，卸载到平均载荷对应时间为 kT，平均载荷卸载时间为 k_dT，其中 k，k_d，k_P 为大于零小于 1 的系数，则根据冲量相等原理可得这种情况下的峰值载荷为

$$F_m=\frac{1}{k}(1+k-k_d-k_P)F_a$$

或

$$F_m=\frac{1}{2kT}(1+k-k_d-k_P)m[V-V_P(t)]k_\theta \tag{10.80}$$

这样，任意时刻的载荷公式如下：

$$F(t)=\begin{cases}\dfrac{1}{k_P}F_m(\dfrac{t}{T}), & 0\leqslant t\leqslant k_PT\\[2mm] \dfrac{t-kT}{(k_P-k)T}F_m+\dfrac{k_PT-t}{(k_P-k)T}F_a, & k_PT\leqslant t\leqslant kT\\[2mm] F_a, & kT\leqslant t\leqslant k_dT\\[2mm] \dfrac{1}{1-k_d}F_a(1-\dfrac{t}{T}), & k_dT\leqslant t\leqslant T\end{cases} \tag{10.81}$$

4)鸟撞载荷的空间分布。

a)平面正撞击。载荷作用面是一个直径为鸟弹直径的圆，载荷在这个圆内均匀分布，其平均压力为

$$p(t)=F(t)\Big/\left[\left(\frac{d}{2}\right)^2\pi\right] \tag{10.82}$$

b)非正撞击情况的载荷分布。这种情况假设载荷作用区是一椭圆，参见图 10－74，其长轴半径为 $d/(2\sin\theta)$，短轴半径为 $d/2$，靶面倾角为 θ。长轴位于靶面倾斜方向或鸟滑移趋势方向，该椭圆的数学表达式为

$$\frac{x^2}{(a/\sin\theta)^2}+\frac{y^2}{a^2}=1 \tag{10.83}$$

式中，$a=d/2$。

在椭圆面积上，鸟撞载荷在短轴方向等值分布，在长轴方向呈三角形分布，如图 10－75 所示。

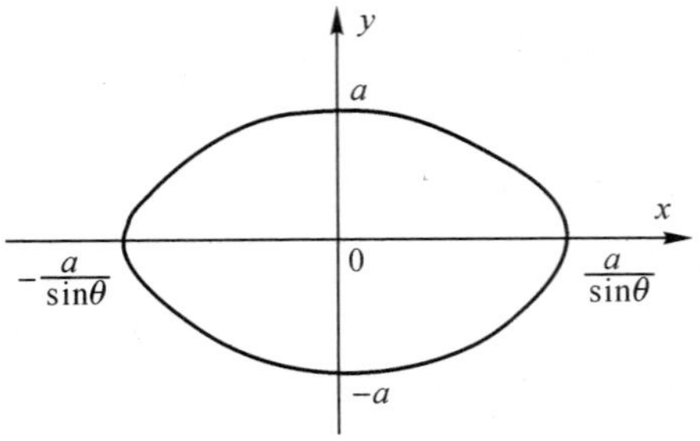

图 10－74　非正撞击鸟撞载荷作用区

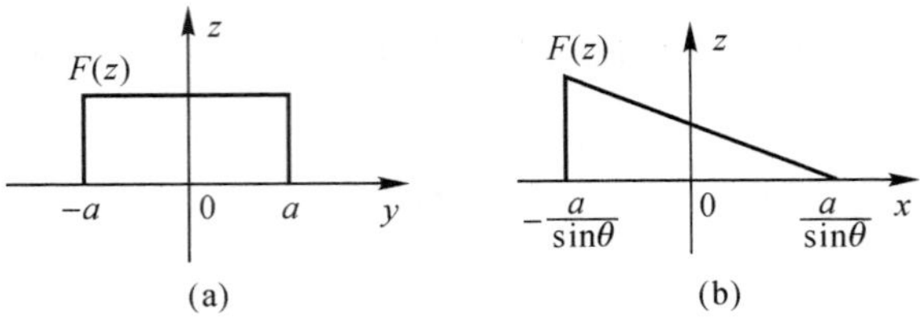

图 10－75　椭圆区域内的鸟撞载荷分析

图 10－75 中，撞击中心为$\begin{cases}x=0\\y=0\end{cases}$，分布载荷为 $p(t)=\dfrac{2F(t)}{(\pi a^2/\sin\theta)}$。在短轴方向上，$F(z)=-[\dfrac{p(t)\sin\theta}{2a}]x+\dfrac{1}{2}p(t)$。在长轴方向上

$$F(z)=\begin{cases}p(t), & x=-a/\sin\theta\\ \dfrac{1}{2}p(t)(1-\dfrac{x\sin\theta}{a}), & x\neq-a/\sin\theta\end{cases}$$

5）考虑鸟沿受撞表面滑移情况。参见图 10－73，鸟撞载荷作用点 P_0 随时间以速度 $V_b=V\cos\theta$ 沿受撞面滑移。这时，在 t 时刻撞击中心距离初始受撞点 P_0 的切向距离约为

$$s(t)=tV\cos\theta \tag{10.84}$$

载荷的大小、分布及作用区域与前述相同，仅仅是作用中心改变，当然对应的 $V_P(t)$ 也相应改变。

（3）风挡透明件系统结构的有限元建模。透明件系统构件有边框、拱形框和加强支持结构等，且其外形一般都有一定的弧度。划分有限元网格时，应该在鸟撞载荷作用点附近加密网格，然后逐渐稀疏，但在边框、拱形框及支持加强件的附近应再密些。

因为鸟撞部位一般是受载最严重、变形最大处，甚至发生破裂或穿透；而在某些情况下，透明件本身强度足够，由于边框或拱形框、加强件的刚度匹配不当，鸟撞载荷可能会引起边框、拱形框或加强件的破裂。因此，必须对这类构件采用适当的单元，并与透明件一起进行细致的动响应分析。此外，还必须考虑透明件厚度的不均匀效应。如果在有限元模型中不包括支持结构，为了得到保守的结果，建议在透明件边缘处采用固支边界条件。

尽管经验法则可以用来选择用于瞬态有限元分析的时间步长，但为了评价所求解的精度，建议选取更小些的时间步长进行辅助分析。

10.6.3　机翼/尾翼抗鸟撞设计

1. 机翼/尾翼抗鸟撞设计要点

机翼/尾翼结构耐鸟撞设计主要是保证下述情况不发生：

(1)前缘或前梁盒段内的管路、系统设备破坏或失效，进而影响飞机的安全着陆；

(2)前缘局部发生大变形或破坏造成严重气动损失或使结构总体强度下降，飞机不能安全着陆。

为此，设计前缘结构时应布置适当的肋和桁条及适当的蒙皮厚度，或在前缘盒段内布置不影响操纵和飞行的管线(如冰管等)，形成多重受撞、多重吸能结构系统，以保证满足 CCAR－25 中 25.335 (C)的要求。

对于机翼/尾翼前缘盒段内没有任何管线通过的情况，可以允许前缘蒙皮被鸟撞穿透，但穿透速度只允许低于海平面巡航速度，而且要保证鸟撞引起的结构变形、穿孔等不会导致飞机飞行性能的严重恶化和总体强度的降低。机翼/尾翼前缘(含前缘腹板)鸟撞损伤后的结构应该能够承受预期出现的极限静载荷，要对损伤后的结构进行损伤容限评定。

复合材料机翼/尾翼前缘的耐鸟撞设计方法与金属前缘情况类似，这是因为其鸟撞后不会产生大的凹陷变形，主要是损伤破坏使蒙皮撕裂。要保证鸟撞损伤后飞机能安全返场着陆。

2. 机翼/尾翼抗鸟撞分析方法

对于金属材料或复合材料的机翼/尾翼前缘结构的鸟撞分析，同样可以用前面介绍的 VEP 程序或 MSC. Dytran 软件等分析系统进行。有限元建模时，至少应取包含鸟撞点在内的一个机翼盒段。用有限元分析可以得到鸟撞变形过程、破坏位置及穿透情况等结果。

与风挡结构的鸟撞问题一样，采用通过鉴定的并被适航管理部门认可的有限元分析程序所得到的分析结果，可以替代大量的全尺寸鸟撞试验，只需进行几次验证试验即可。

下面介绍一种前缘穿透速度的工程估算方法。

(1)铝合金前缘。适用条件：前缘半径为 20～200 mm，蒙皮厚度为 0.9～3.2 mm，前缘后掠角 0°～55°。穿透速度公式为

$$V_{pp}=56.78m^{-\frac{1}{3}}\delta^{-\frac{2}{3}}\cdot\cos\psi\exp\left(\frac{850}{r^2+30r+1\,000}\right) \tag{10.85}$$

式中，V_{pp} 为穿透速度；ψ 为前缘后掠角；r 为前缘半径；δ 为蒙皮厚度；m 为鸟的质量。

(2)复合材料及其他金属材料前缘。工程估算公式仍用式(10.85)，只需把蒙皮厚度折算成铝合金蒙皮的当量厚度即可。

10.6.4　鸟撞试验技术

风挡透明件系统及机翼/尾翼结构全尺寸鸟撞试验是民用飞机适航条例和军用飞机强度规范中要求必须进行的。为了保证试验的有效性和准确性，试验件支持结构的刚度必须与在飞机上的支持结构的刚度相近。支持刚度对风挡透明件结构及机翼/尾翼结构的鸟撞响应有很大影响。

为了在全尺寸鸟撞验证试验过程中获得一些分析计算所需要的基本数据及结果数据，必须在鸟撞部位进行鸟撞载荷测量，在一些指定部位进行应变响应测量。

1. 鸟撞试验测试系统设计

图 10－76 是试验测试系统示意图，图中略去了安全防护系统及试件支持结构部分。

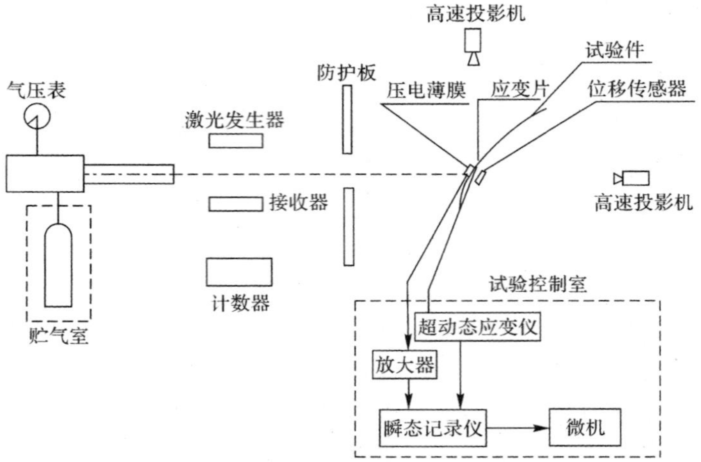

图 10-76　鸟撞试验测试系统框图

对试验测试系统各部分的介绍如下：

(1)压缩空气炮。包括贮气罐、空气炮及保护套分离器。贮气罐内的气压应该足够大，保证空气炮能推动 1.8 kg(4 磅)和 3.6 kg(8 磅)的鸟，并以给定的速度将其射出炮口。空气炮的释放机构，在发射开始时应该能让气室内的压缩空气快速流入炮管，以推进鸟弹。炮管是一根内壁光滑的无缝钢管，其口径有两种规格：1.8 kg 的鸟弹用口径为 153 mm 左右的炮管；3.6 kg 的鸟弹需用口径为 185 mm 左右的炮管。炮管的长度可根据口径、鸟的重量及对空气炮的全面性能要求选定。

保护套分离器安装在炮管端头，其目的是使保护套制动及分离，而仅允许鸟弹弹射撞击试验件。保护套是把包装鸟放入炮管内采用的保护衬套。

(2)摄像记录设备。要有至少一台高速摄像机记录整个鸟撞试验及试件变形响应的全过程，摄像机性能应达到 3 000 帧/s 以上的拍摄速度。要用照相机记录试验前的试件情况及试验后的结果情况。

(3)试验数据处理系统。利用微机对采集、存储的应变、载荷等数据进行处理，得到以数据、图表形式呈现的试验结果。

2. 鸟撞试验设计

对于全尺寸风挡、机翼/尾翼前缘的全尺寸鸟撞试验设计，应主要注意以下几方面：

(1)试验撞击点应该是实际飞行中鸟撞概率大的部位；

(2)试验撞击点应该是结构薄弱部位，或受撞后后果严重部位；

(3)试验时鸟弹的尺寸应满足其长度不大于其直径的两倍；

(4)满足规范、标准或特定要求的鸟重及撞击速度。

除此之外，试件安装还有以下要点：

(1)安装在支持结构上的试件受撞点与空气炮轴线之间的角度应在$\pm 2^{\circ}$之内。

(2)鸟的实际撞击点应落在预定撞击点附近，误差不得超过半径为 25.4 mm 的区域。

(3)试验件上撞击点至炮口的距离应足够大，至少应大于 10 倍的炮口直径。

(4)除非另有规定，试验件必须是满足装机要求的合格件。按飞机装配要求安装所有紧固件，安装试验件的场地应有坚固的支持点。

3. 试验步骤

下述试验步骤供读者参考：

(1)将试验件及其支持夹具按规定要求的角度、距离和准确度安装就位；

(2)在受撞部位布置载荷测量传感器，在指定部位布置应变片，确认线路正常接通；

(3)根据试件及受撞点位置安放高速摄影(像)机刻度网格背景；

(4)连通调试整个试验测试系统，确信其处于正常等待状态；

(5)安装好试验保护隔离设施；

(6)准备鸟并包装好，记录鸟重；

(7)根据试验要求的鸟速，按鸟重-气压-速度标定曲线给气炮气室充压，达到所需压力；

(8)检查试验准备工作，试验前有关参数都已记录，人员全部离开危险地点；

(9)发射开炮，所有测试系统触发工作；

(10)确认试验数据完整有效，拍摄试验件受撞后状况；

(11)完成试验数据处理，提交试验报告。

思　考　题

1. 航炮发射时产生的两种主要动载荷类型及其特点是什么？

2. 飞机结构抗炮振设计时应考虑哪些主要因素？

3. 航炮研制与飞机设计应有机协调，其匹配设计工作流程有哪些环节？

4. 喷气式飞机与螺旋桨飞机上管系结构的振动耐久性试验曲线有何异同？

5. 掌握传递矩阵法在建立管路系统振动方程中的主要步骤。

6. 发动机安装系统结构设计步骤及考虑因素有哪些？

7. 在发动机布局及安装系统设计时如何减小发动机振动引起的陀螺载荷？

8. 为避免谐振，应如何确定飞机操纵系统的储备频率？

9. 驾驶舱风挡/透明件抗鸟撞设计的要点有哪些？

10. 复合材料机翼/尾翼前缘结构的抗鸟撞分析要点有哪些？

参考文献

[1]　孙侠生. 民用飞机结构强度刚度设计与验证指南[M]. 北京：航空工业出版社，2012.

[2]　施荣明. 飞机炮振[M]. 沈阳：《飞机设计》编辑部，1999.

[3]　施荣明. 现代战斗机结构动强度设计技术指南[M]. 北京：航空工业出版社，2012.

[4]　屈玉池，张永峰，赵述元，等. 螺旋桨振动传递试验研究[J]. 航空发动机，2009，35(1)：33 - 36.

[5]　姚起杭. 飞机结构动强度及振动控制设计问题[J]. 应用力学学报，1997(增刊)：1～6.

[6]　曹春泉，余慧玲. 飞机操纵拉杆自振频率工程估算问题[J]. 民用飞机设计与研究，2014

(1)：35－37.
[7] 岳珠峰，刘伟，刘永寿. 飞机管道系统动强度可靠性分析与优化设计[M]. 北京：科学出版社，2014.
[8] 杨志敏，张亚平，张倩. 民用飞机液压管路系统设计流程与方法[J]. 航空工程进展，2017，8(3)：342－348.
[9] 许飞，贺尔铭，李景旭. 翼吊发动机安装结构等效建模及其隔振设计[J]. 航空动力学报，2016，31(8)：1905－1912.
[10] 宋波涛，贺尔铭，张钊. 翼吊发动机吊架结构等效建模及减振特性分析[J]. 科学技术与工程，2012，12(4)：832－835.
[11] 任冀宾，索涛，李玉龙，等. 某型飞机机翼前缘抗鸟撞结构设计与试验验证[J]. 爆炸与冲击，2019，39(2)：1－7.